Michael Mürle

Aufbau eines Wertermittlungsinformationssystems

Universität Karlsruhe (TH)
Schriftenreihe des Studiengangs Geodäsie und Geoinformatik
2007, 3

Aufbau eines Wertermittlungs-informationssystems

von
Michael Mürle

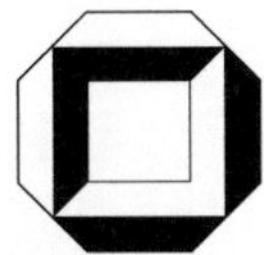

universitätsverlag karlsruhe

Dissertation, genehmigt von der

Fakultät für Bauingenieur-, Geo und Umweltwissenschaften

der Universität Fridericiana zu Karlsruhe (TH), 2006

Referenten: Prof. Dr.-Ing. Dr.-Ing. E. h. Günter Schmitt, Prof. Dr.-Ing. Theo Kötter

Impressum

Universitätsverlag Karlsruhe
c/o Universitätsbibliothek
Straße am Forum 2
D-76131 Karlsruhe
www.uvka.de

Universitätsverlag Karlsruhe 2007
Print on Demand

ISSN: 1612-9733
ISBN: 978-3-86644-116-3

Aufbau eines Wertermittlungsinformationssystems

Zur Erlangung des akademischen Grades eines

Doktor-Ingenieurs (Dr.-Ing.)

von der Fakultät für

Bauingenieur-, Geo- und Umweltwissenschaften

der Universität Fridericiana zu Karlsruhe (TH)

genehmigte

Dissertation

von

Dipl.-Ing. Michael Mürle

aus Pforzheim

Tag der mündlichen Prüfung: 06.12.2006

Hauptreferent: Prof. Dr.-Ing. Dr.-Ing. E.h. Günter Schmitt

Korreferent: Prof. Dr.-Ing. Theo Kötter

Karlsruhe 2006

Danksagung

Mein besonderer Dank gilt Herrn Professor Dr.-Ing. Dr.-Ing. E.h. Günter Schmitt, dem Inhaber des *Lehrstuhls für Mathematische und Datenverarbeitende Geodäsie* des Geodätischen Instituts der Universität Karlsruhe, für die Übernahme des Hauptreferats und die jederzeit gewährte Unterstützung. Herrn Professor Dr.-Ing. Theo Kötter, dem Inhaber der *Professur für Städtebau und Bodenordnung* des Instituts für Städtebau, Bodenordnung und Kulturtechnik der Universität Bonn, danke ich für sein Interesse an dieser Arbeit und die Übernahme des Korreferats.

Allen Kolleginnen und Kollegen des Geodätischen Instituts der Universität Karlsruhe, die zum Gelingen der Arbeit beigetragen haben, möchte ich einen herzlichen Dank aussprechen. Besondere Erwähnung sollen hierbei Herr Dr.-Ing. Michael Illner, Herr Dr.-Ing. Norbert Rösch und Herr Dr.-Ing. Karl Zippelt finden.

Für das Korrekturlesen meiner Arbeit danke ich Herrn Dipl.-Ing. (FH) Wolfgang Karcher, dem stellvertretenden Vorsitzenden des Gutachterausschusses für die Ermittlung von Grundstückswerten in Karlsruhe, in kollegialer Verbundenheit. Herrn Dipl.-Ing. Christoph Gebert sei für die wertvolle Mithilfe bei der beispielhaften Umsetzung gedankt.

Für die anstrengende Zeit kommt meiner Familie ein privater Dank zu. Meinen Töchtern Marielouise und Annsophie bin ich besonders dankbar für die Motivation und den festen Glauben an den erfolgreichen Abschluss der Arbeit.

Dem Deutschen Verein für Vermessungswesen e.V. gilt abschließend ein Dank für die Möglichkeit des fachlichen Austausches und der Zusammenarbeit im Arbeitskreis 9.

Karlsruhe im August 2006

Kurzfassung

In der vorliegenden Arbeit wird die Konzeption eines Geo-Informationssystems zur Eingabe, Verwaltung, Analyse und Präsentation von Geofachdaten des Grundstücksmarktes beschrieben. Die Entwicklung von Zielkomponenten für den Aufbau eines Wertermittlungsinformationssystems (WIS) orientiert sich an dem gesetzlichen Aufgabenkatalog der Gutachterausschüsse nach dem Baugesetzbuch. Dieser Aufgabenkatalog beinhaltet ausgehend von der Immobilienwertermittlung über die Analyse von für die Wertermittlung erforderlichen Daten bis zur Präsentation der erwünschten Transparenz des Grundstücksmarktes auf Grundlage von Geobasisdaten ein umfassendes Anwendungsspektrum.

Neben den Grundfunktionalitäten der gängigen Systeme wird insbesondere auf Lösungsansätze und Entwicklungstendenzen, die die Realisierung eines WIS ermöglichen, eingegangen. Für die interoperable Nutzung von verteilten Geodaten kommt der Einbindung der Web Services des Open Geospatial Consortiums (OGC) eine entscheidende Bedeutung im Hinblick auf die erfolgreiche Umsetzung einer zukunftsorientierten Interpretation der Grundstücksmarkttransparenz zu.

Der Preisvergleich auf Grundlage des Modells der multiplen Regressionsanalyse mit den standardisierten Analyseschritten zur statistischen Prüfung der Modellbildung und der Beziehung von Zielgröße und Einflussgrößen liefert die Basis für das Design von komplexeren Modellen für sukzessive Grundstücksmarktanalysen.

In der Konzeption eines WIS werden die Vorteile der originären Datenhaltung in einem gemeinsamen Datenmodell und die Anwendungsbeziehungen der Bausteine *Führung und Auswertung der Kaufpreissammlung, Bodenrichtwerte und ihre Ermittlung, Gutachten* und *Grundstücksmarktbericht der Zukunft* herausgestellt. Hierbei gilt besonderes Augenmerk der Georeferenzierung der Grundstücksmarktdaten für die Präsentationskomponente im WIS zur Erreichung einer auf Geobasisdaten bezogenen Grundstücksmarkttransparenz. Eingegangen wird auch auf Web-Auskunftsdienste und Multimedia-Komponenten für Nutzer. Auf Grundlage der derzeitigen Einschätzung der Systementwicklungen erfolgt die Darstellung einer modularen WIS-Konzeption.

Die Darstellung der Varianzkovarianzanalyse für Wertermittlungsverfahren ausgehend von der allgemeinen Form soll für die Praxis verdeutlichen helfen, warum sich Verkehrswerte nur innerhalb gewisser Toleranzbereiche mit bestimmten Wahrscheinlichkeiten ermitteln lassen.

Zur Anwendung des mittelbaren statistischen Preisvergleichs werden erforderliche Daten mittels Stichproben von geeigneten Kaufpreisen ermittelt. Die wahren Wertbeziehungen können in Analysen nur mehr oder minder zutreffend nachvollzogen werden. Nachfolgend werden die analysierten erforderlichen Daten für den mittelbaren statistischen Preisvergleich als fehlerfreie Größen herangezogen. Über die möglichen Fehler bei der Analyse der erforderlichen Daten in der übergeordneten Grundstücksmarktanalyse hinaus kann eine weitere Fehlerart darin liegen, dass der lokale, für das Bewertungsobjekt zutreffende Grundstücksmarkt (nun) ein ganz anderes Marktverhalten zeigt als die Teilmärkte, für die die jeweiligen erforderlichen Daten ermittelt worden sind. Folglich können die in der übergeordneten Analyse ermittelten Wertbeziehungen zwischen Kaufpreis und Einflussgrößen nachfolgend nicht herangezogen werden.

Zur sukzessiven Analyse von Grundstücksmarktdaten mit multiplen, linearen Wertbeziehungen wird für (un)bebaute Grundstücke eine stufenweise Strategie mit den Modellen *Grundstücksmarktanalyse ohne Zusatzrestriktionen, stochastische Grundstücksmarktanalyse* und *hierarchische Grundstücksmarktanalyse* auf der Grundlage von Ausgleichungsmodellen vorgeschlagen. Damit können grobe Fehler in den Kaufpreisen im Modell *Grundstücksmarktanalyse ohne zusätzliche Restriktionen (Bedingungen)* geprüft werden. Mit dieser Analysestrategie kann auch eine verbesserte Modellkonsistenz erreicht werden.

Aus der beispielhaften Umsetzung der Analysestrategie zur sukzessiven Ausgleichung von Grundstücksmarktdaten ergeben sich auf Grundlage des Modells der Grundstücksmarktanalyse ohne Zusatzrestriktionen Anhaltswerte für die Maße der *inneren* und *äußeren Zuverlässigkeit*. Folgerungen für die Ermittlung von Bodenrichtwerten in kaufpreisarmen Lagen werden gleichfalls abgeleitet.

Da ein WIS einer Web-Komponente bedarf, wird die interoperable Nutzung von verteilten Geodaten über Geo-Portale mit den Funktionalitäten der OGC-Schnittstellen und des eCommerce beschrieben. Urheberrechtliche und datenschutzrechtliche Aspekte sind, wie die Rechtsprechung bestätigt, zu berücksichtigen.

Anforderungen aus Sicht der Finanzdienstleistung und des Steuerrechts belegen den immensen Bedarf an Grundstücksmarktdaten wie Bodenrichtwerte. Der Geodät kann hierzu einen wertvollen Beitrag liefern.

Abstract

This work describes the conception of a geographic information system for the input, management, analysis and presentation of spatial thematic data of the property market. The development of aims for a Valuation Information System (VIS) is orientated on the lawful catalog of duties for the official committees of valuation experts according to the German Federal Building Code. This catalog of duties covers a comprehensive spectrum of applications based on spatial base data starting with the valuation of real estate over the analysis of other data required in valuation up to the presentation of the desired transparency of the property market.

Beside the basis functionalities of the established systems especially the methods of resolution and the development trends are mentioned, making the realisation of a VIS possible. For the interoperable use of distributed spatial data the integration of the web services of the Open Geospatial Consortium (OGC) is of particular importance with regard to the successful implementation of a forward-looking interpretation of the transparency of the property market.

The comparable method of valuation based on the model of the multiple regression analysis with standardised analysis steps for the statistical test of the modelling and the relation of the dependant variable and the influence variables provides the basis for the design of more complex models of successive analysis of the property market.

In the conception of a VIS the advantages are emphasised in the orginal data management in a combined data model and the application connections of the modules *Management and analysis of the purchase price data, standard land values and its derivation, expertises* and *forward-looking property market report*. In this regard an important attention shall be focused on the georeferencing of the property market data for the presentation module of a VIS to achieve a property market transparency based on spatial base data. Web information services and multimedia modules for users are shown as well. Based on the present estimation of the system developments the illustration of a modular VIS conception takes place.

The description of the variance covariance analysis for valuation methods starting with the general form should help in making clear to the practice, why it is possible only, to calculate market values within certain variations with definite probabilities.

For the application of the indirect price comparison other data required in valuation are derived from a random sample of qualified purchase prices. The true value correlations can be figured only in analysis more or less correctly. Succeedingly the analysed other data required in valuation are utilised for the indirect price comparison as non-stochastic variables. Beyond the potential errors in the other data required in valuation of the superior analysis of the property market another type of error can occur, in the way that the local property market, relevant to the valuation object, (now) shows a totally different market behaviour than the sub-segments of the property market, for which the other data required in valuation were analysed. Therefore the analysed value correlations between purchase price and influence variables of the superior analysis of the property market can't be utilised.

For the solution of successive analysis of property market data of (un)developed real estate with multiple, linear value correlations a gradual strategy is proposed based on geodetic adjustment models as there are the models *property market analysis without additional restrictions, stochastic property market analysis* and *hierarchical property market analysis*. Herewith big mistakes in the purchase prices can be checked in the model *property market analysis without additional restrictions (conditions)*. With the aid of this analysis strategy an upgraded model consistency can even be obtained.

Reference values for the parameters of the *internal* and *external reliability* result from the exemplary implementation of the analysis strategy for the successive adjustment of property market data based on the model *property market analysis without additional restrictions*. Logical consequences for the assessment of standard land values are likewise deduced.

Since a VIS needs a web module, the interoperable use of distributed spatial data is specified via geographic portals with the functionalities of the OGC interfaces and the eCommerce. Aspects of the copyright and the data privacy laws are to be considered as confirmed by the jurisdiction.

Specific requirements by the financial services and the tax laws prove the immense needs for the property market data like standard land values. The geodesist can make a useful contribution for these.

Inhaltsverzeichnis

Abbildungsverzeichnis

Tabellenverzeichnis

Definitionsverzeichnis

Abkürzungsverzeichnis

AAA	AFIS-ALKIS-ATKIS
Abb.	Abbildung
AdV	Arbeitsgemeinschaft der Vermessungsverwaltungen der Länder der Bundesrepublik Deutschland
AFIS	Amtliches Festpunkt-Informationssystem
AG	Aktiengesellschaft
AKS	Automatisierte Kaufpreissammlung / Automatisiert geführte Kaufpreissammlung
AKS Marktinfo Berlin	Grundstücksmarktinformationssystem AKS Berlin
AK 5	Amtliche Karte 1:5 000, Nachfolgeprodukt der DGK 5 in Niedersachsen
ALB	Automatisiertes Liegenschaftsbuch
ALK	Automatisierte Liegenschaftskarte
ALKIS	Amtliches Liegenschaftskataster-Informationssystem
AnSVG	Anlegerschutzverbesserungsgesetz
ArcGIS	GIS-Produkt von ESRI
ATKIS	Amtliches Topogragraphisch-Kartographisches Informationssystem
ATKIS-OK	ATKIS Objektartenkatalog
BaFin	Bundesanstalt für Finanzdienstleistungsaufsicht
Basel I	Basler Eigenkapitalakkord des Basler Ausschusses für Bankenaufsicht von 1988
Basel II	Rahmenvereinbarung über die neue Eigenkapitalempfehlung für Kreditinstitute des Basler Ausschusses für Bankenaufsicht vom 26.04.2004
BasisGMD-NI	Basisgrundstücksmarktdaten Niedersachsen
BauGB	Baugesetzbuch
BBauG	Bundesbaugesetz
BDGS	Bundesverband Deutscher Grundstückssachverständiger
BDSG	Bundesdatenschutzgesetz
Berlin GAA Online	Internetauftritt des Berliner Gutachterausschusses
BewG	Bewertungsgesetz
BFH	Bundesfinanzhof
BFM	Bundesministerium der Finanzen
BGB	Bürgerliches Gesetzbuch
BGH	Bundesgerichtshof
BIZ	Bank für internationalen Zahlungsausgleich
BRIDGE-IT	Bringing Innovative Developments for Geographic Information Technology
BRW	Bodenrichtwert
BVerfG	Bundesverfassungsgericht
BVG	Bundesverwaltungsgericht
B.-W.	Baden-Württemberg
CAD-System	Computer-Aided-Design-System
CeGi	Center for Geoinformation GmbH
DASY	Digitales Auskunftssystem
DB	Datenbank
DBM	Digitale Bildmodelle des ATKIS
DBMS	Datenbankmanagementsystem
DCF	Discounted-Cashflow
DDGI e.V.	Deutscher Dachverband für Geoinformation e.V.
DE	Deutschland
DGM	Digitale Geländemodelle des ATKIS
DGK 5	Deutsche Grundkarte 1:5 000
DGM	Digitale Geländemodelle des ATKIS
DIMAX	Deutscher Immobilienaktienindex
DIN	Deutsches Institut für Normung
DLM	Digitale Landschaftsmodelle des ATKIS
DOD	Digitale Objektdokumentation des WIS (Niedersachsen)
DOP	Digitale Orthophotos des ATKIS
DTK	Digitale topographische Karte
DTK 50	Digitale Topographische Karte 1:50 000 des ATKIS
DVW e.V.	Deutscher Verein für Vermessungswesen e.V.
eCommerce	Handel im Internet
ePayment	Zahlungssystem/-verfahren im Internet
EDB	Erwerberdatenbank

EDBS	Einheitliche Datenbankschnittstelle
EG	Europäische Gemeinschaft
EPIX	Europäischer Immobilienaktienindex
ErbStG	Erbschaftsteuer- und Schenkungsteuergesetz
ESDI	European Spatial Data Infrastructure
ESRI	Unternehmen entwickelt GIS-Produkte wie ArcGIS
EstG	Einkommensteuergesetz
EU	Europäische Union
EuGH	Europäischer Gerichtshof
FIS	Fachinformationssystem
FIG	International Federation of Surveyors
FMK	Finanzministerkonferenz
GAA	Gutachterausschüsse für Grundstückswerte
GAVO	Gutachterausschussverordnung
GbR	Gesellschaft bürgerlichen Rechts
GDB	Vorgangs- und Gutachterdatenbank
GDI	Geodateninfrastruktur
GeoMedia	GIS-Produkt von Intergraph
GEWOS	Institut für Stadt-, Regional- und Wohnforschung GmbH
GFZ	Geschossflächenzahl
GG	Grundgesetz für die Bundesrepublik Deutschland
Gif e.V.	Gesellschaft für Immobilienwirtschaftliche Forschung e.V.
GIF	Geschlossener Immobilienfonds
GIS	Geo-Informationssystem
GML	Geography Markup Language (beruht auf XML) des OGC
GMM	Gauß-Markov-Modell
GPS	Global Positioning System
GrStG	Grundsteuergesetz
GRZ	Grundflächenzahl
GUTTEXT	Gutachtenerstellung mit Textverarbeitungssoftware Karlsruhe
G10-Länder	Eine 1962 gegründete Gruppe 10 führender Industrienationen: Belgien, Deutschland, Frankreich, Großbritannien, Italien, Japan, Kanada, Niederlande, Schweden, USA. Die Schweiz kam erst 1983 hinzu, wobei der Name beibehalten wurde.
HGB	Handelsgesetzbuch
IAS	International Accounting Standards
IASB	International Accounting Standards Board
IASC	International Accounting Standards Committee
IFRIC	International Financial Reporting Interpretations Committee
IFRS	International Financial Reporting Standards
IMAGI	Interministerieller Ausschuss für Geoinformationswesen
IMS	Internet Map Server
INFORMIX	DBMS von IBM
INGRADA	GIS-Produkt von Softplan Informatik
INSPIRE	Infrastructure for Spatial Information in Europe der Europäischen Kommission
InvG	Investmentgesetz
IRB-Ansatz	auf Interne Ratings basierender Ansatz
IRIS	Immobilien-Richtwert-Informationssystem
ISO/TC	Technisches Komitee der International Standardization Organisation
IuK-Technik	Informations- und Kommunikations-Technik
IVD	Immobilien Verband Deutschland
IVSC	International Valuation Standards Committee
JStG	Jahressteuergesetz
KAG	Kapitalanlagegesellschaft
KDRS	Kommunale Datenverarbeitung Region Stuttgart
KG	Kommanditgesellschaft
KWG	Kreditwesengesetz
LAN	Local Area Network
LBS	Location Based Services
LDSG	Landesdatenschutzgesetz
LG	Landgericht
MapInfo	GIS-Produkt von MapInfo
MaRisk	Mindestanforderungen an das Risikomanagement

MERKIS	Maßstaborientierte Einheitliche Raumbezugsbasis für Kommunale Informationssysteme
MS-Access	DBMS von Microsoft
MS-Excel	Tabellenkalkulationssoftware von Microsoft
MS-Word	Textverarbeitungssoftware von Microsoft
NAS	Normbasierte Austauschschnittstelle (basiert auf OGC-Standard GML)
NI	Niedersachsen
NIWIS	Niedersächsisches Wertermittlungs-Informationssystem
NRW	Nordrhein-Westfalen
OBAK	Objektabbildungskatalog
OIF	Offener Immobilienfonds
OGC	Open Geospatial Consortium
OLG	Oberlandesgericht
ORACLE	DBMS von ORACLE
PDA	Personal Digital Assistent
PDF	Portable Document Format von Adobe
POI	Point of Interest
RDM	Ring Deutscher Makler
SIC	Standing Interpretations Committee
SICAD	GIS-Produkt von AED-SICAD
SK	Signaturenkatalog
SMS	Short Messaging Service
SPSS	Statistical Package for the Social Sciences
SVA	Sachverständigenausschuss nach InvG
SVG	Scalable Vector Grafics
Tab.	Tabelle
TEGoVA	The European Group of Valuers' Associations
TIFF	Tagged Image File Format
TK 50	Topographische Karte 1:50 000
TOPOBASE	GIS-Produkt von Autodesk
UML	Unified Modeling Language
UrhG	Gesetz über Urheberrecht und verwandte Schutzrechte
US-GAAP	United States Generally Accepted Accounting Principles
VBORIS	Vernetztes Bodenrichtwertinformationssystem
VDM	Verband Deutscher Makler
VGI e.V.	Verband Geschlossene Immobilienfonds e.V.
VOFI-Methode	Methode der vollständigen Finanzpläne
WertV	Wertermittlungsverordnung
WertR	Wertermittlungsrichtlinien
WF-AKuK	Automatische Kaufpreissammlung und Kaufpreisauswertung des Wertermittlungsforums Dr. Sprengnetter GmbH
WF-Prosa	Wertermittlungs-Software des Wertermittlungsforums Dr. Sprengnetter GmbH
WinAKPS	Automatisierte Kaufpreissammlung der Kommunalen Datenverarbeitung Region Stuttgart
WIS	Wertermittlungsinformationssystem/Wertermittlungsinformationssystem Niedersachsen
WIS Karlsruhe	Wertermittlungsinformationssystem Karlsruhe
WFS	Web Feature Service
WFS-G	Web-Gazetteer-Service
WFS-GC	Web-Geocoding-Service
WMS	Web Map Service
WpHG	Wertpapierhandelsgesetz
WpÜG	Wertpapiererwerbs- und Übernahmegesetz
XML	Extensible Markup Language

0 Problemstellung und methodischer Aufbau

Zur aktuellen Sicht der Bedeutung und dem Wirken der Gutachterausschüsse und der Kommunalen Bewertungsstellen in den Städten wird in dem Argumentationspapier des Deutschen Städtetages (2005) unter besonderer Berücksichtigung der Anforderungen der Teilnehmer des Immobilienmarktes ausgeführt:

Stadtentwicklung und Wirtschaftsentwicklung sind ohne ausreichende Informationen über Grundstücksrechte, Eigentum und Rechtsänderungen nicht vorstellbar. Grundstücke und Grundstücksrechte bilden zugleich Vermögenswerte für die Bürger, die Wirtschaft und das Gemeinwesen. Grundstückswerte und deren Änderungen sind darüber hinaus Grundlagen für Steuern, Beiträge, Ausgleiche maßnahmebedingter Vorteile und Entschädigungen.

Das in Privatbesitz befindliche Immobilienvermögen betrug zum Jahresende 1997 umgerechnet ca. 3,5 Billionen €. Demgegenüber erreichte das in Privatbesitz befindliche Geldvermögen lediglich 2,6 Billionen €. An Informationen über den Immobilienmarkt und den Mechanismen der Grundstückspreisbildung besteht daher ein gesteigertes Interesse (Deutscher Städtetag 2005).

Die Gutachterausschüsse tragen mit ihren Kaufpreissammlungen maßgeblich zur Grundstücksmarkttransparenz bei. Dabei nimmt die Bedeutung der Gutachterausschüsse infolge der Fortschritte und zunehmenden Verbreitung der Informationssysteme und des -bedürfnisses sowie der kritischen Auseinandersetzung mit Informationen ständig zu. Eigentümer, Immobilienbranche, Finanzinstitute und alle anderen Akteure des Immobilienmarktes haben dringlichen Bedarf an online präsentierten Geobasisdaten und Fachdaten der Vermessungs- und Katasterverwaltung sowie der Gutachterausschüsse. Es sind Lösungswege für die zukunftsorientierte Informationsvermittlung durch die Gutachterausschüsse für Grundstückswerte zu analysieren und entwickeln (AdV 2002).

In der vorliegenden Arbeit wird die Konzeption eines Geo-Informationssystems (GIS) zur Eingabe, Verwaltung, Analyse und Präsentation von Geofachdaten des Grundstücksmarktes beschrieben. Dabei hat sich für ein Fachinformationssystem zur Bereitstellung von Immobilienmarktdaten der von Mürle (1994a, 1997b) definierte Begriff des Wertermittlungsinformationssystems (WIS) als Standard herausgebildet. Die Entwicklung von Zielkomponenten für den Aufbau eines WIS orientiert sich an dem gesetzlichen Aufgabenkatalog der Gutachterausschüsse nach dem Baugesetzbuch (vgl. Kap. 1). Dieser Aufgabenkatalog bietet ein umfassendes Anwendungsspektrum ausgehend von der Immobilienwertermittlung über die Analyse von für die Wertermittlung erforderlichen Daten bis zur Präsentation der gewünschten Transparenz des Grundstücksmarktes auf Grundlage von Geobasisdaten. Grundlagen von GIS werden in Kap. 2 dargestellt. Zur Vergleichbarkeit der vorhandenen Lösungen liefert Kap. 3 einen Überblick zur konzeptionellen Interpretation der Systeme und ihres (zukünftigen) Funktionsumfangs im Hinblick auf die Kompatibilität mit einem WIS.

Üblicherweise werden die für die Wertermittlung erforderlichen Daten mittels Stichproben von geeigneten Kaufpreisen zur Anwendung des mittelbaren statistischen Preisvergleichs im Modell der multiplen Regressionsanalyse (vgl. Kap. 4) ermittelt. Die wahren Wertbeziehungen können in Analysen nur mehr oder minder zutreffend nachvollzogen werden. In nachgeordneten Analysen werden die bestimmten Parameter zur Ermittlung von weiteren Daten als fehlerfreie Größen herangezogen. Über die möglichen Fehler bei der Analyse der erforderlichen Daten in einer übergeordneten Grundstücksmarktanalyse hinaus kann eine weitere Fehlerart darin liegen, dass der lokale, für das Bewertungsobjekt zutreffende Grundstücksmarkt (nun) ein ganz anderes Marktverhalten zeigt als die Teilmärkte, für die die jeweiligen Parameter ermittelt worden sind. Folglich können die in der übergeordneten Analyse ermittelten Wertbeziehungen zwischen Kaufpreis und Einflussgrößen nachfolgend nicht herangezogen werden. Die Vorgehensweise kann als hierarchische Analyse von Grundstücksmarktdaten mit den bekannten Problemen der hierarchischen Modellbildung bei der geodätischen Netzausgleichung interpretiert werden.

In der Konzeption eines WIS gilt zunächst der Beschreibung der Anwendungen und ihrer Integration in einem WIS (vgl. Kap. 5.1) zur Realisierung der erforderlichen Grundstücksmarkttransparenz ein wesentliches Anliegen. Es werden die Vorteile der originären Datenhaltung in einem gemeinsamen Datenmodell und die Anwendungsbeziehungen der Bausteine *Führung und Auswertung der Kaufpreissammlung, Bodenrichtwerte und ihre Ermittlung, Gutachten* und *Grundstücksmarktbericht der Zukunft* herausgestellt.

Zur Verbesserung der Modell- und Ergebniskonsistenz werden für sukzessive Analysen von Grundstücksmarktdaten mit multiplen, linearen Wertbeziehungen für (un)bebaute Grundstücke alternative Modellbildungen auf der Grundlage von Ausgleichungsmodellen (vgl. Kap. 5.3) abgeleitet. Mit der Einführung der inneren und äußeren Zuverlässigkeit können auch Kaufpreise auf grobe Fehler geprüft und ihre Auswirkungen auf abgeleitete Funktionen der Unbekannten beurteilt werden. Auf Grundlage einer beispielhaften Umsetzung werden erste Ergebnisse für die zur Anwendung vorgeschlagene Analysestrategie präsentiert.

Die Darstellung der Varianzkovarianzanalyse für eine Mehrzahl von Wertermittlungsverfahren (vgl. Kap. 5.2) soll für die Praxis verdeutlichen helfen, warum sich Verkehrswerte nur innerhalb gewisser Toleranzbereiche mit bestimmten Wahrscheinlichkeiten ermitteln lassen.

Für die Realisierung eines Web-WIS (vgl. Kap. 5.4) wird die interoperable Nutzung von verteilten Geodaten über Geo-Portale beschrieben. Des Weiteren zeigen Beispiele für Anwendungsportale und Ausführungen zum eCommerce zur Verbesserung der Grundstücksmarkttransparenz die Bedeutung der Entwicklung von Web-WIS auf.

Urheber- und datenschutzrechtliche Aspekte (vgl. Kap. 5.5) sind, wie die Rechtsprechung aktuell zur Wahrung der Leistungsschutzrechte der Gutachterausschüsse bestätigt, zu berücksichtigen. Für ein Web-WIS gilt dies in gesteigertem Maße. Die einschlägigen Rechtsnormen werden für die Aspekte und Komponenten eines WIS auch im europäischen Kontext eingehend erläutert.

Anforderungen aus Sicht der Finanzdienstleistungen und des Steuerrechts (vgl. Kap. 6) an Bodenrichtwerte und die für die Ermittlung von Marktwerten erforderliche Daten belegen den immensen Bedarf an aktuellen aussagekräftigen Grundstücksmarktdaten in Web-WIS. Zur besseren Nachvollziehbarkeit dieser weitergehenden Marktchancen werden neben rechtssystematischen Grundlagen und dem aktuellen Datenbedarf auch zukünftige Entwicklungen aufgezeigt.

1   Aufgaben des Gutachterausschusses nach § 193 Baugesetzbuch

Als Grundlage für die Entwicklung von Zielkomponenten für ein WIS zur Bereitstellung von Grundstücksmarktinformationen bietet sich zur Veranschaulichung zunächst ein Blick auf die rechtliche Entwicklung und
die Interpretation des Aufgabenkataloges der Gutachterausschüsse an. Es soll deshalb auch auf einige wesentliche historische Aspekte eingegangen werden.

Wertermittlungsgrundsätze und –schätzungen finden schon in der Bibel verschiedentlich Erwähnung (Kleiber et al. 2003). *Die Immobilienschätzung war eine priesterliche Aufgabe und so mancher Sachverständige
wünscht sich heute deren biblischen Status herbei (Moses Kap. 27 Vers 14):*

*Wenn jemand sein Haus als heilige Gabe dem Herrn weihen will, so soll der Priester es abschätzen, je nach
dem es gut oder schlecht ist. Wie der Priester es abschätzt, das soll dann Geltung haben.*

Mit der gesetzlichen Einbindung der Grundstückswertermittlung in das frühere Bundesbaugesetz (BBauG)
wurde ein bundeseinheitlicher Rahmen für eine Materie geschaffen, deren früher Ursprung in landesrechtlichen Vorschriften zu finden ist. Dabei konnte auf Bestimmungen zurückgegriffen werden, die sich bereits
im 19. Jahrhundert bewährt haben und insbesondere aktuell in einer Zeit der wirtschaftlichen Dominanz
höchsten Stellenwert einnehmen (Ernst et al. 2005).

So wurde eine amtliche Grundstücksschätzung erstmals mit dem Änderungsgesetz vom 06.07.1849 zur
Württembergischen Gemeindeordnung im Königsreich Württemberg eingeführt. Keine geringere Institution
als die Vollversammlung des Gemeinderats war dort verpflichtet, im Interesse der Rechtsfürsorge Grund-
stücksschätzungen vorzunehmen, wenn es sich um Grundbuch-, Nachlass- und Teilungssachen sowie um
Zwangsvollstreckungen handelte. Darüber hinaus konnten auch auf Antrag Schätzungen vorgenommen
werden. Zu den vorgenannten Zwecken wurden bei den württembergischen Gemeinden Schätzungsabtei-
lungen, bestehend aus ehrenamtlich tätigen Schätzern, eingerichtet. Letztendlich fand erst mit dem Landesgesetz über die Freiwillige Gerichtsbarkeit vom 12.02.1975 die Ablösung durch die Gutachterausschüsse für
Grundstückswerte statt.

Auch in Bayern bestand bereits seit Anfang des 20. Jahrhunderts eine *amtliche Feststellung des Wertes von
Grundstücken* durch von Amtsgerichten beeidigte Schätzer. Ab Ende 1949 wurden mit Rücksicht auf die
Sicherheit von Hypotheken, Grundschulden oder Rentenschulden die Amtsgerichte angewiesen, *unbeschol-
tene Männer* als Schätzer zur Durchführung amtlicher Wertfeststellungen zu ernennen und beeidigen.

Grundsätze für die Aufnahme gerichtlicher Taxen zur Ermittlung des gemeinen Wertes von Hausgrund-
stücken waren im Königsreich Preußen bereits in der Allgemeinen Gerichtsordnung für die preußischen
Staaten von 1793 aufgestellt worden. Entscheidende Impulse erhielt das Schätzwesen, insbesondere zur
Verbesserung der Datengrundlagen für Wertermittlungen, durch die Miquelsche Finanzreform im Jahre
1893. Damit wurden die Grundlagen für die Festsetzung der Grundsteuer nach dem gemeinen Wert geschaffen. Für den Hausbesitz sollte der gemeine Wert auf der Grundlage von Vergleichspreisen abgeleitet
werden. Hierzu hatte der Preußische Finanzminister Miquel mit der technischen Anleitung vom 26.12.1893
eine fortlaufende periodische Sammlung und übersichtliche Zusammenstellung aller Kaufpreise angeordnet.
Durch das Preußische Schätzungsamtsgesetz folgte um 1920 schließlich die Einrichtung von Schätzungs-
ämtern. Ein Schätzungsgutachten konnte neben Gerichten oder Behörden jeder beantragen, der ein berechtigtes Interesse an einer Schätzung hatte. Außerdem sollten damit die Schätzungsgrundlagen weiter
verbessert und vereinheitlicht werden.

Eine detaillierte Beschreibung der Einflüsse des Versicherungs-, Beleihungs- und Gerichtwesens auf die
Entwicklung der Wertermittlungslehre beinhaltet z.B. Kleiber et al. (2003).

Vorschriften über die Wertermittlung von Grundstücken verloren ihre Bedeutung, als aufgrund der Verordnung über das Verbot von Preiserhöhungen vom 26.11.1936 die Preisbildung der Grundstücke dem freien
Spiel der Kräfte des Grundstücksmarktes entzogen und die Grundstückspreisentwicklung gestoppt wurde.

Erst mit Wirkung vom 30.10.1960 wurden in den alten Bundesländern die Preisvorschriften für den Grundstücksverkehr sowie die Preisvorschriften nach den §§ 2 und 3 des Preisgesetzes vom 10.04.1948 durch
§ 185 BBauG und die Verordnung über die Preisüberwachung vom 07.07.1942 mit § 186 Nr. 65 BBauG
1960 wieder aufgehoben. Nachdem der Grundstücksmarkt über 20 Jahre lang eine *terra incognita* bildete,
wie der wissenschaftliche Beirat für Fragen der Bodenbewertung 1958 schrieb, war damit der gesamte
Grundstücksmarkt wieder dem freien Spiel von Angebot und Nachfrage ausgesetzt (Ernst et al. 2005). Für
den Bereich der neuen Bundesländer wurden die Preisvorschriften mit der Verordnung über die Aufhebung
bzw. Beibehaltung von Rechtsvorschriften auf dem Gebiet der Preise vom 25.06.1990 mit Wirkung vom
01.07.1990 aufgehoben.

Angesichts der angespannten Lage auf dem Baulandmarkt der alten Bundesländer galt es im Folgenden vor allem den Grundstücksmarkt übersichtlich zu gestalten. Käufer wie Verkäufer hatten keine objektiven Anhaltspunkte, an denen sie sich bei der Preisübereinkunft orientieren konnten. Es erwies sich als unverzichtbar, die Ermittlung von Grundstückswerten für die Durchführung städtebaulicher Maßnahmen zur Sicherung der Bauleitplanung, zur Bodenordnung oder bei Entschädigungen auf bundesgesetzlicher Grundlage zu regeln. Angesichts der Bedeutung der Grundstückswerte für das Bodenrecht und den Grundstücksverkehr ist aufgrund des Art. 74 Nr. 18 Grundgesetz (GG) die Befugnis des Bundes zum Erlass von Vorschriften über die Wertermittlung auch dann gegeben, wenn solche Vorschriften über den engen Anwendungsbereich des Vollzugs von Bundesgesetzen hinausgehen.

Als zentrale Anliegen wurden im BBauG die Begriffe *Schätzung* und *Schätzungsstellen* durch *Wertermittlung* und *Gutachterausschüsse* ersetzt, um klarzustellen, dass es sich nicht nur um die Abgabe von subjektiven Meinungsäußerungen handelt, sondern um eine nach objektiven Gesichtspunkten vorgenommene Ermittlung des Grundstückswertes durch unabhängige Gutachterausschüsse. Einem Antrag folgend wurde empfohlen, Vorschriften über die Anlegung von Kaufpreissammlungen, die Ermittlung von Bodenrichtwerten und die Zusammenstellung von Richtwertübersichten in den Gesetzentwurf neu aufzunehmen. Zentrale Bedeutung ist auch heute noch den Forderungen nach Unabhängigkeit, Sachkunde und Erfahrung der Gutachter beizumessen. Es folgten auf Grundlage der Ermächtigung des § 141 Abs. 4 BBauG die Verordnung über Grundsätze für die Ermittlung des Verkehrswertes von Grundstücken von 1961 und 1972.

Durch das BBauG 1976 wurde der Aufgabenkatalog der Gutachterausschüsse, insbesondere sollten z.B. Gutachten über den Wert von Rechten an Grundstücken erstattet werden können, erweitert. Die Ableitung von für die Wertermittlung wesentlichen (sonstigen erforderlichen) Daten wurde gleichfalls aufgenommen. Des weiteren wurde die städtebauliche Wertermittlung soweit als möglich mit der steuerlichen Bewertung verbunden (§§ 143a Abs. 4, 143b Abs. 3 BBauG 1976).

Durch das am 01.07.1987 in Kraft getretene Baugesetzbuch (BauGB) wurde die Aufteilung in die Abschnitte *Gutachterausschüsse* und *Wertermittlung* aufgegeben, die Wertermittlungsvorschriften sind jetzt unter den Gesichtspunkten einer Straffung und besseren Gliederung im Ersten Teil des Dritten Kapitels des BauGB (§§ 192 bis 199) zusammengefasst. Bundesgesetzliche Regelungen wurden dort zurückgenommen, wo der Gesetzgeber die größere Kompetenz bei den Ländern erblickte bzw. es sich um reine Verwaltungsverfahren handelt. Während das Gesetz den bundesrechtlichen Rahmen für die Einrichtung, Zusammensetzung, Organisation und das Verfahren der Gutachterausschüsse in formeller Hinsicht gibt und die Regelung von Einzelheiten Rechtsverordnungen der Länder vorbehalten bleibt (§ 199 Abs. 2), sind dem bundesrechtlichen Rahmen weiterhin die Grundsätze materieller Wertermittlungsvorschriften durch Rechtsverordnung der Bundesregierung zugeordnet (§ 199 Abs. 1). Die wichtigste Rechtsverordnung ist die Verordnung über Grundsätze für die Ermittlung des Verkehrswertes von Grundstücken (Wertermittlungsverordnung - WertV 1988).

Aufgabe der Gutachterausschüsse ist es in erster Linie, durch ihre Wertermittlung für die Transparenz des Grundstücksmarktes zu sorgen. Der Bodenmarkt soll für die Marktteilnehmer übersichtlich gemacht werden. Die Möglichkeit der Marktbeobachtung und das so gewonnene Urteil über den wirklichen Grad der Knappheit des betreffenden Wirtschaftsgutes gehören zu den wesentlichen Vorbedingungen für das gute Funktionieren eines jeden Marktes. Erst wer vergleichen und aus diesem Vergleich Schlüsse über den Wert eines Gegenstandes ziehen kann, wird gegen Übervorteilung geschützt. Die durch die Arbeit der Gutachterausschüsse bewirkte Transparenz des Marktes soll dazu führen, dass sich auch der in Grundstücksgeschäften nicht erfahrene Vertragspartner zuverlässig über die Markttendenzen unterrichten kann. Diese Ziel sollen die Gutachterausschüsse mit verschiedenen Mitteln erreichen:

- Erstattung von Gutachten über den Verkehrswert von bebauten und unbebauten Grundstücken sowie Rechten an Grundstücken
- Erstattung von Gutachten über die Höhe der Entschädigung für den Rechtsverlust und über die Höhe der Entschädigung für andere Vermögensnachteile
- Führung und Auswertung einer Kaufpreissammlung sowie Auskünfte
- Ermittelung von Bodenrichtwerten
- Ermittelung sonstiger zur Wertermittlung erforderlicher Daten (z.B. Indexreihen, Umrechnungskoeffizienten)
- Länderspezifische Aufgabenübertragungen (z.B. Mietwertgutachten)

Zur Führung der Kaufpreissammlung und der Einholung von Auskünften finden sich Regelungen in den §§ 195 und 197 BauGB. Damit kann die wesentliche fachliche Datenbasis geschaffen werden.

Die Verbesserung der Wertermittlungsgrundlagen durch sachverständige Analyse des Kaufpreismaterials ist Hauptziel der WertV 1988. Verkehrswerte können nur dann verständlich ermittelt und überzeugend begründet werden, wenn die in die Wertermittlung eingehenden Daten der Lage auf dem Grundstücksmarkt entsprechen und belegt werden (Kleiber et al. 1989).

Die digitale Führung der Kaufpreissammlung und der Bodenrichtwerte ist hierbei Voraussetzung für die Weiterentwicklung zu einem WIS (AdV 2002). Die Einführung eines WIS hat Mürle (1994a) als einen Beitrag zur Transparenz des Immobilienmarktes im allgemeinen bezeichnet. Es dient nicht nur der besseren Nachvollziehbarkeit und Objektivität von Gutachten, vielmehr werden dadurch die Sicherheit der Teilnehmer am Grundstücksmarkt und der Rechtsfrieden gefördert. Nach den bisher gewonnenen Erfahrungen amortisiert sich der Aufwand für die erstmalige Einrichtung eines WIS durch die Vorteile innerhalb kurzer Zeit (AdV 2002).

Welche Rolle bei der praxisorientierten GIS-Nutzung der Vermessungsingenieur einnehmen kann, haben Magel und Neumeier (2003) in einem *Plädoyer für eine bessere Verschränkung von Geodäsie und GIS* (Geo-Informationssysteme) eindrucksvoll zum Ausdruck gebracht, in dem dringlichst für eine Ausrichtung des Berufsbildes des Vermessungsingenieurs im internationalen Kontext geworben wird.

Um für globale und kontinentale Aufgaben gerüstet zu sein, müssen sich deutsche Vermessungsingenieure und Ausbildungsstätten vor allem auch den großen Themen der Weltgemeinschaft wie *land management and land markets, regional and local planning in urban and rural areas, land administration and land registration, acces to land and secure tenure, environment monitoring or disaster management* zuwenden. Geodäten brauchen neben GIS-Fähigkeiten eine Kernkompetenz in einem der vorgenannten Aufgabenfelder oder in anderen Kernbereichen. Dies erfordert von Geodäten eine gesunde Mischung aus breit angelegtem Wissen und in die Tiefe gehendem Spezialwissen (*sattelfest spezialisierter Generalist*).

Das neue FIG-Leitbild des Vermessungsingenieurs (FIG 2003) drückt diesen engen zukunftsorientierten Zusammenhang von GIS und Survey sehr klar aus:

Es geht längst nicht mehr nur um das Datensammeln und um Datenmodellierung. Nein, es geht um die Gesamtheit von Land, property und construction managing.

Folglich sind insbesondere auch Kenntnisse und Fähigkeiten über die Wertermittlung von Grundbesitz und GIS als Aufgaben eines Vermessungsingenieurs aktualisiert worden.

Die Konzeption und Realisierung eines WIS mag hierbei als Herausforderung und Motivation zur Lösung weiterer fachbezogener GIS durch Geodäten stehen.

2   Informationssysteme

Fragestellungen mit einem räumlichen Aspekt sind so alt wie die Menschheit. Diese Fragen beziehen sich auf einen mehr oder weniger großen Ausschnitt der Erde wie zum Beispiel:

- Wo bin ich ?
- Wo finde ich … ?
- Wo finde ich die/den nächste(n) … ?
- Wie komme ich nach … ?
- Wie weit ist es nach … ?
- Was ist in … ?
- Wohin führt mich dieser Weg ?

Die Informationen zu ihrer Beantwortung werden Geoinformationen genannt (IMAGI 2003). Geoinformationen sind Informationen über Objekte und Sachverhalte mit Raumbezug. So kann es nicht verwundern, wenn aktuelle Studien zur Nutzung von Geoinformationen zeigen, dass mehr als 80% aller Handlungen und Entscheidungen direkt oder indirekt auf raumbezogenen Informationen beruhen (Initiative D 21 e.V 2002).

Nicht der Bedarf nach solchen Informationen hat sich folglich über die Zeit geändert, sondern die Technologie für ihre Ermittlung und Vermittlung. Dabei sind Geodaten rechnerlesbare Geoinformationen, die in Geo-Informationssystemen verarbeitet werden können.

2.1   Geo-Informationssysteme

Die im Folgenden aufgelisteten Definitionen und dargestellten Grundlagen der Geo-Informationssysteme (GIS) sind soweit nicht gesondert gekennzeichnet den Lehrbüchern Bill (1999a, 1999b) entnommen. Für Einzelheiten wird auf die Literatur verwiesen.

Ein GIS kann durch ein Vierkomponenten-Modell im Aufbau gekennzeichnet werden.

Definition 2.1: Geo-Informationssystem
Ein Geo-Informationssystem ist ein rechnergestütztes System, das aus Hardware, Software, Daten und den Anwendungen besteht. Mit ihm können raumbezogene Daten digital erfasst und redigiert, gespeichert und reorganisiert, modelliert und analysiert sowie alphanumerisch und graphisch präsentiert werden (Abb. 2.1).

Hardware	H
Software	S
Daten	D
Anwendungen	A

Abb. 2.1: Der Aufbau eines Geo-Informationssystems

Der Raumbezug stellt sich aus Sicht des Nutzers sehr unterschiedlich (z.B. Koordinaten, Kennziffern, Ortsnamen, Adressen) dar.

Für die Aufgaben eines GIS kann gleichfalls ein Vierkomponentenmodell unterschieden werden (Abb. 2.2).

Unter Eingabe versteht man heute außer der unmittelbaren Dateneingabe am Rechner die Gewinnung der raumbezogenen Daten durch eine Vielzahl an Methoden und in enger Relation hierzu die Kosten.

E	Eingabe	Input	I
V	Verwaltung	Management	M
A	Analyse	Analysis	A
P	Präsentation	Presentation	P

Abb. 2.2: Das Vierkomponenten-Modell der Aufgaben

Den Kern des Softwareteils zur Verwaltung von raumbezogenen Daten bilden die Datenbank (DB) mit ihrem zugehörigen Datenbankmanagementsystem (DBMS), deren Datenbankmodell hierarchisch, netzwerkartig, relational oder objektorientiert sein kann. Hier werden die Daten hinsichtlich ihrer Geometrie und Thematik geordnet.

Die Analysen dienen der Gewinnung von neuen Informationen, um Entscheidungsgrundlagen zur Verfügung zu stellen - ihre Methoden reichen von geometrischen, logischen und relationalen Verknüpfungen der Daten bis hin zu statistischen Methoden.

Die Ausgabekomponente eines GIS ist nach der Analyse der wichtigste Teilaspekt, da die Visualisierung der Ergebnisse mit den Methoden der Kartographie große Vorteile gegenüber der Darstellung von reinen Zahlenkolonnen besitzt und dadurch die Akzeptanz beim Benutzer erhöht.

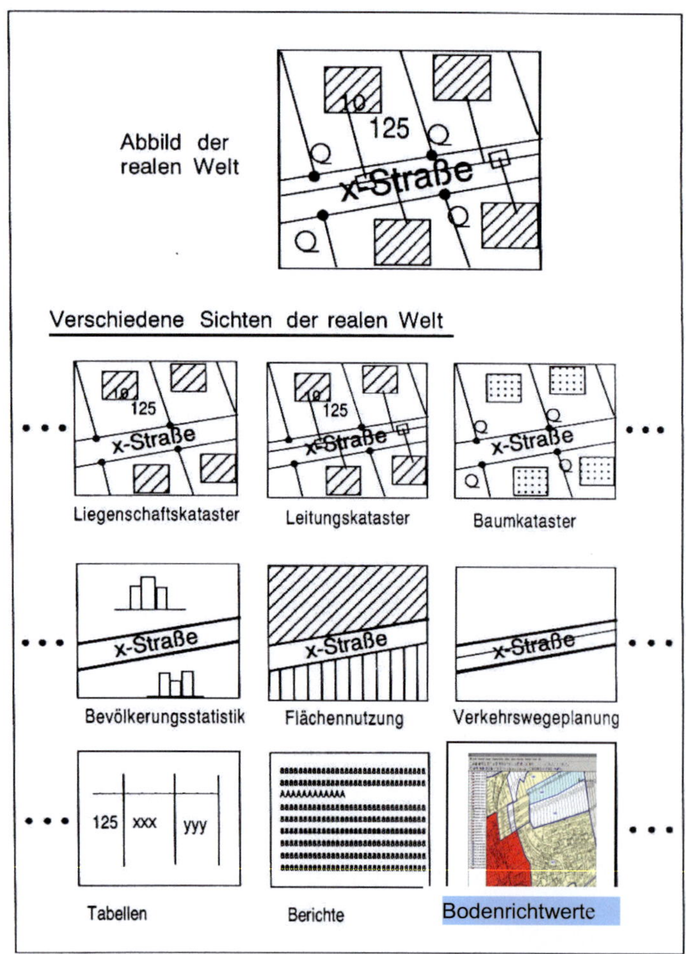

Abb. 2.3: Verschiedene Sichten auf Abbildungen der realen Welt - Bodenrichtwerte

Die gemeinsame Verwaltung und Analyse von Geometrie- und Sachdaten ermöglicht die Entstehung von unterschiedlichsten Modellen bzw. Sichten der realen Welt (Abb. 2.3). Der Bereich der thematischen Daten kann dabei unterschiedlichsten Anwendungsfällen zugeordnet werden. Neben den Land-, Raum-, Umwelt- und Netzinformationssystemen wurden für fachspezifische Fragestellungen als eine besondere Klasse der Geo-Informationssysteme die Fachinformationssysteme (z.B. WIS) realisiert.

Die in einem GIS enthaltenen Einheiten, die elementar oder zusammengesetzt sein können und die sowohl eine geometrische als auch eine thematische Komponente aufweisen, werden als raumbezogene Objekte oder kurz Objekte bezeichnet. Ein Objekt besitzt eine individuelle Identität, das jedoch einer Objektklasse zugeordnet werden kann.

Jedes Objekt wird in GIS durch die folgenden Charakteristika (Abb. 2.4) beschrieben:

- Geometriedaten (Vektor- und Rasterdarstellung)
- Topologische Beziehungen (Knoten, Kanten, Flächen)
- Thematische Ausprägungen (Sachdaten oder Attribute)
- Grafikbeschreibende Daten
- Objektidentifikatoren (Schlüssel)

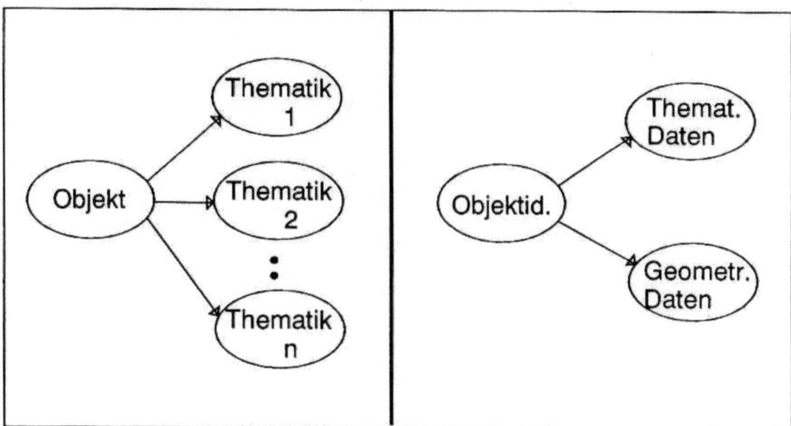

Abb. 2.4: Thematische Zuordnungen und Objektidentifikator

Unter Vektordaten wird die auf Punkten beruhende Beschreibung von raumbezogenen Objekten verstanden. Ihre Grundelemente sind der Punkt, die Linie und die Fläche (geschlossener Linienzug). Ferner werden noch Nachbarschaftsbeziehungen angegeben wie z.B. Anfangs- und Endpunkt einer Linie sowie daran angrenzende Flächen.
Innerhalb der Topologie ist nur die Tatsache wichtig, dass Punkte und Linien in einer bestimmten gegenseitigen Beziehung stehen, und nicht die geometrische Form dieser Beziehungen. Die äußere Geometrie, d.h. die Lage der Knoten und die Form der Kanten, spielt nur für die geometrische Darstellung eine Rolle. Vektordaten sind vorwiegend dort anzutreffen, wo großmaßstäbige Daten (Maßstab bis 1:10 000) oder Daten hoher Genauigkeit verarbeitet werden.

Die Rasterdarstellung bezieht sich direkt auf Flächen. Das geometrische Grundelement ist das Pixel (Bildelement), welches zeilen- und spaltenweise in einer Matrix gleichförmiger Elemente angeordnet ist und einheitliche Flächenfüllung aufweist. Durch die Rasterung entsteht eine Bildmatrix, die mit einem Koordinatensystem dargestellt wird. Es existieren keine logischen Verbindungen zwischen den einzelnen Bildelementen. Rasterdaten enthalten lediglich Werte über Eigenschaften der Pixel (Grau- oder Farbwerte, Höhen u.a.). Die Hauptanwendungsbereiche liegen im mittleren Maßstabsbereich (1:10 000 bis 1:1 000 000).

Entsprechend bezeichnet man ein GIS als vektor- bzw. rasterorientiert oder hybrides GIS, wenn vektor- und rasterorientierte Systeme vereinigt vorliegen.

Grafikbeschreibende Daten sind Aussagen über die Art und Weise, wie ein räumliches Objekt (d.h. Geometrie und Attribute) unter einer bestimmten Thematik an einem bestimmten Ausgabegerät dargestellt werden können. Hierzu gehören z.B. Farbe, Füllung, Symbol, Linienstil oder Grauwerte.

An GIS werden nach Brassel (1987) die folgenden generellen Anforderungen gestellt:

- Verwaltung großer heterogener Mengen räumlich indizierter Punkte
- Abfrage nach Existenz, Position und Eigenschaften von raumbezogenen Objekten
- Fähigkeit der Interaktion solcher Abfragen
- Flexibilität bei der Anpassung an die vielfältigen Anforderungen verschiedenster Nutzer
- Lernfähigkeit des Systems über die raumbezogenen Daten während der Nutzung (z.B. Merken des bereits erfassten oder analysierten Datenbestandes oder von angewandten Regeln)

Für Programmpakete im GIS-Bereich gilt generell die in Abb. 2.5 skizzierte Softwarehierarchie. Anwendungssoftware ist der Oberbegriff für alle Programme, die nicht Teil der Grundsoftware sind. Diese Programme lösen die aus den Zielen des Anwenders abgeleiteten, klar definierten Datenverarbeitungsaufgaben für raumbezogene Daten durch Nutzung der Grundsoftware und Systemsoftware.

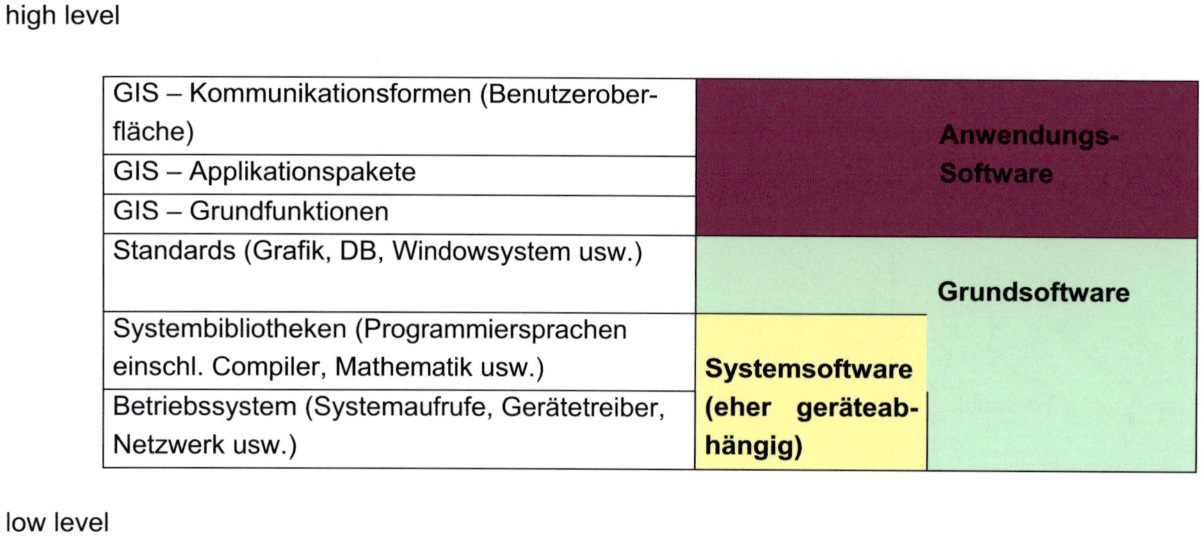

high level

GIS – Kommunikationsformen (Benutzeroberfläche)	**Anwendungs-Software**
GIS – Applikationspakete	
GIS – Grundfunktionen	
Standards (Grafik, DB, Windowsystem usw.)	**Grundsoftware**
Systembibliotheken (Programmiersprachen einschl. Compiler, Mathematik usw.)	**Systemsoftware (eher geräteabhängig)**
Betriebssystem (Systemaufrufe, Gerätetreiber, Netzwerk usw.)	

low level

Abb. 2.5: Softwarehierarchie in einem GIS-Produkt

Je höher der Benutzer in dieser Hierarchie angesiedelt ist, desto einfacher ist das System i.d.R. für ihn zu bedienen. Ausführliche Beschreibungen können Bill (1999a) entnommen werden.

2.2   Daten

Der wesentlichste Bestandteil von GIS sind die Daten, mit denen sie arbeiten. Die Geodaten werden begrifflich nach Geobasisdaten und (Geo)-Fachdaten unterschieden.

Definition 2.2: Geodaten
Geodaten sind Daten über Gegenstände, Geländeformen und Infrastrukturen an der Erdoberfläche, wobei als wesentliches Element ein Raumbezug vorliegen muss. Sie beschreiben die einzelnen Objekte der Landschaft. Geodaten lassen sich über den Raumbezug miteinander verknüpfen, woraus insbesondere unter Nutzung von GIS-Funktionalitäten wiederum neue Informationen abgeleitet werden können. Auf und mit ihnen lassen sich Abfragen, Analysen und Auswertungen für bestimmte Fragestellungen durchführen. Geodaten sind als Ware im Geodatenmarkt anzusehen. Geodaten lassen sich in zwei große Teilkomplexe aufteilen, nämlich die Geobasisdaten und die Geofachdaten (Fachdaten).

Die besondere Bedeutung der Geobasisdaten (vgl. Kap. 2.2.1) in einem GIS wird im LV-Shop des Landesbetriebs *Vermessung Baden-Württemberg* mit einer Anleihe aus der heimischen Küche aufgezeigt (Abb. 2.6). Das Geobasisdatenportal des Landesvermessungsamtes NRW wurde offiziell am 12.04.2006 eröffnet. Sämtliche Geobasisdaten der Landesvermessung können nunmehr über das Internet erworben werden. Die digitalen Daten werden im Anschluss an die Bestellung vollautomatisch über das Internet bereitgestellt.

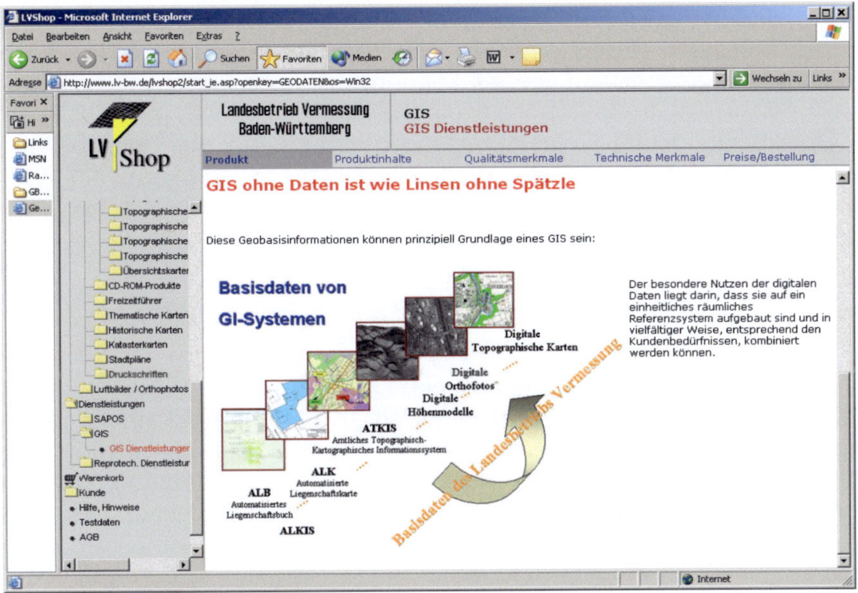

Abb. 2.6: GIS ohne Daten

2.2.1   Geobasisdaten

Für Geobasisdaten lässt sich nachfolgende Beschreibung angeben:

Definition 2.3: Geobasisdaten
Geobasisdaten sind eine Teilmenge der Geodaten. Zu ihnen zählen insbesondere die Daten der Vermessungsverwaltung, die als Grundlage für viele Anwendungen geeignet sind. Speziell umfasst der Geobasisdatensatz die vorhandenen Daten aus ALK, ALB (zukünftig vereint in ALKIS) und ATKIS sowie die bisher separat geführten DGM und die gescannten topografischen Kartenwerke. Zukünftig zählen hierzu auch die Bilddaten wie Orthophotos, Luft- und Satellitenbilder.

Es soll eine kurze Übersicht über die amtlichen Informationssysteme der Geobasisdaten der Arbeitsgemeinschaft der Vermessungsverwaltungen der Länder der Bundesrepublik Deutschland (AdV) ohne Vertiefung der technologischen Aspekte gegeben werden.

2.2.1.1   ALB

Das Automatisierte Liegenschaftsbuch (ALB) enthält als das mit dem rechtsorientierten Grundbuch korrespondierende Verzeichnis die Eigentums-, Grundstücks- und die Flurstücksangaben. Zum erstgenannten Bereich gehören der Name des Eigentümers, ggf. sein Geburtsdatum und seine Anschrift, das Grundstückskennzeichen und die Buchungsart im Grundbuch. Die Flurstücksdaten beinhalten die Ordnungsmerkmale eines Flurstücks, die Lagebezeichnung, die Nutzungsart, die Flurstücksfläche, die Klassen- und Wertzahlen der Bodenschätzung sowie sonstige Vermerke und Hinweise zum Flurstück, insbesondere auf öffentlich-rechtliche Verfahren wie Umlegung und Sanierung (Bill et al. 2002).

2.2.1.2   ALK

Die Automatisierte Liegenschaftskarte (ALK) dient der bildhaften Darstellung der Flurstückssituation auf der Erdoberfläche. Sie besteht zunächst aus dem ALK-Datenbankteil. Dort werden die Daten der ALK in zwei Dateien gespeichert:

- Die Punktdatei enthält alle im Liegenschaftskataster geführten Punkte mit ihren Koordinaten sowie zusätzliche Punktinformationen.
- Die Grundrissdatei enthält die gesamte Geobasisdateninformation der bisherigen analogen Liegenschaftskarte.

Weiterhin gehört zur ALK der ALK-Verarbeitungsteil. Hier sind die Anwendungsprogramme angesiedelt, die zur Koordinatenberechnung, zur Erfassung und Verarbeitung der Geobasisdaten und zur Ausgabe in graphischer Form benötigt werden. Die Verbindung zwischen Datenbank- und Verarbeitungsteil stellt eine Schnittstelle, die Einheitliche Datenbankschnittstelle (EDBS), her. In der Grundrissdatenbank sollen auch Verknüpfungsmerkmale zu anderen Fachdateien gespeichert werden können.

Für die ALK sind Festlegungen zur Objektbildung und Objektabbildung getroffen. An die Objektbildung schließt sich die Abbildung der Kartenobjekte in der Grundrissdatei an. Alle diese Festlegungen sind in einem Objektabbildungskatalog (OBAK) nachgewiesen, der von der AdV als Musterentwurf vorgegeben wurde (Bill et al. 2002).

2.2.1.3   ALKIS

ALKIS bildet die bisherigen Konzepte ALB und ALK in einem einheitlichen Modell ab. ALK und ALB weisen ca. 75 % redundant gespeicherte Daten auf. Allerdings fehlt bisher durch zwei nicht aufeinander abgestimmte Datenmodelle eine durchgängige Objektsicht. Als weitere Defizite wurden die fehlende Abstimmung mit ATKIS und internationalen Normen identifiziert sowie ein Fehlen von Qualitäts- und Metadaten. Ziel von ALKIS ist u.a. die gemeinsame Verwaltung von Geometrie- und Sachdaten des Liegenschaftskatasters.

Mit der Verabschiedung des Amtlichen Liegenschaftskataster-Informationssystems (ALKIS) durch die AdV wurde ein bundeseinheitlicher Standard zur Führung der amtlichen Geobasisdaten geschaffen, der die internationalen Normen der ISO/TC 211 *Geographic Information/Geomatics* (vgl. Kap. 2.4) zur formalen Beschreibung von Sachverhalten im Bereich der Geoinformation berücksichtigt. Die Überführung (Migration) der umfangreichen ALK- und ALB-Datenbestände kann derzeit umgesetzt werden, wobei sich die bekannten Probleme von parallel geführten Systemen trotz aller Qualitätssicherungsmaßnahmen eindrucksvoll manifestieren.

2.2.1.4   ATKIS

Mit dem Amtlichen Topographisch-Kartographischen Informationssystem (ATKIS) wird die Topographie der Bundesrepublik Deutschland in einer geotopographischen Datenbasis mit einheitlicher Datenstruktur beschrieben und in Form nutzungsorientierter Erdoberflächenmodelle bereitgestellt. Vom Charakter handelt es sich um ein GIS. Ziel ist es, über die traditionellen topographischen Landeskartenwerken hinaus, digitale Erdoberflächenmodelle als öffentlich-rechtliche Datenbasis und geotopographische Raumbezugsbasis für die Anbindung und Verknüpfung mit Geofachdaten bereitzustellen. ATKIS beschreibt die Landschaft mit unterschiedlichen Anwendungszielen in folgenden Produktgruppen (AdV 2005):

- Digitale Landschaftsmodelle (Basis-DLM, DLM50 und kleiner)
- Digitale Geländemodelle (DGM5 und kleiner)
- Digitale topographische Karten (DTK10 und kleiner) einschließlich Auszügen
- Digitale Bildmodelle (DBM) in Form digitaler Orthophotos (DOP)

Der Objektartenkatalog (ATKIS-OK) des ATKIS hat die Aufgabe, die Landschaft nach vornehmlich topographischen Gesichtspunkten zu gliedern, die topographischen Erscheinungsformen und Sachverhalte der Landschaft (Landschaftsobjekte) zu klassifizieren und damit den Inhalt der Digitalen Landschaftsmodelle (DLM) festzulegen sowie die für den Aufbau der DLM erforderlichen Modellierungsvorschriften bereitzustellen (AdV 2003).

Um das Auffinden der Objektarten im ATKIS-OK zu unterstützen, ist der Katalog in sieben Objektbereiche und weiter in Objektgruppen gegliedert, die die Objektarten nach sachlogischen Gesichtspunkten ordnen. Eine einzelne Objektart wird schließlich durch Namen, Attribute und Attributwerte beschrieben.

Der ATKIS-OK ist offen und ergänzungsfähig hinsichtlich weiterer Objektarten und Attribute aus topographischer wie auch ggf. aus anderer fachlicher Sicht. Hierdurch unterstützt er den Aufbau anderer fachlicher Informationssysteme auf zweifache Weise:

- Fachliche Informationen können an die topographischen Informationen des DLM geknüpft werden, wobei die Struktur des DLM auch für das Fachinformationssystem benutzt wird, oder

- die für das fachliche Informationssystem benötigten topographischen Informationen werden mit Hilfe des ATKIS-OK aus dem DLM selektiert und anschließend mit den fachlichen Informationen, u.U. anderer Struktur, verknüpft.

2.2.1.5   Gemeinsames AFIS-ALKIS-ATKIS-Referenzmodell

Die AdV-Projekte AFIS (Amtliches Festpunkt-Informationssystem), ALKIS und ATKIS werden in einem gemeinsamen Referenzmodell miteinander in Beziehung gebracht und als AFIS-ALKIS-ATKIS (AAA)-Anwendungsschema dokumentiert. Sie werden mit ihren länderübergreifend festgelegten Eigenschaften in durchgängiger Form gemeinsam beschrieben. Damit schafft die AdV ein Konzept zur integrierten Führung der Geobasisdaten des amtlichen Vermessungswesens. Grunddatenbestand des gemeinsamen Anwendungsschemas ist der von allen Vermessungsverwaltungen der Länder in AFIS, ALKIS und ATKIS bundeseinheitlich zu führende und dem Nutzer länderübergreifend zur Verfügung stehende Datenbestand. Dazu gehören auch die entsprechenden Metadaten (AdV 2005). Internationale Normungs- bzw. Standardisierungsaktivitäten des ISO/TC 211 in Form der Normfamilie 191xx und Teile der Spezifikationen des OGC sind berücksichtigt worden (vgl. Kap. 2.4).

Überregionale Nutzer und GIS-Industrie fordern im Hinblick auf die Inhalte und die Strukturierung der Geobasisdaten sowie aus Gründen der Wirtschaftlichkeit die Festlegung eines bundesweit einheitlichen Grunddatenbestandes.

Ein Anwendungsschema liefert die formale Beschreibung für Datenstrukturen und Dateninhalte in einer oder mehreren Anwendungen. Es enthält die vollständige Beschreibung eines Datenbestandes und kann neben den geographischen auch weitere dazugehörige Daten enthalten. Ein grundsätzliches Konzept, die reale Welt zu abstrahieren, ist die Einführung des Fachobjekts und Regeln, wie es erfasst und fortgeführt wird. Der Zweck eines Anwendungsschemas ist es, ein gemeinschaftliches und einheitliches Verständnis der Daten zu erreichen und die Dateninhalte für eine bestimmte Anwendungsumgebung so zu dokumentieren, dass eindeutige Informationen über die Daten erhalten werden.

Im Interesse einer möglichst einheitlichen Realweltmodellierung erfolgte eine Katalogharmonisierung zwischen ALKIS und ATKIS. Harmonisierung bedeutet, dass immer dann, wenn fachlich identische Sachverhalte darzustellen sind, auch gleiche Objektarten mit identischer Semantik modelliert werden. Darüber hinaus gibt es spezielle Objektarten, die nur im Liegenschaftskataster oder für ATKIS relevant sind. Die Inhalte, Strukturen und Herstellungsvorschriften werden im AFIS-ALKIS-ATKIS - Referenzmodell auf der Regelungsebene durch den Objektartenkatalog (OK) und Signaturenkatalog (SK) definiert.

Zur Modellierung von Fachinformationen wurde u.a. ein Beispiel für Bodenrichtwerte auf Grundlage der länderübergreifenden Konzeption von VBORIS dokumentiert (AdV 2004).

2.2.1.6   MERKIS

MERKIS (Maßstaborientierte Einheitliche Raumbezugsbasis für Kommunale Informationssysteme) wurde vom Deutschen Städtetag 1988 den Mitgliedsstädten zum Aufbau von raumbezogenen Informationssystemen empfohlen. Unter dem Begriff *MERKIS* wird daher eine raumbezogene Datenbasis für fachspezifische raumbezogene kommunale Informationssysteme (Bill et al. 2002) verstanden, die

- das Gauß-Krüger-Landeskoordinatensystem als Grundlage hat,
- ein einheitliches fachunabhängiges Datenmodell verwendet,
- in drei zunächst selbständige maßstaborientierte Raumbezugsebenen 1:500 bis 1:1 000 (Stadtgrund-/Flurkarte *RBE 500*, Grundstufe), 1:2 500 bis 1:5 000 (Topografische Stadtkarte/Deutsche Grundkarte *RBE 5 000*, 1.Folgestufe) und 1:10 000 bis 1:50 000 (Stadtübersichtskarte *RBE 10 000* 2.Folgestufe), die getrennt für die verschiedenen Anforderungen der Fachbereiche eingesetzt werden, gegliedert wird und
- eine einheitliche Datenbankschnittstelle verwendet.

Eine Erweiterung und Aktualisierung des MERKIS-Konzeptes im Jahr 1994 ergab als wesentliche Änderung eine Beschränkung auf zwei Basisdatenbestände mit den Maßstabsbereichen 1:500 - 1:2 000 sowie 1:5 000 und kleiner. Da die Einführung eines GIS nur bei Existenz des kompletten Datenbestandes der betrachteten Fläche sinnvoll ist, wurde in der Empfehlung die Bedeutung der ALK für großmaßstäbige und ATKIS für kleinmaßstäbige Anwendungen als komplette, flächendeckende Geobasisdatenbestände hervorgehoben. Dabei eigenen sich ATKIS-Daten aufgrund ihrer Struktur, der Verwendbarkeit definierter Objektbereiche, ihrer hohen Informationsdichte sowie einer Lagegenauigkeit von wenigen Metern für einen Großteil der im kommunalen Bereich notwendigen raumbezogenen Fachaufgaben, insbesondere wenn topographische Aussagen benötigt werden.

2.2.2   Geofachdaten

Definition 2.4: Geofachdaten
Geofachdaten sind die in den jeweiligen Fachdisziplinen erhobenen Daten. Durch den Zusatz Geo *soll konkretisiert werden, dass auch diese Daten einen Raumbezug besitzen. Zumeist wird dieser Zusatz aber weggelassen (Bill 1999a).*

Abb. 2.7 zeigt unterschiedliche thematische Dimensionen in einem GIS. In ihrer Gesamtheit repräsentieren sie die reale Welt. Die Geofachdaten in der Immobilienwertermittlung werden als Grundstücksmarktdaten bezeichnet. Die Grundstücksmarktdaten fließen in das WIS ein. Hinsichtlich der einzelnen Grundstücksmarktinformationen, die als Daten in einem WIS geführt werden (sollten), wird auf Kap. 5.1 verwiesen.

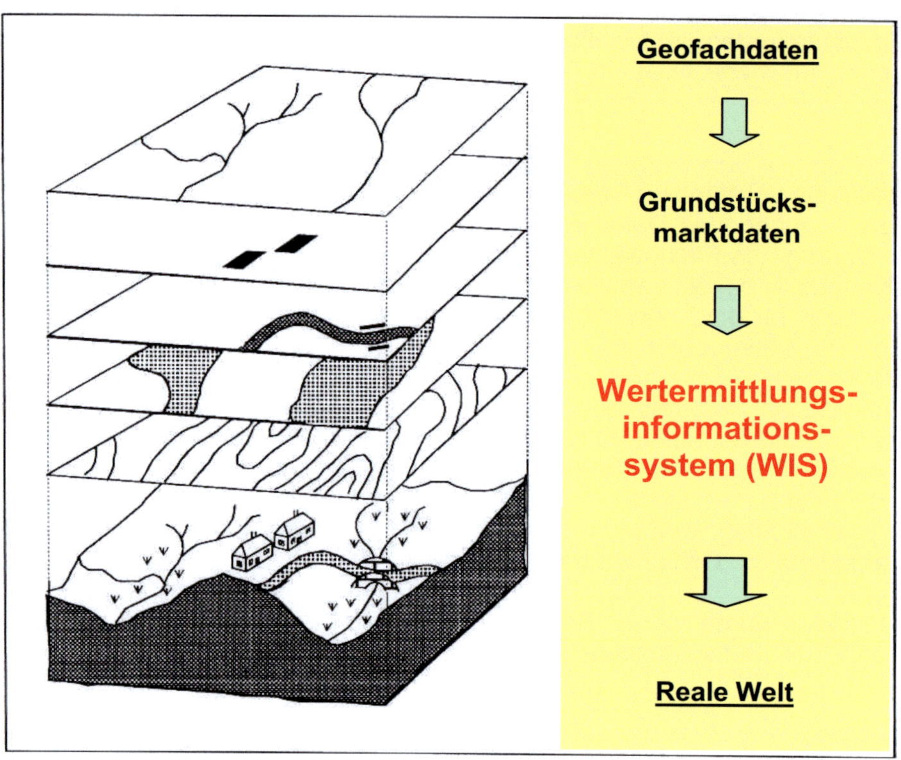

Abb. 2.7: Thematische Dimensionen - WIS

Die Erfassung der raumbezogener Daten ist eine höchst arbeitsintensive und kostenaufwendige Tätigkeit (Bill 1999a). Die Anforderungen an Vollständigkeit, Aktualität, Fehlerfreiheit und Struktur der Datenbasis sind generell hoch. Die Wahl der Erfassungsmethode hängt im wesentlichen von der Anwendung und dem zu erfassenden Objekt ab. Bei der Vielzahl möglicher Informationen, die zum Teil auch schon in digitaler Form vorliegen, gilt es generell vor einer Neuerfassung abzuklären, inwieweit bereits existierende Daten unter Berücksichtigung der Maßstabsbereiche Verwendung finden können.

2.2.2.1   Metadaten

Mit der zunehmenden Verfügbarkeit von Geodaten und der weiteren Verbreitung des Anwendungsspektrums von GIS ergibt sich vermehrt der Bedarf nach Aussagen über vorhandene Datenbestände sowie deren Nutzbarkeit und Qualität. Transparenz ist hierbei auch zur Vermeidung von Doppelaufwand dringendst geboten. Wer seine Geodaten nicht übersichtlich und informativ verwaltet und diese dem Benutzer nicht gut dokumentiert anbietet, besitzt Daten, die nicht existieren (Bill et al. 2002).

Metainformationen sind Informationen zur Beschreibung von Informationen. Es handelt sich hierbei also um Informationen, die notwendig sind, um Daten in einem Informationssystem gebrauchsfähig zu machen. Derartige Metainformationen beinhalten den zentralen Nachweis über den fachlichen Informationsbestand, auch wenn die Informationen durchaus verteilt sein mögen und sind folglich für die Funktionsweise eines Geodatenmanagements und -marktes von entscheidender Bedeutung. Metadaten sind somit Informationen, die es ermöglichen, gezielt Geodaten zu finden, auf diese zuzugreifen oder sie einem zuvor bestimmten

Personenkreis verfügbar zu machen. Sie ermöglichen damit auch die Zugriffsregelung zu den Geodaten und das Auffinden derselben. Die Eignung für einen bestimmten Anwendungszweck soll vorab beurteilt werden können. Der Vertrieb, die Auslieferung und die Abrechnung von Geodaten kann mit eingebunden werden.

Metadatennormen sind in der Auflistung von Elementen zu Sekundärangaben über Geodaten durch die International Standardization Organisation (ISO) in der Norm ISO 19115 beschrieben. ISO unterscheidet zur Beschreibung einer Geodatendatei 409 Metadatenelemente. Um eine minimale Beschreibung von Geodaten zu garantieren, definiert die Norm ein minimales Metadatenmodell (Kernmodell). Zu diesem Kernmodell gehören die Metadatenelemente, mit denen mindestens folgende Fragen beantwortet werden können:

- Was ?
  - → Existieren Daten zu einem bestimmten Thema ? Qualität der Daten ?
- Wo ?
  - → Für einem bestimmten räumlichen Bezug ?
- Wann ?
  - → Für ein bestimmtes Datum oder eine Periode ?
- Wer ?
  - → Gibt es einen Ansprechpartner, bei dem man mehr erfahren kann oder die Daten bestellen kann ?
- Wie ?
  - → Wie kann man die Daten beziehen ?

Geodaten sollen so umfassend, vollständig und formal mit Metadaten beschrieben werden, dass Computer (z.B. Suchmaschinen) in der Lage sind, die Metadaten zu lesen und interpretieren und damit letztendlich den weitgehend automatisierten Zugriff auf Geodaten zu erlauben. Dabei beschreiben semantische Metainformationen die Dateninhalte, syntaktische Metainformationen die DV-technischen Mechanismen zum Zugriff auf die Daten, strukturelle Metainformationen die strukturellen Inhalte wie Hierarchien und navigatorische Metainformationen die Interaktionswege in den Geodaten.

Der GEOcatalog[TM] des Center for Geoinformation GmbH (CeGi 2004) beinhaltet aufbereitete und strukturierte Metainformationen über Geodaten und über Geodienste auf Grundlage von internationalen Standards. Ein Beispiel für Informationen zum Immobilienmarkt in Niedersachsen ist in Abb. 2.8 dargestellt.

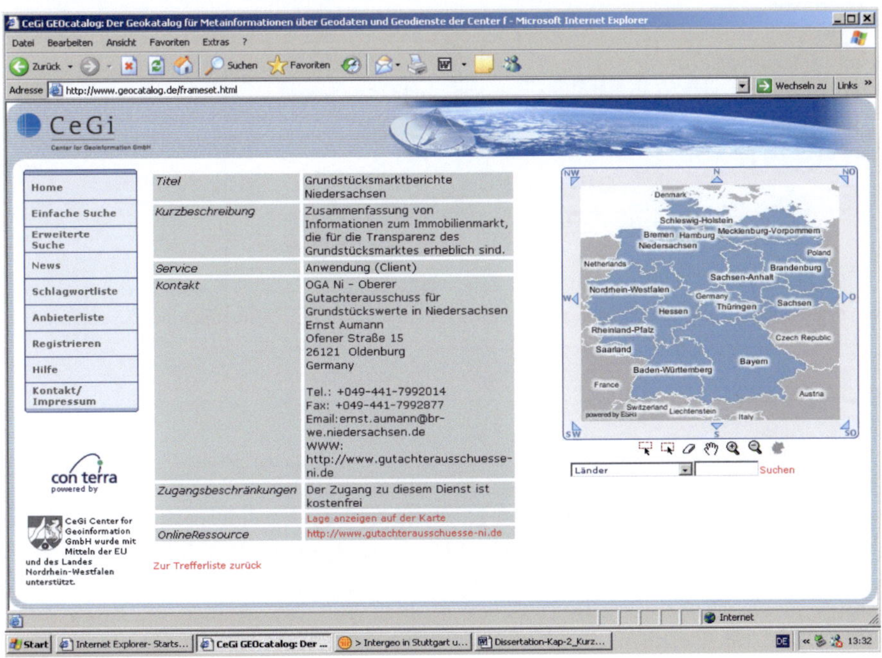

Abb. 2.8 : GEOcatalog[TM] des CeGi

Diese Problematik hat auch der Deutsche Dachverband für Geoinformation e.V. (DDGI e.V. 2004) aufgegriffen und bietet Anbietern von Geodaten nun das Metainformationssystem GeoCC (Geodaten Catalog Center) als Plattform, um ihre Datenbestände einer breiten Anwenderschaft bekannt und zugänglich zu machen.

2.2.2.2   Qualität der Geo(fach)daten und Kosten

Qualität ist nach DIN ISO 9004 Teil 11 definiert als

die Gesamtheit von Eigenschaften und Merkmalen eines Produkts oder einer Dienstleistung, die sich auf deren Eignung zur Erfüllung festgelegter oder vorausgesetzter Erfordernisse bezieht.

Wie im allgemeinen Geschäftsleben erwartet der Nutzer auch bei Geodaten eine ständig gleichbleibende Qualität. Die Beschreibung der Qualität der Geodaten ist als Teilmenge eines Metainformationssystems (vgl. Kap. 2.2.2.1) anzusehen. Neben Aspekten wie der Vollständigkeit (inhaltlich und räumlich), der Aktualität und der geometrischen und attributiven Genauigkeit der Geoinformationen ist die Investitionssicherheit der Daten von wesentlicher Bedeutung. Darüber hinaus wird ein angemessenes Preis-/Leistungsverhältnis vom Konsumenten sicherlich auch als Qualität wahrgenommen.

Typische GIS-Einführungsprozesse dauern i.d.R. mehrere Jahre (z.B. 5 bis 10 Jahre). Zu Beginn der GIS-Einführung entstehen relativ hohe Kosten, verursacht im Wesentlichen durch die Datenersterfassung. Mit einem monetär nachweisbaren Nutzen ist erst nach mehreren Jahren zu rechnen. Später kommt die Laufendhaltung der Daten bzw. Daten aus neuen Anwendungsgebieten hinzu. Der qualitative Nutzen, z.B. durch das Anbieten neuer Produkte oder besserer Qualitäten, wird sich deutlich früher einstellen. Die vorrangige Lebensdauer der Daten erfordert konzeptionelle Sorgfalt und insbesondere unter dem Aspekt der Kosten wirtschaftliches Augenmerk. Empfehlungen zum Vorgehen bei der GIS-Einführung hat Behr in Bill et al. (2002) detailliert dargestellt.

2.2.2.3   Datenmodellierung

Bei der kartografischen Modelltheorie (Abb. 2.9) wird das Original in Form der abzubildenden Landschaft oder aber eines problemabhängigen Ausschnitts der Realität in ein Primärmodell überführt, aus dem beliebige Sekundärmodelle abgeleitet werden können (Bill 1999b). Das Primärmodell entsteht durch Modellierung (Abstraktion und Typisierung) der Realität. In der Kartografie wird das Primärmodell auch mit dem Landschaftsmodell gleichgesetzt, aus GIS-Sicht ist hiermit das eigentliche GIS-Datenmodell umschrieben. Sekundärmodelle entstehen zum Zwecke der Weiternutzung der Daten. Im GIS-Bereich kann unter Sekundärmodell auch ein aus dem Primärmodell abgeleitetes thematisches Datenmodell angesehen werden.

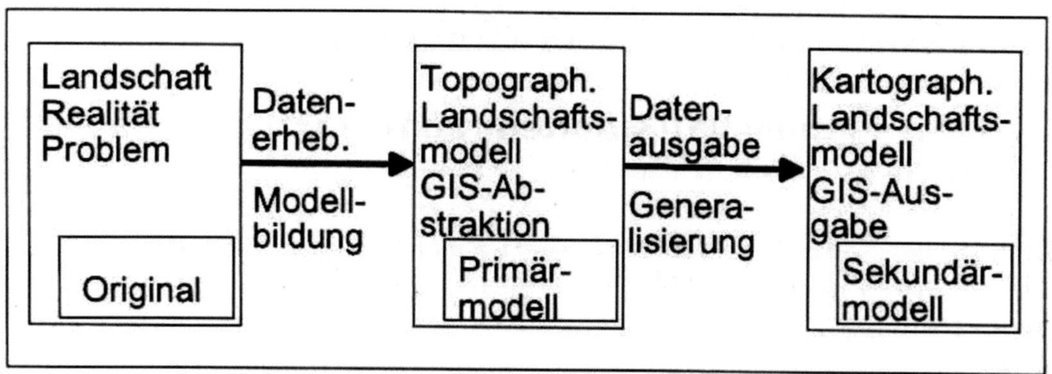

Abb. 2.9: Vom Original zu Primär- und Sekundärmodellen

Nach Hake (1982) ist jede Karte als Modell der Wirklichkeit eine generalisierte Darstellung. Thematische Kartierungen verlassen oftmals das Lageprinzip und nutzen das Diagramm-, bildstatische oder bildhafte Prinzip, da meist das Thema mehr im Vordergrund steht als die geometrische Lagegenauigkeit.

Sämtliche Objekte, deren Ausdehnung im Kartenmaßstab in allen Richtungen so gering ist, dass eine Grundrissdarstellung nicht mehr angebracht ist, gehören nach Hake (1985) zu den lokalen Diskreta. Den punktförmigen Objekten im GIS können Kanaldeckel im Kanal-IS, Mess- und Zählstellen oder Kauffälle im WIS etc. zugeordnet werden. Bei linienhaften Diskreta handelt es sich um diskrete Objekte, die bezogen auf den Maßstab der zu erstellenden Grafik von linienhafter Ausdehnung sind. Beispiele sind Versorgungsleitungen und Verkehrswege im GIS. Alle Objekte, die in der Karte flächenhaft ausgedehnt sind, fassen wir in der Gruppe der flächenhaften Diskreta zusammen. Dies sind z.B. Biotope, Flurstücke, Bodenrichtwertzonen.

2.3 GIS-Produktkategorien

Die Entwicklung verlief vom universellen GIS in den neunziger Jahren über Desktop-GIS hin zu Internet-GIS-Komponenten. Im Laufe dieser Entwicklung hat sich GIS vom Spezialistensystem über die allgemeine Sachbearbeiterebene hin zu GIS für jedermann bei geringeren Investitionskosten und höherer Datenverfügbarkeit gewandelt.

Zur Einordnung der GIS-Produktkategorien kann im Grundsatz von der in Abb. 2.10 dargestellten Klassifizierung nach Bill (Bill et al. 2002) ausgegangen werden.

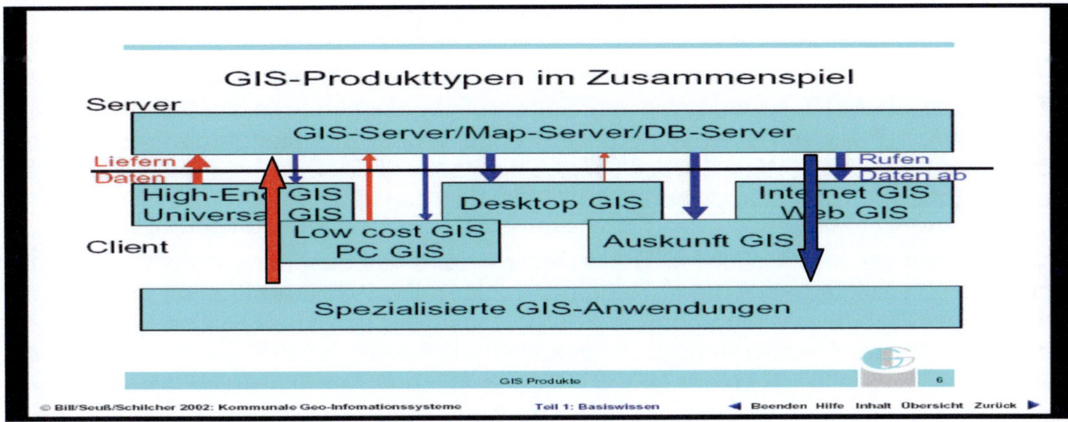

Abb. 2.10: GIS-Produktkategorien im Zusammenspiel

Beim Desktop-GIS ist das Funktionalitätenspektrum begrenzt, oftmals im Bereich der Datenerfassung, aber auch in der Datenverwaltung und -analyse, weshalb eher kleinere Datenmengen projektbezogen bearbeitet werden. Diese Produkte sind sehr flexibel, bearbeitungsgerecht und nach geringer Einarbeitungszeit leicht bedienbar bei sehr niedrigen Kosten. In einem WIS können damit die derzeit erforderlichen Anwendungen der Präsentationskomponente abgebildet werden (vgl. Kap. 5.2).

Über Internet-GIS bzw. Web-GIS werden interessierte Nutzer aus dem Profibereich mit z.B. immobilienwirtschaftlichen Geschäftsbereichen wie Banken, Versicherungsgesellschaften, Sachverständige oder Immobiliengesellschaften bis hin zum Gelegenheitsnutzer spezieller Dienste, der z.B. nur eine Bodenrichtwertauskunft benötigt, angesprochen. Ihre Funktionalitäten liegen derzeit noch vorwiegend in der Präsentation raumbezogener Daten (vgl. Kap. 5.4).

2.4 Interoperabilität

Die vom Deutschen Institut für Normung (DIN) oder anderen national und international autorisierten Gremien erstellten Dokumente zur Normung werden im Deutschen als Norm bezeichnet. Man spricht auch von de jure Standards im Gegensatz zu Spezifikationen, die von anderen, nicht hoheitlich autorisierten Gremien erstellt werden, bei denen man von de facto Standards spricht.

Ziel internationaler Normungs- und Standardisierungsaktivitäten im Bereich von Geoinformationen ist die Schaffung von Grundlagen für die gemeinsame, ganzheitliche und fachübergreifende Nutzung von Geodaten an verschiedenen Orten durch Personen, Anwendungen und Systeme auf der Grundlage einer einheitlichen Beschreibung der Inhalte vorhandener oder geplanter Datenbestände, der Funktionalitäten der Datenbearbeitung und der Kommunikation.

Das technische Komitee der International Standardization Organisation (ISO/TC 211) bearbeitet das Thema Geoinformation seit 1994 mit 5 Arbeitsgruppen, die insbesondere Spezifikationen von Standards zu raumbezogenen Datenmodellen, raumbezogenen Diensten und der Verwaltung raumbezogener Daten erstellen. Seit 1997 wird eine engere Kooperation mit den Aktivitäten des zeitgleich gegründeten Open Geospatial Consortiums (OGC) angestrebt. Es handelt sich bei dem OGC um ein Firmenkonsortium mit dem Ziel, Schnittstellenspezifikationen für interoperable GIS zu entwickeln. Jede Art von geocodierten Daten und Geofunktionalität oder Prozess, welcher auf dem Netz verfügbar ist, soll innerhalb der Umgebung eines Anwendungsentwicklers oder Anwenders und seines jeweiligen Arbeitsablaufes genutzt werden können.

Definition 2.5: Interoperabilität

Interoperabilität bezeichnet die Möglichkeit, verschiedenartige Daten in den einzelnen Arbeitsablauf zu integrieren. Dies setzt voraus, dass Syntax und Semantik der Daten dem Anwender in einheitlicher Form zur Verfügung gestellt wird. Interoperabilität erlaubt den transparenten Zugang zu mehreren raumbezogenen Daten- und Verarbeitungsressourcen innerhalb eines einzigen Arbeitsablaufs, ohne sie in einen Datenbestand überzuführen (Bill 1999b).

Das OGC wird sukzessive die ISO-Normen (ISO 2005; Bill et al. 2005) als abstrakte Spezifikationen übernehmen und daraus Implementierungsspezifikationen entwickeln. 1998 wurde als erstes gemeinsames Unternehmen von OGC und ISO die *Simple Feature Specification* (Schnittstellenbeschreibung der Objekte mit einfacher Geometrie) verabschiedet und auch in einzelnen Produkten umgesetzt.

Die Web Services (Schnittstellen) für die interoperable Nutzung von verteilten Geodaten sind in den *Documents* des OGC (2005) beschrieben. Es handelt sich um Softwarekomponenten, die auf Webservern im Internet zur Verfügung stehen, auf die von einer anderen Anwendung über das standardisierte http-Protokoll zugegriffen werden kann. Durch die Web Services wird eine standardisierte Anfrage nach Geodaten und eine standardisierte Abgabe von Geodaten definiert (AdV 2006 und Kap. 5.4).

Derartige interoperable Umgebungen sollen offene GIS-Architekturen und das Zusammenspiel von Produkten, Daten und Anwendungen in Zukunft erleichtern (Kettemann 2004). Des Weiteren enthält das Zusammenführen von Geodaten über Webdienste ein enormes Sparpotential. Die einzelnen Stellen können sich ausschließlich auf die Daten in ihrem Verantwortungsbereich konzentrieren und laden bei Bedarf die jeweils erforderlichen externen Zusatzinformationen. Jeder ist nur noch für seine Daten und deren Aktualisierung verantwortlich. Es soll eine Infrastruktur für raumbezogene Information geschaffen werden.

3 Vorhandene Lösungen

Als klassisches Feld für den Einsatz von Hard- und Software ist die Automatisierung der Kaufpreissammlungen, insbesondere zur Analyse des Grundstücksmarktes anzusehen. Mürle hat das WIS der Stadt Karlsruhe bei der INTERGEO 1997 in Karlsruhe vorgestellt. Weitere Systeme wie z.B. das *Wertermittlungsinformationssystem Niedersachsen (WIS)* folgten dieser Entwicklung nach.

Zunächst soll zunächst ein Überblick der etablierten Lösungen dargestellt werden. Horbach (2005, 2006) hat in einer Marktanalyse die aktuellen AKS-Lösungen einem eingehenden Vergleich unterzogen.

In Kap. 5.1 wird dann auf die Beschreibung der wesentlichen Anwendungen *Kaufpreissammlung, Bodenrichtwerte, Gutachten* und *Grundstücksmarktbericht* im Rahmen der Konzeption eines WIS aus aktueller Sicht näher eingegangen. Als konzeptioneller Überblick wird die WIS-Kompatibilität mit den dazugehörigen Modulen behandelt.

3.1 Wertermittlungsinformationssystems Niedersachsen (WIS) - Niedersächsisches Wertermittlungs-Informationssystems (NIWIS)

Das Programmsystem *AKS Niedersachsen* wurde von der Niedersächsischen Vermessungs- und Katasterverwaltung zusammen mit der *Hard- und Software Entwicklungs- und Vertriebsgesellschaft mbH INTRASYS* speziell für Gutachterausschüsse des Landes Niedersachsen entwickelt. Alle Angaben beziehen sich auf diese Version 6.6.0.

Die konzeptionelle Interpretation und die Realisierung der Aufgaben bei den Geschäftsstellen der Gutachterausschüsse in Niedersachsen kann Abb. 3.1 entnommen werden. Die drei Entwicklungsstufen sind ausgehend von der manuellen über die automatisierte Führung und Analyse der Kaufpreissammlung hin zum WIS maßgeblich durch die zur Verfügung stehenden technischen Hilfsmitteln bestimmt worden (Ziegenbein 1999).

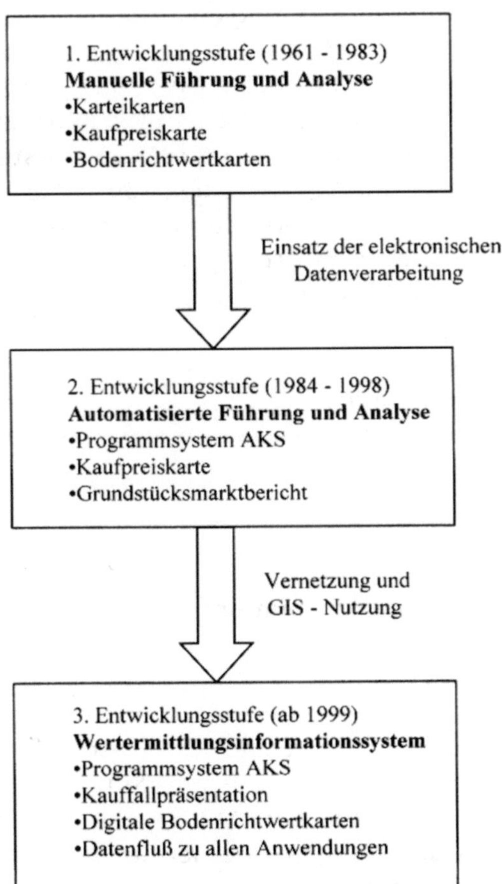

Abb. 3.1: Entwicklung der Aufgaben bei den Geschäftsstellen der Gutachterausschüsse in Niedersachsen

Um auf wirtschaftlichem Wege zu einer umfassenden Markttransparenz zu kommen, war es besonders wichtig, die Verarbeitung der Kauffallinformationen zu automatisieren. Sobald die technischen und finanziellen Voraussetzungen in Niedersachsen im Jahre 1984 gegeben waren, wurde ein selbstentwickeltes Programmsystem, die *Automatisiert geführte Kaufpreissammlung* (AKS), zur Führung und Analyse der Kaufpreissammlung auf einem PC eingeführt. Dieses Programmsystem hatte bereits einen sehr großen Leistungsumfang, der die Geschäftsstellen bei der Bearbeitung nahezu aller Wertermittlungsaufgaben (nach damaligem Verständnis) unterstützte und von der Führung der Kauffalldaten über die Ermittlung von Indexreihen und die Auswertungen für die Grundstücksmarktberichte bis zur multiplen Regressionsanalyse reichte.

Die Entwicklung in der Datenverarbeitung ermöglichte es, ab 1992 ein zweites Programmsystem der AKS einzuführen. Diese AKS ist ein eigens für die Geschäftsstellen der Gutachterausschüsse in Niedersachsen konzipiertes Programmsystem. Die Informationsverarbeitung bei den Geschäftsstellen ist damit optimal gestaltet worden. Die Informationsbeschaffung und Präsentation der Ergebnisse wurden jedoch teilweise noch konventionell erledigt (Ziegenbein 1999):

So werden die Daten aus dem Liegenschaftsbuch herausgesucht und manuell in die AKS eingegeben, die Angaben zur Bauleitplanung aus den analogen Plänen entnommen und die Bilder zu Kaufobjekten in Karteiform verwaltet. Die Kaufpreiskarten wurden noch analog geführt und die Bodenrichtwerte noch in transparenten Folien zu topographischen Karten eingetragen.

Mit dem Projekt *Wertermittlungsinformationssystem Niedersachsen (WIS)* einschließlich der Konzeption einer digitalen Objektdokumentation und den fortentwickelten Anwendungsmöglichkeiten der AKS wurden weitergehende Aspekte der technischen Unterstützung und der Integration der Anwendungen umgesetzt. Den Kern des Programmsystems bilden die Kaufpreissammlung mit der integrierten Möglichkeit der graphischen Kauffallpräsentation (Kaufpreiskarte) sowie die automationsgestützte Ableitung und digitale Präsentation von Bodenrichtwerten durch den Einsatz von PC-GIS-Systemen.

Die zentrale Stellung der AKS wird durch die Abb. 3.2 deutlich, in der die Funktionalität des WIS beschrieben wird. Für die Erfassung und Auswertung der Daten werden keine Standardsoftwareprogramme verwendet, sondern für jede Wertermittlungsaufgabe sind spezielle Programme entwickelt worden. Die erfassten Kauffalldaten werden dabei in die nach Grundstücksarten aufgeteilte Datenbank übernommen.

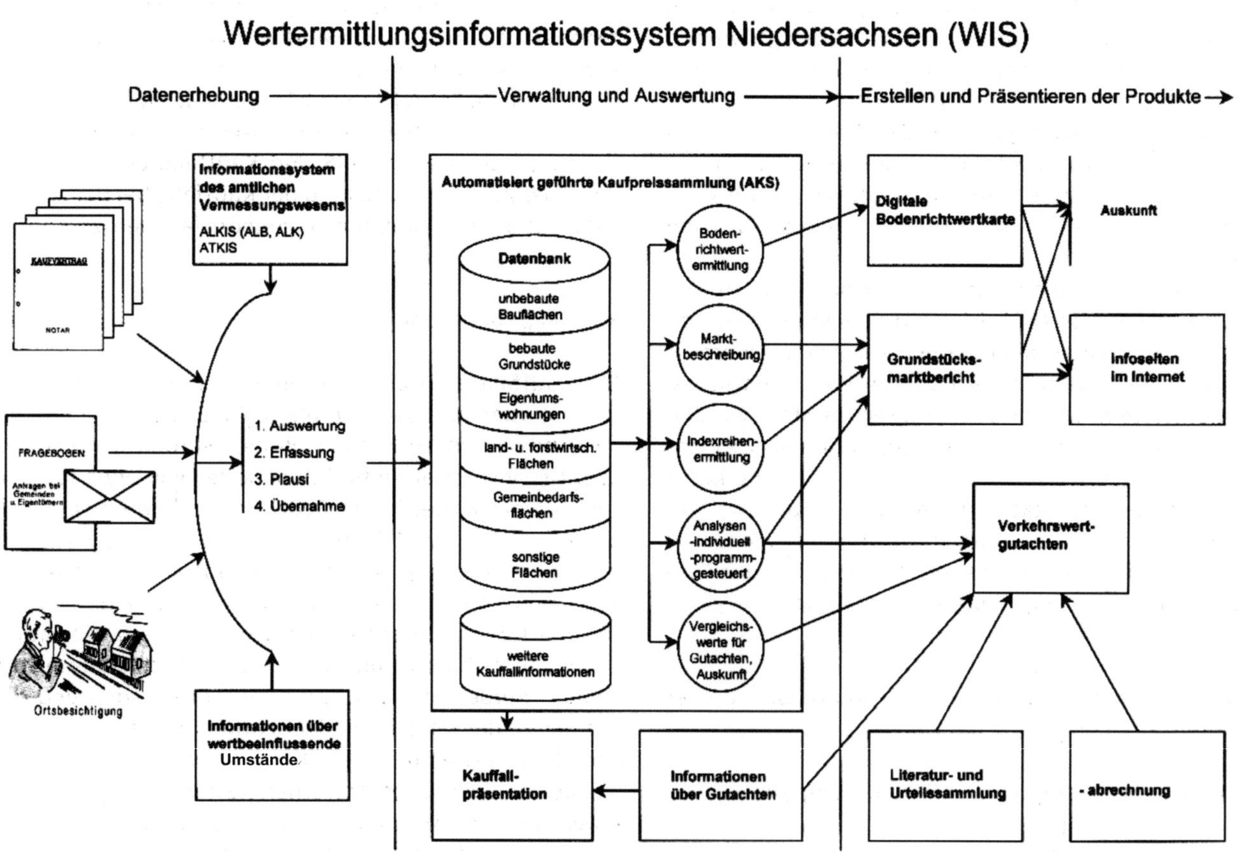

Abb. 3.2: Wertermittlungsinformationssystem Niedersachsen (WIS) - Funktionalität der Anwendungen

Das Programm *Marktbeschreibung* führt nach Eingabe des Auswerte- und Vergleichszeitraums eine vollständige mengenstatistische Auswertung des Grundstücksmarktes durch. Die Daten stehen dann für die Anwendung *Grundstücksmarktbericht* zur Verfügung. Im *Grundstücksmarktbericht* werden alle Informationen, die für die Transparenz des Grundstücksmarktes erheblich sind, zusammengefasst.

Die Programme *Bodenrichtwertermittlung* und *Indexreihenermittlung* erwarten vom Nutzer einige Entscheidungen und Eingaben mehr zur Steuerung des Ablaufes. Dieses ist noch vermehrt der Fall bei regressionsanalytischen Auswertungen, bei denen neben Kenntnissen in der Grundstückswertermittlung auch Wissen in der mathematischen Statistik verlangt wird. Um hier die Nutzer zu unterstützen, bietet die AKS nach der Wahl von Ziel- und Einflussgrößen einen programmgesteuerten Ablauf der Regressionsanalyse an. Die bei der Analyse erforderlichen Entscheidungen werden auf der Grundlage von Kriterien getroffen, die fachlich formuliert und im Programm für die Analyse von Kauffällen marktgängiger Objekte wie Einfamilienhäuser als Standardauswerteaufträge abgelegt worden sind. Nähere Informationen können Ziegenbein (1995b) entnommen werden.

Zu den Kauffällen werden noch Informationen außerhalb der AKS wie z.B. Gebäudefotos, Kaufvertragsauszüge, Kartenausschnitte oder Gebäudegrundrisse in der *Digitalen Objektdokumentation (DOD)* geführt. Aus den anderen Anwendungen soll zur ergänzenden Beurteilung der Kauffälle bei der Auswertung auf diese Informationen zugegriffen werden können.

Auszüge aus ALK und ATKIS sowie aus Rasterdaten der topographischen Landeskartenwerke werden zur Beurteilung von Lage und Form des Kauffallobjektes herangezogen und als Geobasisdaten für die Anwendungen *Kauffallpräsentation* und *Digitale Bodenrichtwertkarte* benötigt.

In der AKS selektierte Stichproben werden in ein PC-GIS-System übertragen und dort auf der zu der räumlichen Ausdehnung passenden Kartengrundlage präsentiert. Durch Markieren eines Kauffalles können ergänzend zum Kaufjahr und dem Preis weitere Merkmale des Kauffalles oder die weiteren Kauffallinformationen wie Fotos angezeigt werden.

Die Anwendung *Verkehrswertgutachten* ist eine eigenständige Anwendung. Durch die Vernetzung können Daten aus den anderen Anwendungen des WIS in den Text der Gutachten übernommen werden, wie z.B. die Analyseergebnisse oder Vergleichsfälle aus der AKS.

Die Ermittlung der Bodenrichtwerte wird durch die AKS unterstützt. Die Definition einer Bodenrichtwertzone mit der Abgrenzung der Bodenrichtwertzone (Geometriedaten) und der Definition des Bodenrichtwertgrundstücks (Sachdaten) erfolgt über das Format *Bodenrichtwertzone* durch Handeintrag (Niedersächsische Vermessungs- und Katasterverwaltung 2005a, 2005b).

```
Geschäftsstelle: 980          Geschäftsstellendaten          Datum: 01.10.2001
                                Bodenrichtwertzone

Nummer und Name der Bodenrichtwertzone      0555     Bakede

Für Bodenrichtwertermittlung                              Grundstücksart    ub
Bodenrichtwerte    (EUR/m2)         Definition des Bodenrichtwertgrundstücks
   31.12.1994 :       60,00         Beitragsrechtlicher Zustand               2
   31.12.1993 :       60,00         Geschoßflächenzahl
   31.12.1992 :       50,00         Fläche (m2)                             500
   31.12.1991 :       50,00         Zustandsmerkmal (BRGR)           WA o I 500
Indexreihennummer     0004          Sanierungsgebiet                          _
                                    Darstellungs-Code                         _

Koordinaten        H                R/r         H/a                 R          H
 1: 3532130     5785510      2: 3532130     5784900      3: 3531860     5784750
 4: 3531910     5784860      5: 3531830     5784910      6: 3531830     5785030
 7: 3531735     5785100      8: 3531710     5785200      9: 3531780     5785220
10:                         11:                         12:
13:                         14:                         15:
```

Abb. 3.3: Wertermittlungsinformationssystem Niedersachsen (WIS) - Format *Bodenrichtwertzone*

Enthalten sind die Bodenrichtwertzonendefinition und die Daten, die bei der Bodenrichtwertermittlung verwendet werden wie z.B. die Nummer der zugeordneten Indexreihe. Die Digitalisierung des Umfangpolygons kann auch am PC-GIS-System erfolgen und die Punktkoordinaten werden anschließend als ASCI-File in die AKS eingelesen. Die Nummer der Bodenrichtwertzone ist eindeutig für jedes Bodenrichtwertgrundstück zu vergeben, d.h. für mehrere Bodenrichtwertgrundstücke mit derselben Zonenbegrenzung sind mehrere Bodenrichtwertzonennummern (z.B. Innenstadtlage) zu vergeben. Die Daten der Bodenrichtwertzonen werden in die Anwendung *Digitale Bodenrichtwertkarte* übertragen und dort mit Hilfe eines PC-GIS auf geeigneten digitalen Kartengrundlagen in Bodenrichtwertkarten dargestellt.

Eine detaillierte Sicht auf die Anwendungsstrukturen der AKS des *Wertermittlungsinformationssystems Niedersachsen (WIS)* zeigt Abb. 3.4.

Bodenrichtwertermittlung
- Unbebaute Baufläche
- Land- und forstwirtschaftliche Fläche

Marktbeschreibung
- Standardmarktbeschreibung
- Sondermarktbeschreibung

Auskunft
- Unbebaute Baufläche -Bauland-
- Ein- und Zweifamilienhäuser
- Mehrfamilienhäuser
- Verwaltungs-, Geschäfts-, Betriebsgrundstücke
- Bebaute Fläche mit untergeordneter Bausubstanz
- Eigentumswohnung
- Land- und forstwirtschaftliche Fläche
- Gemeinbedarfsfläche
- Sonstige Fläche

Kauffalldaten
- Erfassung
- Erfassung mit selbstdefinierter Folge
- Berichtigung von neuen Kauffällen
- Berichtigung neuer Kauffälle mit Erfassungsfolge
- Berichtigung von alten Kauffällen
- Berichtigung alter Kauffälle mit Erfassungsfolge
- Kauffallsuche
- Verwaltung

Übernahme/Abgabe/Auslagerung/Wiederaufnahme
- Auslagerung von Kauffalldaten
- Wiederaufnahme ausgelagerter Kauffalldaten
- Abgabe von Daten an andere Geschäftsstellen
- Übernahme von Daten anderen Geschäftsstellen
- Löschen von Daten anderer Geschäftsstellen
- Kaufpreissammlung einer anderen Geschäftsstelle
- Zusammenführung von AKS-Datenbanken

Geschäftsstellendaten
- Geschäftsstelle
- Gebiete
- Statistik
- Erforderliche Daten

Sonderauswertungen
- Auswertungsprogramme
  - Selektion über mehrere Grundstücksarten
  - Berechnungsfunktionen
  - Übersicht der Belegungsdichte von Elementen
  - Spezielle Auswertungen für Geschäftsstellen

- Verwaltungsfunktionen
  - Verwaltungs- und Informationsfunktionen
  - Verwaltung von ASL-Daten

Indexreihenermittlung
- Unbebaute Baufläche
- Bebautes Grundstück
- Eigentumswohnung
- Land- und forstwirtschaftliche Fläche
- Gemeinbedarfsfläche
- Sonstige Fläche
- Miete
- Pacht

Allgemeine Auswertung von Stichproben
- Unbebaute Baufläche
- Bebautes Grundstück
- Eigentumswohnung
- Land- und forstwirtschaftliche Fläche
- Gemeinbedarfsfläche
- Sonstige Fläche
- Miete
- Pacht

Verkehrswertgutachten
- Erfassung der Übersichtsdaten von Wertgutachten
- Berichtigung der Übersichtsdaten von Wertgutachten
- Suche von Übersichtsdaten der Wertgutachten
- Datenabgabe für räumliche Verteilung
- Verwaltung
- Berechnungsfunktionen
- Textverarbeitung für die Gutachtenerstellung

Preisstatistiken
- Baulandpreisstatistik
- Preisstatistik für land- und forstwirt. Fläche
- Bodenmarktbericht für das BBR
- Immobilienmarktbericht für den Städtetag

Abb. 3.4: Wertermittlungsinformationssystems Niedersachsen (WIS) - Anwendungen der AKS

Ein WIS wie das *Wertermittlungsinformationssystems Niedersachsen (WIS)* stellt auch ein Instrument zur Steigerung der Wirtschaftlichkeit dar (Kertscher 1999). Für marktgängige Objekte kann - programmgesteuert und ohne nennenswerten zeitlichen Aufwand für den Nutzer - die gewünschte Transparenz zur Marktwertermittlung erzeugt werden. Als Ergebnis erhält man neben dem Vergleichswert, der sich aus auf das

Merkmalsniveau des Wertermittlungsobjektes umgerechneten Kaufpreisen ergibt, auch die Wirkungen der Einflussgrößen in grafischer Form einschließlich der Position des Wertermittlungsobjektes.

Im Rahmen der Erstellung eines Plattform unabhängigen Programmsystems mit grafischer Oberfläche und grafischen Ausgaben ist aktuell beabsichtigt, das Programmsystem *Niedersächsisches Wertermittlungs-Informationssystem (NIWIS)* auf Grundlage des *Wertermittlungsinformationssystem Niedersachsen (WIS)* zu entwickeln.

Ziele und Gründe der Umstellung liegen insbesondere in der Verbesserung der Benutzerfreundlichkeit (z.B. zeitgemäße Benutzeroberfläche, Benutzerführung), den grafischen Auswertungen (inkl. Übernahme in Publikationen), der Transparenz der Zahlenwerke bzw. Auswertungen und der Integration von Schnittstellen wie die automatisierte Kommunikation mit ALKIS- und ATKIS-Projekten und der bestehenden Extra-Programme wie die *DOD* zur Speicherung und Verwaltung von Fotos der Kaufobjekte und Kartenausschnitte. Bei der Umstellung soll die Fachlogik des Programms unverändert erhalten bleiben, die Altdaten werden übernommen und Open Source Produkte eingesetzt. Im Hauptmenü des Programms sollen fast identische Menüpunkte wie in der jetzigen AKS angeboten werden.

Zur Unterstützung von Wertermittlungsaufgaben mit Informations- und Kommunikationstechnik wurde ab 1993 bei der Geschäftsstelle des Gutachterausschusses und der Grundstücksbewertungsstelle bei der Stadt Karlsruhe ein WIS eingeführt und aufgebaut. Das von der Vermessungs- und Katasterverwaltung Niedersachsen entwickelte Programmsystem AKS wurde als wesentlicher Baustein des *WIS Karlsruhe* eingeführt.

Die Grobkonzeption des *WIS Karlsruhe* mit den wesentlichen Aufgabendimensionen *Kaufpreissammlung, Bodenrichtwerte, Gutachten und Grundstücksmarktbericht* der Gutachterausschüsse ist in Abb. 3.5 dargestellt (Mürle 1997b). Das Vierkomponenten-Modell der Aufgaben eines GIS *Eingabe, Verwaltung, Analyse und Präsentation* ist als Grundlage in Kap. 2.1 beschrieben.

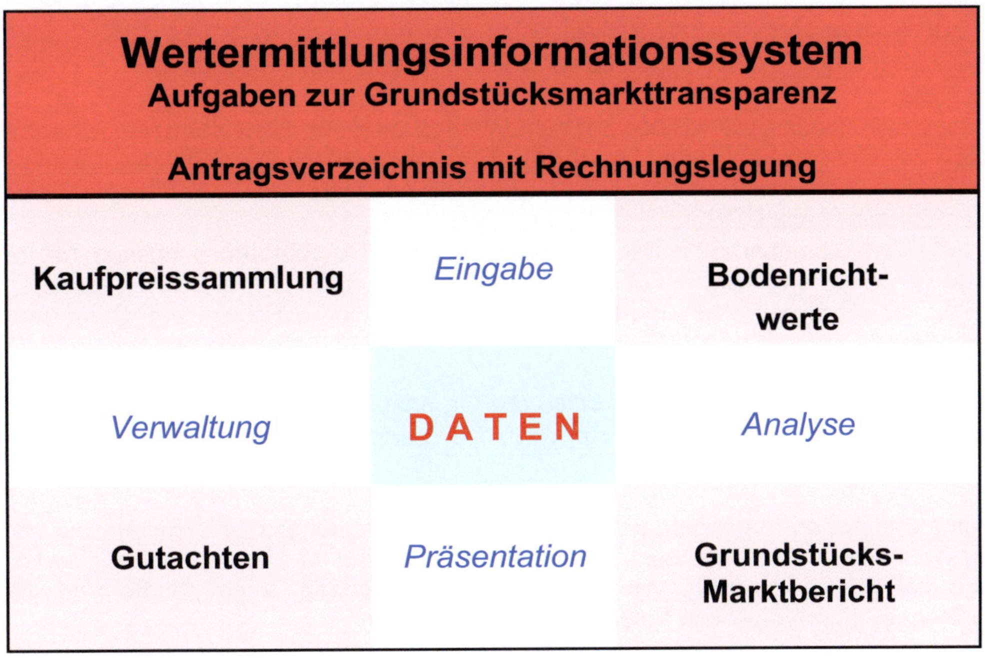

Abb. 3.5: WIS Karlsruhe - Aufgaben zur Grundstücksmarkttransparenz

Ab 1997 sind sukzessive die digitale Führung der Bodenrichtwert- und Kaufpreiskarten eingerichtet worden. Im Rahmen der Einrichtung des *WIS Karlsruhe im Internet* ist auch die Nutzung des Internet für Bodenrichtwertauskünfte und die Bereitstellung von Grundstücksmarktberichten realisiert worden. Die Anwendung zur Führung eines Antragsverzeichnisses dient der Begleitung eines Antrags vom Eingang bis zum Ausgang nach der Erledigung.

Die weiterentwickelte Kernkomponente *AKS aus NIWIS* soll in das *WIS Karlsruhe* integriert werden. Auf die Beschreibung der unterschiedlichen Entwicklungen und Ausprägungen zum *WIS Niedersachsen* bzw. *NIWIS* wird an dieser Stelle zugunsten der Darstellung der Konzeption unter Kap. 5.1 verzichtet. Obgleich die Grundzüge nicht berührt werden, sind z.B. in der Präsentation der digitalen Kartenwerke und den damit verbundenen Funktionalitäten abweichende Entwicklungsstände erreicht worden.

3.2   Grundstücksmarktinformationssystem AKS Berlin - AKS MarktInfo Berlin -

Im Jahre 1996 erfolgte in Berlin die Einführung von *AKS MarktInfo Berlin* (Senatsverwaltung für Stadtentwicklung Berlin 2005a, 2005b). Es handelt sich um eine gemeinsame Erstellung der Senatsverwaltung für Bauen, Wohnen und Verkehr mit ihrem Aufgabenbereich der Geschäftsstelle des Gutachterausschusses für Grundstückswerte in Berlin und dem *debis Systemhaus*. Den Kern dieser Lösung bildet die Automatisierte Kaufpreissammlung. An fachlichen Vorgaben für *AKS MarktInfo Berlin* sind außer der Überführbarkeit der vorhandenen Daten, insbesondere eine möglichst umfassende Marktabbildung und eine schnelle Verfügbarkeit der Informationen zu nennen.

Neben der Ablösung der existierenden Informationstechnikumgebung stand die Neuentwicklung der AKS-Anwendersoftware im Vordergrund (Senatsverwaltung für Stadtentwicklung Berlin 2005a). Besonderer Wert ist auf eine flexible Struktur gelegt worden, d.h. auf einen modularen Aufbau, eine komfortable Anpassung an die unterschiedlichen Verwaltungsanforderungen, eine einfache Integration von Standardsoftware für Textverarbeitung, Tabellenkalkulation und Grafik, eine Funktion zur individuellen Definition von Abfragen nach allen Merkmalen der Kaufpreissammlung, die Reproduzierbarkeit von Standardrecherchen auf Knopfdruck, die individuelle Erstellung und Vorhaltung von Ausgabeformaten sowie die standardmäßige Ausgabe statistischer Werte und Exportfunktionalitäten für MS-Office und SPSS-Statistikprogramm-Modulen zur Weiterverarbeitung der Recherchenergebnisse.

Die *AKS Marktinfo Berlin* besteht aus den folgenden Komponenten:

- *Kaufpreissammlung AKS Berlin*
  Das Kernsystem zur Führung der Kaufpreissammlung basiert auf dem relationalen Datenbanksystem *Oracle* zur Informationserfassung und -wiedergewinnung. Das System bietet u.a. die freie Definition von Abfragen nach allen Merkmalen, die Speicherungs- und Wiederholungsmöglichkeiten von Abfragen, die Erstellungsmöglichkeiten eigener Ausgabeformate und die Bearbeitung und Vereinigung von Abfrageergebnissen an.
  Exports von Daten zur Weiterverarbeitung in Standardprogrammen wie Word, SPSS oder Grafikprogramme, soweit sie über eine ASCI-Schnittstelle verfügen, sind gleichfalls möglich.
- *Erwerberdatenbank EDB*
  Bei der Erfassung von Kauffällen in der AKS besteht zur Unterstützung der Auswertung die Möglichkeit, Eigentümerdaten zu erfassen, um beim Veräußerer /Erwerber weitere Informationen abzufragen.
- *Vorgangs- und Gutachterdatenbank GDB*
  Die *GDB* unterstützt die Verwaltungsarbeit in der Geschäftsstelle des Gutachterausschusses. Mit ihr lassen sich Vorgänge verwalten und Termine überwachen, Gutachterdaten führen und Erhebungen termingerecht erstellen, Gebühren erfassen und Entschädigungen berechnen sowie Gutachten über Schlagworte wiederfinden.

Neben den herkömmlichen Datensammlungen für die Kauffälle der Grundstücke (Teilmärkte unbebaut, bebaut, Erbbaurechte) und Wohnungs- und Teileigentum steht in *AKS Marktinfo Berlin* auch eine Mietensammlung zur Verfügung.

Bezüglich der Datenerfassung sind die mehrstufigen, komfortablen Datenerfassungsmöglichkeiten, die besondere Kennzeichnung der Kauffälle, die nur für statistische Zwecke mitgeführt werden, die differenzierten Sammlungen von Kauffällen nach Teilmärkten mit verknüpfbaren Informationen untereinander und die mehrstufigen Plausibilitätsprüfungen durch spezielle Feldarten hervorzuheben.

Einen Überblick über den Funktionsumfang der *AKS Marktinfo Berlin* ermöglicht das Bildschirmmenü. Es enthält die folgenden Windows-orientierten bzw. AKS-spezifischen Funktionen (Abb. 3.6):

- Aktion (Anmeldung, Passwort ändern, Programm verlassen)
- Bearbeiten (Windows-Funktionen wie Ausschneiden, Kopieren, Einfügen)
- Registrieren (von Kauffällen in der *Marktinfo Berlin AKS*)
- Erfassen (von Auswertungsdaten in der *AKS Marktinfo Berlin*)
- Recherchieren (Informationswiedergewinnung aus der *AKS Marktinfo Berlin*)
- Stammdaten (administrative Pflege der Werte-/ Auswahllisten und der Schlagworte)
- Administration (Führung der *AKS Marktinfo Berlin* durch den fachlich Systemverantwortlichen)
- Fenster (Windows-Funktion nicht in der *AKS Marktinfo Berlin* genutzt)
- Hilfe (Windows-Hilfefunktionalität)

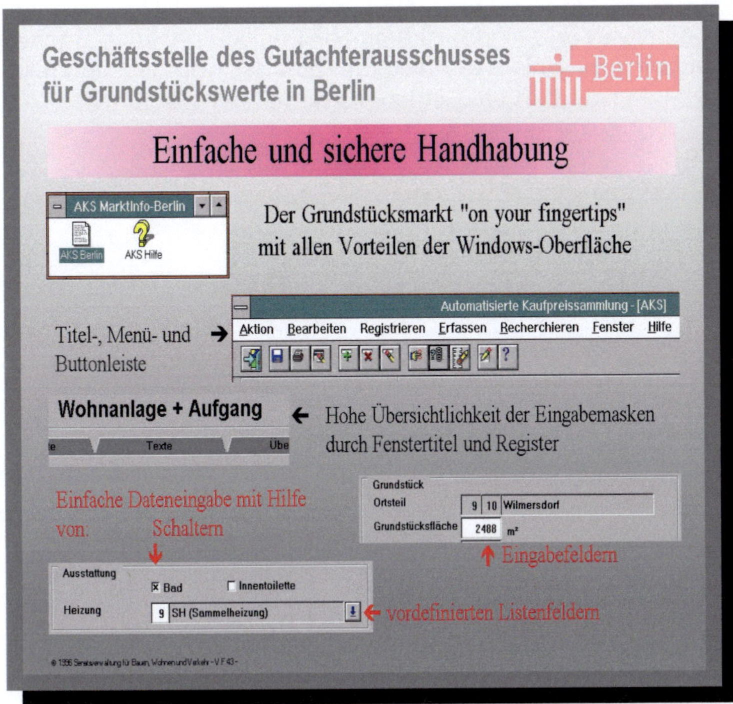

Abb. 3.6: AKS Marktinfo Berlin - auszugsweise Seitenansicht

Liegenschaftszinssätze und Marktanpassungsfaktoren können als Kauffall bezogenes Ergebnis ermittelt werden. Als besondere Funktionen stehen die standardmäßige Ausgabe der statistischen Werte von Recherchen wie Anzahl, Summe, Mittelwert, Minimum, Maximum, Standardabweichung und Variationskoeffizient, mit oder ohne Ausreißereliminierung sowie die lineare Regression für auswählbare Merkmale im verwendeten Ausgabeformat zur Verfügung. Weitergehende Auswertungen wie Regressionsanalysen werden üblicherweise mit dem externen Statistikpaket SPSS durchgeführt.

Die Datenerfassung eines Kauffalls mit der Unterstützung durch Pull-down-Menüs zeigt Abb. 3.7, wobei auch die Einbeziehung von Daten aus externen Datensammlungen ohne erneute Datenerfassung (z.B. Wohnlagendatei, ALB) als Funktionalität bereitgestellt wird.

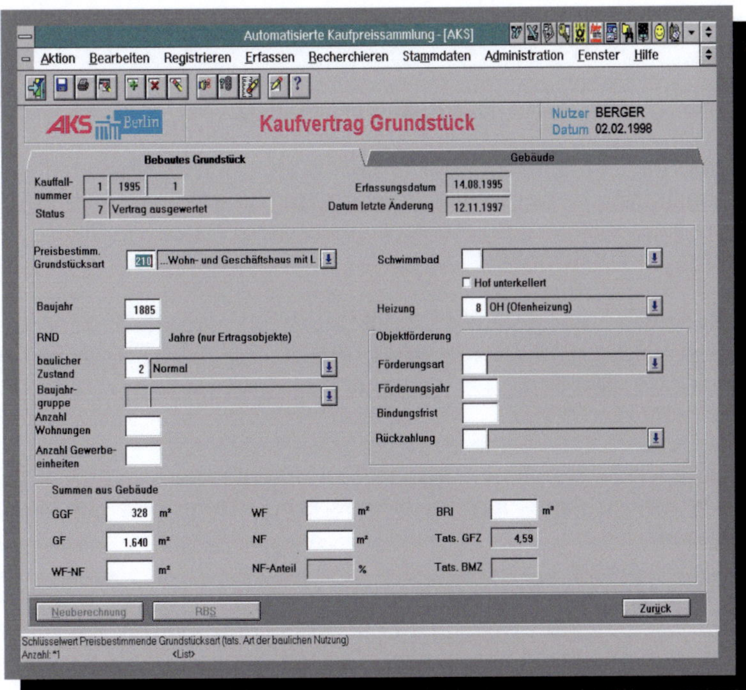

Abb. 3.7: AKS Marktinfo Berlin - Beispielfenster aus der Maske *Erfassen Kauffälle Grundstücke*

Es werden nach einer im Jahre 2005 erfolgten Änderung des Vermessungsgesetzes in Berlin für besonders qualifizierte Sachverständige wie z.B. durch die Industrie- und Handelskammer öffentlich bestellte Sachverständige oder zertifizierte Sachverständige auch nicht anonymisierte Auskünfte aus der Kaufpreissammlung bereitgestellt (vgl. Kap. 5.5.2). Für die Abgabe von Auskünften sind standardisierte Ausgabeformate (Abb. 3.8) vorgesehen.

Nr.	Straßenname	Gnr	V-Datum	Fläche	Baujahr	GF_m²	BRI_m³	Sachwert	Kpr/Sa
1	K-Str.	36	06.06.1996	597	1980	143	987	1.098.312	59
2	B-Str.	41	23.05.1996	1.022	1975	172	901	1.236.923	44
3	S-Str.	6	04.09.1996	706	1976	142	935	1.043.729	65
4	M-Str.	27	07.06.1996	513	1985	169	946	1.165.125	68
5	P-Str.	7	14.06.1996	432	1988	158	975	1.186.525	59
6	A-Str.	6	24.06.1996	714	1968	160	977	1.289.658	73
7	S-Str.	13	05.07.1996	515	1980	185	972	1.094.490	63
8	A-Str.	83	16.08.1996	601	1972	130	935	1.056.343	66
9	L-Str.	108	12.09.1996	714	1975	213	1.000	1.182.408	50
10	S-Str.	100	13.09.1996	500	1982	200	948	1.070.089	61

Abb. 3.8: AKS Marktinfo Berlin - Vergleichspreise im Ausgabeformat für ein Gutachten *Einfamilienhaus*

Für die Ermittlung von Bodenrichtwerten können auf die Zone bezogen nicht normierte Kaufpreismittel und der letzte Bodenrichtwert zum Vergleich angegeben werden. Bodenrichtwerte werden auch in Form von Rasterdaten auf CD-ROM zur Verfügung gestellt. Über das mitgelieferte Viewer-Programm ist eine adressenbezogene Grundstückssuche in der Bodenrichtwertkarte möglich.

Die Integration eines WIS - Desktop-GIS ist als Weiterentwicklung mit nicht definiertem Zeithorizont vorgesehen. In einer ersten Stufe soll damit die Präsentation der digitalen Kaufpreis- und Bodenrichtwertkarte umgesetzt werden.

Darüber hinaus ist eine Anbindung von *GAA Online* unter direkter Nutzung von AKS-Daten über eine Spiegeldatei möglich. *GAA Online* ist eine Spezialsoftware zur Präsenz des Berliner Gutachterausschusses im Internet und zur Vermarktung seiner Dienstleistungen, die auch produktbezogenen E-Commerce ermöglicht. Damit können die Grundstücksmarktdaten per Internet einem noch größeren Nutzerkreis als bisher an die Hand gegeben werden (vgl. Kap. 5.4.2.4).

3.3   Automatische Kaufpreissammlung und Kaufpreisauswertung (WF-AKuK)

Die *WF-AKuK* ist eine von dem *Wertermittlungsforum Dr. Sprengnetter GmbH* in Zusammenarbeit mit Gutachterausschussvertretern aus mehreren Bundesländern entwickelte automatische Kaufpreissammlung und Kaufpreisauswertung. Die Konzentration auf das Wesentliche und die Arbeitsersparnis durch vielfältige Automatisierungen sind dabei vorrangige Ziele (Horbach 2005, 2006).

Bei der *WF-AKuK* werden die vorhandenen Funktionen unter dem Menüpunkt *Aufgabe* dargestellt oder über Speedbuttons ausgewählt. Zum Funktionsumfang gehören in der aktuellen Version 7.0 die *Kaufpreiserfassung*, die *Kaufpreisauskunft*, *Statistiken*, die *freie Selektion* und das *Auswerten* von Teilmärkten (Wertermittlungs*Forum* Software 2006a-c).

Der Menüpunkt *Bewerten* wird in einer der zukünftigen Versionen von *WF-AKuK* integriert. In *WF-AKuK* selbst sind Bewertungen nur soweit möglich, wie sie zur Ableitung der erforderlichen Daten wie Sachwertfaktoren und Liegenschaftszinssätze notwendig sind.

Die Erfassungsmaske *Kaufvertrag* generiert sich in Abhängigkeit von der Objektart. Damit wird gewährleistet, dass nur die Daten erfasst werden, die für diese Objektart Relevanz besitzen. Hierdurch wird die Qualität der Datenerfassung optimiert und der Zeitaufwand gleichzeitig minimiert. Die Erfassung der Merkmale ist in einer definierten Reihenfolge vorzunehmen, da in Abhängigkeit der belegten Felder automatisch weitere Erfassungsmasken generiert werden. Die Mussfelder sind farblich blau hinterlegt. Diese müssen ausgefüllt werden, damit der Erfassungsvorgang beendet werden kann. Bei den rot umrandeten Feldern handelt es sich um Mussfelder für die automatisierten Standardstatistiken (Abb. 3.9).

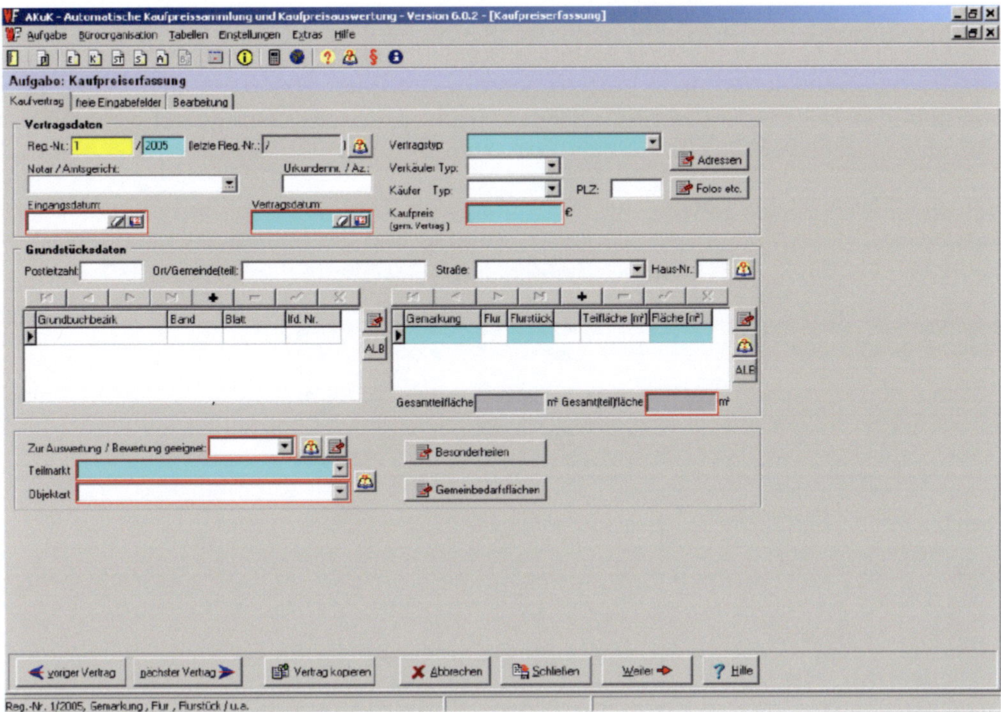

Abb. 3.9: WF-AKuK - Erfassungsmaske *Kaufvertrag*

WF-AKuK bietet außerdem eine ALB-Schnittstelle, mit der Informationen direkt aus dem ALB in die Kaufpreissammlung übernommen werden können. Zum Kaufvertrag gehörende digitale Daten wie Fotos können
abgespeichert werden. Dies gilt für Bilddateien ebenso wie für Textdokumente, Exceltabellen usw.. Durch
Georeferenzierung der Kauffälle wird auch die digitale Führung der Kaufpreiskarte möglich.

Am Ende der Erfassung des Kaufvertrags kann eine Qualifizierung und Quantifizierung der wertrelevanten
Merkmale vorgenommen werden. Diese Funktionalität bietet den Vorteil, dass ein vollständig ausgewerteter
Kaufvertrag direkt in weitere Auswertungen aus der Kaufpreissammlung eingehen kann. Kaufpreise des
Teilmarktes *unbebautes baureifes Land* können zur besseren unmittelbaren Vergleichbarkeit auf die GFZ
von 1,0 normiert werden (Wertermittlungs*Forum* Software 2006b).

Für die Kaufpreisauskunft sind feste Selektionsmasken für fachlich korrekte Datenbankabfragen eingebaut,
die jeweils für eine spezielle Objektart konfiguriert sind (Abb. 3.10). Der Vorteil liegt in der schnellen Selektion, da nur die wirklich wichtigen Selektionskriterien abgefragt werden.

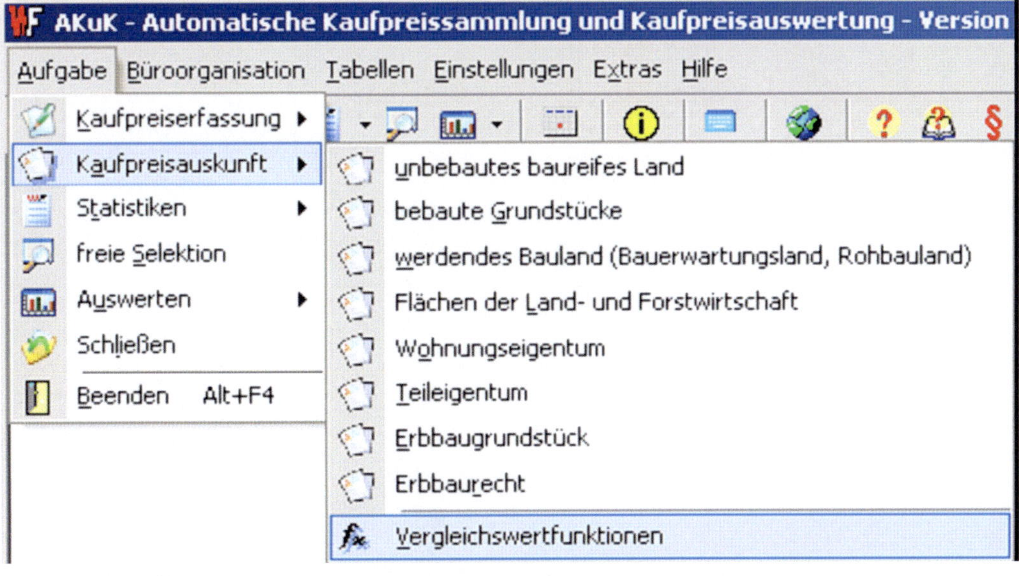

Abb. 3.10: WF-AKuK - Kaufpreisauskunft -> *Vergleichswertfunktionen*

Mit dem Schalter *Datenanalyse* wird die Übergabe der Ergebnisse nach MS-Excel gestartet. Auf die GIS-Präsentation der gefundenen Kauffälle kann durch eine einfache Schalterfunktion umgeblendet werden. Alternativ oder auch zusätzlich zu den Selektionen nach Vergleichspreisen können ab der Version 7.0 im *WF-Statistikmodul* abgeleitete Ergebnisse als *Vergleichswertfunktionen* (Abb. 3.10) zur Eingabe der Eigenschaften des Bewertungsobjektes verwendet werden (Wertermittlungs*Forum* Software 2006c).

Unter dem Menüpunkt *Statistiken* (Abb. 3.11) können für die wichtigsten Anfragen wie die turnusmäßigen Datenabgaben an das Statistische Landesamt, den Deutschen Städtetag und die Finanzverwaltungen automatische Selektionen ausgewählt und direkt in ein entsprechendes Textdokument eingefügt werden.

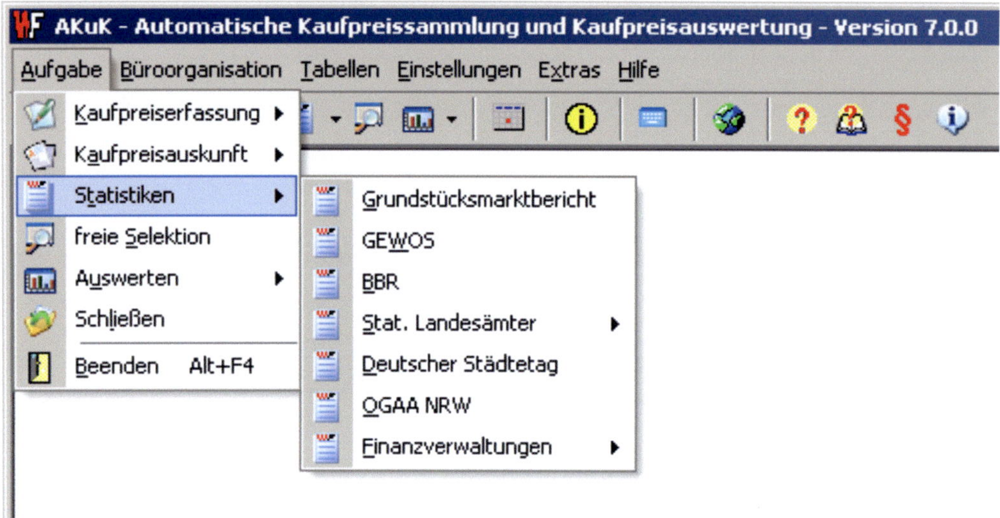

Abb. 3.11: WF-AKuK - Aufgaben -> *Statistiken*

Ab der Version 6.0 ist es möglich, den Grundstücksmarktbericht unmittelbar aus dem Programm heraus automatisiert zu erstellen. Im Modul *Grundstücksmarktbericht* (Abb. 3.12) wird ein allgemeines Inhaltsverzeichnis vorgeschlagen. Dieses kann individuell geändert werden. Eine manuelle Änderung der Überschrift wirkt sich unmittelbar auf das Inhaltsverzeichnis aus. Es können zu jedem Gliederungspunkt passende Texte erfasst werden und für die meisten Punkte des Inhaltsverzeichnisses stehen bereits mitgelieferte Textbausteine zur Verfügung. Diese sind dann nur noch an die jeweilige Situation anzupassen.

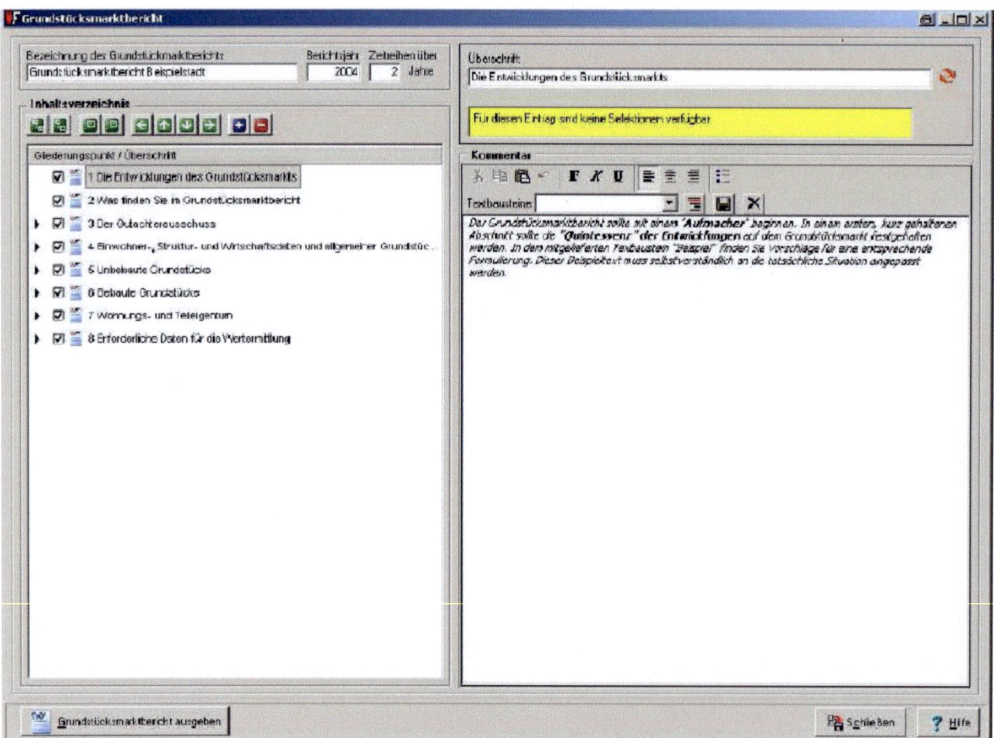

Abb. 3.12: WF-AKuK - Hauptdialogfeld *Grundstücksmarktbericht*

Zu jedem Gliederungspunkt werden eine entsprechende Selektionsmöglichkeit über Suchprofile und die zugehörige Ergebnisübersicht als Vorschau in Tabellenform angezeigt. Grafiken werden über MS-Excel umgesetzt. Im Hauptdialogfeld des Moduls können alle automatisierten Schritte zur Erstellung des Grundstücksmarktberichts ausgeführt werden. Von der Beschreibung des Gutachterausschusses über die Berechnung der Umsatzstatistiken, der Ermittlung von Durchschnittswerten bis hin zur Texterzeugung inklusive Grafikerstellung wird der gesamte Ablauf vollständig unterstützt. Bei Ausgabe des Grundstücksmarktberichts wird dieser nach MS-Word exportiert. Dabei werden die Ergebnisse in Form von Texten, Diagrammen und Tabellen abgebildet. Im Folgejahr ist auf Grundlage der vorliegenden Version des Grundstücksmarktberichtes lediglich eine Anpassung der entsprechenden zeitbezogenen Selektionskriterien erforderlich.

Im Menüpunkt *Auswerten* ist eine weitgehend automatisierte Kaufpreisauswertung möglich. Derzeit können die Bodenpreisindizes, Bodenrichtwerte, Liegenschaftszinssätze und Sachwert-Marktanpassungsfaktoren automatisiert abgeleitet werden.

Bei der Bodenrichtwertermittlung werden die bisherigen Bodenrichtwertdefinitionen für jede Zone bezüglich der wählbaren Bodenrichtwertmerkmale wie Grundstücksfläche und GFZ mit dem Durchschnitt der Eigenschaften der Kaufpreise verglichen und bei signifikanten Abweichungen als neue Bodenrichtwertdefinition vorgeschlagen. Es erfolgt dann eine Umrechnung auf die neuen Merkmale. Mittels der Merkmale für die neue Definition des Bodenrichtwertgrundstücks sowie der vorweg ermittelten Bodenpreisindexreihen werden die Kaufpreise - wahlweise auch die alten Bodenrichtwerte auf den neuen Stichtag und die neue Bodenrichtwertdefinition umgerechnet – als Vorschlagswerte angeboten. Kaufpreise des Teilmarktes *unbebautes baureifes Land* aus unterschiedlichen Bodenrichtwertzonen können durch die Normierung auf die GFZ von 1,0 einem unmittelbaren Vergleich unterzogen werden.

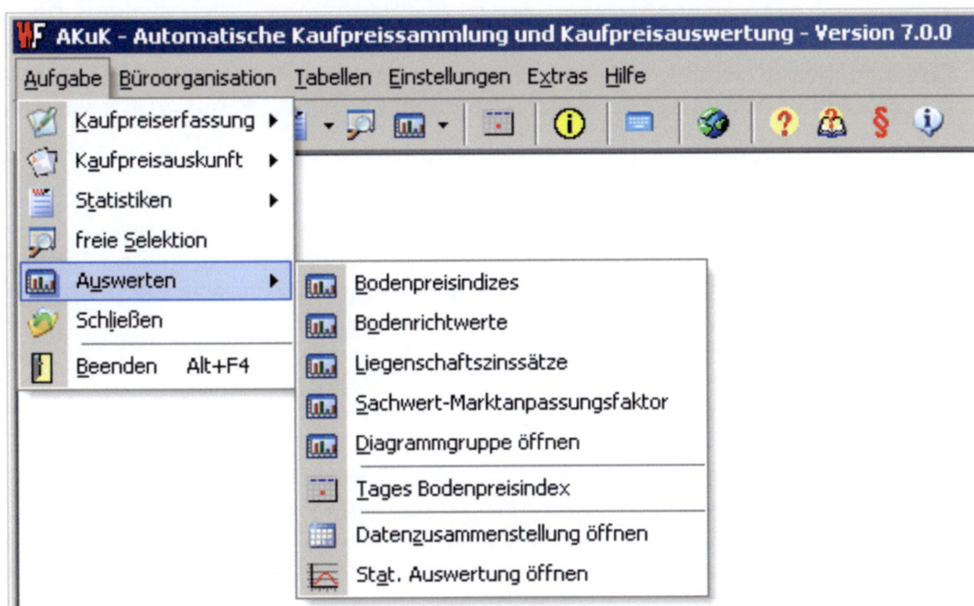

Abb. 3.13: WF-AKuK - Aufgaben -> *Auswerten*

Zur Sicherstellung einer umfassenden Transparenz des Grundstücksmarktes werden ab der Version 7.0 in 2006 mit dem *WF-Statistikmodul* neue programmgesteuerte Untersuchungs- und statistische Auswertemöglichkeiten angeboten. Eine Neuerung ist hierbei die Einführung eines Gauß-Markov-Modells, welches Ausgleichungen mit frei definierbaren Ziel- und Einflussgrößen und Signifikanzanalysen zulässt.

Es können auch frei wählbare nichtlineare Modellansätze angegeben (Abb. 3.14) und untersucht werden. Automatisierte Linearisierungsprozesse stehen zur Verfügung. Für Untersuchungen zwischen der Zielgröße und einer Einflussgröße lassen sich mehrere untersuchte Funktionen gleichzeitig mit den Kauffällen grafisch präsentieren. Ausreißergrenzen in % Abweichung zum Funktionswert liefern gleichfalls geeignete Entscheidungsgrundlagen (Wertermittlungs*Forum* Software 2006c).

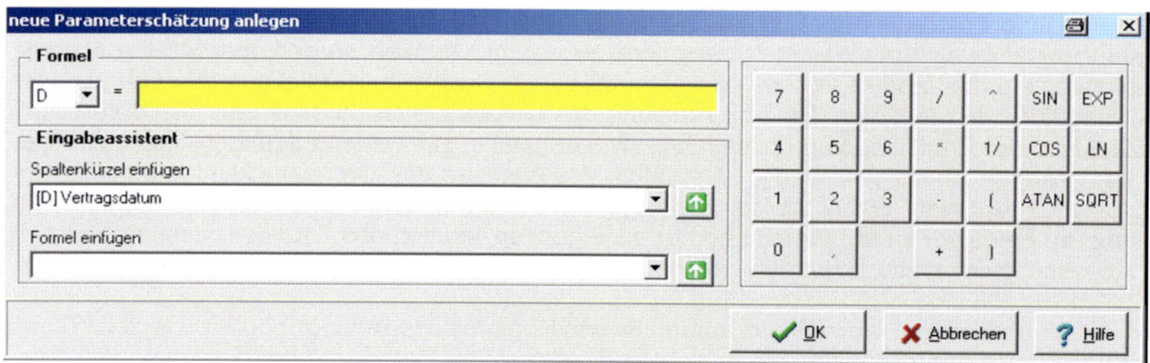

Abb. 3.14: WF-AKuK - Dialogfeld *Neue Parameterschätzung anlegen*

Eine weitere Arbeitserleichterung bietet ein im Programm implementiertes Hilfe-Schulungssystem. Dieses beinhaltet zum Einen allgemeine Bedienhinweise, die den praktischen Umgang mit der *WF-AKuK* erklären, zum Anderen werden dem Anwender mit fachbezogenen Hinweisen alle fachlich relevanten Grundlagen anschaulich vermittelt und Vorschläge für die praktische Umsetzung unterbreitet. Das Programm bildet im übrigen die Windows-Oberfläche nach.

Mit der *WF-AKuK* wurden bereits mehrere GIS-Anbindungen wie *ESRI* und *SICAD* realisiert. Grundsätzlich ist für jedes beliebige GIS eine Anbindung an die *WF-AKuK* vorstellbar. In Rheinland-Pfalz wurde im Zuge der Implementierung von *WF-AKuK* bei den Geschäftsstellen der Gutachterausschüsse im Frühjahr 2004 die Anbindung an das Programmsystem *DASY* (Digitales Auskunftssystem) erreicht. Mit *DASY* werden seit dem Jahr 2000 die digitalen Bodenrichtwerte geführt. Folglich sollte zusammen mit der Umstellung auf *WF-AKuK* auch die analog geführte Kaufpreiskarte auf eine digitale Bearbeitung in *DASY* umgestellt werden (Darscheid et al. 2005).

Des Weiteren wird die Einrichtung einer Wohnungseigentumsdatenbank geprüft. Die Auskunftserteilung via Internet, wie bei der *AKS Berlin*, wird angestrebt, der genaue Zeitpunkt der Einführung steht jedoch noch nicht fest. Das vorrangige Ziel ist der Aufbau eines WIS, d.h. ein alle Anwendungen integrierendes GIS mit einer Datenbank. Ein erster Schritt in diese Richtung stellt die Entwicklung der Schnittstelle zwischen *WF-Prosa* (Wertermittlungs-Software) zur Erstellung von Verkehrswertgutachten und *WF-AKuK* dar.

3.4   Automatisierte Kaufpreissammlung (WinAKPS)

Die *Automatisierte Kaufpreissammlung für Windows (WinAKPS)* wurde von der *Kommunalen Datenverarbeitung Region Stuttgart* in Zusammenarbeit mit Gutachterausschüssen aus Baden-Württemberg und Sachsen entwickelt, wobei insbesondere der Gutachterausschuss der Stadt Esslingen am Neckar maßgeblich die fachliche Konzeption beeinflusst. *WinAKPS* unterstützt die Gutachterausschüsse bei der Bewältigung ihrer Aufgaben, wie Kaufverträge zu erfassen und auszuwerten, Bodenrichtwerte zu ermitteln und Gutachten zu erstellen. Alle Angaben beziehen sich auf die Version 2.5.

Zum Leistungsumfang der *WinAKPS* gehören die Module *Eingangsbuch*, *Grundstücke* und *Wohnungseigentum*. Das Programm ist als Vollversion mit allen drei Modulen, nur *Eingangsbuch*, *Eingangsbuch* und *Grundstücke* oder *Eingangsbuch* und *Wohnungseigentum* erhältlich und basiert auf der grafischen Benutzeroberfläche von MS Windows (KDRS 2003, 2004).

Im Modul *Eingangsbuch* können sämtliche bei der Geschäftsstelle eingehenden Kaufverträge erfasst (Abb. 3.15), gesucht und gelöscht werden. Statistiken über die erfassten Kaufverträge können nach verschiedenen Kriterien erstellt werden. Im Programmmodul *Wohnungseigentum* können erfasste Verträge aus dem Eingangsbuch, die Wohnungseigentum betreffen, ausgewertet und weiterverarbeitet werden. Mit dem Modul *Grundstücke* werden Kaufverträge über bebaute- und unbebaute Grundstücke nach verschiedenen Methoden ausgewertet. Die Übersichtlichkeit der Eingabe wird durch verschiedene Register wie *Vertragsdaten*, *Bearbeitungshinweise*, *Flurstücksdaten*, *Flurstücksübersicht* und *Bilder* gewährleistet. Im Register *Bearbeitungshinweise* können Angaben zu bereits erstellten Gutachten gespeichert werden.

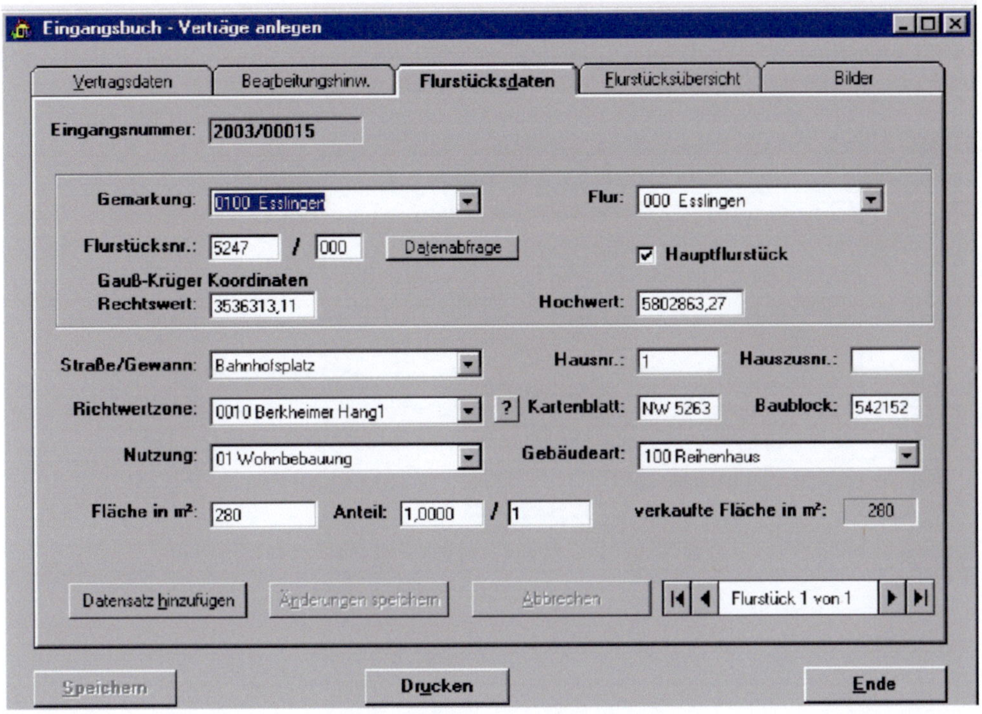

Abb. 3.15: WinAKPS - *Verträge anlegen* im Eingangsbuch -> Register *Flurstücksdaten*

Es können (anonymisierte) Auskünfte erteilt und freie Selektionen durchgeführt werden. Da von *WinAKPS*-Anwendern noch kein Interesse an einer Auskunft per Internet gezeigt wurde, ist die Entwicklung dieser Funktionalität bisher nicht geplant.

Die im *Eingangsbuch* erfassten Verträge können in den Programmmodulen *Grundstücke* und *Wohnungseigentum* ausgewertet werden. Die Selektionskriterien sind dabei um die Bewertungsmethoden erweitert. Für die Ermittlung des Gebäudewerts von bebauten Grundstücken stehen das Ertragswertverfahren (Liquidation) und das Sachwertverfahren - mit Einschränkung auch noch für zurückliegende Basisjahre - zur Verfügung (Abb. 3.16).

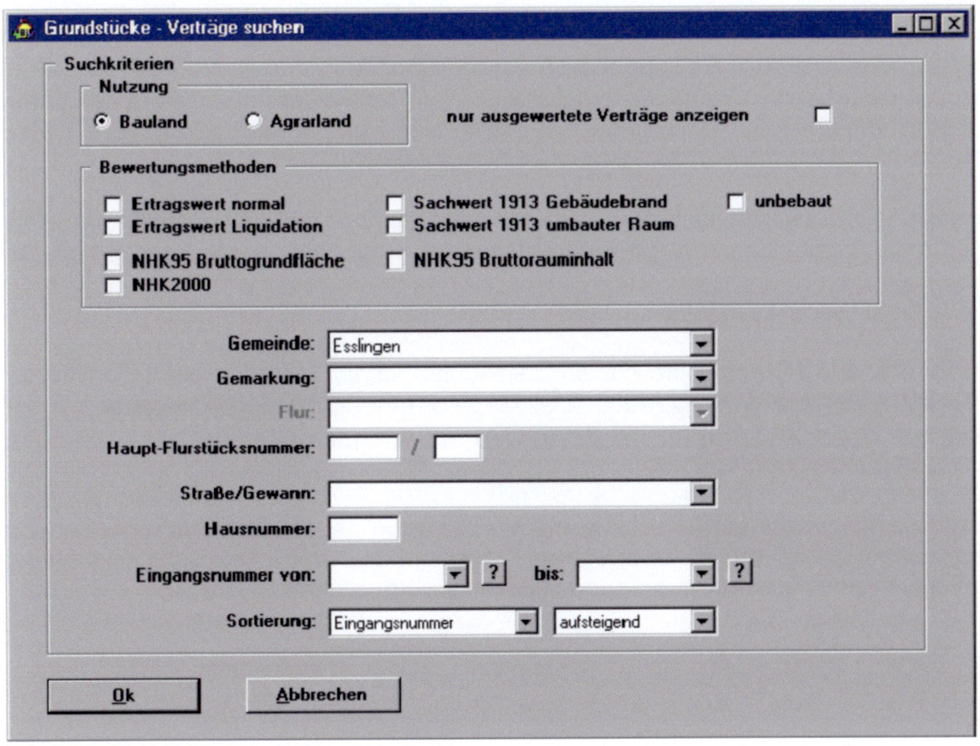

Abb. 3.16: WinAKPS - Verträge suchen im Modul *Grundstücke*

Für Wohnungseigentum ist auch eine Bewertung nach dem Vergleichswertverfahren möglich. Hierfür müssen die Wohnungsdaten der zu bewertenden Wohnung und die Selektionskriterien der zu suchenden Vergleichswohnungen im Modul *Wohnungseigentum* eingegeben werden (Abb. 3.17).

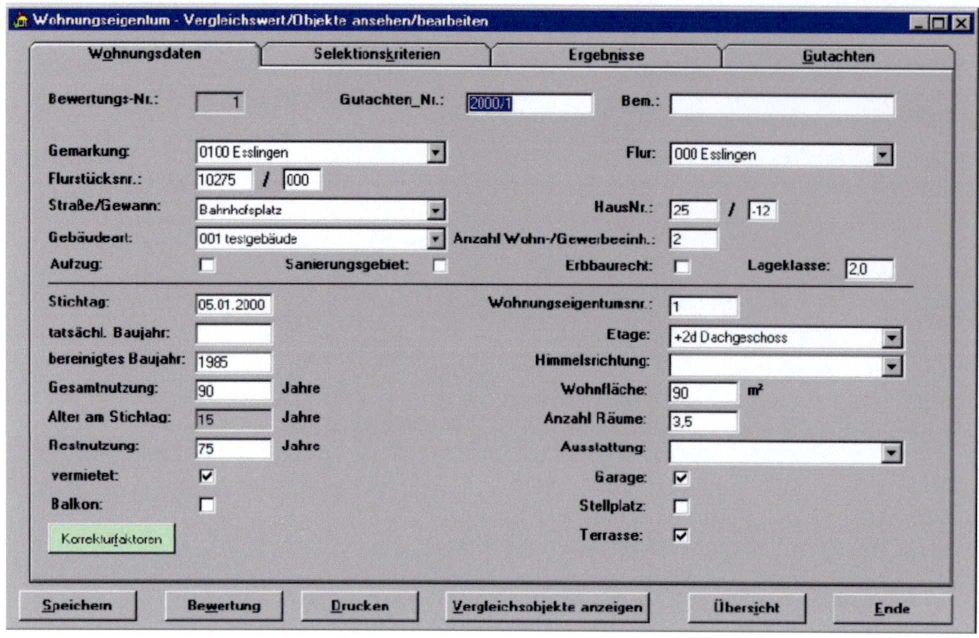

Abb. 3.17: WinAKPS – Vergleichswertverfahren -> Register *Wohnungsdaten*

Korrekturfaktoren zur Anpassung können gleichfalls im Programmsystem berücksichtigt werden. Im Register *Ergebnisse* kann das berechnete Ergebnis noch wegen weiterer wertbeeinflussender Umstände korrigiert werden.

Als für die Wertermittlung erforderliche Daten können neben den Indexreihen noch Liegenschaftszinssätze, GFZ-Umrechnungskoeffizienten, Marktanpassungsfaktoren und Richtwerte abgeleitet werden. Die GFZ-Umrechnungskoeffizienten werden auf der Grundlage der ausgewerteten Verträge ermittelt und können so für weitere Auswertungen verwendet werden.

Eine neue Programmentwicklung, die von verschiedenen Anwendern gewünscht wurde, wurde mit dem Programmpunkt *Regressionsgeraden* realisiert. Es handelt sich um die Ermittlung und Darstellung einer Regressionsgeraden entweder aus dem Modul *Grundstücke* oder aus *Wohnungseigentum* sowie ihres Konfidenzintervalles bzw. Erwartungsbereiches auf Grundlage der Daten der Kaufpreissammlung. Die Daten können nach Excel zur Weiterverarbeitung transferiert werden (KDRS 2005).

Die Erstellung eines automatisierten Grundstücksmarktberichts ist noch nicht angedacht, da die *WinAKPS* hauptsächlich in kleinen Kommunen im Einsatz ist. Der Grundstücksmarktbericht dieser Kommunen beschränkt sich teilweise auf die Veröffentlichung der Bodenrichtwerte ohne sonstige Auswertungen (Horbach 2005).

Für die Ermittlung der Bodenrichtwerte können differenziert Selektionskriterien definiert werden. Bei der Nutzung wird nach Bauland und Agrarland unterschieden. Das System unterstützt den Anwender bei der Auswahl, ob neben ausgewerteten unbebauten Kauffälle auch ausgewertete bebaute Kauffälle zur Bodenrichtwertermittlung herangezogen werden (KDRS 2005).

Als Ergebnis der Bodenrichtwertermittlung kann eine Liste mit Vorschlägen für die Bodenrichtwertsitzung auf der Grundlage der ausgewerteten Kaufverträge ausgegeben werden (Abb. 3.18). Die Berücksichtigung von zurückliegenden Bodenrichtwerten in einem Gesamtmodell ist nicht vorgesehen.

KDRS
Systemhaus

Datum: 28.04.2003

Seite: 2

Richtwertermittlung Bauland
Zusammenstellung über die Richtwertzonen

Vertrags-datum	Eingangs-nummer	Lage	Nut-zung	Lage-klasse	EB	zul. GFZ	anrechb. Bauland-fläche m²	Bodenpreise in EUR/m² unbebaut	normiert

Esslingen

Richtwertzone 0010 Berkheimer Hang

08.06.1999	199900009	Ahornstraße	01	2,5	F	0,7	300	185	281
30.11.2000	199900018	Ahornstraße	01	2,0	F	0,8	600	256	256

Summe:	4,5	1,5	900	441 537
Kleinster Wert:	2,0	0,7	300	185 256
Größter Wert:	2,5	0,8	600	256 281
Mittelwert:	2,25	0,7	450	221 269

Abb. 3.18: WinAKPS - Richtwertermittlung *Bauland -> Zusammenstellung über die Richtwertzonen*

Für die Bodenrichtwertermittlung wurde auch die Ermittlung der Bodenpreisentwicklung eingeführt. Es können die selektierten oder alle Richtwertzonen (Abb. 3.19) ausgewählt werden.

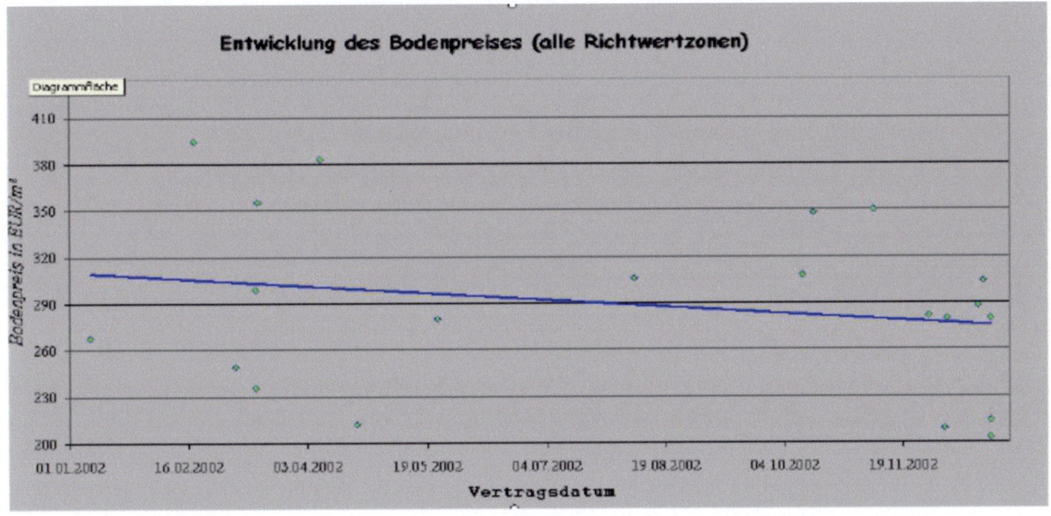

Abb. 3.19: WinAKPS – Entwicklung des Bodenpreises für alle Richtwertzonen

Im Diagramm wird die Entwicklung des Bodenpreises mit der Verteilung der Stichprobe und einer Trendlinie dargestellt. Es kann alternierend zwischen der grafischen und der tabellarischen Anzeige mit den Datenwerten gewechselt werden.

In der *WinAKPS* ist eine Anbindung an die GIS *INGRADA*, *INGRADA WEB*, *GeoMedia* und *SICAD* über die Flurstücksdaten zur grafischen Präsentation z.B. der Kauffälle realisiert. Zu den zukünftigen Entwicklungsabsichten für die *WinAKPS* gehört der Ausbau von grafischen Darstellungen wie die Bodenrichtwertkarte, eine Gutachtenarchivierung und –verwaltung sowie weitere GIS-Anbindungen. In Planung sind GIS-Anbindungen an *MapInfo* und *TOPOBASE*. Auf Anfrage sind weitere Anbindungen möglich.

Außerdem soll in einer der nächsten Versionen die Differenz zwischen tatsächlicher und nachhaltig ortsüblicher Miete kapitalisiert werden können. Eine weitere Neuerung ist die Berechnung der grundstücksbezogenen Rechte und Belastungen nach Leibrentenbarwertfaktoren sowie die automatisierte Ausgabe von statistischen Auswertungen für das Institut für Stadt-, Regional- und Wohnforschung GmbH (GEWOS).

4   Modellbildungen zur Analyse

Nach § 194 BauGB wird der Verkehrswert (Marktwert) von Grundstücken durch den Preis bestimmt, der in dem Zeitpunkt, auf den sich die Ermittlung bezieht (Wertermittlungsstichtag), im gewöhnlichen Geschäftsverkehr nach den rechtlichen Gegebenheiten und tatsächlichen Eigenschaften, der sonstigen Beschaffenheit und der Lage des Grundstücks oder des sonstigen Gegenstands der Wertermittlung ohne Rücksicht auf ungewöhnliche oder persönliche Verhältnisse zu erzielen wäre.

Der Verkehrswert ist nach § 7 Wertermittlungsverordnung (WertV) mit Hilfe geeigneter Verfahren (Vergleichs-, Ertrags- und Sachwertverfahren) zu ermitteln. Das Vergleichswertverfahren basiert auf der Überlegung, den Verkehrswert eines Wertermittlungsobjektes aus der Mittelung von zeitnahen Kaufpreisen vergleichbarer Grundstücke festzustellen. Das Verfahren führt im allgemeinen direkt zum Verkehrswert und ist deshalb den *klassischen* Wertermittlungsverfahren überlegen, bei denen die nur mittelbar durch entsprechend abgeleitete Wertansätze für Normalherstellungskosten, Bodenwerte, Wertminderungen oder Liegenschaftszinssätze bestimmten Ausgangswerte (Grundstückssachwert, Grundstücksertragswert) noch durch zusätzlich zu ermittelnde Marktanpassungszu- oder -abschläge zu korrigieren sind. Dieser Vorgang entfällt in der Regel beim Vergleichswertverfahren, da sich die jeweilige Marktsituation bereits in den Kaufpreisen der Vergleichsobjekte widerspiegelt (Mürle und Böser 1997a).

4.1   Vergleichswertverfahren

Bei Anwendung des Vergleichswertverfahrens sind Kaufpreise solcher Grundstücke heranzuziehen, die hinsichtlich der ihren Wert beeinflussenden Merkmale mit dem zu bewertenden Grundstück hinreichend übereinstimmen (Vergleichsgrundstücke). Ist die Vergleichbarkeit der Merkmale erfüllt, so bezeichnet man das Verfahren als Vergleichswertverfahren mit unmittelbarem Preisvergleich. Weichen die wertbeeinflussenden Merkmale (z.B. Lageverhältnisse, Nutzbarkeit, Grundstücksgröße) der Vergleichsgrundstücke vom Zustand des zu bewertenden Grundstücks ab, so ist dies durch Zu- oder Abschläge oder in anderer geeigneter Weise zu berücksichtigen (Vergleichswertverfahren mit mittelbarem Preisvergleich). Dabei sollen vorhandene Indexreihen und Umrechnungskoeffizienten herangezogen werden.

Der unmittelbare Preisvergleich stellt dabei eine idealtypische Wunschvorstellung dar, die praktisch nur eingeschränkt Bedeutung erlangt. In der Regel sind Anpassungen in Qualität und Konjunktur und damit der mittelbare Preisvergleich notwendig (Seele 1998; Kleiber et al. 2003; Reuter 2004). Für unbebaute Grundstücke bestehen nach Seele (1998) beim mittelbaren Preisvergleich folgende Anpassungsmöglichkeiten:

- Unter *evidentem Preisvergleich* werden einfache Zu- und Abschläge z.B. Erschließungs- und Freilegungskosten, (geringfügige) bauliche Anlagen, besondere Einrichtungen, preisbedeutsame Rechte, die dem Grunde nach keines Beweises bedürfen, verstanden.
- Beim *statistischen Preisvergleich* finden für typische Anwendungsfälle statistisch aus Kaufpreisen abgeleitete Faktoren (z.B. Bodenpreisindizes, Umrechnungskoeffizienten für Unterschiede im Maß der baulichen Nutzung) Anwendung, auch die mathematisch-statistische Regressionsanalyse von Kaufpreisen zählt dazu.
- Der *deduktive Preisvergleich* geht von der nach allgemeiner Erkenntnis und Erfahrung plausiblen Verknüpfung des Vergleichspreises mit – für das Bewertungsobjekt - bodenpreisrelevanten Faktorleistungen aus. Der deduktive Preisvergleich eignet sich für Vergleichsgrundstücke, deren Qualität zwar eine wesentlich andere als die des Bewertungsobjekts ist, aber zu dieser in wirtschaftlich (qualitativ und quantitativ) greifbarer und (in ihrer Logik) mathematisch formulierbarer Beziehung steht (Wertkalkül). Bedingung ist, dass das Wertkalkül im gewöhnlichen Geschäftsverkehr (bei vernünftiger Betrachtungsweise) wie auch in der Rechtssprechung nachvollziehbar ist und die fundierte Kenntnis der zu verwendenden (marktgerechten) Faktorpreise vorliegt.
  Als *deduktives Wertkalkül* für baureifes Land kann in Geschäftslagen das Mietlageverfahren zur Erklärung der Bodenwerte in funktionaler Abhängigkeit von Ladenmieten herangezogen werden (Reuter 2004).
- Als *intersubjektiver Preisvergleich* (Reuter 2004) werden nach allgemeiner Erkenntnis und Erfahrung geschätzte Zu- und Abschläge mit nachvollziehbarer Begründung (z.B. Lageunterschied) bezeichnet. Dabei wird nach gängiger Auffassung davon ausgegangen, dass die Zu- oder Abschläge die Größenordnung von 30 bis 35 % zur Gewährung der Vergleichbarkeit nicht übersteigen.

Liegen genügend Vergleichspreise vor, so ist das Vergleichswertverfahren (Abb. 4.1) nicht nur die *einfachste,* sondern auch die *zuverlässigste* Methode (Kleiber et al. 2003). Was unter *zuverlässig* zu verstehen ist, wird jedoch nicht näher erläutert.

Allerdings sind für bebaute Grundstücke nach der Natur der Sache direkt vergleichbare Objekte noch eingeschränkter zu finden als unbebaute Grundstücke. Es kommt hinzu, dass sich die zum Preisvergleich heranziehbaren Grundstücke oftmals gleich in mehreren Zustandsmerkmalen von denen des zu bewertenden Grundstücks unterscheiden.

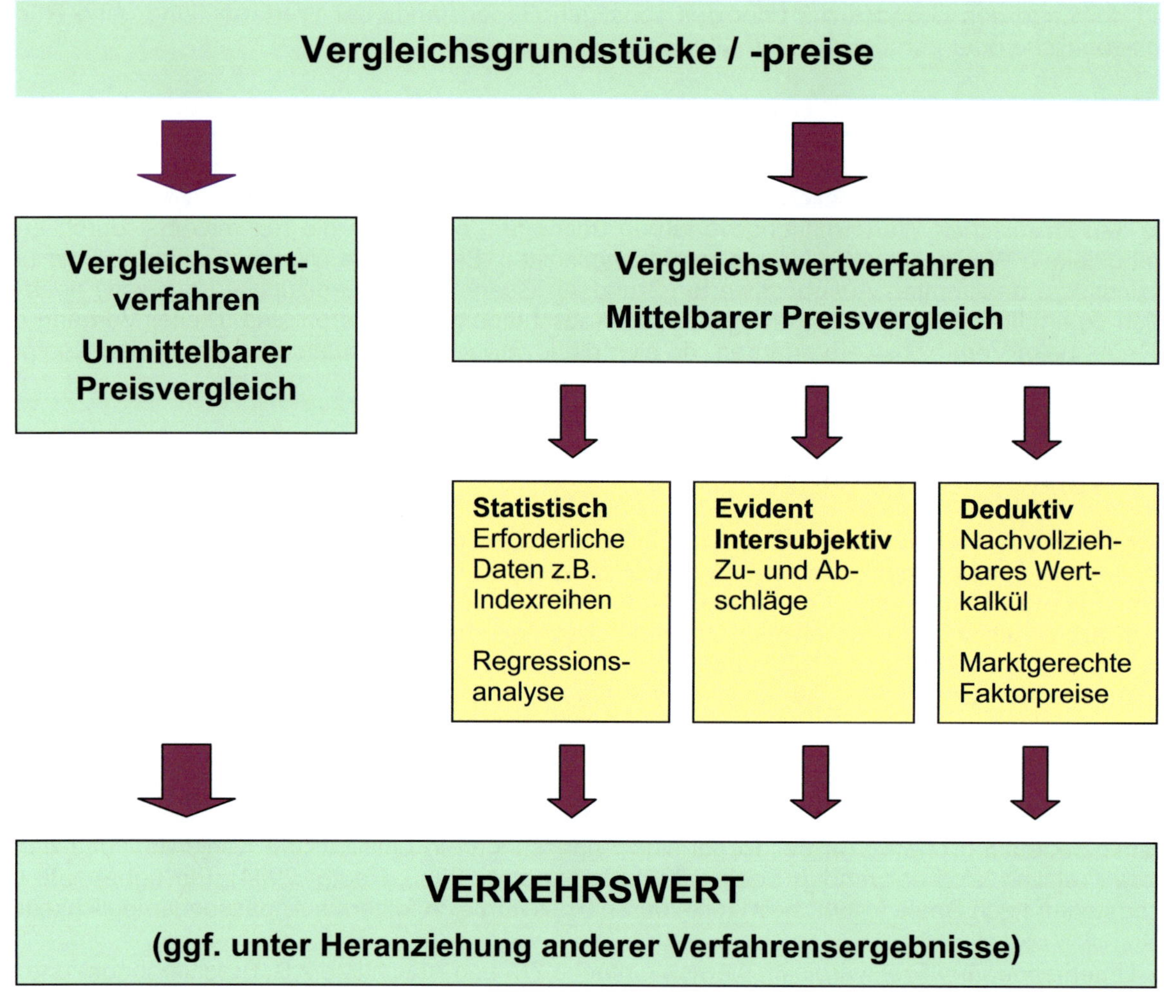

Abb. 4.1: Vergleichswertverfahren

Zur Verbesserung der Anwendbarkeit des mittelbaren statistischen Preisvergleichs für unbebaute und bebaute Grundstücke können Abweichungen der Merkmale der Vergleichsgrundstücke vom Zustand des zu bewertenden Grundstücks mit dem Modell der multiplen Regressionsanalyse in anderer geeigneter Weise nach § 14 WertV berücksichtigt werden. Dabei werden diese Abweichungen in einem plausiblen mathematischen Erklärungsmodell zur Verkehrswertermittlung gemeinsam betrachtet. Es kann sich dabei um einen rein *statistischen Preisvergleich* von Kaufpreisen oder eine zusätzliche Kombination mit den sonstigen mittelbaren Preisvergleichen (z.B. *intersubjektiver Preisvergleich*) zur Minimierung der Ungewissheit des zu ermittelnden Wertes handeln.

Nachfolgend wird das Modell der multiplen Regressionsanalyse und eine übliche Vorgehensweise bei der Analyse (vgl. Kap. 4.2) dargestellt. Es ist jedoch in bestimmten Analysefällen (z.B. heterogener Grundstücksmarkt) zu hinterfragen, inwieweit die unveränderliche Einführung von erforderlichen Daten - ohne eine Überprüfung dieser Größen - in nachfolgenden Regressionsanalysen im Hinblick auf die Signifikanz der Ergebnisfindung vertretbar erscheint. Weitergehend gilt es hierbei zu klären, ab welcher Größe Beobachtungsfehler durch Testverfahren identifiziert werden können und welche Auswirkungen sich insbesondere auf die Unbekannten ergeben. Als alternative Lösungsansätze werden hierzu in Kap. 5.3.1 *Ausgleichungsmodelle zur Grundstücksmarktanalyse* und in Kap. 5.3.2 die Bedeutung der *inneren und äußeren Zuverlässigkeit* beschrieben.

4.2   Multiple Regressionsanalyse

Die multiple Regression ermöglicht den indirekten Vergleich von Kauffällen, die sich in mehreren wertrelevanten Merkmalen unterscheiden. Dabei werden die Einflüsse aller Merkmale gleichzeitig betrachtet. Als Ergebnis erhält man eine Gleichung, in der die Zielgröße Y (z. B. Kaufpreis) als Linearkombination der Einflussgrößen X_j ($j = 1, 2, \ldots m$) und einer Restvariablen ε erklärt wird (Mürle und Böser 1997a).

$$Y = \beta_0 + \beta_1 X_1 + \ldots + \beta_j X_j \ldots + \beta_m X_m + \varepsilon \tag{4.1}$$

Die unbekannten wahren Regressionskoeffizienten β_j sind zu schätzen und geben die Anteile der Einflussgrößen an der Zielgröße an. Je kleiner die Restvariable ε ist, desto besser ist nach Ziegenbein (Geodätisches Institut an der Technischen Universität Hannover 1978) die Schätzung der Zielgröße durch die Einflussgrößen.

Für Grundstücke mit exakt gleichen Wertmerkmalen werden unterschiedliche Kaufpreise gezahlt. Objektive Merkmale der Grundstücke werden z. B. durch wechselnde Kaufpartner verschieden beurteilt. Diese Varianz im Kaufverhalten zeigt sich neben den getroffenen Annahmen wie z.B. *Sind die wirksamen Einflussgrößen und die Art der Abhängigkeit zutreffend berücksichtigt ?* im Regressionsmodell in der Restvariablen ε in einem nicht unerheblichen Prozentsatz des Kaufpreises und entspricht dem *zufälligen Beobachtungsfehler*. Kaufpreise, die um mehr als die 2,5-fache Standardabweichung vom Mittel abweichen, können systemunterstützt als Ausreißer gesetzt werden.

Die theoretischen Werte β_j sind nicht bekannt (z. B. begrenzte Kaufpreisstichproben). Es sind folglich die empirischen Koeffizienten b_j als bestmögliche Schätzwerte zu bestimmen. Dafür stehen p Realisierungen Y_i und X_{ij} der Ziel- und Einflussgrößen ($j = 1, 2, \ldots, m$) in Form einer auszuwertenden Stichprobe zur Verfügung.

$$Y_i = b_0 + b_1 X_{i1} + \ldots + b_j X_{ij} \ldots + b_m X_{im} + v_i \qquad i = 1, 2, \ldots, p \tag{4.2}$$

An Stelle der Restvariablen ε_i werden die errechenbaren Residuen v_i eingeführt. Die Regressionsgleichung sei für die Mittelwerte ohne Restglied streng erfüllt. Bei Einführung einer Matrizengleichung ergibt sich

$$y_{[p,1]} = x_{[p,m]} b_{[m,1]} + v_{[p,1]} \qquad . \tag{4.3}$$

Mit der Methode der kleinsten Quadrate werden die Schätzwerte b_j für die Einflussgrößen bestimmt.

$$b = \begin{bmatrix} b_1 \\ b_2 \\ \vdots \\ b_m \end{bmatrix} = \left(x^T x \right)^{-1} x^T y \tag{4.4}$$

Dabei wird unterstellt, dass die Realisierungen der Zielgröße (Beobachtungen) gleichgewichtig, unabhängig und nur mit zufälligen Fehlern behaftet sind. Korrelierte Kaufpreise, wie sie z.B. beim mehrmaligen Verkauf gleichartiger Grundstücke durch denselben Veräußerer zu erwarten sind, werden üblicherweise ausgeschieden. Sind die Kaufpreise nicht normalverteilt, werden sie entsprechend transformiert. Auch die Realisierungen der Einflussgrößen sind ggf. in eine genäherte Normalverteilung zu transformieren.

Diese Transformation(en) sind in zahlreichen Auswertestrategien bzw. -programmen als Standard eingeführt worden, obgleich dadurch die Originalinformationen der jeweiligen Größen verändert werden und die Kennzahlen lediglich für das transformierte System Gültigkeit besitzen können. Es wird empfohlen, vertiefende Untersuchungen zur Einführung von nicht normalverteilten Größen und den Auswirkungen auf die dargestellten Analyseschritte bzw. -ergebnisse durchzuführen.

4.2.1   Verteilungsuntersuchung

Zur Prüfung der Normalverteilung der Kaufpreise werden im Programm *AKS Niedersachsen* unter dem Menüpunkt *Verteilungsuntersuchung* Minimum, Maximum, Mittelwert, Standardabweichung, Variationskoeffizient, Prüfgröße des Chi^2-Anpassungstests, Exzess und Schiefe der Verteilung der Realisierungen ausgegeben. Hauptsächlich kommt es bei der Abweichung von der Normalverteilung auf die Symmetriekomponente an, die mit der Schiefe gemessen und beurteilt wird.

Variationskoeffizient:
$$V = s / \overline{Y} \tag{4.5}$$

Empirische Schiefe:
$$a_3 = \frac{1}{p * s^3} \sum_{i=1}^{p} v_i^3 \tag{4.6}$$

Empirischer Exzess:
$$a_4 = \frac{1}{p * s^4} \sum_{i=1}^{p} v_i^4 - 3 \tag{4.7}$$

Die v_i sind hier die Abweichungen der Einzelwerte vom Mittelwert, nicht die Residuen, die erst nach der Berechnung eines Schätzwertes berechnet werden können.

4.2.2   Multiples Bestimmtheitsmaß und partielle Korrelationskoeffizienten

Ein Maß dafür, wie gut die Regressionsgleichung die insgesamt Zielgröße erklärt, ist das multiple Bestimmtheitsmaß B. Zur Berechnung von B wird die durch den Regressionsansatz erklärbare Variation der Kaufpreise zu den gesamten Kaufpreisen ins Verhältnis gesetzt.

$$B = \frac{y^T y - v^T v}{y^T y} \tag{4.8a}$$

mit

$$v^T v = y^T y - b^T n = y^T y - b^T x^T y \tag{4.8b}$$

wobei $y^T y$ die Gesamtvariation und $v^T v$ die Quadratsumme der Residuen, d. h. ein Maß für die <u>nicht</u> durch die Einflussgrößen und den Regressionsansatz erklärbare Variation der Kaufpreise, ist. B nimmt Werte zwischen 0 und 1 an. In der Grundstückswertermittlung liegt das multiple Bestimmtheitsmaß zumeist zwischen 0,5 und 0,8.

$$B = 1 \tag{4.8c}$$

Die Variation der Kaufpreise wird vollständig abgebaut. Zwischen Zielgröße und Einflussgrößen besteht eine streng funktionale Abhängigkeit.

$$B = 0 \tag{4.8d}$$

Die multiple Regression bestimmt die Kaufpreise auf keine Weise. Die Zielgröße hängt nicht von den Einflussgrößen ab.

Der partielle Korrelationskoeffizient $r_{Y X_j}$ beschreibt die Abhängigkeit zwischen der Zielgröße Y und der Einflussgröße X_j unter Eliminierung der Wirkung aller anderen Einflussgrößen. Nach Pelzer (Geodätisches Institut an der Technischen Universität Hannover 1976) lässt sich schreiben:

$$r_{YXj}^2 = \frac{\dfrac{b_j^2}{q_{bjbj}}}{\dfrac{b_j^2}{q_{bjbj}} + f * s^2} \qquad (4.9a)$$

$$q_{bjbj} = (Q_{bb})_{jj} = N_{jj}^{-1} = \text{Diagonalelement}_{jj} \text{ der Kofaktormatrix } Q_{bb} \text{ des Schätzwertes } b_j \qquad (4.9b)$$

$$N^{-1} = \left(x^T x\right)^{-1} \qquad (4.9c)$$

$$f * s^2 = v^t v \qquad (4.9d)$$

$$f = p - m - 1 = \text{Anzahl der Freiheitsgrade} \qquad (4.9e)$$

4.2.3 Methoden zur statistischen Prüfung

4.2.3.1 Regressionsansatz

Auch wenn das multiple Bestimmtheitsmaß B größer 0 ist, besteht die Möglichkeit, dass diese Abweichung von 0 nur zufälliger Natur und der Regressionsansatz nicht sinnvoll ist. In diesem Fall ist der wahre Wert von B gleich 0, die Nullhypothese H_0 wird angenommen.

$$H_0: \quad E(B) = 0 \qquad (4.10a)$$

Anhand einer Prüfgröße kann getestet werden, ob die Nullhypothese zutrifft.

$$F = \frac{f * B}{m * (1 - B)} = \frac{b^T * n}{m * s^2} \qquad (4.10b)$$

$$s^2 = \frac{v^T v}{p - m - 1} = \text{Restvarianz} \qquad (4.10c)$$

Ist die Prüfgröße F kleiner als das

Quantil $F_{m,f,1-\alpha}$ $\qquad m =$ Anzahl der Einflussgrößen

$\qquad\qquad\qquad f = p - m - 1 =$ Anzahl der Freiheitsgrade $\qquad$ (4.10d=

$\qquad\qquad\qquad \alpha =$ Irrtumswahrscheinlichkeit $\qquad\qquad\qquad$ 4.9e)

kann davon ausgegangen werden, dass der wahre Wert von B auf einem Testniveau 1 - α gleich 0 ist.

Ist die Prüfgröße größer als das Quantil $F_{m,f,1-\alpha}$, wird davon ausgegangen, dass der wahre Wert von B auf einem Testniveau 1 - α ungleich 0 ist. Die Alternativhypothese H_a wird angenommen.

$$H_a: \quad E(B) \neq 0 \qquad (4.10e)$$

Der Regressionsansatz trägt zur Erklärung der Kaufpreise bei. B ist in diesem Falle mit einer Irrtumswahrscheinlichkeit α von 0 verschieden.

Zusammenfassung: H_0: $E(B) = 0$ wenn $F \le F_{m,f,1-\alpha}$ (4.11a)

                     H_a: $E(B) \neq 0$ wenn $F > F_{m,f,1-\alpha}$ (4.11b)

Das multiple Bestimmtheitsmaß kann auch zur Beurteilung der linearen Abhängigkeiten zwischen der Zielgröße und den Einflussgrößen dienen. Die Einhaltung der linearen Abhängigkeit wird zunächst durch Residuenuntersuchung (vgl. Kap. 4.2.3.3) überprüft. Treten signifikante Abweichungen der den gebildeten Klassen zugeordneten Gruppenmittel von Null auf, kann man versuchen, durch Einführen von polynomialen Gliedern bis maximal dritten Grades den Regressionsansatz zu verbessern. Anschließend wird verglichen, inwieweit sich das multiple Bestimmtheitsmaß durch die funktionale Modellanpassung signifikant verbessert hat.

4.2.3.2   Einflussgrößen

Auch zur Beurteilung des Varianzabbaus durch die Einflussgrößen werden eine Nullhypothese und eine Alternativhypothese aufgestellt und ein Testkriterium formuliert. Die t-verteilte Prüfgröße für den j-ten normierten Regressionskoeffizienten lautet:

$$t_{bj} = \frac{b_j}{s * \sqrt{q_{bjbj}}} = \frac{b_j}{s_{bj}}$$ (4.12a)

Dabei entspricht b_j dem Schätzwert des j-ten Regressionskoeffizienten, die dazugehörige Standardabweichung ist durch s_{bj} ausgedrückt.

Wird die Nullhypothese angenommen, trägt die Einflussgröße im Regressionsansatz nichts zum Abbau der Restvarianz, d.h. nichts zur Erklärung der Zielgröße bei.

H_0: $E(b_j) = 0$ wenn $|t_{bj}| \le t_{f,1-\alpha/2}$ (4.12b)

H_a: $E(b_j) \neq 0$ wenn $|t_{bj}| > t_{f,1-\alpha/2}$ (4.12c)

Für die Testentscheidung wird das Quantil $t_{f,1-\alpha/2}$ mit der Anzahl der Freiheitsgrade nach (4.9e) und der Irrtumswahrscheinlichkeit α herangezogen.

Dieser Test darf jedoch nicht dazu verleiten, Einflussgrößen einfach ohne weitere Überlegungen aus dem Regressionsansatz zu entfernen. Gründe dafür könnten sein, wenn die Bedeutung einer Einflussgröße (z. B. Grundstücksgröße) nicht angemessen einbezogen wird oder partielle Korrelationen zwischen den Einflussgrößen eine falsche Entscheidung bewirken.

4.2.3.3   Residuenmittel

Residuen der zu untersuchenden Einflussgröße können zu Gruppen zusammengefasst werden. Das wahre Gruppenmittel $\overline{v_i}$ muss - wie auch das Residuengesamtmittel - gleich Null sein. Weicht das Gruppenmittel signifikant von Null ab, enthält diese Gruppe noch systematische Anteile zur Erklärung der Unterschiede in den Realisierungen der Zielgröße.

Die t-verteilte Prüfgröße lautet:

$$t_{\overline{v_i}} = \frac{\overline{v_i}}{s_{\overline{v_i}}}$$ (4.13a)

Quantil t $_{f,\,1-\alpha/2}$ $f = l - 1 = $ Anzahl der Freiheitsgrade   (4.13b)

                        $l = $ Anzahl der Residuen in der Gruppe

$$H_0: \qquad E(\overline{v}_i) = 0 \qquad \text{wenn} \quad \left| t_{\overline{v}_i} \right| \leq t_{f,1-\alpha/2} \tag{4.13c}$$

$$H_a: \qquad E(\overline{v}_i) \neq 0 \qquad \text{wenn} \quad \left| t_{\overline{v}_i} \right| > t_{f,1-\alpha/2} \tag{4.13d}$$

Wird die Nullhypothese akzeptiert, so stehen die Residuen lediglich für die auf dem Grundstücksmarkt übliche zufällige Streuung der Kaufpreise. Bei Annahme der Alternativhypothese ist der Regressionsansatz (vgl. Kap. 4.2.3.1) zu überprüfen.

4.2.3.4 Veränderungen des Regressionsansatzes

Eine optimale Schätzfunktion ermitteln wir dann, wenn wir mit möglichst wenigen Einflussgrößen die Zielgröße mit möglichst hoher Bestimmtheit schätzen. Daher ist ausgehend von einem Ansatz mit höchster Bestimmtheit zu untersuchen, ob eine oder einige Einflussgrößen aus dem Ansatz eliminiert werden können, ohne dass die Bestimmtheit signifikant abnimmt. Eliminiert werden sollte immer nur eine Einflussgröße, da die zwischen den Einflussgrößen bestehenden Abhängigkeiten Einfluss auf die Größe der partiellen Korrelationskoeffizienten haben. Den geringsten Einfluss auf die Zielgröße hat die Einflussgröße mit dem kleinsten partiellen Korrelationskoeffizienten.

Die F – verteilte Prüfgröße lautet

$$F = \frac{B - B_i}{1 - B} * \frac{f}{i} \tag{4.14a}$$

$i = $ Anzahl der entfernten Einflussgrößen
$f = p - m - 1 = $ Anzahl der Freiheitsgrade
$B = $ Multiples Bestimmtsheitsmaß vor dem Entfernen der Einflussgrößen
$B_i = $ Multiples Bestimmtsheitsmaß nach dem Entfernen der i Einflussgrößen

$$\tag{4.14b= \\ 4.9e}$$

Es werden wiederum eine Null- und eine Alternativhypothese mit dem Quantil $F_{i,f,1-\alpha}$ aufgestellt:

$$H_0: \qquad E(B - B_i) = 0 \,, \qquad \text{wenn die Prüfgröße } F \leq F_{i,f,1-\alpha} \text{ ist.} \tag{4.14c}$$

Die Einflussgröße (i = 1) kann entfernt werden, ohne dass das multiple Bestimmtheitsmaß signifikant bei einer Irrtumswahrscheinlichkeit α abnimmt.

$$H_a: \qquad E(B - B_i) > 0 \,, \qquad \text{wenn die Prüfgröße } F > F_{i,f,1-\alpha} \text{ ist.} \tag{4.14d}$$

Die Einflussgröße kann nicht entfernt werden, ohne dass das multiple Bestimmtheitsmaß signifikant bei einer Irrtumswahrscheinlichkeit α abnimmt.

4.2.4 Vertrauens- und Erwartungsbereich

Für den wahren Verkehrswert $\tilde{y}$ wird ein Schätzwert $\hat{y}$ ermittelt. Ausgegangen wird hierbei nach Pelzer (Geodätisches Institut an der Technischen Universität Hannover 1976) von der folgenden Matrizenschreibweise:

$$\hat{y} = \overline{y} + xb \tag{4.15a}$$

Hierbei bedeuten die Vektoren

$$x = \left[\left(X_1 - \overline{X}_1 \right)\left(X_2 - \overline{X}_2 \right) \ldots \left(X_m - \overline{X}_m \right) \right] \qquad \text{und} \tag{4.15b}$$

$$b = \begin{bmatrix} b_1 \\ b_2 \\ \vdots \\ b_m \end{bmatrix} \; . \tag{4.15c}$$

Die Mittelwerte der Zielgröße $\overline{Y}$ und der Einflussgrößen $\overline{X}_j$ ($j = 1,2,\ldots,m$) können über die Beziehungen

$$\overline{y} = \overline{Y} = \frac{1}{p}\sum_{i=1}^{p} Y_i \quad \text{und} \tag{4.16a}$$

$$\overline{X}_j = \frac{1}{p}\sum_{i=1}^{p} X_{ij} \tag{4.16b}$$

ermittelt werden, wobei für $\overline{Y}$ auch $\overline{y}$ geschrieben werden kann.

Ausgehend von (4.15a) ergibt sich durch Ausmultiplizieren von (4.15b) und (4.15c) die Beziehung

$$\hat{y} = \overline{y} + b_1\left(X_1 - \overline{X}_1\right) + b_2\left(X_2 - \overline{X}_2\right) + \ldots + b_m\left(X_m - \overline{X}_m\right) \tag{4.17}$$

Vom Schätzwert $\hat{y}$ ausgehend lässt sich ein Konfidenzbereich (Vertrauensbereich) bestimmen, in dem der wahre Verkehrswert $\widetilde{y}$ mit einer Wahrscheinlichkeit 1-α liegt.

$$P\left(\hat{y} - t_{f,1-\alpha/2} * s_{\hat{y}} \leq \widetilde{y} \leq \hat{y} + t_{f,1-\alpha/2} * s_{\hat{y}}\right) = 1 - \alpha \tag{4.18a}$$

Die empirische Standardabweichung $s_{\hat{y}}$ für den Schätzwert $\hat{y}$ berechnet sich unter Anwendung der Varianz(kovarianz)fortpflanzung mit Hilfe der Standardabweichung von $\overline{y}$ und der Kofaktormatrix Q_{bb} der Schätzwerte

$$s_{\hat{y}} = s * \sqrt{\frac{1}{p} + x Q_{bb} x^T} \; . \tag{4.18b}$$

Das in Abb. 4.2 abgebildete Konfidenzband am Beispiel des Bivariats entsteht durch die Berechnung der Schätzwerte $\hat{y}$ und ihrer Konfidenzbereiche. An den Stellen, an denen die Regressionsanalyse durch wenige Vergleichswerte *unstabiler* wird, weitet sich das Konfidenzband auf. Ein Maß dafür sind die jeweiligen Abweichungen um die Mittelwerte $\overline{X}_j$.

Auch lässt sich ein Konfidenzband (Erwartungsbereich) ausgehend von der Differenz zwischen einem Kaufpreis y und dem Schätzwert $\hat{y}$ festlegen, in dem der tatsächlich gezahlte Kaufpreis y mit einer Wahrscheinlichkeit 1-α liegt.

$$P\left(\hat{y} - t_{f,1-\alpha/2} * \overline{s}_y \leq y \leq \hat{y} + t_{f,1-\alpha/2} * \overline{s}_y\right) = 1 - \alpha \tag{4.19a}$$

$$\bar{s}_y = s * \sqrt{1 + \frac{1}{p} + xQ_{bb}x^T} = \sqrt{s^2 + s_{\hat{y}}^2}$$ (4.19b)

Die empirische Standardabweichung für die Differenz zwischen einem Kaufpreis y und dem Schätzwert $\hat{y}$ ist mit $\bar{s}_y$ bezeichnet.

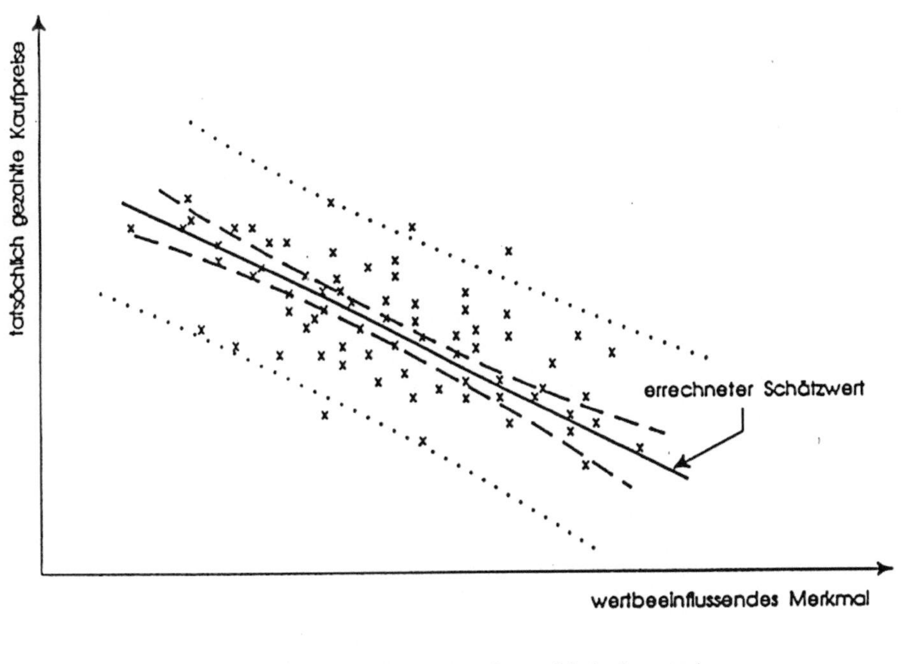

Abb. 4.2: Vertrauens- und Erwartungsbereich (skizzenhafte Darstellung)

5 Konzeption eines Wertermittlungsinformationssystems

Geoinformationen entfalten ihre Wirkung bei privaten Reisen und im Flottenmanagement einer Spedition, bei der Regionalisierung weltweiter Klimamodelle zur Abschätzung der Auswirkungen des Meeresspiegelanstiegs wie auch der Planung der Absperrungen beim nächsten Rheinhochwasser. Bei den Standortplanungen für Einzelhandelsfilialen, der nachfrageorientierten Auswahl und Bereitstellung von Gewerbegebieten oder der Bewertung von Immobilien und vielen weiteren Entscheidungen dienen Geoinformationen als wesentliche Hilfsmittel zur Entscheidungsoptimierung und leisten damit einen Beitrag zur Wertschöpfung.

Die Bedeutung von Geoinformationen und der korrespondierenden Infrastruktur, die den Zugang zu Geoinformationen ermöglicht, wird in fast allen Industrienationen, aber auch in den meisten Ländern der Dritten Welt gesehen und vielerorts politisch unterstützt. Geodaten und die daraus abgeleiteten Geoinformationen bilden einen wesentlichen Bestandteil der Informationsgesellschaft (Bill et al. 2002).

Zur Koordinierung der Aktivitäten in Deutschland wurde 1998 der Interministerielle Ausschuss für Geoinformationswesen (IMAGI) eingerichtet. Zur Verbindung von Geoinformation und modernem Staat wird in IMAGI (2003) ausgeführt:

Die Entschließung des Deutschen Bundestages vom 15. Februar 2001 zur Nutzung von Geoinformationen in Deutschland (Drucksache 14/5323) ist die politische Richtschnur für den Aufbau einer Geodateninfrastruktur in Deutschland (GDI-DE). Diese staatliche Maßnahme dient damit einerseits der geforderten Modernisierung von Wirtschaft, Verwaltung, Politik und Wissenschaft. Andererseits ist sie Ausgangspunkt für Wertschöpfungsketten bei der Nutzung und Veredelung von Geoinformationen.

Unter Berücksichtigung der bis dahin sehr heterogenen Entwicklungen in der Bundesverwaltung, in den Ländern und in der EU-Kommission wird 2003 als erste konkrete Maßnahme das Internet-Projekt *GeoMIS. Bund* zum Abschluss gebracht. Damit wird es erstmals möglich sein, dezentral gehaltene Geodatenbestände in der Verwaltung des Bundes und der Länder von jedem Schreibtisch aus zu recherchieren.

GeoMIS.Bund ist zugleich die erste Komponente des Portals *GeoPortal.Bund*. Dadurch soll eine benutzerfreundliche Plattform als zentraler Einstiegspunkt für die internetbasierte, barrierefreie und interoperable Geodatensuche sowie Bereitstellung von Geo-Webdiensten für Verwaltung, Wirtschaft und Bürger auf Basis der OGC-Standards (vgl. Kap. 2.4 und 5.4) realisiert werden.

Die EU-Kommission hat erkannt, dass die Verfügbarkeit relevanter und standardisierter Geoinformationen eine maßgebliche Voraussetzung für das effiziente politische Handeln der Europäischen Union ist. Dabei wurde festgestellt, dass die von der öffentlichen Hand in Europa erzeugten Informationen bislang lediglich zu einem Bruchteil kommerziell genutzt werden (Europäische Kommission 2000).

Zur Koordinierung der Aktivitäten für eine verbesserte Nutzung von Geoinformationen ist auf europäischer Ebene die Initiative *Infrastructure for Spatial Information in Europe (INSPIRE)* der Europäischen Kommission (2003) eingerichtet worden. *INSPIRE* hat einen europäischen Rahmenrichtlinienentwurf zur *Schaffung einer Raumdateninfrastruktur in der Gemeinschaft* vorbereitet, der Mitte 2004 von der Europäischen Kommission dem Europäischen Parlament und Rat zur Einleitung des Gesetzgebungsverfahrens vorgelegt wurde (Löffelholz 2005). Anfang 2006 erfolgte die 2. Lesung im Europäischen Parlament. Durch die Schaffung einer einheitlichen Gesetzesgrundlage für die EG soll der Aufbau einer europäischen Geodateninfrastruktur (European Spatial Data Infrastructure – ESDI) durch Nutzung der nationalen Geodateninfrastrukturen der EU-Mitglieder vorbereitet werden. Hierzu gehört auch der Aufbau von Metainformationssystemen (Kleemann und Müller 2005). Der von INSPIRE verfolgte Ansatz für die ESDI hat große Ähnlichkeit mit dem Ansatz des IMAGI für die GDI-DE.

In der schweizerischen Strategie zur Geoinformation (GKG-KOGIS 2001) ist nachzulesen:

... Sie (die Geoinformationen) unterstützen die Unternehmen im Bereich Logistik und Marketing und vermitteln den Bürgern und Bürgerinnen in anschaulicher, leicht verständlicher und umfassender Art wesentliche Informationen über ihre Umwelt. Sie tragen zu einer nachhaltigen Raumplanung bei und entsprechen den Anforderungen einer modernen Wirtschaftsentwicklung. Aufgrund ihrer praktischen und strategischen Bedeutung stellen Geoinformationen einen eigenständigen Bereich bei der Entwicklung der heutigen Informationsgesellschaft und ein wesentliches Element unserer nationalen Infrastruktur dar. ...

Die AdV hat ein Positionspapier zur Geodateninfrastruktur in Deutschland erstellt (Vogel 2002):

Als Geodateninfrastruktur werden die technologischen, politischen und institutionellen Maßnahmen verstanden, die sicherstellen, dass Methoden, Daten, Technologien, Standards, finanzielle und personelle Ressour-

cen zur Gewinnung und Anwendung von Geoinformationen entsprechend den Bedürfnissen der Wirtschaft zur Verfügung stehen.

Das Ziel einer nationalen Geodateninfrastruktur ist es, die in vielen Bereichen des öffentlichen und wirtschaftsbezogenen Handelns vorliegenden digitalen Geoinformationen in Deutschland über Internet-Dienste öffentlich und verfügbar zu machen. Dazu gehört u.a., dass die Datenbestände durch Metadaten beschrieben sind, dass die Daten auch aus verteilten Datenbeständen ausgesucht und die gewünschten Geoinformationen über ein elektronisches Netzwerk mit Internet-Technologie und standardisierten Interaktionen zum Nutzer übermittelt werden können.

5.1   Beschreibung der Anwendungen

Die *Konzeption einer zukunftsorientierten Bereitstellung der Bodenrichtwerte und sonstiger für die Wertermittlung erforderlicher Daten* liefert Überlegungen zu Gunsten eines WIS (AdV 2002). Der Expertengruppe *Bodenrichtwerte* der AdV wurde folgender Auftrag erteilt:

- *Erstellung eines Fachkonzeptes zur Verknüpfung der Bodenrichtwerte und sonstiger Informationen zur Wertermittlung mit den Geoinformationen des Amtlichen Vermessungswesen (Geobasisinformationen)*
- *Konzeption einer zukunftsorientierten Bereitstellung der Bodenrichtwerte und sonstiger für die Wertermittlung erforderlicher Daten im Internet*
- *Erarbeitung eines Konzeptes für die Erstellung von Besteuerungsunterlagen*

Zunächst schienen die drei Teilaufträge sachlich getrennt zu sein. Erste vertiefende Analysen zeigten jedoch, dass die Themenkomplexe stark miteinander verflochten waren. Aus diesem Grunde wurde mit der Konzeption ein integrierter Gesamtansatz verfolgt und vorgelegt.

Danach ist die digitale Führung der Kaufpreissammlung und der Bodenrichtwerte als Geofachdaten auf der Grundlage von ALKIS Voraussetzung für die Weiterentwicklung zu einem WIS. Nach den bisher gewonnenen Erfahrungen amortisiert sich der Aufwand für die erstmalige Einrichtung eines WIS innerhalb kurzer Zeit.

Die einzelnen Aufgaben des Gutachterausschusses sollen in einem WIS abgebildet werden (Mürle 1997b). Diese Anforderung bedeutet, dass im Grundsatz alle Anwendungen in das WIS zu integrieren sind. Als Grundlage dient die bereits bekannte Darstellung der Aufgaben eines WIS nach Abb. 3.5, wobei von einer LAN-Struktur im System ausgegangen wird.

Im *Anforderungskatalog für das Wertermittlungsinformationssystem Niedersachsen (WIS)* wird als Ziel formuliert, dass alle in den Geschäftsstellen der Gutachterausschüsse anfallenden Aufgaben (Anwendungen), die sich mit Hilfe der IuK-Technik erledigen lassen, unter einer Benutzeroberfläche von einem Arbeitsplatzcomputer in einem LAN aus erledigt werden können (Niedersächsische Vermessungs- und Katasterverwaltung 2000). Dazu sollen auf die Aufgaben abgestimmte Standardprogramme eingesetzt werden, die sich zu einem WIS ergänzen.

Die Anforderungen an die einzelnen Anwendungen *AKS* (vgl. Kap. 5.1.1), *Bodenrichtwertermittlung* (vgl. Kap. 5.1.2), *Gutachtenerstellung* (vgl. Kap. 5.1.3) und *Grundstücksmarktbericht* (vgl. Kap. 5.1.4) innerhalb des Gesamtsystems werden nachfolgend konzeptionell dargestellt. Grundsätzliche Aussagen zur *Kompatibilität* im Sinne eines WIS (vgl. Kap. 5.1.5) sollen gleichfalls eingebracht werden. Es steht dabei nicht die Durchführung eines Rankings auf Grundlage der Evaluierung von einzelnen Funktionalitäten der in Kap. 3 behandelten Programmsysteme im Vordergrund.

5.1.1   Führung und Auswertung der AKS

Ein Programmsystem zur Führung und Auswertung der Kaufpreissammlung nach § 195 BauGB repräsentiert üblicherweise einen wesentlichen Baustein eines WIS. Dabei kommt den Analysetools zur Ermittlung der sonstigen für die Wertermittlung erforderlichen Daten, der Bodenrichtwertermittlung und der digitalen Führung der Kaufpreiskarte als Präsentationskomponente eine besondere Bedeutung zu.

5.1.1.1   Anwendungen der AKS

Eine Sicht auf die in der AKS Niedersachsen integrierten komplexen Anwendungsbausteine, die zumindest als Grundlage einer Sollkonzeption betrachtet werden können, zeigt Abb. 5.1.

Bodenrichtwertermittlung	Marktbeschreibung
Auskunft	Kauffalldaten, Mieten, Pachten
Übernahme/Abgabe/Auslagerung/ Wiederaufnahme Sonderauswertungen	Geschäftsstellendaten
Indexreihenermittlung	Allgemeine Auswertung von Stichproben
Verkehrswertgutachten	Preisstatistiken

Abb. 5.1: AKS Niedersachsen - Anwendungen

Ziel ist es, die für Entscheidungen wichtigen Informationen rasch verfügbar zu machen und das im Programmsystem abgelegte Fachwissen für Routine-Entscheidungen und Hinweise zu nutzen. Aufgaben, die mehrfach in vergleichbarer Weise zu erledigen sind, eignen sich besonders gut für eine Standardisierung der Auswerteprogramme (Ziegenbein 1995a, 1995b). Ist ein unmittelbarer oder mittelbarer Preisvergleich in Form von Umrechnungskoeffizienten und Indexreihen nicht möglich, so können in der Regel in einer vergrößerten Stichprobe die Einflüsse der Merkmale auf die Kaufpreise im Wege der (multiplen) Regressionsanalyse unter *Allgemeine Auswertung von Stichproben* ermittelt werden.

Für marktgängige Objekte sind Standardauswerteaufträge (Niedersächsische Vermessungs- und Katasterverwaltung 2005a, 2005b) durch die automationsgestützte Regressionsanalyse formuliert worden. Die Standardauswerteaufträge (z.B. Liegenschaftszinssatz, Marktanpassungsfaktor) können kopiert und danach für die örtlichen Gegebenheiten modifiziert werden. Für die Indexreihenermittlung ist ein spezielles Analysetool entwickelt worden.

Die umfangreichen Statistikfunktionen sind integrierter Bestandteil der AKS Niedersachsen und werden nicht, wie oftmals anzutreffen, über ein externes Statistikpaket realisiert. Der für die AKS Niedersachsen formulierte Anforderungskatalog verfolgt neben WF-AKuK den weitest gehenden Ansatz zur Unterstützung der Analyse von Grundstücksmarktdaten.

Es gilt weitergehend zu hinterfragen, inwieweit der Anwender bei diesen Auswerteschritten *intelligent* unterstützt wird oder *manuell* Entscheidungen treffen und den Ablauf steuern muss. Bill (1999b) charakterisiert die Hauptaufgaben wissensbasierter Systeme im Erkennen von Beziehungen, dem Ziehen von Schlussfolgerungen und dem Steuern der Anwendung von Wissen. Sie benötigen hierzu Techniken der Wissensrepräsentation, der Wissensverarbeitung und des Wissenserwerbs. Expertensysteme sind der derzeit expandierende Zweig der wissensbasierten Systeme.

Definition 5.1: Expertensystem
Expertensysteme bezeichnen den Zweig der künstlichen Intelligenz, der sich mit der Entwicklung von Programmen befasst, die mit Hilfe von Symbolwissen das Verhalten menschlicher Experten nachvollziehen. Bei dieser Form der Datenverarbeitung wird nicht nur einfach auf Datensätze zugegriffen (Dateiensysteme), die auch verknüpft sein können (Datenbanksysteme), sondern hier wird von Wissensaussagen ausgegangen. Diese Aussagen sind Wenn-Dann-Aussagen, die in einer erweiterungsfähigen Wissensbasis gespeichert sind. Kern des Expertensystems ist ein Inferenzsystem (Inferenz = Schlussfolgerung), das in der Lage ist, Wissensaussagen zu komplexen Ketten zu verknüpfen.

Die Effizienz einer integrierten WIS-Gesamtlösung wird beim Analyseteil (Niedersächsische Vermessungs- und Katasterverwaltung 2005a) besonders deutlich. Zur Ermittlung einer optimalen Regressionsfunktion kann neben der schrittweisen Optimierung (wiederholtes Ausführen von Auswerteschritten) eine automationsgestützte Optimierung des Regressionsansatzes durchgeführt werden. Dazu sollten nur Stichproben verwendet werden, die bereits untersuchten Grundstücksteilmärkten entstammen. Der Ablauf der automationsgestützten Optimierung des Regressionsansatzes ist in Abb. 5.2 dargestellt.

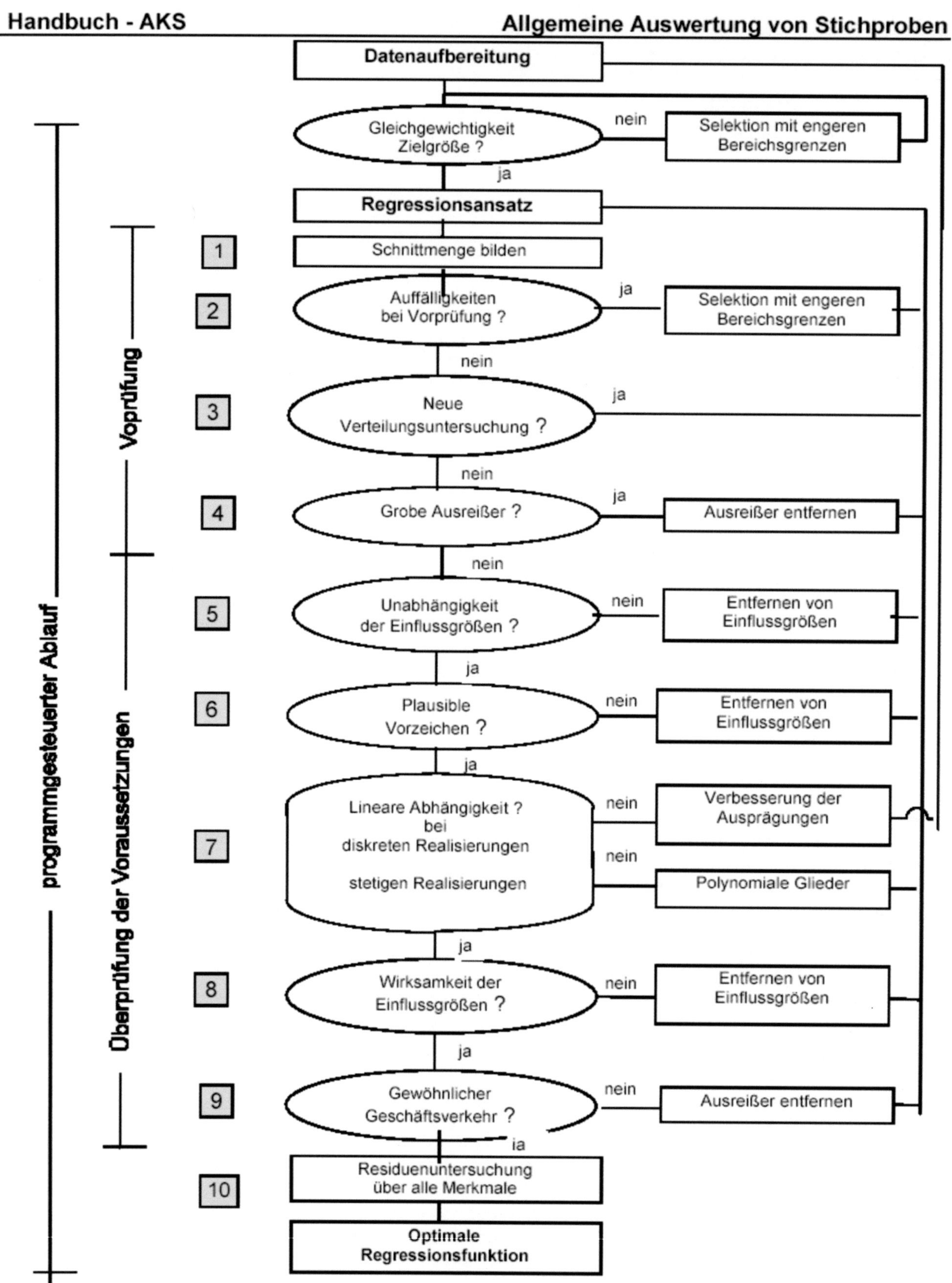

Abb. 5.2: AKS Niedersachsen - Ablauf der automationsgestützten Optimierung des Regressionsansatzes

Am Bildschirm werden Meldungen über die momentanen Arbeitsschritte angezeigt. Die Ergebnisse stehen für die Schätzwertberechnung zur Verfügung. Fachliche Anmerkungen zur automationsgestützten Optimierung des Regressionsansatzes sind in den *Hinweisen zur Auswertung der Kaufpreissammlung* (Niedersächsische Vermessungs- und Katasterverwaltung 1997b) zusammengestellt.

Als weitere Anwendung, die Merkmale eines Expertensystems erfüllt, soll die Bodenrichtwertermittlung von NIWIS (Niedersächsische Vermessungs- und Katasterverwaltung 2005c) auch als Basis für die Ausführungen in Kap. 5.1.2 dargestellt (Abb. 5.3) werden. Die Be- und Umrechnung der Bodenrichtwerte erfolgt mit den definierbaren Steuerungsparametern.

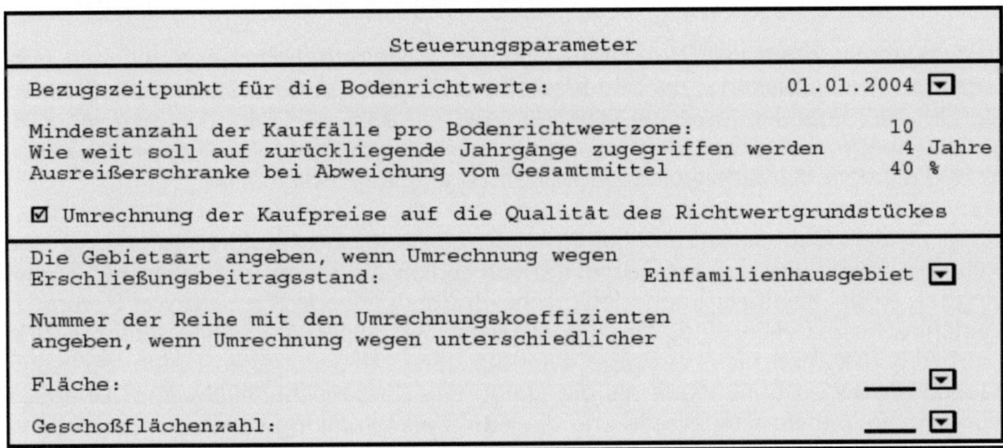

Abb. 5.3: NIWIS - Steuerungsparameter für die Ermittlung von Bodenrichtwerten

Bei der Datenaufbereitung werden mit den vorgegebenen Steuerungsparametern, den zugehörigen Bodenpreisindexreihen und Umrechnungskoeffizienten für jede Bodenrichtwertzone die Kaufpreise auf den Bezugszeitpunkt und je nach Vorgabe zusätzlich auch auf die Qualität des Richtwertgrundstücks sowie die Bodenrichtwerte für bis zu vier zurückliegende Bezugszeitpunkte auf den vorgegebenen Bezugszeitpunkt der Bodenrichtwertermittlung umgerechnet. Die Bodenrichtwerte sind umgekehrt proportional zu ihrem zeitlichen Abstand gewichtet. Als Ergebnis werden durch das System insbesondere die Mittelwerte der Bodenrichtwerte und der Kaufpreise bis hin zu einem Vorschlag für die Gutachterausschusssitzung ausgegeben.

Die AKS Niedersachsen erfüllt damit eindeutig die Merkmale eines Expertensystems. Das übliche Auswertemodell der multiplen Regressionsanalyse ist eingehend in Kap. 4.2 erläutert. Für weitergehende Analyseansätze ist in Kap. 5.3 eine Strategie für Grundstücksmarktanalysen auf der Grundlage von Ausgleichungsmodellen beschrieben. Dabei wird auch auf die Erkennbarkeit von groben Fehlern in den Kaufpreisen und ihre Auswirkungen auf Funktionen der Unbekannten eingegangen.

Auskünfte aus der Kaufpreissammlung können nach Maßgabe landesrechtlicher Vorschriften von den Gutachterausschüssen bereitgestellt werden. Die Erstattung von Auskünften im Internet ist aus Sicht der Nutzer grundsätzlich gewünscht; sie kollidiert jedoch zwangsläufig mit den einschlägigen Bestimmungen des Datenschutzrechts. In Frage kommen aus diesem Grunde i.d.R. anonymisierte Auskünfte. Eine Auskunftserteilung dürfte auf Grund des notwendigen Stichprobenumfangs nur für marktgängige Objekte (z.B. Eigentumswohnungen, Einfamilienhäuser, Reihenhäuser) realisierbar sein. Für diese Objektgruppen sollten erforderliche Daten nach §§ 8 – 12 WertV ermittelt und bereit gestellt werden. Aus diesem Grunde wird der Online-Auskunft aus der Kaufpreissammlung eine nachrangige Priorität eingeräumt (AdV 2002).

Wenn die gesetzlichen Voraussetzungen geschaffen sind, soll in NIWIS eine Auskunft mit vereinfachten Selektionsmöglichkeiten als Internet-Anwendung angeboten werden. Zur Realisierung des Berliner Gutachterausschusses im Internet-Portal wird auf Kap. 5.4.2.4 verwiesen. Datenschutzrechtliche Fragestellungen werden vertieft in Kap. 5.5.2 behandelt.

5.1.1.2 Digitale Führung der Kaufpreiskarten

Anfragen an ein GIS reichen von einfachen Übersichtsfragen (welche Objekte ?) bis hin zu Verknüpfungen von geometrischen und beschreibenden Zusammenhängen. Die Datenausgabe ist die Operation eines GIS zur Präsentation von Ergebnissen in einer Form, die für einen Benutzer verständlich und lesbar ist.

Kaufverträge und die daraus entwickelte Kaufpreissammlung beziehen sich auf Grundstücke im Rechtssinn (AdV 2002). Für die sachgerechte Führung der Kaufpreissammlung ist es notwendig, neben den kauffallbezogenen Sachdaten den Zustand eines Grundstücks hinsichtlich seiner rechtlichen und tatsächlichen Eigenschaften, aber auch seine Form und Lage zum Zeitpunkt des Erwerbs dauerhaft zu speichern. Dies ist nur auf der Grundlage eines flächendeckenden, aktuellen und raumbezogenen Grundstücksnachweises möglich. Das Liegenschaftskataster ist das einzige flächendeckende Informationssystem, das diesen Anforderungen genügt. Es wird zur Zeit als Automatisiertes Liegenschaftsbuch (ALB) und Automatisierte Liegenschaftskarte (ALK) - zukünftig ALKIS - geführt. Zur Übernahme dieser auf anderen Datenbanken gespeicherten Daten wird auch auf Niedersächsische Vermessungs- und Katasterverwaltung (2000) verwiesen. Als Beispiel für eine integrierte Komponente im WIS Karlsruhe kann die ALB-Auskunft erwähnt werden.

Bei der Führung der Kaufpreissammlung auf der Grundlage von Geobasisinformationen ergeben sich Vorteile wie der Wegfall der analogen Kaufpreiskarte, die bedarfsweise grafische Kauffallpräsentation, die Verschneidung der Datenbestände untereinander sowie mit sonstigen georeferenzierten Informationen wie z. B. Daten der Bauleitplanung, der Topographie oder Luftbildern, die gezielte Recherche über die Lagebezeichnung oder die Georeferenz und die vom Maßstab weitestgehend unabhängige Präsentation.

Die vielfältigen Verbindungen zu den Geobasisinformationen legen es nahe, die Kaufpreissammlung und die Bodenrichtwerte zukünftig als Fachdaten auf der Grundlage von ALKIS zu führen. Auf jeden Fall ist die Georeferenzierung unabdingbar, wobei Kauffälle und lagetypische Bodenrichtwerte mit Hilfe von Referenzpunkten und zonale Bodenrichtwerte mit Hilfe eines Umringpolygons festzulegen sind. Eine Integration in den Grunddatenbestand von ALKIS kommt nicht in Frage, weil die personenbezogenen Daten der Kaufpreissammlung anderen Beschränkungen unterliegen als die Daten des Liegenschaftskatasters. Überdies werden die Daten des Liegenschaftskatasters einerseits und die Kaufpreissammlung sowie die Bodenrichtwerte andererseits in einigen Bundesländern von unterschiedlichen Stellen geführt (AdV 2002).

Der in ALKIS vorgesehene Historiennachweis sollte für die Kaufpreissammlung genutzt werden. Im Übrigen ist zu entscheiden, ob neben den kauffallbezogenen Sachdaten weitere, für die Führung der Kaufpreissammlung relevante Geobasisinformationen dauerhaft gespeichert werden sollen. Im Hinblick auf die zukünftige Verwendung eines Kauffalls für Vergleichszwecke könnte z. B. die Liegenschaftskarte in der näheren Umgebung des Kaufobjekts in Raster- oder Vektorform dauerhaft in der Sachdatei zum Kaufvertrag gespeichert werden. Dies bietet sich zumindest an, wenn die Eigenschaften des Kaufobjekts wesentlich von denen des Bodenrichtwertgrundstücks abweichen.

Es wird bis zur Realisierung eines WIS mit ALKIS-Historiennachweis empfohlen, die Geobasisinformationen des Objekts und seiner näheren Umgebung als Rasterdaten in einer gesonderten Fachebene - vergleichbar Bildern der Kauffallobjekte - mit dem Kauffall über einen Objektidentifikator (z.B. Kauffallkennzeichen der AKS) zu verknüpfen. In Abb. 5.4 ist für das WIS Karlsruhe ein solcher Ausschnitt aus der ALK dargestellt. In kleineren Gemeinden mit geringem Aufkommen an Grundstücksformveränderungen ist zu prüfen, inwieweit übergangsweise die Geobasisdaten (flächendeckend) zum Stichtag der Bodenrichtwertermittlung (jährlich) nach einem jahrgangsbezogenen Ebenenprinzip auch für die überwiegende Anzahl der Kauffälle als *Liegenschaftskarte* geeignet sein können.

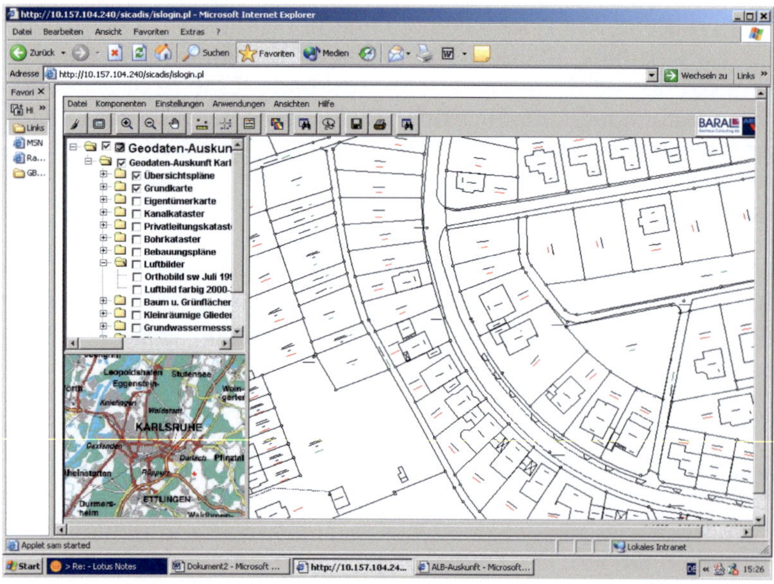

Abb. 5.4: WIS Karlsruhe - ALK-Auskunft

In Abb. 5.5 sind in der digital geführten Kaufpreiskarte als eine thematische Ebene im WIS Karlsruhe die einzelnen Kauffallinformationen (Attribute) neben der räumlichen Kennzeichnung bzw. Lage dargestellt. Hilfreich ist hierbei, dass die Anfrage über ein *aufziehbares* Koordinatenfenster sehr schnell standardisiert und ergebnisorientiert generiert werden kann. Bei Bedarf kann auch eine benutzerfreundliche Identifizierung der einzelnen Kauffälle durch farbliche Kennzeichnung mittels einfachem Anklicken des Kauffalls (*Nr. 219 aus dem Jahre 1999*) erfolgen. Eine jahrgangsweise farbliche Unterscheidung erleichtert bei Wertermittlungen die Auswahl der zum Vergleich heranzuziehenden Kauffälle hinsichtlich Zeitpunkt, Lage, Zuschnitt, Größe etc..

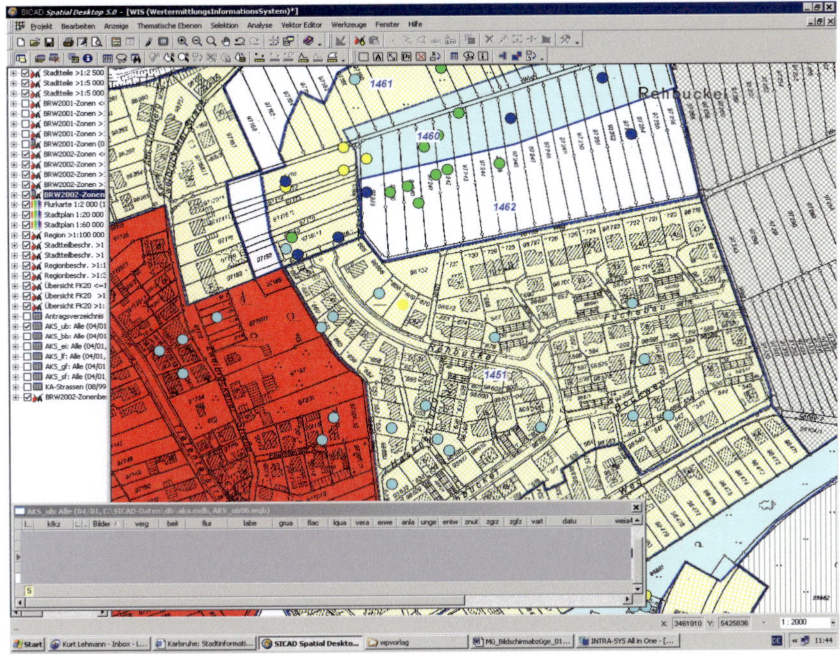

Abb. 5.5: WIS Karlsruhe - digitale Kaufpreiskarte mit Sicht auf Kauffälle und Kauffalldaten

Für die räumliche Präsentation des Kauffalls im zukünftigen *NIWIS* soll der georeferenzierte Kauffall mit der Kartengrundlage (ALK) im GIS-System angezeigt werden (Abb. 5.6). Ein Kartenausschnitt (TIFF-Datei) kann markiert, kopiert und zum Kauffall gespeichert werden. Als zusätzliche Informationen können auch digitalisierte Planungsunterlagen (z.B. Bauleitpläne) im GIS-System angezeigt werden.

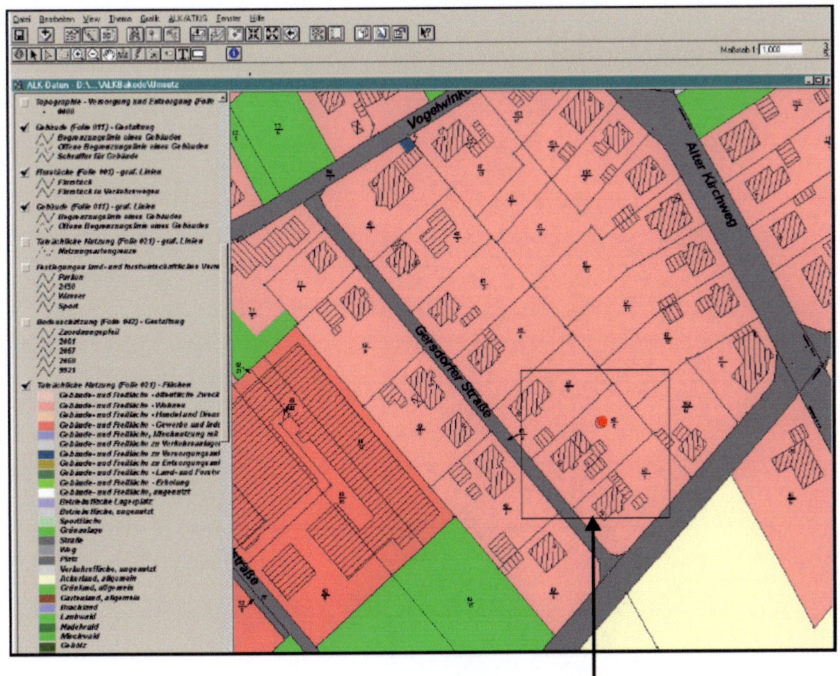

Abb. 5.6: NIWIS - räumliche Präsentation der Kauffälle

Bei der *räumlichen Verteilung* werden die Kauffälle der Stichprobe im GIS-System angezeigt. Durch Klicken auf den Kauffall werden zusätzliche, wesentliche Daten wie eine Liste mit den wesentlichen Merkmalen und dem Objektfoto ausgegeben.

Definition 5.2: Multimedia-Geo-Informationssystem
Nach Bill (1999b) handelt es sich bei einem Multimedia-Geo-Informationssystem um ein rechnergestütztes System, das aus Hardware, Software, Daten und Anwendungen besteht. Mit ihm können unabhängige raumbezogene Daten mehrerer zeitabhängiger und zeitunabhängiger Medien integriert digital erfasst und redigiert, gespeichert und reorganisiert, modelliert und analysiert sowie alphanumerisch und grafisch prä-sentiert werden. Zeitunabhängige Medien sind Texte, Grafiken, Tabellen, Standbilder und dergleichen. Als zeitabhängige Medien betrachtet man Bewegtbilder, wie Videosequenzen, Film- und Fernsehaufnahmen oder Animationssequenzen etc..

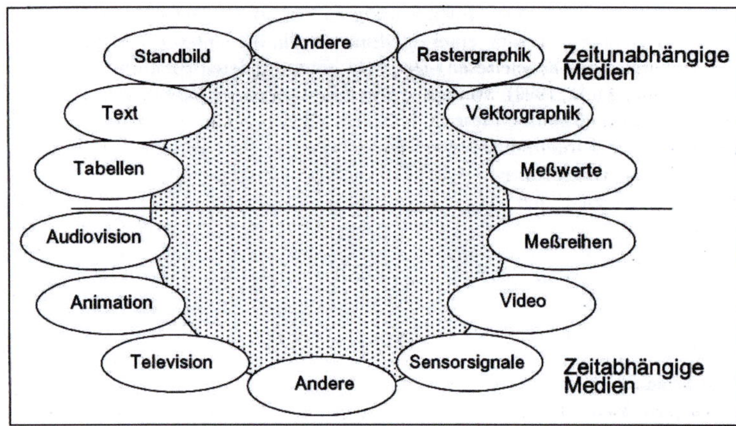

Abb. 5.7: Multimedia-Geo-Informationssystem - verschiedene Medien

Erst die Einbeziehung zeitabhängiger Medien macht aus einem System ein Multimedia-System. Ohne das Vorhandensein von zeitabhängigen Medien handelt es sich selbst beim Vorliegen mehrerer zeitunabhängi-ger Medien im Normalfall um eine Vorstufe eines Multimedia-Systems. Insoweit ist diese Vorstufe im WIS Karlsruhe insbesondere durch Bilder der Kauffälle (Abb. 5.8), die als Bilddateien über Objektidentifikatoren mit den Kauffalldaten in einer thematischen Ebene verknüpft werden, realisiert.

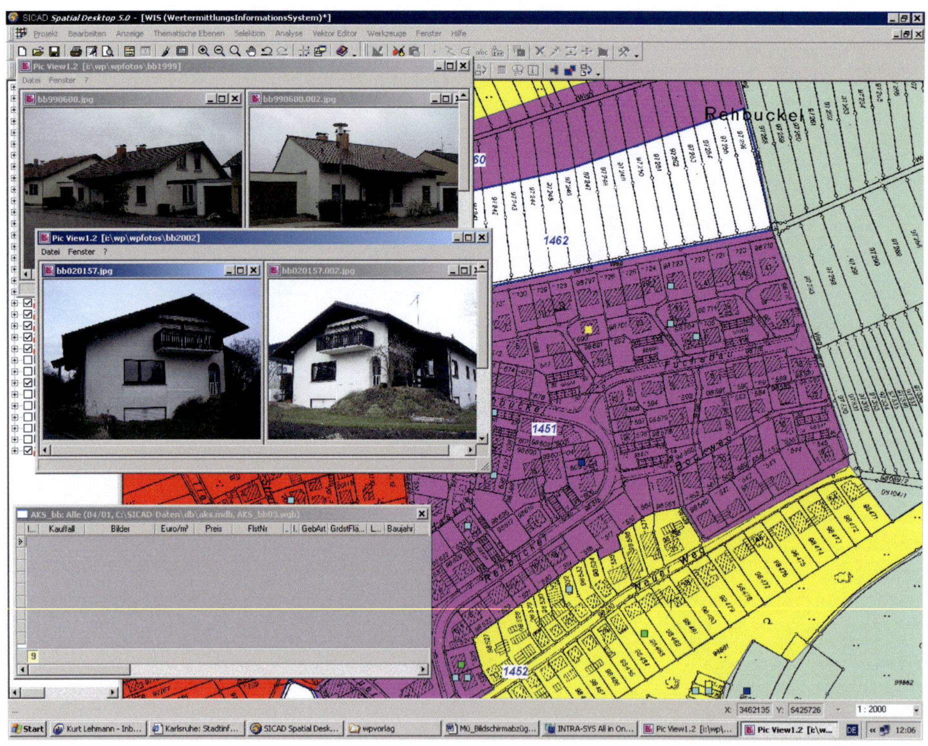

Abb. 5.8: WIS Karlsruhe - Sicht auf Kauffälle, Kauffalldaten und Bilder der Kauffallobjekte

Im Rahmen der zukünftigen Erstellung von *NIWIS* soll nach Aktivierung der Schaltfläche *Gebäudefoto/ Grundriss einfügen* ein Dialog zur Auswahl der Bilddateien angeboten werden. Bei *Einfach-Click* auf die Bilddatei, wird sie im Auswahlfenster angezeigt. Bei *Doppel-Click*, wird sie dem aktuellen Kauffall zugewiesen.

Zur Interpretation von Kauffällen sind zusätzlich Luftbildkarten von großem Nutzen. Bei Bedarf können gleichfalls Ausschnitte in Bilddateien über Objektidentifikatoren zu den Kauffalldaten abgespeichert werden.

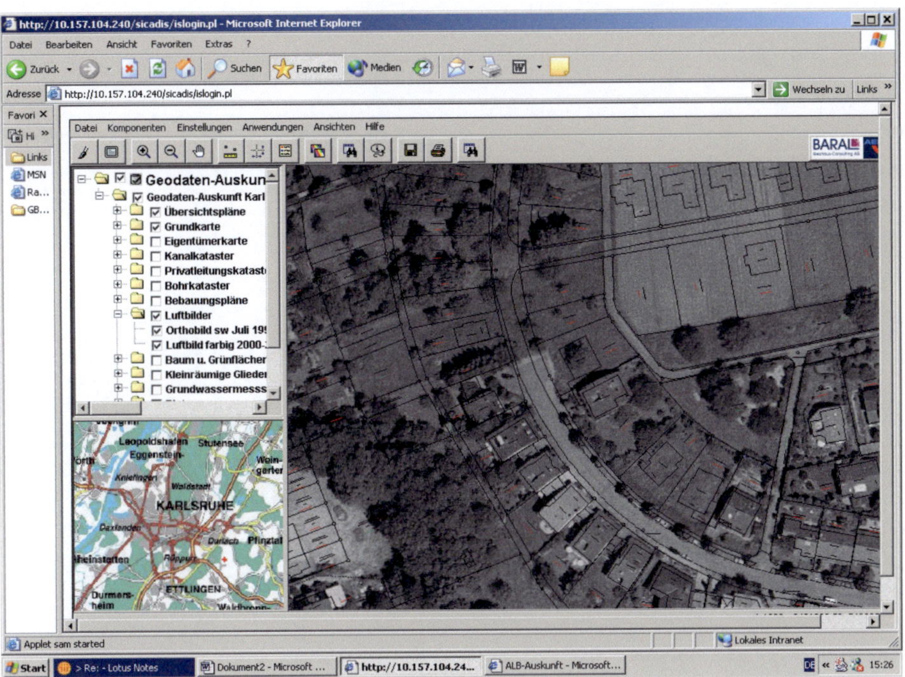

Abb. 5.9: WIS Karlsruhe - Luftbild als weitere Information

Ein Stufenkonzept zur Realisierung der einzelnen Komponenten ist in der AdV-Konzeption (2002) empfohlen. Die Nachfrage nach digitalen Wertermittlungsinformationen nimmt bundesweit rasant zu. Sie sollten daher baldmöglichst digitalisiert und georeferenziert werden. Auszüge, die die *Kaufpreissammlung* und *Kaufpreiskarte* betreffen, werden wiedergegeben:

- *Kaufpreissammlung*
  In der digital geführten Kaufpreissammlung sind die Sachdaten des Kauffalles zu georeferenzieren. Sie können bei Bedarf vor dem Hintergrund einer geeigneten Karte präsentiert werden. Damit entfällt die analoge Kaufpreiskarte. Die Umstellung sollte bereits vor der Einführung von ALKIS auf der Grundlage der ALK oder von Rasterdaten der ALK erfolgen.

  Im WIS Karlsruhe ist ab dem 3.Quartal 2004 der Online-Zugriff (verbesserte Aktualität) über Intranet auf die ALK (bis 1:750) der Geodatenauskunft zur Verfügung gestellt. Zur schnelleren Navigation als über die datenintensive Online-ALK wird die bisherige Flurkarte 1:2000 (1:751 bis 1:2400) zusätzlich auf dem eigenen Server als Hintergrund angeboten.

  Die Kartengrundlage im WIS Niedersachsen bilden die Geobasisdatenbestände in Form von zunächst Rasterdaten der DGK 5 und später Daten auf der Basis von AK 5. Als Gebietsübersicht und für Kauffälle geringeren Vorkommens sollten auch die TK 50-Rasterdaten, später DTK 50-Daten als Geobasis zur Verfügung stehen (Niedersächsische Vermessungs- und Katasterverwaltung 2000).

- *Weitere Informationen*
  Ergänzend sind die für die Wertermittlung notwendigen Fachdaten externer Stellen z.B. Bauleitplanung, Planfeststellungsverfahren, sonstige Planung, Verkehr, Erschließung soweit wie möglich und zeitnah zu erfassen, um die Registrierung der Kauffälle effizienter und damit die Führung der Kaufpreissammlung insgesamt wirtschaftlicher zu gestalten. Unterlagen zu wertbeeinflussenden Umständen wie Auszüge aus dem Baulastenverzeichnis, Naturschutzgebiete, Hochwassergebiete, besondere Vereinbarungen über Ausgleichsflächen kommen gleichfalls in Betracht.
  Soweit diese Fachdaten bereits heute außerhalb der Geobasisinformationen georeferenziert geführt werden, können sie in das WIS übernommen werden, sofern nicht bereits ein unmittelbarer Zugriff

auf diese Fachdaten möglich ist. Analoge Unterlagen (z.B. Kaufvertragsauszüge, Grundriß-/Schnitt-bilder) sollten ggf. durch Scannen oder Vektorisieren erfasst und georeferenziert werden.

Im WIS Karlsruhe ist auch die Anbindung an Planungsdaten (Abb. 5.10) über Intranet realisiert.

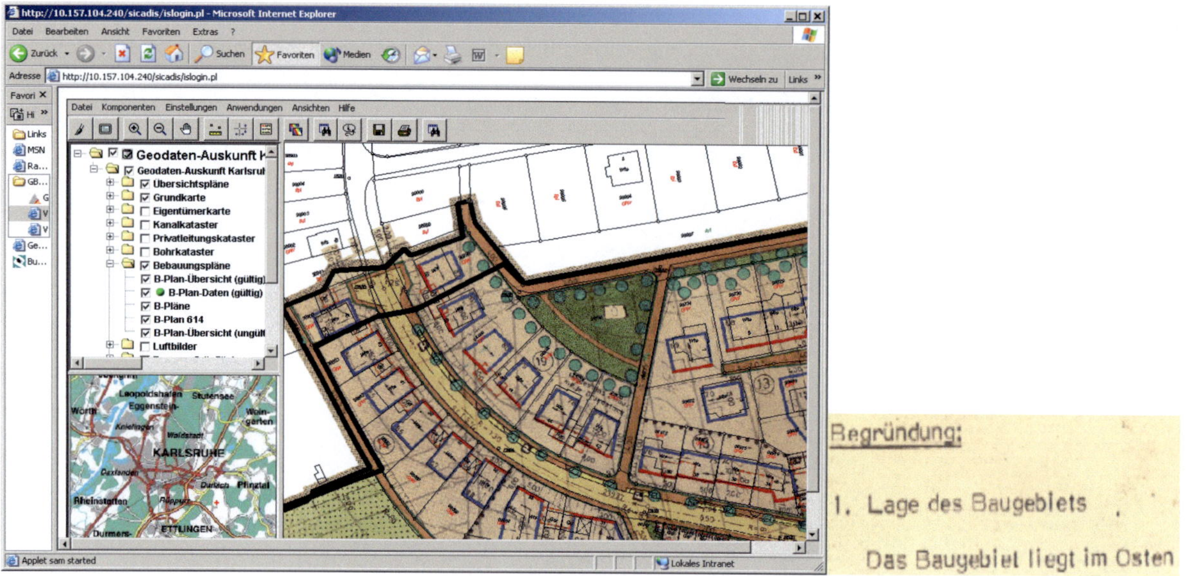

Abb. 5.10: WIS Karlsruhe - Bebauungsplan mit Begründung

- *Suchkriterien*
  Die Straßenbezeichnungen und Hausnummern der Geobasisinformationen können für die Suche und Selektion genutzt werden.

5.1.2   Bodenrichtwerte und ihre Ermittlung

In der AdV-Konzeption (2002) wird zur Ermittlung von Bodenrichtwerten empfohlen:

Bodenrichtwerte sind auf der Grundlage der Kaufpreissammlung abzuleiten und in Bodenrichtwertkarten darzustellen. Für den Nutzer der Bodenrichtwertkarte sind ergänzende Informationen über die allgemeine Grundstücksstruktur und die Topographie von besonderer Bedeutung. In Baugebieten sind zusätzliche Informationen über Art und Maß der zulässigen baulichen Nutzung notwendig (definiertes Bodenrichtwertgrundstück).

Die Bodenrichtwerte sind zu georeferenzieren und digital zu führen, damit ein Bodenrichtwert einfach und nachvollziehbar einem zu bewertenden Flurstück(steil) zugeordnet werden kann. Die zum Zeitpunkt der Beschlussfassung über die Bodenrichtwerte aktuellen und für die Bodenrichtwertkarte genutzten Geobasisinformationen sind fest mit den Bodenrichtwerten zu verknüpfen und dauerhaft zu speichern. Lagetypische Bodenrichtwerte sind auf der Grundlage von ALKIS mit Hilfe von Referenzpunkten und zonale Bodenrichtwerte mit Hilfe eines Umringpolygons festzulegen.

Die georeferenzierte Führung der Bodenrichtwerte auf der Grundlage der Geobasisinformationen gestattet die Erzeugung bedarfsorientierter Präsentationsformen und Maßstäbe. Gerade die Verknüpfung mit ALKIS lässt hierbei alle denkbaren Selektionen zu. Es kann dabei den Länderbestimmungen überlassen bleiben, inwieweit die Flurstücksstruktur präsentiert oder z. B. für landwirtschaftliche Bodenrichtwerte die ATKIS-Präsentation als Hintergrund verwendet wird.

Die Niedersächsische Verordnung zur Durchführung des Baugesetzbuches regelt in § 21 die Ermittlung von Bodenrichtwerten auf Grundlage der Musterrichtlinie:

... Bodenrichtwerte sind in digitaler Form auf der Grundlage der Angaben des amtlichen Vermessungswesens (Geobasisdaten) zu führen. Sie sind in analoger und digitaler Form bereitzustellen. ...

Vergleichbare Festsetzungen sind auch in anderen Bundesländern getroffen worden.

5.1.2.1   Bodenrichtwerte

Nachfolgend sollen insbesondere die digitale Führung der Bodenrichtwertkarten dargestellt und ihre Auswirkungen am Beispiel des WIS Karlsruhe und *NIWIS* aufgezeigt werden. Die Ermittlung von Bodenrichtwerten auf Grundlage der AKS Niedersachsen (in *WF-AKuK* vergleichbar) kann den Grafiken gleichfalls entnommen werden.

Abb. 5.11 zeigt für das WIS Karlsruhe eine Objektsicht auf die Zonenabgrenzungen der Bodenrichtwerte mit den dazugehörigen Bodenrichtwerten als Attribute. Die Grundstückstypen als definierte Bodenrichtwertgrundstücke für die einzelnen Bodenrichtwertzonen sind farblich variiert. So ist die Zone Nr. 1451 typisch für *Ein-/Zweifamilienhausgrundstücke (gelb)*, während in der Zone Nr. 1460 vorwiegend *Reihenhausgrundstücke (hellblau)* aufgrund von planungsrechtlichen Festsetzungen vorzufinden sind.

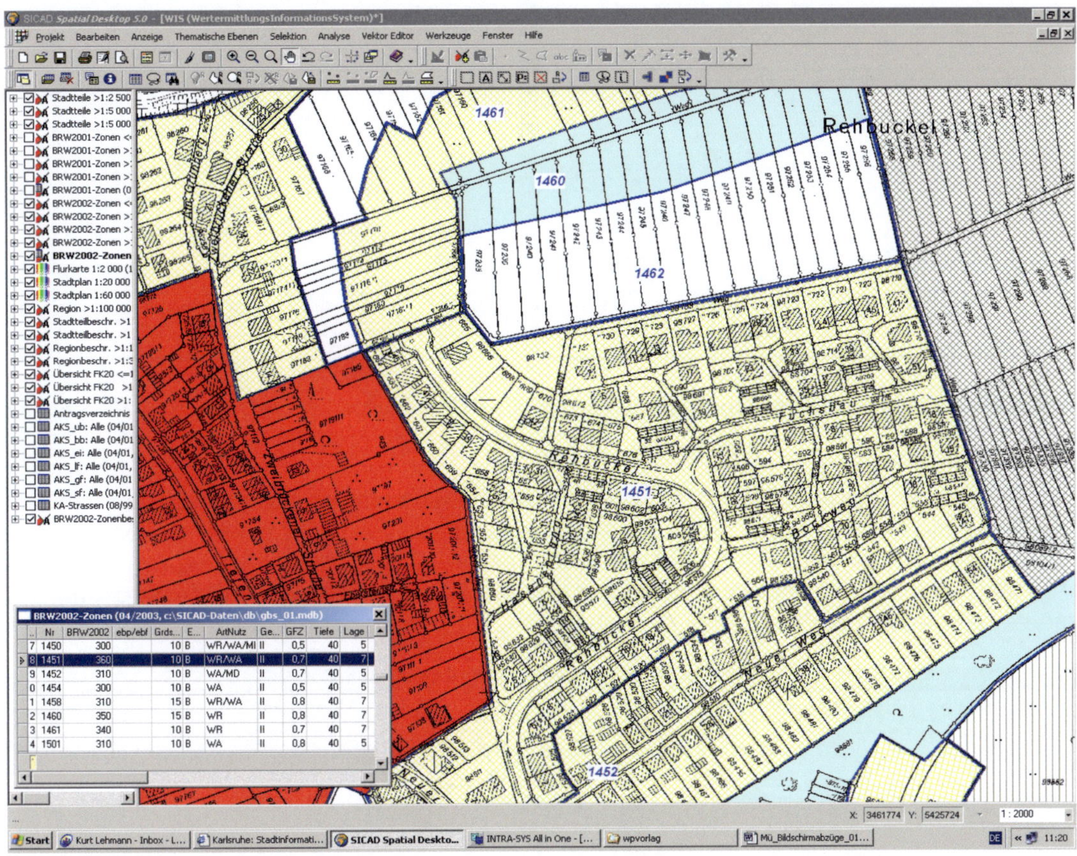

Abb. 5.11: WIS Karlsruhe - Bodenrichtwertzonen mit Bodenrichtwerten

Gleichfalls wird eine Übersicht zur Auswahlmöglichkeit bzw. Kombination der thematischen Ebenen im WIS Karlsruhe (linker Bildschirmrand) wie auf Stichtage bezogene Bodenrichtwerte oder Kauffälle für die Teilmärkte *unbebaute und bebaute Grundstücke, Eigentumswohnungen etc.* angezeigt.

Der wesentliche Vorteil für die üblichen Wertermittlungsfragen liegt neben der Analyse sicherlich in der gemeinsamen Visualisierung der geometrischen Daten und Attribute. So können z.B. für Sitzungen des Gutachterausschusses zur Gutachtenerstellung oder der Ermittlung von Bodenrichtwerten mittels Beamer die Visualisierungseffekte verstärkt werden. Dadurch sind Vorteile wie die benutzerfreundliche, ergonomische Erfassung des Sachverhalts, die Verlängerung der Konzentrationsfähigkeit und Aufnahmefähigkeit der Teilnehmer, ein hoch effektiver und ergebnisorientierter Sitzungsverlauf und letztendlich Kosteneinsparungen durch die Verkürzung der Sitzungszeit und den geringeren Vorlagenumfang zu erreichen.

Bei Aktivierung der *räumlichen Darstellung* in *NIWIS* soll die Bodenrichtwertzone mit der aktuellen Kartengrundlage im GIS-System (Anbindung) angezeigt werden (Abb. 5.12). Die räumliche Definition der Zone kann im GIS-System erfasst bzw. geändert werden, die Koordinaten werden in die Koordinatenliste des Geosachdatenteils der Bodenrichtwertzone in der AKS mittels XML-Schnittstelle übernommen.

Auch die räumliche Darstellung von Suchgebieten erfolgt entsprechend. Die räumliche Definition des Gebiets kann im GIS-System erstellt bzw. geändert werden, die Koordinaten werden gleichfalls übernommen.

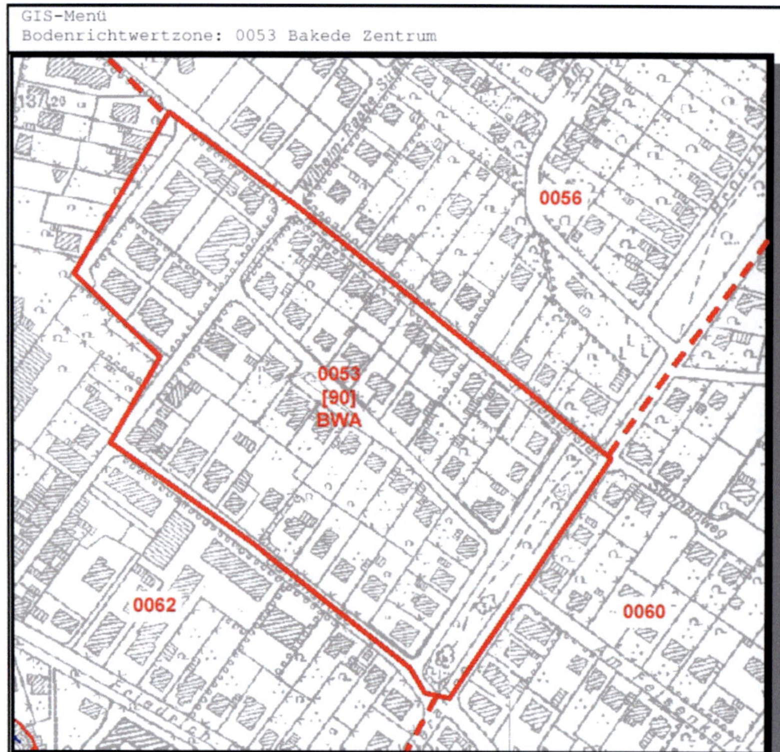

Abb. 5.12: NIWIS - räumliche Darstellung der Bodenrichtwertzone

In Abb. 5.13 sind die Kennzahlen des integrierten Moduls der AKS Niedersachsen zur Ermittlung von Bo-denrichtwerten für die Bodenrichtwertzone Nr. 1451 zusätzlich dargestellt. Es wird jeweilig ein Bodenricht-wertvorschlag auf Grundlage von gewichtetem Bodenrichtwert- und Kaufpreismittel unter Berücksichtigung der allgemeinen Marktentwicklung mit Hilfe der Bodenpreisindexreihe(n) und ggf. GFZ-Umrechnungs-koeffizienten systemautomatisiert ermittelt.

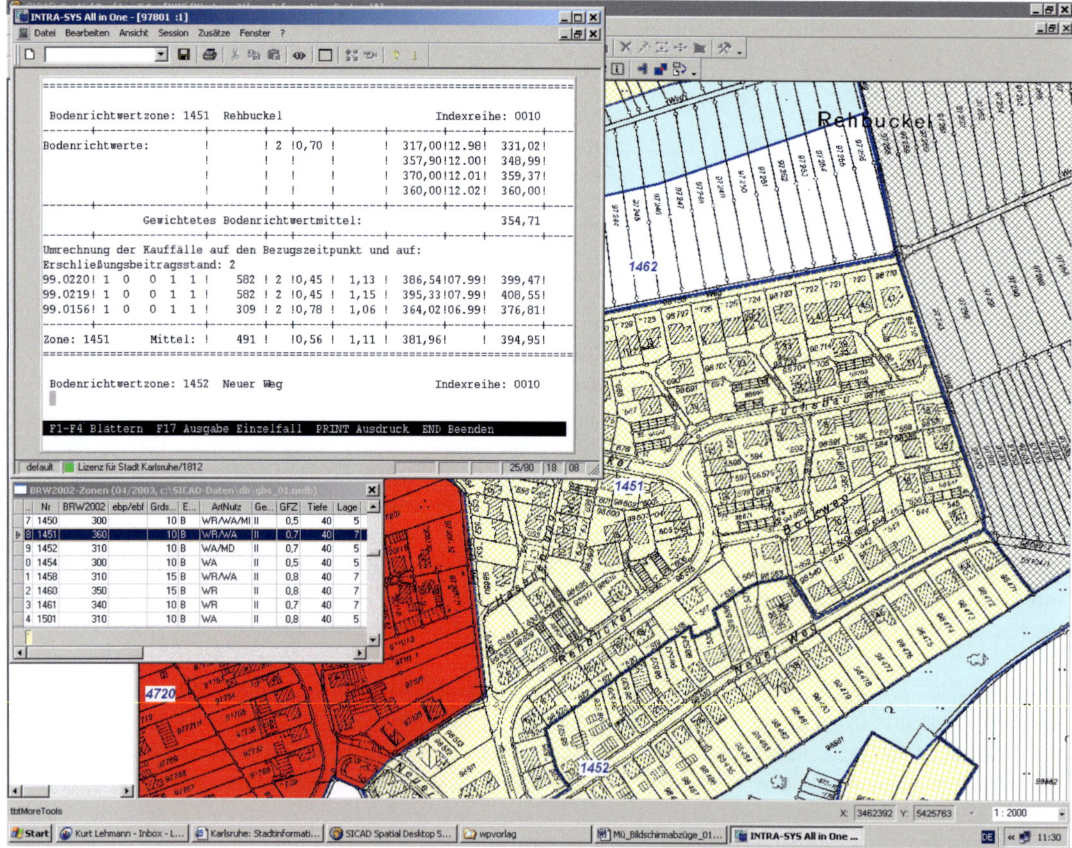

..	Nr	BRW2002	ebp/ebf	Grds...	E...	ArtNutz	Ge...	GFZ	Tiefe	Lage	
7	1450	300		10 B		WR/WA/MI	II	0,5	40	5	
8	1451	360		10 B		WR/WA	III	0,7	40	7	
9	1452	310		10 B		WA/MD	II	0,7	40	5	
0	1454	300		10 B		WA	II	0,5	40	5	
1	1458	310		15 B		WR/WA	II	0,8	40	7	
2	1460	350		15 B		WR	II	0,8	40	7	
3	1461	340		10 B		WR	II	0,7	40	7	
4	1501	310		10 B		WA	II	0,8	40	5	

Abb. 5.13: WIS Karlsruhe - Bodenrichtwerte und Bodenrichtwertermittlung (AKS)

Als umfassende Informationsbereitstellung bzw. weitere wertvolle Entscheidungsgrundlage können im Einzelfall zusätzlich die Kauffalldaten (Abb. 5.14) für die Beschlussfassung durch die Mitglieder des Gutachterausschusses präsentiert werden.

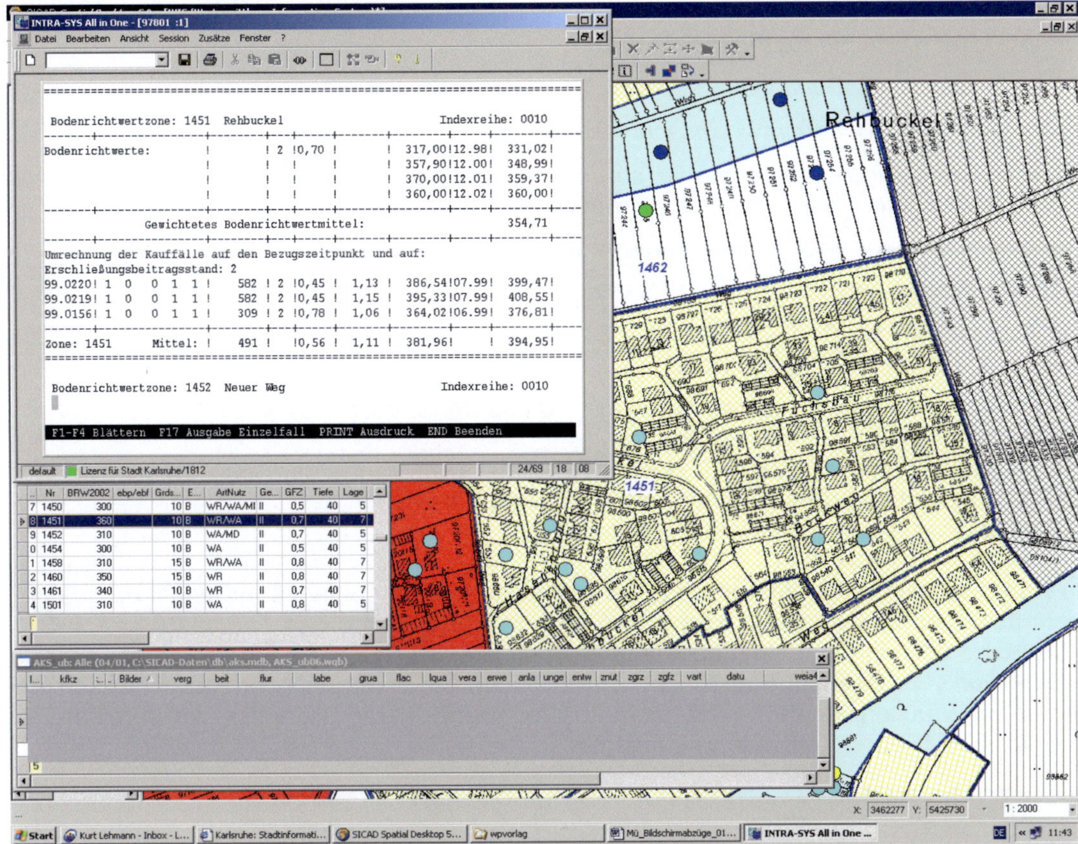

Abb. 5.14: WIS Karlsruhe - Bodenrichtwerte, Bodenrichtwertermittlung und Kauffalldaten (AKS)

Eine Präsentation der zukünftigen Bodenrichtwertlösung in *NIWIS* erscheint in Abb. 5.15. Beim Klicken auf den Kauffall werden die für die Berechnung benötigten Daten angezeigt.

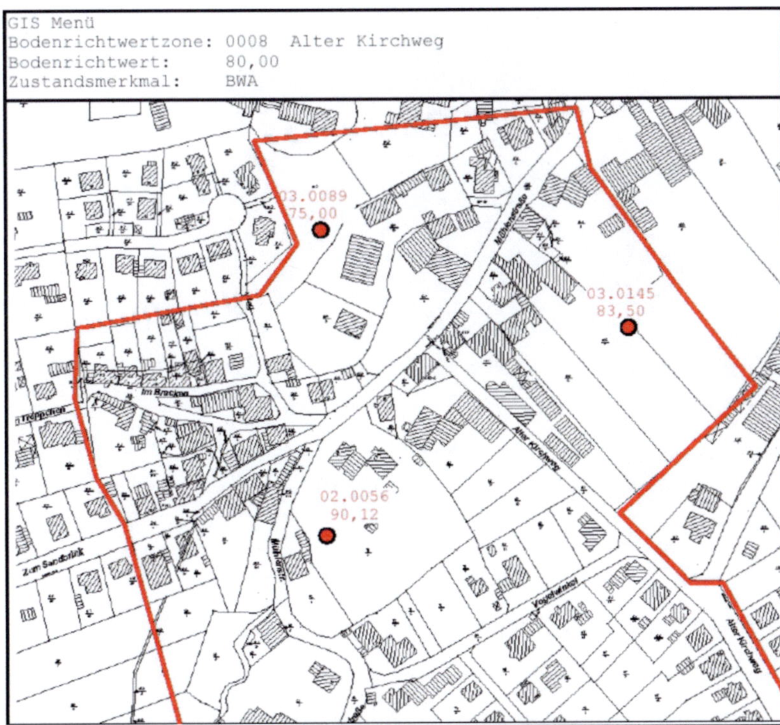

Abb. 5.15: NIWIS - Bodenrichtwertermittlung mit Kauffalldaten

Bei der Führung der Kaufpreissammlung und der Bodenrichtwerte auf der Grundlage von Geobasisinformationen ergeben sich nach der AdV-Konzeption (2002) folgende Vorteile:

- *Wegfall der analogen Bodenrichtwertkarte*
- *bedarfsweise (zusätzliche) grafische Kauffallpräsentation*
- *vereinfachte Aktualisierung der Bodenrichtwertkarte*
- *vereinfachte Vorbereitung der Bodenrichtwertbeschlüsse*
- *Verschneidung der Datenbestände untereinander sowie mit sonstigen georeferenzierten Informationen wie z. B. Daten der Bauleitplanung, der Topographie oder Luftbildern*
- *gezielte Recherche über die Lagebezeichnung oder die Georeferenz*
- *Maßstab unabhängige Präsentation*
- *flurstücksgenaue Darstellung der Bodenrichtwerte z.B. für die Festsetzung von Grund- und Grunderwerbsteuer sowie Erbschaft- und Schenkungsteuer*
- *Nutzung moderner Kommunikations- und Vertriebswege mit Internet und CD-ROM*

Es wird offensichtlich, mit welch geringem Aufwand bei konsequenter Umsetzung der Konzeption eines WIS neue Frage- bzw. Aufgabenstellungen beantwortet werden können. Dies zeigt auch die nachfolgende Anwendung nach einer kurzen Einführung anschaulich.

In der thematischen Karte werden Erscheinungen und Sachverhalte zur Erkenntnis ihrer selbst dargestellt. Der Kartengrund dient dabei zur allgemeinen Orientierung und/oder Einbettung des Themas (Hake 1985). Alle Objekte, die in der Karte flächenhaft ausgedehnt sind, werden in der Gruppe der flächenhaften Diskreta zusammengefasst. Dies sind z.B. Biotope, Flurstücke, Werteklassen für Bodenrichtwertzonen etc., für die sich Darstellungsformen wie Flächensignaturen mit geometrisch-rasterförmiger, bildhafter oder farbiger Flächensignatur unterlegt (Abb. 5.16) und Kartogramme anbieten.

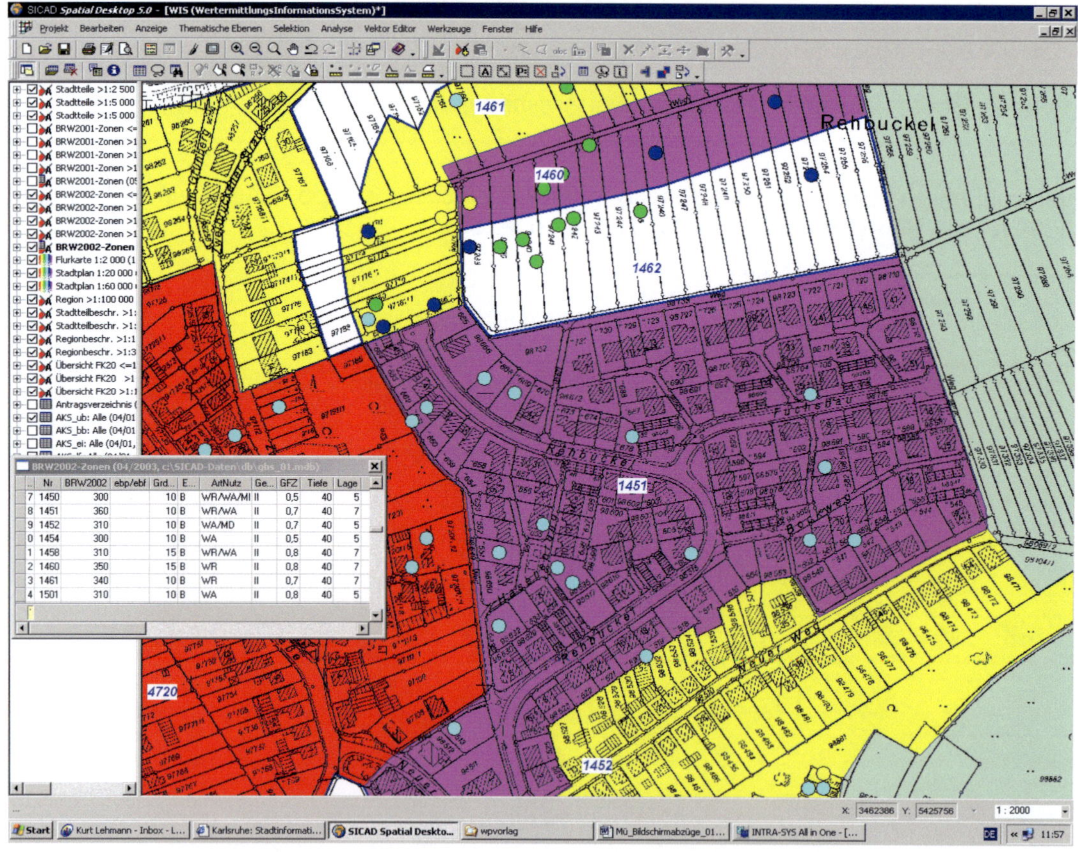

Abb. 5.16: WIS Karlsruhe - Werteklassen für Bodenrichtwerte mit farbiger Flächensignatur

Die flexiblen Darstellungsmöglichkeiten in einem WIS für individuelle Anforderungen können Abb. 5.17, die die Steuerung der Präsentation der Werteklassen für Bodenrichtwerte behandelt, entnommen werden.

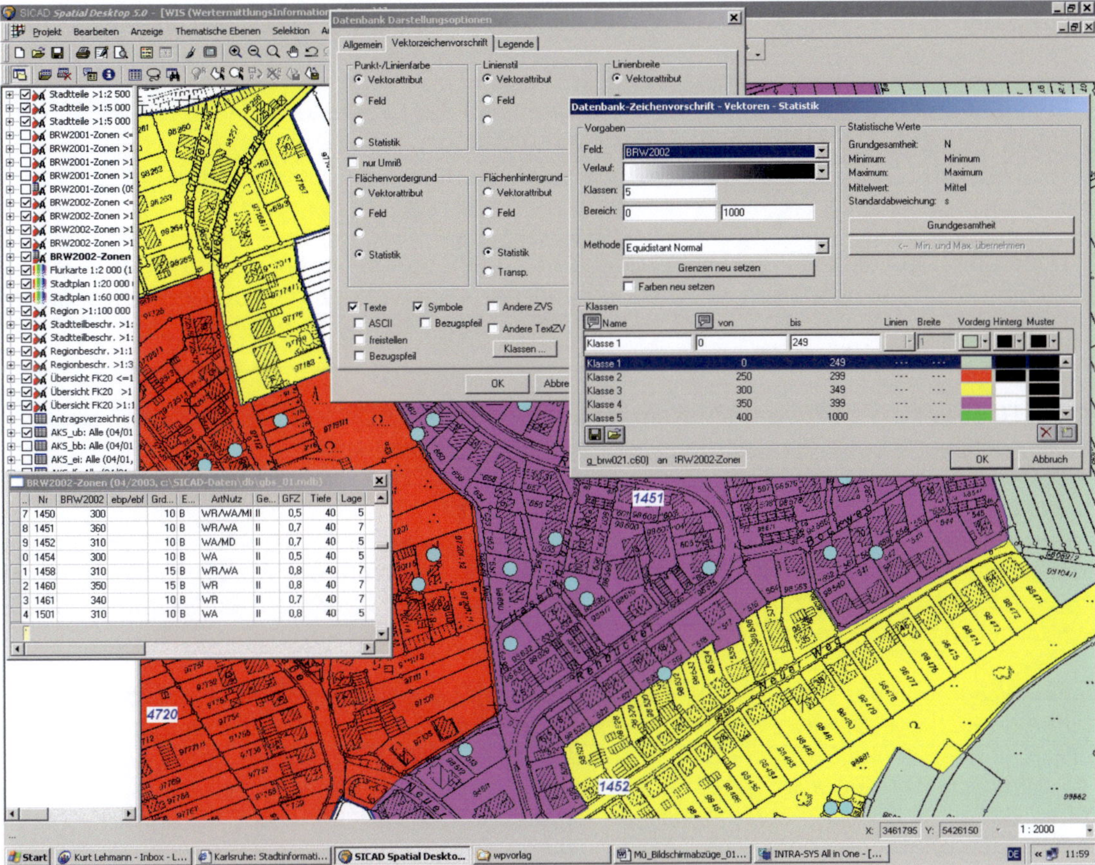

Abb. 5.17: WIS Karlsruhe - Darstellungsoptionen im GIS

Für die Präsentation von Bodenrichtwerten kann auch als flächenhafte Darstellung die Prismenkarte, die das Attribut *Bodenrichtwert* in Form eines Bodenrichtwertgebirges sehr anschaulich in der dritten Dimension betrachten lässt, überaus geeignet sein. Sonstige insbesondere vielschichtigere Grundstücksmarktinformationen erscheinen häufig mittels Balkendiagrammen visualisiert.

Objekte können sich als Folge der Zeit (veränderliche Phänomene) sowohl räumlich wie in den Attributen verändern. Solche Veränderungen können für Teilaspekte des Grundstücksmarktes wie z.B. die Geschäfts-mieten- und/ oder Bodenrichtwertentwicklung vor und nach der Ansiedlung eines großen Einkaufscenters in der Innenstadt durch Pfeile (z. B. Länge, Dicke) als Maß für die Wertveränderung dargestellt werden. Neben der jeweiligen Werthöhe kann auch die Geometrie von Bereichen vergleichbarer Geschäftsmieten und/oder der Bodenrichtwertzonen hiervon beeinflusst werden.

Für die erstmalige Erfassung wie auch die Fortführung der Bodenrichtwertzonenabgrenzungen und der Sachdaten ist der Einsatz eines PDA als mobiles GIS gut vorstellbar. Es gilt aber zu beachten, dass die Abgrenzungen der Bodenrichtwertzonen üblicherweise vorrangig planungsrechtlichen Festsetzungen (bauliche Entwicklungsmöglichkeiten), Baublöcken und/oder Verkehrstrassen folgen.

Diese thematischen Informationen können am Inhouse-Arbeitsplatz, insbesondere wenn diese Informationen noch nicht digital vorliegen, mit vollem Funktionsumfang eines GIS unter Berücksichtigung der vorliegenden Geobasisdaten eingearbeitet werden. Die daraus abgeleitete Situation bedarf im Regelfall einer örtlichen Inaugenscheinnahme bzw. Überprüfung, es werden jedoch nur in seltenen Fällen umfangreichere Korrekturen notwendig werden. Nicht die mittels GPS im Feld individuell bestimmten Geobasisdaten sind für die Abgrenzung primär oder gar alleinig entscheidend, sondern die Geobasisdaten von thematischen Ausprägungen stehen im Vordergrund. Es ist des weiteren davon auszugehen, dass Zonenabgrenzungen von den üblichen Grundstücksveränderungen nur im Zonenrandbereich beeinflusst werden. Insgesamt wird der diesbezügliche Fortführungsaufwand mit Ausnahme von z.B. größeren Baulandentwicklungen auf vertretbarem Niveau bleiben. Damit relativiert sich der Einsatz eines PDA als mobiles GIS.

Die Definition des Bodenrichtwertes ergibt sich gleichfalls überwiegend aus planungsrechtlichen Parametern wie Art (WR, WA etc.) und Maß der baulichen Nutzung (GRZ, GFZ etc.). Die Höhe des Bodenrichtwerts wird aus den diese Zone betreffenden Kaufpreisen, den zurückliegenden Bodenrichtwerten und dem gesamten Grundstücksmarkt in Form der jeweilig zutreffenden Bodenpreisindexreihe, ggf. GFZ-Umrechnungskoeffizienten und der sachverständigen Ermessensentscheidung des Gutachterausschusses (Sitzungsbeschluss) ermittelt.

Mit einem Tool für Flächenberechnungsfunktionen kann die Definition der Grundstücksfläche für Bodenrichtwertgrundstücke bestimmt werden Die Funktion des kürzesten Abstandes eines Punktes von einer Geraden kann alternativ für die Definition der Grundstückstiefe verwendet werden. Auch hierfür ist kein mobiles GIS notwendig.

Im Ausnahmefall können bei Grundstücke durchschneidenden Zonenabgrenzungen z. B. zur Berücksichtigung planungsrechtlicher Abgrenzungsparameter oder erheblicher Lagewertunterschiede bei zusätzlicher rückwärtiger Erschließung in der Innenstadt Grundfunktionalitäten des GIS wie Punkteinrechnung und Abstand eines Punktes ggf. auch vor Ort benötigt werden.

Ein Stufenkonzept zur Realisierung der einzelnen Komponenten ist in der ADV-Konzeption (2002) empfohlen. Auszüge die Bodenrichtwerte betreffend werden wiedergegeben:

- *Bodenrichtwerte*
  Aus Sicht der Nutzer ist der Digitalisierung der Bodenrichtwerte höchste Priorität einzuräumen, da derzeit die stärkste Nachfrage bundesweit nach Internetpräsentationen der Bodenrichtwerte durch die Gutachterausschüsse und Lizenzierungen für ihre Präsentation in betriebseigenen sowie kommerziellen Intranets bzw. im Internet besteht.

  Um dieser Nachfrage gerecht zu werden und zu praktikablen Lösungen zu kommen, sollte ihre Darstellung bundesweit möglichst vereinheitlicht werden. Die unterschiedliche Ermittlungs- und Darstellungspraxis erschwert insbesondere überregionalen Anwendern die Nutzung der Bodenrichtwerte zum Teil erheblich. Die Arbeitsgruppe Standardisierung von Bodenrichtwerten *hat eine* Musterrichtlinie über Bodenrichtwerte *(Fachkommission Städtebau der Argebau 2000) erarbeitet. Diese Musterrichtlinie sollte Basis einer einheitlichen Ermittlung und Darstellung der Bodenrichtwerte sein. Die offensive Vermarktung von Bodenrichtwerten wird durch ein bundesweit einheitliches Datenformat erleichtert. Hierzu wird die in der Anlage 1 der AdV-Konzeption angefügte vorläufige Datenstruktur zur Anwendung empfohlen, die auf Grundlage der o.g. Musterrichtlinie erstellt wurde. Im Detail bedarf diese Struktur der länderspezifischen Ausgestaltung und ggf. der Fortschreibung hinsichtlich sich ändernder Anforderungen.*

  Bodenrichtwerte können bereits vor der Einführung von ALKIS auf der Grundlage der ALK geführt werden. In Gebieten, in denen die ALK noch nicht vorliegt, können hilfsweise georeferenzierte Rasterdaten anderer Kartengrundlagen (z.B. der analogen Liegenschaftskarte, DGK 5 u.a.) oder ATKIS als Basis dienen. Soweit Bodenrichtwertzonen dargestellt werden, sind diese auf der gleichen Kartengrundlage zu vektorisieren, die später für die Präsentation verwendet wird. Ansonsten entstehen Lageverschiebungen der Zonengrenzen gegenüber Eigentums- und topographischen Grenzen.

- *Suchkriterien*
  Die Straßenbezeichnungen und Hausnummern der Geobasisinformationen können für die Suche und Selektion genutzt werden.

Die Realisierung einer leistungsfähigen länderübergreifenden GDI - zugunsten einer optimalen Herstellung, Bereitstellung und Nutzung von Geobasisinformationen - ist eines der wichtigsten Kernthemen der AdV (Vogel 2002). Das Positionspapier der AdV zur GDI sieht hierbei für die Umsetzung einer Nationalen Geodateninfrastruktur den Aufbau und Betrieb von Geodatenservern mit zentralen und dezentralen Einstiegsmöglichkeiten bei Bund, Ländern, Kommunen und privaten Anbietern vor. Als Schritte zur Realisierung dieser Maßnahmen sind die Vernetzung der öffentlichen und privaten Geodatenportale (Geodatennetzwerk) und der Ausbau der Geodatenportale zu länder- und fachbereichsübergreifenden Kommunikationsplattformen denkbar. Für die Vernetzung öffentlicher Geobasisdaten und Geofachdaten sind auf und zwischen den verschiedenen Verwaltungsebenen länderübergreifende Modellprojekte zu entwickeln.

Die Gutachterausschüsse bieten ihre Wertermittlungsinformationen bisher nicht durchgängig nach einheitlicher Struktur und in digitaler Form an. Auch sind die Gutachterausschüsse nur teilweise, unterschiedlich und nicht GDI-konform im Internet präsent. Dies gilt sowohl innerhalb der Länder als auch im Ländervergleich.

Der AdV-Projektgruppe *Vernetztes Bodenrichtwertinformationssystem (VBORIS)* wurde die Aufgabe übertragen, eine Handlungsbasis für die Schaffung einheitlicher und GDI - konformer Landeslösungen und eine bundesweite Lösung zur Bereitstellung von amtlichen Wertermittlungsinformationen der Gutachterausschüsse für Grundstückswerte in den Ländern der Bundesrepublik Deutschland im Internet zu erarbeiten (AdV 2006). Die Anforderungen an GDI-konforme Webanwendungen resultieren aus den Festlegungen des OGC. Als sogenannte *offene Lösung* soll *VBORIS* dem Benutzer den Zugriff und die Verarbeitung von raumbezogenen Informationen verschiedenster Quellen ermöglichen, ohne dass er sich um die Datenkonvertierung und -zusammenführung kümmern muss. Vergleichbar kann auch von der Interoperabilität von *VBORIS* gesprochen werden. Durch den Einsatz der von der OGC entwickelten Standards ist *VBORIS* mit anderen Lösungen, die ebenfalls OGC-konform sind, interoperabel.

Der Abschlussbericht einschließlich der Beschreibungen des Modells für Aufbau und Betrieb von Bodenrichtwertinformationssystemen der Länder und länderübergreifend als vernetzte Lösung, des Datenmodells, des Konditionenmodells, des GDI-Modells und des Gemeinschaftsportals liegen nun vor. Die Beschlussfassung durch das Plenum der AdV ist Ende 3. Quartal 2006 vorgesehen (AdV 2006). Angestrebt wird eine gemeinsame Portallösung der Länder, nach der Modellbeschreibung können aber auch Länderportale realisiert werden. Es wird empfohlen, auf Länderebene in möglichst großen Ländergemeinschaften schrittweise eine vernetzte Lösung zu realisieren. In dem Wissen um die unterschiedlichen Rahmenbedingungen in den Ländern (hinsichtlich Zuständigkeit, Organisation und bereits realisierter Systeme zur Bereitstellung von amtlichen Wertermittlungsinformationen) muss die Modellbeschreibung eine Realisierung der Bodenrichtwertinformationssysteme in mehreren Stufen und je nach Situation des einzelnen Bundeslandes zulassen.

Die Minimalforderung besteht darin, dass die Portale einheitlich gestaltet werden, die optimale Lösung besteht in einer GDI-konformen Datenbereitstellung im Internet durch die Länder und der Zugriff auf diese Datenbestände aus einem gemeinsamen länderübergreifenden Portal heraus. Ein gemeinsames Einstiegsportal *Gutachterausschüsse ONLINE* ist gegen Ende 2004 in Betrieb genommen worden.

Das von der Expertengruppe *Bodenrichtwerte* entwickelte Datenmodell (AdV 2002) liegt den bereits realisierten Bodenrichtwertinformationssystemen der Länder überwiegend zugrunde; es wurde aber aufgrund der Erfahrungen, die beim Aufbau und Betrieb der Systeme gesammelt wurden, in Teilen verändert. Es galt daraus eine Datenstruktur entsprechend den heute aktuellen fachlichen Anforderungen abzuleiten. Diese fachliche Beschreibung war entsprechend der Erfordernis, AdV-konforme Lösungen zu realisieren, an das AAA-Basisschema anzupassen und zur Umsetzung GDI-konformer Bodenrichtwertinformationen in UML/ XML zu beschreiben.

In der Untersuchung von Mürle (1995a) bezüglich der verwendeten analogen Kartengrundlagen als Geobasisdaten wird darauf hingewiesen, dass für die Kaufpreiskarten oftmals die gleiche Kartenbasis wie für die Bodenrichtwertkarten verwendet wird. Im Zuge der Einführung eines GIS in der Grundstückswertermittlung wird für ein WIS der übliche Maßstabsbereich neu zu definieren sein und muss sich nicht mehr an vorhandenen analogen Karten orientieren. Für den Bereich der topographischen und thematischen Karten lassen nach Hake (1982) Kartenmaßstäbe größer 1:10 000 im Zuge der Generalisierung noch eine grundrisstreue Abbildung zu, während bei den mittleren (1:10 000 bis 1:300 000) und hohen (kleiner 1: 300 000) Aggregationsebenen nur eine grundrissähnliche Zusammenfassung stattfindet.

Wesentliche Probleme der kartografischen Wiedergabe bzw. der kartografischen Generalisierung (im engeren Sinne) treten bei Bodenrichtwertkarten wenn überhaupt nur eingeschränkt auf. In Innenstadtlagen von größeren Städten kann für Bodenrichtwert- und Kaufpreiskarten gemeinsam als üblicher Maßstab M 1: 500/ 1 000 bis in Einzelfällen 1:2 000 zur Anwendung kommen. Für kleinmaßstäbigere Darstellungen können auch Stadtpläne 1:10 000 als Grundlage dienen. In den umliegenden ländlichen bzw. landwirtschaftlichen Lagen, die jedoch nicht nur großparzellig geprägt sein können, ist zu entscheiden, inwieweit eine andere Geodatenbasis mit kleinerem Maßstab Anwendungsvorteile erbringen kann.

Für den ländlichen Raum ist mit den Geobasisdaten von ATKIS sicherlich eine geeignete Grundlage vorhanden. Die Nachfrage nach großmaßstäbigen Präsentationen ist hierbei eher als gering zu bezeichnen. Für dem ländlichen Raum angehörige (größere) Gemeinden, die mehrere Richtwertzonen ausweisen, kann für den Ortsbereich auch ein digitaler Stadtplan als Geodatenbasis eingeführt werden.

Die Verwendung großmaßstäbiger Geobasisdaten - z.T. mit Online-Zugriff - kann im WIS Karlsruhe Kap. 5.1.1.2 entnommen werden. Für kleinmaßstäbigere Darstellungen wird ein Stadtplan 1:10 000 als Graustufenbild für den Maßstabsbereich 1:2 401 bis 1:9 900 angeboten. Das Graustufenbild ermöglicht dabei geeignetere Präsentationen für Geofachdaten wie Bodenrichtwertzonen einschließlich Sachdaten. Für Übersichtszwecke steht noch ein Stadtübersichtsplan 1:60 000 für den Maßstabsbereich 1:9901 bis 1:40 000) zur Verfügung. Diese Vorgehensweise kann entsprechend den beiden Raumbezugsebenen von *MERKIS* mit den Maßstabsbereichen 1:500 – 1:2 000 und 1: 5 000 und kleiner interpretiert werden.

5.1.2.2   Bodenrichtwertübersichten

Sonstige Informationen zur Wertermittlung wie z. B. Bodenrichtwertübersichten sollten ebenfalls georeferenziert geführt werden, soweit hierfür ein Bedürfnis besteht. Die Zuordnung kann nach den gleichen Grundsätzen erfolgen wie bei der Ableitung von Bodenrichtwerten. Je nach Gliederung dieser Informationen bieten sich unterschiedliche Maßstäbe und Ausprägungen der amtlichen Kartenwerke als Hintergrundinformation an (AdV 2002).

Bodenrichtwertübersichten geben in vereinfachter und generalisierter Form einen Überblick über das Bodenpreisgefüge. Dabei soll sich der jeweils angegebene Wert für die baulichen Flächen grundsätzlich auf das Gemeindegebiet ohne Untergliederung beziehen. Als Maßstab wird 1:100 000 empfohlen. Für sehr kleine Gemeinden kann es sinnvoll sein, deren Wertangaben zusammenzufassen. Dagegen wird es in größeren Städten zur Erhöhung der Aussagekraft notwendig werden, den Wertbezug auf den Bereich eines Stadtteils bzw. einer Gemarkung herzustellen und gleichzeitig für die Kartendarstellung einen Maßstabswechsel z.B. auf 1:50 000 (oder größer) vorzunehmen. Aussagen zum Maßstab können auch dem Anforderungskatalog für das WIS Niedersachsen entnommen werden (Niedersächsische Vermessungs- und Katasterverwaltung 2000).

Oftmals werden derzeit noch als landwirtschaftliche Bodenrichtwertübersichtskarten analoge kleinmaßstäbige Karten im Maßstab 1:200 000 bis 300 000 landesweit herausgegeben. Der Maßstab dient einerseits übergeordneten und regionalen Nutzer-/Marktteilnehmerinteressen und andererseits lassen die örtlichen Markt- und Ertragsverhältnisse in Bundesländern wie z.B. Niedersachsen großräumige räumliche Abgrenzungen der Zonen zu.

Die Bodenrichtwertübersichten sollten im Internet veröffentlicht und entgeltfrei zur Verfügung gestellt werden. Mit entsprechenden Links soll die Aufmerksamkeit des Kunden auf die entgeltpflichtigen Bodenrichtwertauskünfte der Geschäftsstellen der Gutachterausschüsse gelenkt werden (AdV 2002).

Die Wertangaben werden auf der Grundlage der in regelmäßigen Abständen (im Allgemeinen ein oder zwei Jahre) ermittelten Bodenrichtwerte abgeleitet und beziehen sich jeweils auf den 31.12. bzw. 01.01. eines Jahres. Da sich für die grafische Darstellung aus der *Musterrichtlinie über Bodenrichtwerte* keine Vorgaben ableiten lassen, werden in der AdV-Konzeption entsprechende Hinweise gegeben.

Die Darstellung der Bodenrichtwertübersichten in der Karte erfolgt durch den Wert selbst mit einer ihn umgebenden farbigen Kreisfläche, dessen Größe in Relation zum Wert steht. Dabei wird nach den Grundstückstypen *Wohnbauflächen (gelb), gewerbliche Bauflächen (blau)* und *landwirtschaftliche Flächen (grün)* unterschieden. Bei den baulich nutzbaren Flächen sind in den Bodenwerten die Erschließungsbeiträge jeweils einbezogen (Abb. 5.18).

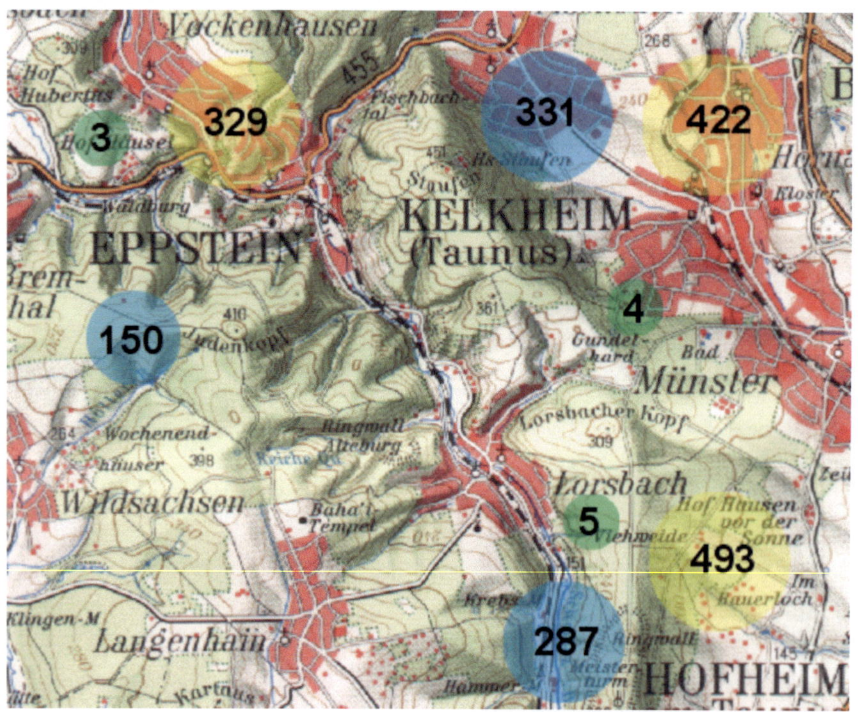

Abb. 5.18: Bodenrichtwertübersicht - Muster der grafischen Darstellung 1:100 000

Die Gutachterausschüsse des Landes Hessen (2004) ermitteln jeweils zum Jahresende aktuelle Bodenrichtwerte. Differenziert nach Wohnungsbau, Gewerbe und landwirtschaftlicher Nutzung werden die jeweiligen Höchstpreise als Übersicht im Internet (Abb. 5.19) bereitgestellt. Detaillierte Auskünfte über die örtlichen Bodenrichtwerte liegen bei den jeweiligen Gutachterausschüssen vor.

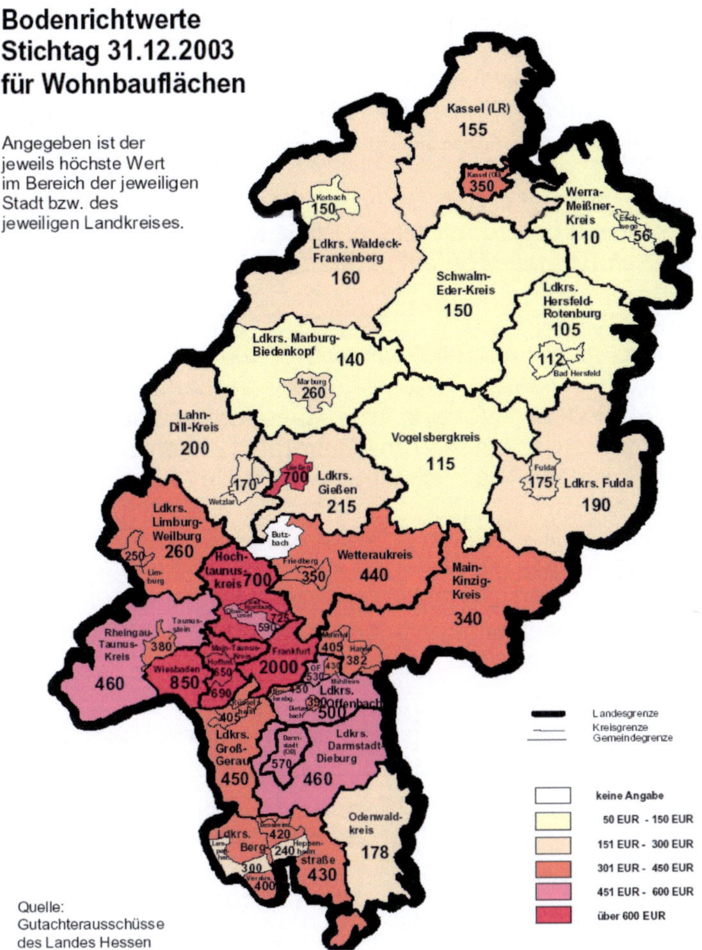

Abb. 5.19: Bodenrichtwerte (Übersicht) in Hessen für Wohnbauflächen zum 31.12.2003

5.1.2.3   Ermittlung von Bodenrichtwerten in kaufpreisarmen Lagen

In einem aktuellen Forschungsprojekt zur Ermittlung von Bodenwerten und Bodenrichtwerten in kaufpreisarmen Lagen (Reuter 2004) sollen auf Grundlage der von Gutachterausschüssen in kaufpreisarmen Lagen eingesetzten Verfahren zur Ermittlung, Verdichtung und Fortschreibung von Bodenrichtwerten Handlungsempfehlungen (auch) unter Beachtung knapper Ressourcen abgeleitet werden.

Bodenpreisarme Lagen im städtischen Raum werden häufig in den Innenstädten mit exklusiven Geschäftslagen, den innenstadtnahen Wohn- und Geschäftslagen und dem Geschosswohnungsbau angetroffen. Im ländlichen Raum gilt entsprechendes für die Siedlungsbereiche und forstwirtschaftlichen Flächen. Bei der Einstufung der Vorgehensweisen zur Ermittlung von Bodenrichtwerten wird an erster Stelle der intersubjektive Sachverstand genannt, mit deutlichem Abstand gefolgt von der Einbeziehung von Kaufpreisen bebauter Grundstücke. Lagewertverfahren und die Verwendung von Erträgen nehmen eher eine untergeordnete Bedeutung ein. Als Mindestanzahl von Boden-/Kaufpreisen für eine sinnvolle erstmalige Ableitung von Bodenrichtwerten werden 6 bis 8 Kauffälle als erforderlich erachtet, für die Fortschreibung genügen wohl 3 bis 5, wobei der obere Orientierungswert jeweils von den Städten genannt wird.

Für den Preisvergleich kann der unmittelbare Preisvergleich, bei dem die Vergleichspreise unverändert verwendet werden können und der mittelbare Preisvergleich herangezogen werden. Beim mittelbaren Preisvergleich bedürfen die Vergleichspreise der wertmäßigen Anpassung in Qualität und Konjunktur. Es wird nach evidentem, statistischem, deduktivem und intersubjektivem Preisvergleich (vgl. Kap. 4.1) unterschieden. In kaufpreisarmen Lagen kommen vorwiegend nur die beiden letztgenannten Methoden zur Anwendung. Als deduktive Wertkalküle für baureifes Land nennt Reuter (2004) das Mietlageverfahren, das Mietsäulenverfahren, das modifizierte Ertragswert- und Residualverfahren.

Ein Beispiel für die Anwendung des Mietlageverfahrens mit Hilfe der Erdgeschossladenmiete bei der Ermittlung von Bodenrichtwerten in der Innenstadt Karlsruhes wurde in einer Diplomarbeit (Baier 2003) erfolgreich umgesetzt.

Zunächst wurde zur Festlegung des absoluten Bodenrichtwertniveaus die Zielgröße *maximaler Bodenrichtwert* im Städtevergleich auf Abhängigkeit von Umsatzpotentialen wie der *Einwohnerzahl*, der *Kaufkraft-* und *Umsatzkennziffer* und der *höchsten Erdgeschossladenmiete* untersucht. Die beste Erklärung der Zielgröße durch die Regressionsgleichung ergab sich für die *Kaufkraftkennziffer*, dicht gefolgt von der *maximalen Erdgeschossladenmiete*. Das multiple Bestimmtheitsmaß liegt um 0,45, der partielle Korrelationskoeffizient erreicht nahezu einen Wert von 0,70. Es ergaben sich Hinweise zur Anpassung des Bodenrichtwertniveaus.

Anschließend wurde als Zielgröße die *Erdgeschossladenmiete* mit den Einflussgrößen *Nutzfläche*, *Passantenfrequenz*, *Schaufensterfrontbreite* und *Ladentiefe* einer Analyse mit einem Stichprobenumfang von 116 Kauffällen nach Bereinigung unterzogen. *Nutzfläche*, *Schaufensterfrontbreite* und *Ladentiefe* korrelierten mit 0,5 bis 0,7 - wie zu erwarten - auffällig hoch.

Eine optimale Schätzfunktion lieferte letztendlich ein Ansatz nur mit der *Passantenfrequenz* und der *Ladengröße*, wobei die *Passantenfrequenz* als Parameter für die möglichen Käufer mit einem partiellen Korrelationskoeffizienten von Betrag 0,83 (*Ladengröße*: 0,38) eindeutig Vorrang im Zusammenspiel mit der Zielgröße *Erdgeschossladenmiete* einnimmt. Die Einflussgrößen selbst sind mit Betrag 0,12 vernachlässigbar korreliert. Das multiple Bestimmtheitsmaß ist mit 0,72 gleichfalls Ausdruck für eine optimale Modellbildung.

Mit den ermittelten Schätzwerten für die Erdgeschossladenmiete lassen sich Umrechnungskoeffizienten für das Verhältnis *Miethöhe* zu *Ladengröße* für die definierten Passantenfrequenzklassen errechnen. Die Passantenfrequenzklasse 0 steht für geringes Passantenaufkommen, die Passantenfrequenzklasse 5 für mittleres und die Passantenfrequenzklasse 9 für hohes Passantenaufkommen in der 1a-Einkaufslage. Ist die Ladenfläche kleiner, so erhöht sich üblicherweise der Mietpreis (Tab. 5.1).

Pass. frequenzklasse 0			Pass. frequenzklasse 5			Pass. frequenzklasse 9		
Laden-größe m²	Schätzwert Miete €/m²	UK	Laden-größe m²	Schätzwert Miete €/m²	UK	Laden-größe m²	Schätzwert Miete €/m²	UK
50	17,20	1,16	50	42,80	1,21	50	224,70	1,26
70	16,10	1,08	70	39,10	1,10	70	194,00	1,17
100	14,90	1,00	100	35,40	1,00	100	165,5	1,00
120	14,30	0,96	120	33,60	0,95	120	152,30	0,92
150	13,60	0,91	150	31,50	0,89	150	137,50	0,83
200	12,70	0,85	200	28,80	0,81	200	120,20	0,73

Tab. 5.1: WIS Karlsruhe - Umrechnungskoeffizienten *Ladengröße* für Erdgeschossladenmieten

Für die Ermittlung der Bodenrichtwerte (Zielgröße) verblieb im Regressionsansatz als alleinige Einflussgröße die *erhobene Ladenmiete* bei gleichem Stichprobenumfang. Das multiple Bestimmtheitsmaß erreichte einen akzeptablen Wert von 0,55. Der partielle Korrelationskoeffizient ergab sich zu Betrag 0,74 und lieferte damit eine gute Erklärung der Variation der Zielgröße. Anhand der Residuenanalyse ließen sich Bodenrichtwerte und Zonenabgrenzungen mit Änderungs- bzw. Anpassungsbedarf aufdecken. Zwischenzeitlich hat der Gutachterausschuss in Karlsruhe das Mietlageverfahren als Grundlage für die Bodenrichtwertermittlung einschließlich der Zonenabgrenzung in der Innenstadt eingeführt.

Im Grundstücksmarktbericht konnte die folgende Darstellung als Mietübersicht für die Einzelhandelsmieten von Läden im Erdgeschoss (Euro/m² netto) mit stufenfreiem Zuschnitt (Abb. 5.20) angegeben werden. Dabei beziehen sich die Angaben auf eine Ladengröße von 100 m² mit einer mittleren Schaufensterfrontlänge von ca. 8 m. Im 1. Unter- bzw. Obergeschoss beträgt der Mietansatz 30 bis 50 % des Mietniveaus im Erdgeschoss.

Abb. 5.20: WIS Karlsruhe - Einzelhandelsmieten in Euro/m² netto

Auch bei dieser Anwendung im Internet für Einzelhandelsmieten kann ergänzend zur Filmsequenz (vgl. Kap. 5.1.4.4) ein Wertrechner zur Berücksichtigung der Ladengröße und Geschosslage über Umrechnungskoeffizienten zum Einsatz kommen. Die Zuordnung zur Passantenfrequenzklasse und damit auch die Geocodierung kann z.B. über eine interaktive Karte oder ein Straßenverzeichnis mit Hausnummerierung erfolgen.

Inwieweit sich ab 2005/06 signifikante Änderungen in den Einzelhandelsmieten durch die Eröffnung eines Einkaufscenters ergeben werden, soll wiederum mit einer umfangreichen Mietenerhebung überprüft werden.

Als wesentliche Voraussetzung für die weitergehende, integrierte Analyse der Bodenrichtwerte ist das Mietenmodul im WIS - Sachdatenteil (AKS) hervorzuheben. Im WIS - GIS-System liefern überlagerte Präsentationsebenen von Bodenrichtwerten und Einzelhandelsmieten eindrucksvolle Grundlagen für den Gutachterausschuss und die Sachverständigen insgesamt.

5.1.3 Gutachten

Wesentliche Rechtsgrundlagen für die Marktwertermittlung sind BauGB, WertV und WertR. Durch die Realisierung eines WIS, das die wesentlichen Grundlagen für Marktwertermittlungen enthält, werden sich unschätzbare Vorteile ergeben. Diese liegen nicht nur in der ökonomischen Datenbeschaffung und verbesserten Qualität der Daten, vielmehr wird durch die Integration aller den Grundstücksmarkt und die Wertermittlung im Einzelfall betreffenden Aspekte in den Abwägungs- und Entscheidungsprozess der bemerkenswerteste fachliche Entwicklungsschritt vollzogen werden. Die Wahrscheinlichkeit nimmt zu, dass alle Bewertungsparameter untersucht und auf einer höheren Ebene interpretiert werden (können). Damit wird in einem WIS eine wertrelevante Sicht der Bewertungsparameter für Grundstücke auf die reale Welt (Abb. 5.21) möglich.

Bei der Führung der Kaufpreissammlung und der Bodenrichtwerte auf der Grundlage von Geobasisinformationen ergeben sich für die Wertermittlung im Einzelnen folgende Vorteile (AdV 2002):

- *bedarfsweise grafische Kauffallpräsentation*
- *qualitative Verbesserung der Wertermittlung durch Visualisierung aller zur Verfügung stehenden Daten*
- *Verschneidung der Datenbestände untereinander sowie mit sonstigen georeferenzierten Informationen wie z. B. Daten der Bauleitplanung, der Topographie oder Luftbildern*

- *gezielte Recherche über die Lagebezeichnung oder die Georeferenz*
- *Maßstab unabhängige Präsentation*

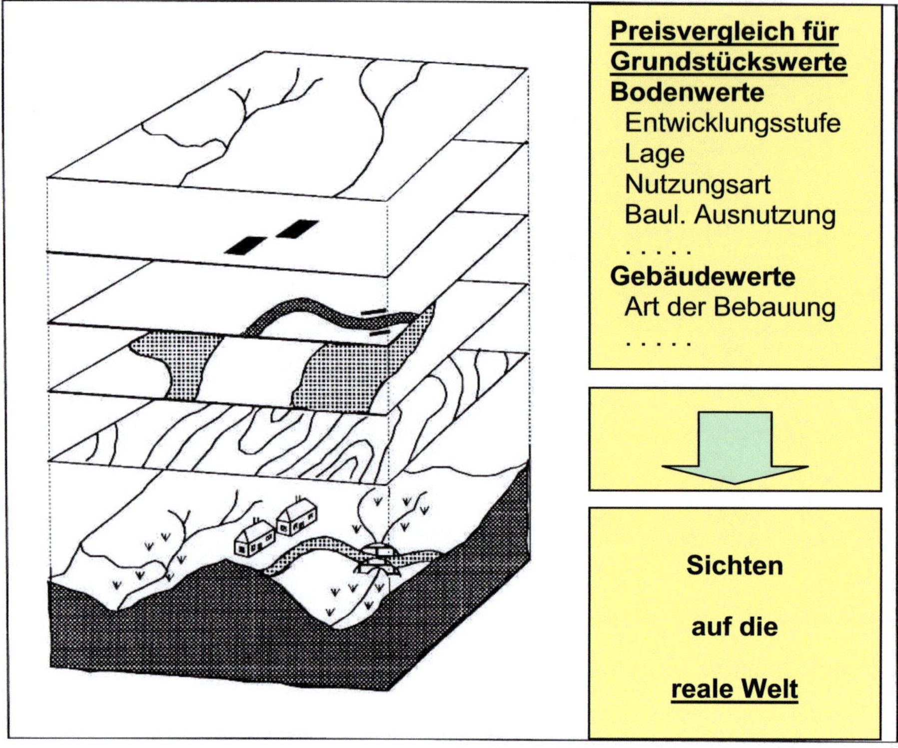

Abb. 5.21: Thematische Dimensionen - Bewertungsparameter

Für zukünftige Wertermittlungen mit zurückliegenden Stichtagen sollten die Bodenrichtwerte zusammen mit der zum Zeitpunkt der Beschlussfassung aktuellen digitalen Kartengrundlage präsentiert werden, damit der für die Wertermittlung maßgebliche Zustand des Gebiets zum Zeitpunkt der Bodenrichtwertermittlung neben den Definitionsparametern nachvollziehbar bleibt. Damit können für Wertermittlungen nach dem Vergleichswertverfahren auch geeignete Bodenrichtwerte entsprechend § 13 Abs. 2 WertV herangezogen werden.

Die Daten der Bauleitplanung sind für die Erhebung der Kauffalldaten (vgl. Kap. 5.1.1), die Definition der Bodenrichtwerte (vgl. Kap. 5.1.2) und die eigentliche Wertermittlung gleichermaßen von erheblicher wertrelevanter Bedeutung und zeigen beispielhaft die Vorteile der Integration im WIS durch Nutzung eines originären Datenbestandes auf.

Ein Stufenkonzept zur Realisierung der einzelnen Komponenten ist in der ADV-Konzeption (2002) empfohlen. Die Empfehlungen zu *Bodenrichtwerten*, der *Kaufpreissammlung, weiteren Informationen, sonstigen erforderlichen Daten* und den *Suchkriterien* betreffen auch die Wertermittlung. Auszüge sind in den Kapiteln 5.1.1 und 5.1.2 wiedergegeben.

5.1.3.1 Anforderungen bei der Gutachtenerstellung

Die Untersuchung von Busch (2004) verfolgt die Intention, die auf dem Markt befindlichen Immobilienbewertungssoftwareprodukte bezüglich der für die Anwender wesentlichen Kriterien wie z. B. der Wertermittlungsmethodik und Anwendbarkeit auf Anwendergruppen (Sachverständige, Makler) bezogen zu vergleichen und anschließend zu bewerten. Darüber hinaus kommen weitere Personenkreise sowie Institutionen als potentielle Nutzer der Software wie z. B. Gutachterausschüsse, Kreditinstitute, Versicherungen, Steuerberater, Wirtschaftsprüfer usw. in Frage. In dem Vergleich wird ein Überblick der wesentlichen Anforderungen an eine Wertermittlungssoftware gegeben, wobei in Abb. 5.22 die Testkriterien für Sachverständigenbewertungsprogramme herausgegriffen sind.

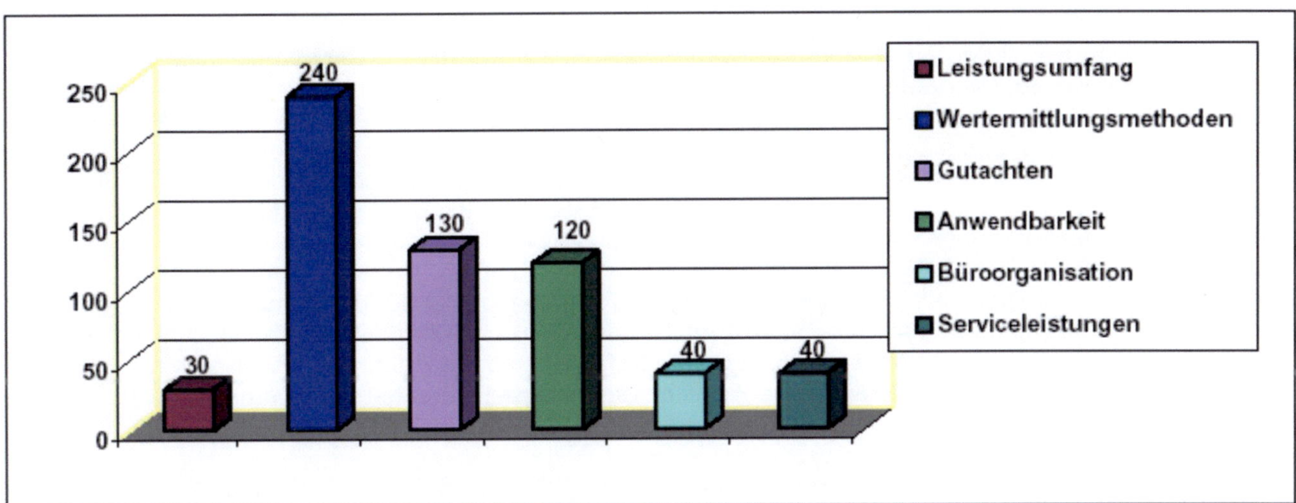

Abb. 5.22: Gewichtung der Testkriterien für die Sachverständigenbewertungsprogramme

Im Einzelnen wird unterschieden:

- **Leistungsumfang**
  Netzwerkfähigkeit, Anlagenverwaltung, Datensicherung u. Import/Export, Zusatzleistungen (Besichtigungserfassungsbogen/elektronische Erfassung)

- **Wertermittlungsmethoden**
  Verfahrensauswahl (einzeln, Kombination, Begründung), Bodenwertermittlung, Vergleichswert-, Ertragswert- u. Sachwertverfahren, Verkehrswertermittlung, Berücksichtigung von Rechten und Belastungen, Berücksichtigung von Wohnungs- und Teileigentum, rechnerische Richtigkeit

- **Anforderungen an das Gutachten**
  Arten (z.B. Verkehrswert-, Mietwertgutachten), Formen (Kurz- und Langgutachten), Aufbau, Wahrung der Individualität durch Vorlagenverwaltung, Veränderbarkeit der Eingaben im Programm, Rechtssicherheit

- **Anwendbarkeit**
  Einarbeitungsaufwand, Verständlichkeit der Programme, Anwenderfreundliche Bedienung, Flexibilität, Hilfestellungen, Schutz des Anwenders vor Fehlern durch Plausibilitätsprüfung

- **Büroorganisation**
  Auftrags-, Kundendaten- u. Gutachtenmanagement, Korrespondenz, Rechnungslegung

- **Serviceleistungen**
  Handbuch, Service-Hotline, Aktualisierung, Schulungsmöglichkeit

Fazit
Dennoch ist es, wie die beiden bestplatzierten Programme beweisen, möglich, den Anforderungen nahezu sämtlicher Sachverständigen gerecht zu werden. Diese Softwareprodukte haben eindrucksvoll gezeigt, dass es schon heute möglich ist, ein hohes Maß an Flexibilität, Arbeitsrationalisierung gepaart mit fachlicher Unterstützung in einem ganzheitlichen Expertensystem zu berücksichtigen (Busch 2004).

Eine Befragung unter den im Bundesverband Deutscher Grundstückssachverständiger (BDGS) organisierten Mitgliedern aus dem Jahre 1998 (Gerardy et al. 2005) zur Einführung von Software in der Wertermittlungspraxis lieferte als meistgenannte Gründe die Zeitersparnis (95 %), die automatischen Berechnungen (85 %) und die schematisierte Vorgehensweise (75 %). Als Hauptursache für die Nichtanwendung gelten die fehlende Abdeckung von Sonderfällen (80 %), die ungenügende Selbständigkeit des Gutachters (70 %) und die Gewöhnung an die Gutachtenerstellungsmethoden. Mehrfachnennungen waren hierbei möglich.

Es ist sicherlich zutreffend, die Fokussierung nicht mehr auf den Aspekt der Wirtschaftlichkeit auszurichten. Fachliche Unterstützung und damit auch rechtliche Konsistenz gewinnen vor dem Hintergrund der insbesondere durch die Rechtssprechung zunehmend kritischer beurteilten Sachverständigenhaftung einen durchaus gleichrangigen Stellenwert.

In einer Arbeit, die sich mit der Bewertung von Immobilien mit Hilfe der auf dem Markt befindlichen Bewertungssoftware (Kertes 2003) beschäftigt hat, wird insbesondere auf die für Sachverständige erforderliche Flexibilität hingewiesen. Dies betrifft nicht nur gestalterische Aspekte, bei anspruchsvollen marktorientierten Immobilienbewertungen kann selbst der Methodenweg hiervon betroffen sein. Als Beispiele können die komplexe Wertermittlung von Erbbaurechten, die nachträglich erforderliche Wertänderung durch Teamabstimmung oder Beschluss des Gutachterausschusses im eigentlichen Gutachten und die Anwendung von nicht in der WertV explizit genannten Verfahren angeführt werden. Insoweit ist ein Methodenspektrum mit Vergleichs-, Ertrags- und Sachwertverfahren nicht mehr ausreichend.

Die Zunahme der Funktionalität wirkt sich jedoch in der Regel nachteilig auf die Komplexität bzw. den Programmumfang aus. Überträgt man das Pareto-Prinzip des italienischen Wirtschaftswissenschaftlers Vilfredo Pareto (1848-1923) - auch bekannt als 80/20-Regel - auf die Automatisierung, so lassen sich mit 20 % des Automatisierungsaufwandes 80 % aller Fälle (nämlich die einfacheren) behandeln, während für die komplizierteren 20 % der Fälle 80 % des Aufwandes anfallen.

Eine untersuchte Software, die den Komplettansatz verfolgt, führt den Bediener alleinig für eine benutzergeführte Gebäudebeschreibung durch über 40 verschiedene Masken, in denen dann durch das *Setzen von Häkchen* entsprechende Attribute und Beschreibungsmerkmale aktiviert werden. In der Nachbildung eines realen Gutachtens mussten noch in über 30 Bildschirmmasken Eintragungen für die Gebäudebeschreibung durchgeführt werden.

Anforderungen an eine Wertermittlungssoftware im Rahmen eines WIS wurden aus der Sicht eines Gutachterausschusses durch Mürle (1997b) beschrieben:

- *Besonderes Augenmerk gilt der Parametrisierung und Formulierung von Standardtexten zur Erreichung einer gleichartigen Vorgehensweise und Prüfung aller wertrelevanten Gesichtspunkte. Die Software soll einen modularen Aufbau besitzen, mit dem weitgehend alle Kundenwünsche auch nach Teilen eines Gutachtens oder reduziertem Umfang (z.B. nur Berechnungsteil, Kurzgutachten) abgedeckt werden können.*

- *Gleichfalls unterstützen die Modultechnik und IuK-Vernetzung parallele Arbeitsprozesse oder die Vorbereitung bestimmter Teile eines Gutachtens für den Sachverständigen durch andere Personen. Erfassungsprozeduren mittels Makros, Tabellenkalkulationsfunktionen oder digitale Objektbilder im Gutachten sind als Standard zu fordern.*

- *Damit haben sich bei der Gutachtenerstellung auch zum Teil erhebliche Reduzierungen der Bearbeitungszeiten ergeben.*

In Abb. 5.23 ist vereinfacht der Ablauf zur Erstellung eines Gutachtens im WIS Karlsruhe dargestellt. Auf der Grundlage von WordPerfect wurde eine Immobilienbewertungssoftware *GUTTEXT* als Eigenentwicklung nach diesen Anforderungen realisiert.

Derzeit erfolgt eine Weiterentwicklung von *GUTTEXT*, die neben fachlichen auch benutzerbezogene Verbesserungen verfolgt, ohne dabei aber das Grundprinzip zu verlassen. Eine komfortable Standardschnittstelle nach MS-Word ist - vergleichbar den auf dem Markt befindlichen Immobilienbewertungssoftwareprodukten - nun in der aktuellen Version von WordPerfect enthalten.

In Busch (2004) werden diese Zieldefinitionen verallgemeinert als Anforderungen übernommen:

- *Auch die Differenzierung zwischen Kurz- und Langgutachten erscheint sinnvoll, da jeweils andere Anforderungen relevant sind. Das Langgutachten weist einen meist aufwendigen Textteil aus, während hingegen das Kurzgutachten überwiegend aus dem Berechnungsteil, d.h. der eigentlichen Wertermittlung besteht. Wichtig ist in diesem Zusammenhang, dass das Kurzgutachten in ein Langgutachten generiert werden kann.*

- *Das Testergebnis zeigt auf, dass die Programme unterschiedlich aufgebaut sind und unterschiedlichen Anforderungen gerecht werden. Dabei wird insbesondere deutlich, dass die modulartigen Programme hinsichtlich der Erweiterungsmöglichkeiten im Vorteil sind und somit wohl auch in Zukunft den Bereich der EDV-gestützten Wertermittlung dominieren dürften.*

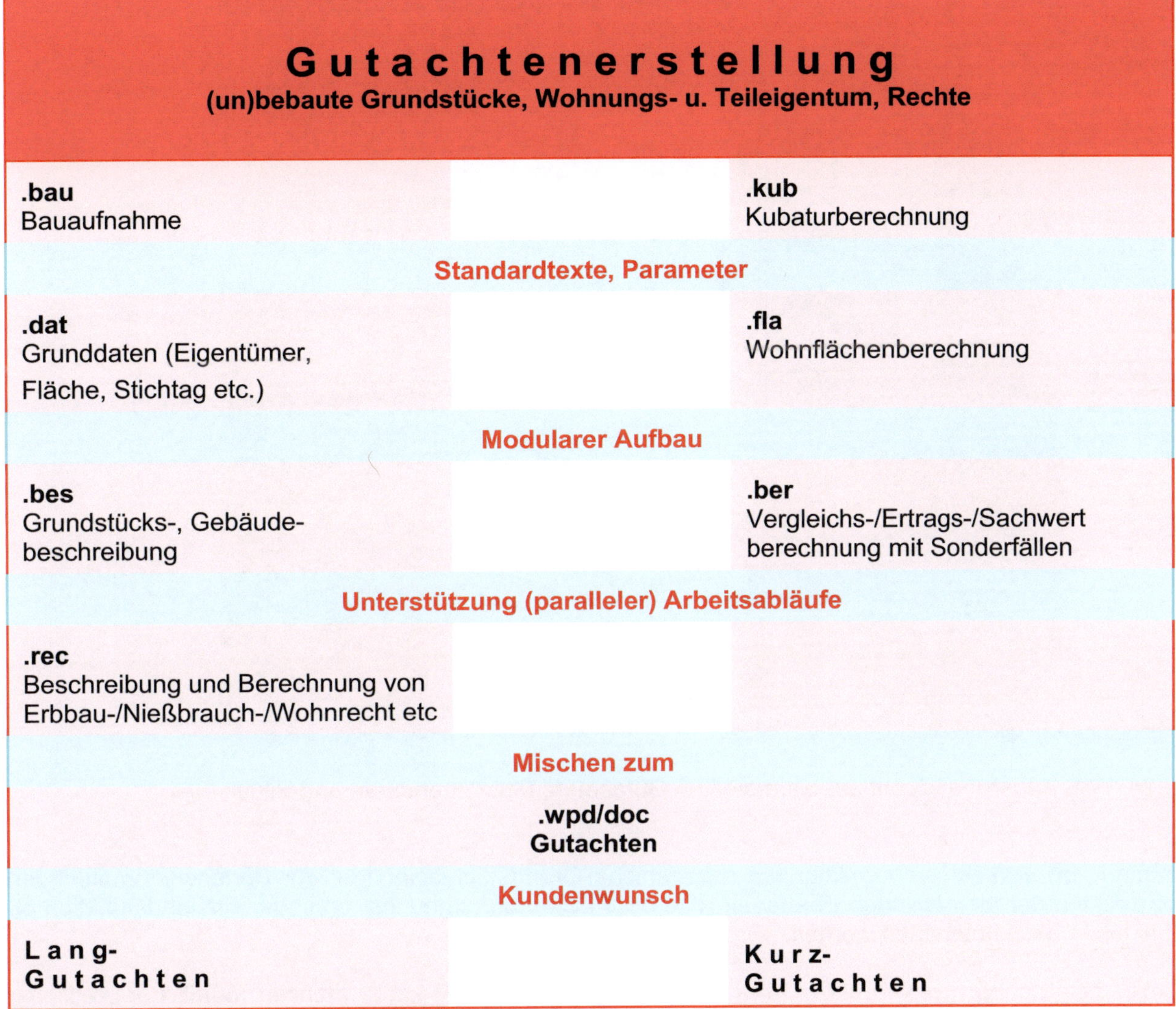

Abb. 5.23: WIS Karlsruhe - Ablauf einer Gutachtenerstellung mit *GUTTEXT*

5.1.3.2 Entwicklungsperspektiven

Im WIS Karlsruhe ist mit der Software *Delphi* eine Anwendung zur Führung eines Antragsverzeichnisses, das der Begleitung eines Antrags vom Eingang bis zum Ausgang nach der Erledigung dient, entwickelt worden. Zu den Antragsdaten gehören z.B. Antragsteller, Objekt, Art des Gutachtens, Objektlage und bauliche Nutzung. Des Weiteren besteht die Möglichkeit der Bereitstellung von Listen nach auswählbaren Selektions- parametern.

Die Gutachtenerstellung wird dabei unter Heranziehung bereits erstellter Wertermittlungen in der Qualitäts- sicherung der Beschreibungen und Quantifizierungen unterstützt. Die Führungsebene erhält Informationen zur Lenkung der Auftragszuordnung und -abwicklung (z.B. Liste offene Anträge, Termine). Auch die Anzahl der erstellten Gutachten differenziert nach Gutachtentypen wie z.B. Kurz-/Langgutachten für (un)bebaute Grundstücke kann als eine wesentliche Komponente der Zielerreichung bei Bedarf kurzfristig zur Steuerung ausgegeben werden.

Abb. 5.24 zeigt im WIS Karlsruhe die räumliche Sicht auf die erstellten Gutachten im Umfeld eines zur Be- wertung anstehenden Objektes, wobei die Selektionsparameter zur Vergleichbarkeit auch aus dem WIS heraus festgelegt werden können. Objektidentifikator ist hierbei das Ordnungsmerkmal (lfd. Nr. im Kalender- jahr) für die Gutachten.

Die Anwendung zeigt, dass ein einfaches Level der Integration - soweit überwiegend auf die Präsentations- komponente abgestellt wird - für eigentlich dem WIS *fremde* Anwendungen durch Anbindung eines GIS er- folgreich umgesetzt werden kann. Konzeptionell sollte von Anfang an die Georeferenzierung der Sachdaten im Datenmodell berücksichtigt werden.

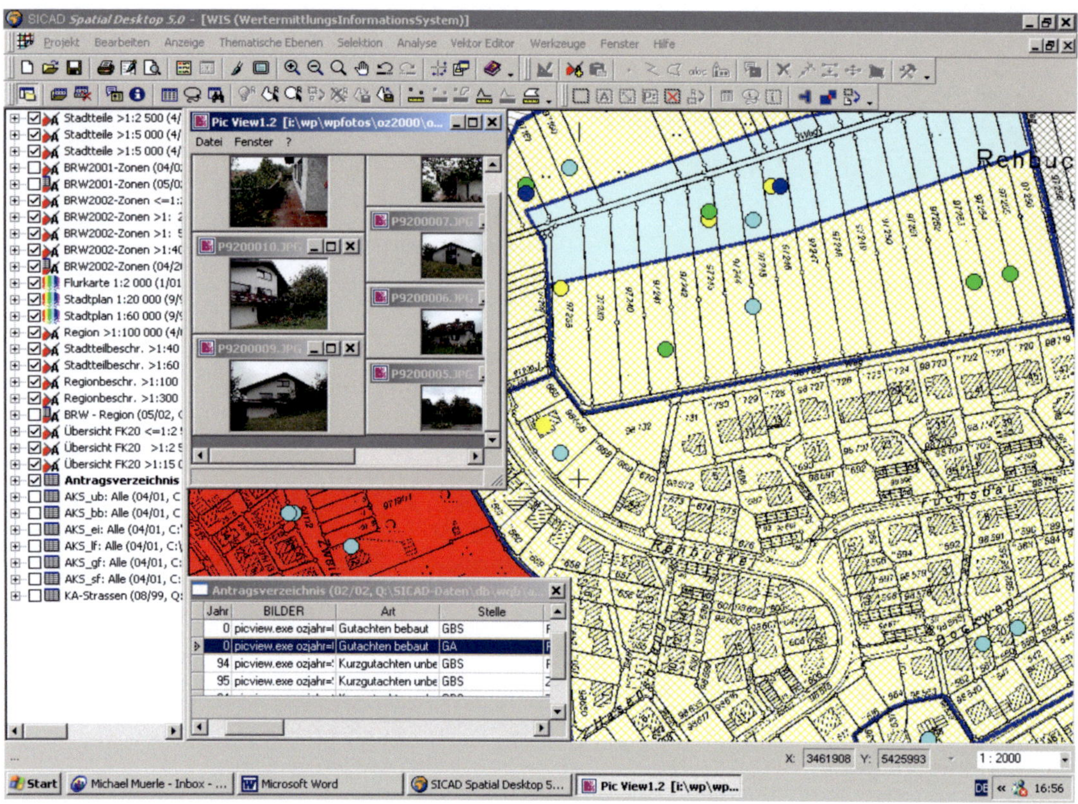

Abb. 5.24: WIS Karlsruhe - Sicht auf die erstellten Gutachten, Gutachtendaten und Bilder

Im Rahmen von Verkehrswertermittlungen erforderliche Grundstückszonungen für Bodenwertermittlungen können direkt in der thematischen Ebene mit Hilfe der Flächenberechnungs- und/oder Abstandsfunktion eines Punktes im WIS unterstützt werden.

Komplexe, heterogene (gewerbliche) Objekte bedürfen oftmals einer kaum mehr in räumlicher, zeitlicher und sachlicher Hinsicht standardisierbaren Bauaufnahme. Antragsteller bzw. deren Interessenvertreter oder allgemein formuliert *Kundenwünsche* lassen zunehmend keine vordefinierte Vorgehensweise zu. Als Konsequenz wurden im WIS Karlsruhe zur Optimierung des Gutachtenerstellungsprozesses Versuche mit digitaler Spracherkennung durchgeführt.

Mit der digitalen Spracherkennung kann für den Gutachter im Zuge der Ortsbesichtigung im Idealfall ein automatisierter Digitalisierungsprozess der Sprachinformationen bei gleichzeitig größtmöglichster Flexibilität in der Vorgehensweise eingeschlagen werden. Als Endprodukt liegt nach erfolgter Spracherkennung ein *elektronisches Feldbuch* mit allen grundstücksbezogenen (z.B. detaillierte Bauschadenssituation) und sonstigen Informationen wie Personen, Termine und Vorgehensweise vor.

Das digitale Ergebnis muss dabei lediglich eine Entwurfsqualität für die Umsetzung im Gutachten besitzen. Leider lassen störende Umgebungsgeräusche im Außendienst eine Einführung noch nicht mit ausreichender Qualität zu. Auch für die ausschließlich interne Verwendung bzw. Dokumentation (Bauaufnahme) ist die Nachbearbeitung zu umfangreich. Technische Weiterentwicklungen lassen auf eine mittelfristige Realisierung hoffen.

Bei vergleichbaren Objekten wie Ein-/Zweifamilienhaus- und Reihenhausgrundstücken oder Eigentumswohnungen ist die bisherige Methode mit einem standardisierten Besichtigungserfassungsbogen, der im wesentlichen die beschreibenden Parameter im Gutachten berücksichtigt, noch akzeptabel.

Als Alternative zur noch nicht einführungsreifen Spracherkennung wird eine Lösung mit PDA favorisiert, die eine nach Objektart flexible Vorgehensweise ermöglicht. Die strukturierte und doch flexible Erfassung der Grundstücks- und Gebäudebeschreibung kann entsprechend der Parametrisierung im Gutachten durch die Eingabe der Sachdaten über Pulldown Menüs unterstützt werden. Individuelle Anmerkungen werden wie bisher diktiert, wobei die Option der Spracherkennung nach technischer Reife hinzu kommen kann. Mit dem PDA werden beispielhaft für das Grundstück die *Qualität der Lageklasse* und für das Gebäude die *Qualität der Sanitärinstallation* erfasst (Abb. 5.25).

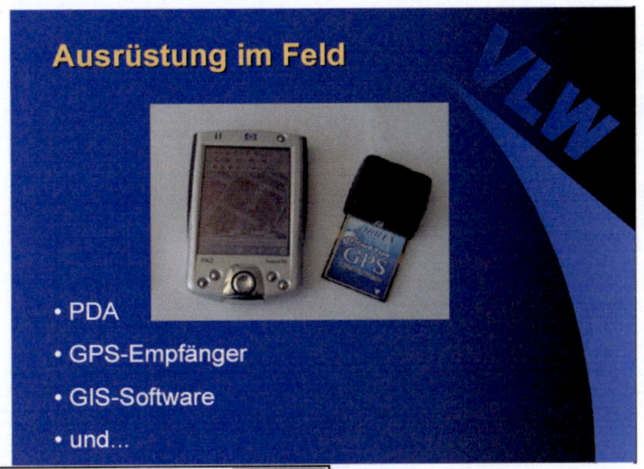

Abb. 5.25: Ortsbesichtigung - Erfassung der Grundstücks- und Gebäudebeschreibung mit PDA

Es ist davon auszugehen, dass ein WIS die Software zur Immobilienbewertung, die üblicherweise im Office-Bereich angesiedelt sein wird, nicht integriert umfassen wird. Zumindest zeichnen sich die diesbezüglichen Entwicklungstendenzen der Anbieter erkennbar ab. Als Standard hat sich - zumindest das Ausgabeformat betreffend - auch für die professionelle Immobilienbewertungssoftware das Textverarbeitungsprogramm MS-Word herausgebildet. Dabei wird auf Mustergutachten und Textbausteine zurückgegriffen.

Die Integration eines Immobilienbewertungsprogramms in ein WIS bedeutet, dass Informationen aus Anwendungen des WIS in die Texte des Gutachtens eingebunden werden sollen. So kommt insbesondere der Schnittstelle zur Übergabe der für das Gutachten wertrelevanten bzw. -bedeutsamen Vergleichspreisdaten besondere Bedeutung zu. Dabei soll die individuelle Auswahlmöglichkeit von Datenfeldern der einem Kauffall zugeordneten Sachdaten möglich sein. Für bestimmte Grundstücksarten (funktionierende/ robuste Teilmärkte) ist die Definition und Weiterverwendung von individuell ausgewählten Datenfeldern zu fordern. Auf diese Weise können bedienerergonomische und fachlich konsistente Standardauswerteaufträge aufgebaut werden.

Im WIS Karlsruhe erfolgt die Übergabe der in der *INFORMIX-DB* der AKS gehaltenen Sachdaten (z.B. Kauffälle unbebaute Grundstücke) an das Desktop-GIS mittels *Export-/Import-Funktion* in eine *Access-DB*. Eine Abfrage aus dem Desktop-GIS wird über den Abfrage-Manager realisiert, wobei nur die wesentlichen wertrelevanten Datenfelder eines Teilmarktes im Projekt definiert zur Auswahl angeboten werden.

In Abb. 5.26 ist in drei Schritten die Übergabe von Daten eines Grundstücksteilmarktes der AKS (*Access-DB*) an die Immobilienbewertungssoftware dargestellt, wobei die Abfrage im eigentlichen Desktop-GIS des WIS formuliert wird und die gewonnenen Sachdaten über MS-Excel, ggf. nach benötigten Datenfeldern aufbereitet, in die Gutachtenerstellung als Vergleichspreise gelangen. In dem Beispiel werden unbebaute Baulandgrundstücke nach *Lage*, *Grundstücksfläche* und *Preis* gesucht.

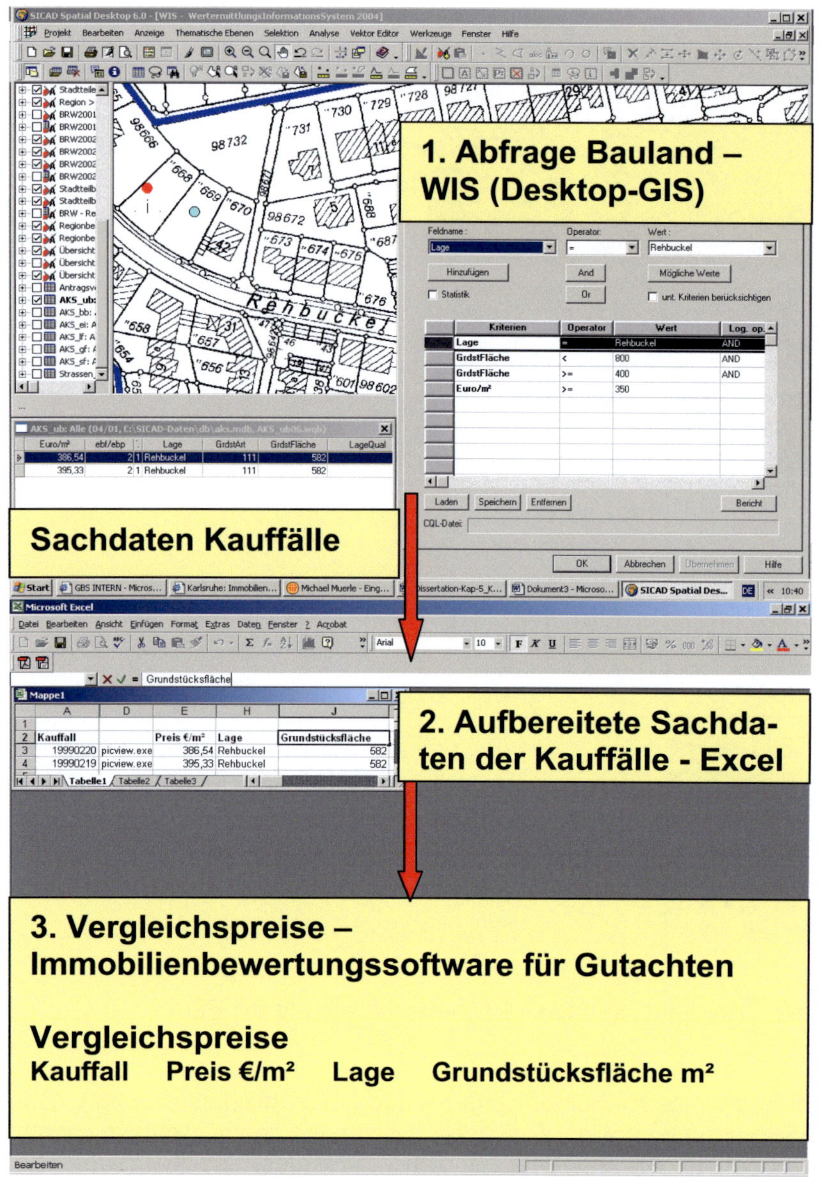

Abb. 5.26: WIS Karlsruhe - Integration von Vergleichspreisen *Bauland* in Gutachten

Eine Selektion für bebaute Grundstücke nach *Lage, Gebäudeart (Einfamilienhaus)* und *Preis* wird in Abb. 5.27 präsentiert. Für ausgewählte Kauffälle können auch Bilder aufgerufen werden.

Dabei erreicht die Erhebungstiefe der für den Preisvergleich herangezogenen Kauffalldaten des WIS im Normalfall nicht die Detaillierung bzw. Qualitätstiefe der Bewertungsparameter im Gutachten. Dies ist für die Anwendung des Preisvergleichs auch üblicherweise nicht erforderlich. Umgekehrt ermöglicht die AKS Niedersachsen die *manuelle Eingabe* von entsprechend den AKS-Datenfeldern transformierten Gutachtendaten - quasi als Kauffall - für weitergehende Untersuchungen wie den Vergleich von ermitteltem Verkehrswert und Kaufpreis.

Die Übergabe von Vergleichspreisen (Selektionsergebnisse) aus *WF-AKuK* an die Wertermittlungssoftware erfolgt gleichfalls über Excel, wobei für die ausgewählten Datenfelder der Vergleichspreise Profile definiert werden können. In einer der zukünftigen Versionen wird eine Schnittstelle zur Wertermittlungssoftware *WF-ProSa* angeboten werden.

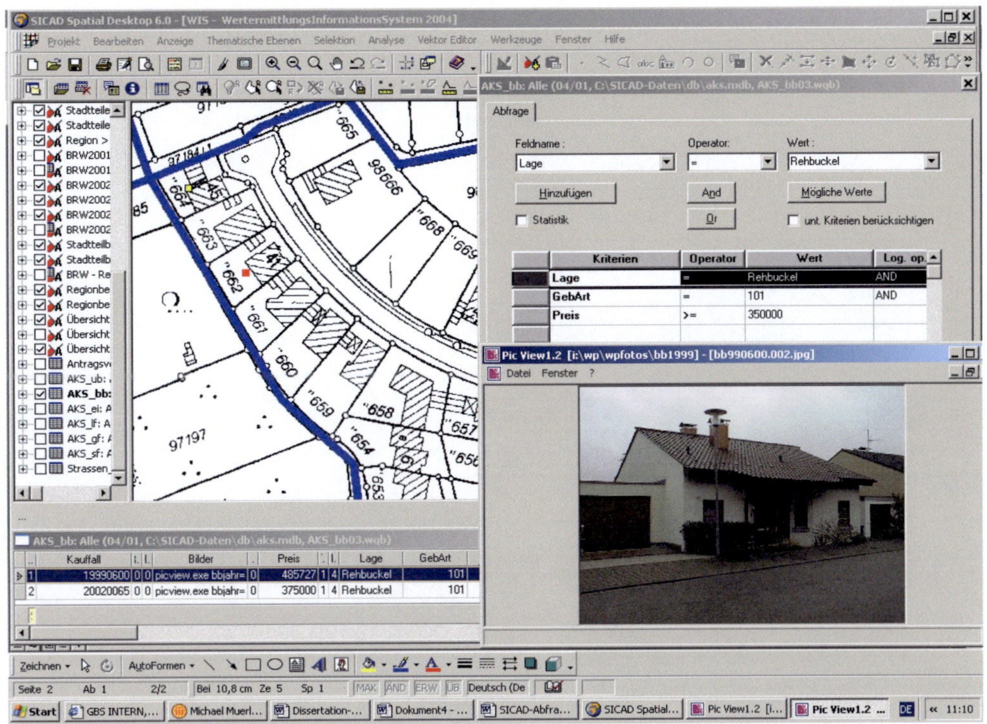

Abb. 5.27: WIS Karlsruhe - Integration von Vergleichspreisen *bebauter Grundstücke* in Gutachten

In *NIWIS* werden zukünftig zur Übernahme von Kauffällen in Gutachten für den mittelbaren Preisvergleich alle Kauffälle mit einer laufenden Nummer, dem Gemeindeteilnamen, den originären Einflussgrößen des Regressionsansatzes, der originären und der umgerechneten Zielgröße in einer Liste dargestellt. Die Abgabe erfolgt als MS-Word-Datei, sie kann im Gutachten gegebenenfalls nachbearbeitet werden. Bei Bedarf kann zum Beispiel aus Datenschutzgründen die Gemeinde als Lagebezeichnung eingeführt werden.

Die Kauffallpräsentation für die Gutachterausschusssitzung beinhaltet die Kauffälle mit ihren wesentlichen Daten und einem Foto. Der Kaufpreis wird als unveränderter Kaufpreis und als normierter Kaufpreis ausgegeben (Abb. 5.28).

Lfd. Nr.	3	
KFKZ	00.306	
Gemeinde	Musterburg	
Straße	Musterallee	
Kaufpreis	Original	Normiert
	122.400	**127.453**
Einflußgrößen		
Grundstücksfläche	2140	
Bodenrichtwert	15	
Gebäudeart	101	
Baujahr	1935	
Bauliche Verbesserung	1970	
Ausstattung	5	
Wohnfläche	150	
Keller	30	
Sachwert	147.352	
Vergleichsmaßstäbe	**Realisierung**	umgerechnet
N. Preis/Sachwert	**0,86**	
N. Preis/Wohnfläche	**849**	920

Abb. 5.28: NIWIS - Ausgabe *Ein-/Zweifamilienhäuser* für Gutachterausschusssitzung

Die Umrechnung der benachbarten Kauffälle der Ein-/Zweifamilienhausgrundstücke auf das Wertermittlungsobjekt mit Hilfe der Zielgröße *Normierter Kaufpreis/Sachwert* in einer Liste und die Präsentation der räumlichen Verteilung in einer Karte werden gleichfalls zur Verfügung gestellt.

Zur weiteren Interpretation der Analyse werden die Kauffälle der Stichprobe mit den berechneten Residuen und einem grafischen Symbol für die Größe der Residue angezeigt (*räumliche Verteilung der Residuen*). Beim Klicken auf den Kauffall werden die aufbereiteten Daten in einem Fenster angezeigt (Abb. 5.29).

Abb. 5.29: NIWIS - räumliche Verteilung der Residuen der Kauffälle

Die zügige Gutachtenerstellung wird häufig durch die langwierige Beschaffung der zur Gutachtenerstellung erforderlichen Unterlagen gehemmt. Im Falle des Bodenrichtwerts, des Auszugs aus der Katasterkarte, der Kartenauszüge mit groß- und kleinräumiger Lage des Bewertungsobjekts sowie des Grundstücksmarktberichts kann der Gutachter jedoch künftig auf die Dienste des Geodatenanbieters *www.geoport.de* zurückgreifen (Gödert und Albert 2006). Dieses geobasierte Daten-Service-Portal (vgl. Kap. 5.4.2) bietet darüber hinaus weitere Datenquellen wie Orthofotos/Luftbilder, Informationen zum Wohnquartier, Mikromarktdaten sowie Wohnmieten, Wohnpreise und Gewerbemieten. Zur Nutzung dieses Angebots muss sich der Gutachter zunächst registrieren. Gezahlt wird jeweils nur für die bezogenen Produkte (*pay per use*). Die Zugangsdaten können vom Gutachter einmalig in seiner *WF-ProSa*-Software hinterlegt werden.

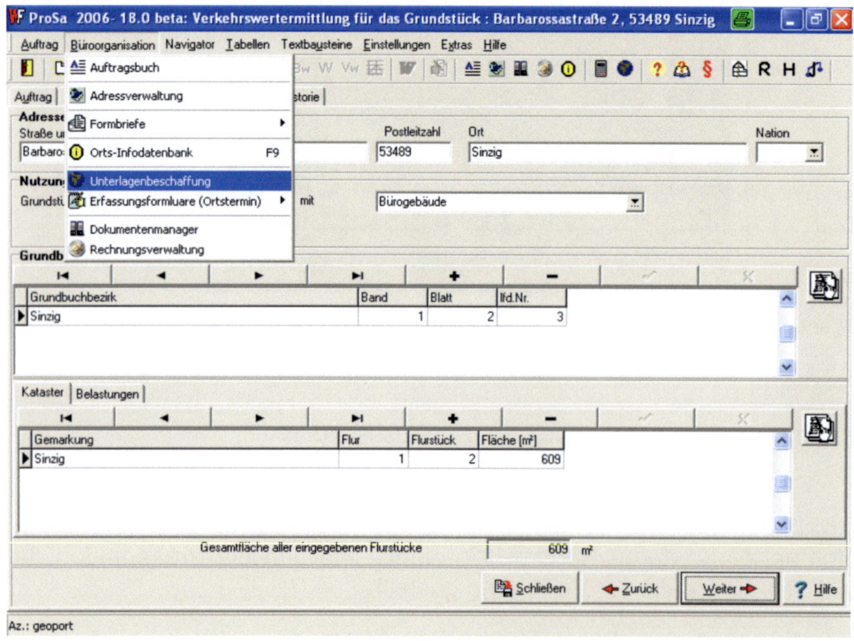

Abb. 5.30: *WF-ProSa* - Unterlagenbeschaffung

Der Bestellvorgang kann beginnen, nachdem der Gutachter in *WF-ProSa* die Adresse oder die Flurstücks-
bezeichnung des Bewertungsobjekts eingetragen hat. Im Hauptmenü unter *Büroorganisation* wird daraufhin
der Untermenüpunkt *Unterlagenbeschaffung* freigeschalten (Abb. 5.30).

Über eine bestehende Internetverbindung werden die Angaben zum Bewertungsobjekt sowie die Zugangsdaten an das Portal übermittelt. Das Login und die Eingabe der Objektdaten entfallen. Nach kurzer Zeit öff-
net sich eine Bestellmaske, die alle für die Lage des Bewertungsobjekts verfügbaren Daten enthält; es werden auch die hierfür anfallenden Kosten angezeigt. Durch das *Setzen von Häkchen* kann der Gutachter seine Auswahl treffen und nach der Bestätigung die Bestellung online auslösen. In der Regel stehen die bestellten Unterlagen nach wenigen Minuten in digitaler Form zum Download bereit. Die Dateien werden nach
WF-ProSa importiert und im Anlagenmanager (Abb. 5.31) weiterverarbeitet.

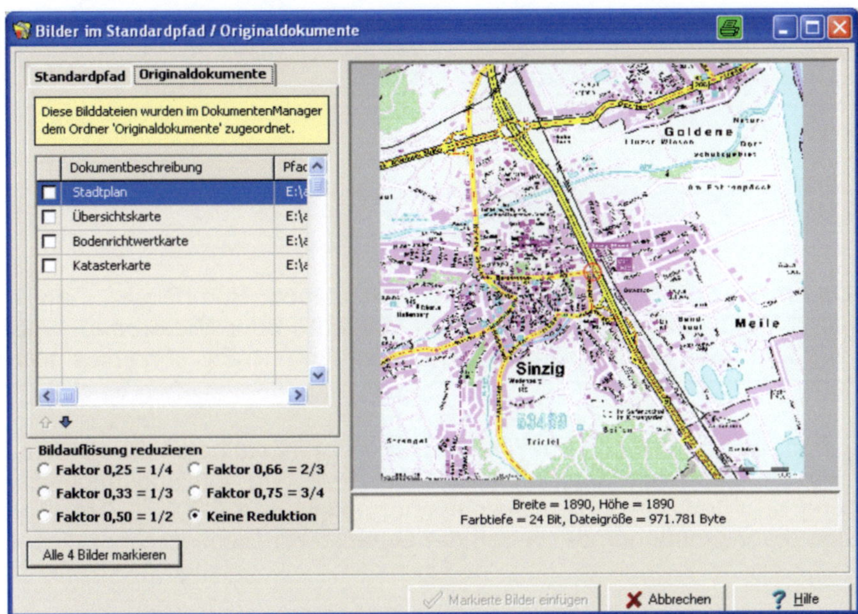

Abb. 5.31: *WF-ProSa* - Zugriff im Anlagenmanager

Die Bestellung der zur Gutachtenerstellung erforderlichen Unterlagen aus der *WF*-Software heraus bietet
neben einem medienbruchfreien Bearbeitungsgang noch eine Reihe weitere Vorteile. So entfallen die Ein-
zelanforderungen bei einzelnen Behörden und die unnötigen Doppeleingaben der Objektadresse. Der Arbeitsgang wird durch die zeitnahe Lieferung der Daten nicht unterbrochen. Die Kartendarstellungen, die
nicht mehr gescannt werden müssen, werden automatisch digital in den Arbeitsgang integriert. Sie sind voll
lizenziert und wahren daher die Bestimmungen des Urheberrechts (vgl. Kap. 5.5.1).

5.1.4 Grundstücksmarktberichte

In den Grundstücksmarktberichten der Gutachterausschüsse wird der Grundstücksmarkt üblicherweise mit
Hilfe von MS-Softwareprodukten in Texten, Tabellen und Grafiken beschrieben. Grundlage sind die in einer
AKS gespeicherten Kauffalldaten des Berichtsjahres. Integration bei der Erstellung eines Grundstücksmarktberichts im WIS bedeutet, dass Daten aus der AKS als Grundlage in die mit MS-Word und MS-Excel zu erstellenden Texte, Tabellen und Grafiken des Grundstücksmarktberichts einfließen sollen.

Die Expertengruppe *Grundstückswertermittlung* im Arbeitskreis *Liegenschaftskataster* der AdV erarbeitete
bereits im Jahre 1997 die umfangreichen *Empfehlungen für die Arbeit der Gutachterausschüsse für Grundstückswerte und deren Geschäftsstellen* (AdV 1997). Diese Anregungen sind aktuell auch durch das Land
Nordrhein-Westfalen im *Erlass über die Kaufpreissammlungen der Gutachterausschüsse für Grundstückswerte* (Innenministerium NRW 2004) aufgenommen worden.

Das Ziel, das die AdV mit diesen Empfehlungen verfolgt, ist unter anderem Anregungen zu geben, wie einheitliche Mindeststandards zur Qualitätssicherung der Arbeit der Gutachterausschüsse für Grundstückswerte ausgestaltet sein sollten. Das gesamte Werk unterteilt sich in acht unterschiedliche Arbeitspapiere, die
sich mit Teilgebieten der Grundstückswertermittlung beschäftigen. Ein Teilgebiet der Empfehlungen ist das
Arbeitspapier *Grundstücksmarktberichte*.

Die Empfehlungen berücksichtigen keine länderspezifischen Besonderheiten der Grundstückswertermitt-lung. Vielmehr sollen allgemeingültige, für alle Länder umsetzbare Vorschläge gemacht werden. Konkret formuliert das Arbeitspapier *Grundstücksmarktberichte* das Rahmenkonzept für den Aufbau von Grund-stücksmarktberichten, in dem auf die Gliederung und das Prinzip der Darstellung näher eingegangen wird. Die entworfene Gliederung beinhaltet folgende Punkte:

- Wesentliche Aussagen des Grundstückmarktberichtes
- Zielsetzung des Grundstücksmarktberichtes
- Gutachterausschüsse und Oberer Gutachterausschuss
- Grundstücksmarkt 20XX
- Unbebaute Grundstücke
- Bebaute Grundstücke
- Wohnungs- und Teileigentum
- Bodenrichtwerte
- Erforderliche Daten
- Rahmendaten zum Grundstücksmarkt
- Regionale Vergleiche
- Mieten
- Sonstige Angaben

Bestimmte Grundstücksmarktinformationen für z.B. Bauerwartungsland, Rohbauland, Bürohäuser, Gewer-be- und Industrieobjekte, Wohnungs- und Teileigentum, Marktanpassungsfaktoren oder Mieten sollen nur optional umgesetzt werden. Die Nutzung der neuen Medien wird für die Zukunft angestrebt, ohne dies aller-dings in 1997 bereits in Ansätzen zu konkretisieren.

In 2002 hat sich die Expertengruppe *Bodenrichtwerte* im Arbeitskreis *Liegenschaftskataster* der AdV auf Grundlage dieser Empfehlungen mit dem Problem der Präsentation und Bereitstellung von Bodenrichtwer-ten und sonstiger für die Wertermittlung erforderlicher Daten auseinandergesetzt (AdV 2002). Detailliert wurde auf die Nutzung des Internets und die Vermarktung der Arbeit der Gutachterausschüsse über dieses Medium eingegangen.

Allerdings enthält diese Konzeption zum gesamten Bereich *Grundstücksmarktbericht* nur wenige Aussagen. Mit der Veröffentlichung von Informationen über Umsätze auf dem Grundstücksmarkt und über Preisent-wicklungen und -niveaus auf den verschiedenen Teilmärkten soll vor allem das Informationsbedürfnis der Allgemeinheit befriedigt werden. Diese bisher in gedruckten Grundstücksmarktberichten veröffentlichten An-gaben sind daher zukünftig auch im Internet bereitzustellen.

Die Ableitung der sonstigen zur Wertermittlung erforderlichen Daten dient insbesondere dem Ziel der Ver-besserung der bewertungstechnischen Grundlagen und richtet sich somit in erster Linie an Stellen und Per-sonen, die Wertermittlungen durchführen. Diese bisher zumeist in Grundstücksmarktberichten veröffentlich-ten Daten sollen ebenfalls im Internet bereitgestellt werden. Weiterhin werden u.a. die Standardisierung der Inhalte insgesamt, die Beschreibung und Standardisierung der verwendeten Modelle für die Ableitung und die Angaben zum räumlichen und zeitlichen Auswertebereich als Ziele genannt.

Die Grundstücksmarktinformationen und die sonstigen zur Wertermittlung erforderlichen Daten sind als Ein-stieg in einem mit geringem Aufwand zu erstellenden, gängigen Datenformat im Internet (z.B. im PDF-Format) zur Verfügung zu stellen. In einer zweiten Stufe sollte der zielgerichtete georeferenzierte Zugriff auf die (Einzel-)Daten realisiert werden.

Ausgehend von den Vorgaben der AdV formulierte die Gesellschaft für Immobilienwirtschaftliche Forschung e.V. (gif e.V.) eine *Empfehlung zu Aufbau und Inhalt von Grundstücksmarktberichten* (gif e.V. 2002) mit dem Ziel, das Berichtswesen konsequenter, umfangreicher und nachvollziehbarer zu gestalten. Dabei hielt sich die gif e.V. bei ihren Vorschlägen überwiegend an die schon vorliegende Gliederung für Grundstücksmarkt-berichte der AdV. Lediglich ein Kapitel *Zusammenfassung und Tendenzen* wurde ergänzt. Das Hauptaugen-merk liegt auf der feineren Strukturierung in Unterpunkte und der detaillierten Beschreibung der anzustre-benden Inhalte. Auf die Nutzung des Internets wird in der Konzeption der gif e.V. nicht eingegangen.

In Niedersachsen sind *Hinweise zur Harmonisierung und Standardisierung der Grundstücksmarktberichte* (Niedersächsische Vermessungs- und Katasterverwaltung 2003b) eingeführt worden. Zur besseren Kunden-orientierung soll ein festgelegter Umfang der in den Grundstücksmarktberichten veröffentlichten Daten (*Ba-sisgrundstücksmarktdaten NI*) nach einheitlichen Kriterien ermittelt und im Internet präsentiert werden.

Im Rahmen einer Studienarbeit von Gebert (2004) ist der momentane Stand des Angebotes von Grundstücksmarktberichten im Internet untersucht worden. Danach werden Möglichkeiten der Weiterentwicklung aufgezeigt, wie der Grundstücksmarktbericht als moderne, zukunftsfähige Internetpräsentation umgesetzt und gestaltet werden kann.

Der Vergleich der Grundstücksmarktberichte im Internet aller 91 Großstädte mit über 100.000 Einwohnern (Stand: 2002) in Deutschland ergibt folgendes Bild:

- 72 Gutachterausschüsse bieten keinen PDF-Grundstücksmarktbericht im Internet an
- 28 Gutachterausschüsse bieten einen gekürzten PDF-Grundstücksmarktbericht an
- Kein Gutachterausschuss hat einen interaktiven Grundstücksmarktbericht realisiert

Positiv fallen hier Bundesländer auf, in denen ein Oberer Gutachterausschuss eingerichtet ist. Geht man vom Download eines inhaltlich vollständigen Grundstücksmarktberichtes als PDF-File aus, so ergeben sich Nachteile wie die große Datenmenge (mehr als die gewünschten Informationen), die fehlende Unterstützung für den Nutzer und der *hohe* Pauschalpreis. Die Nachteile können zumindest vereinzelt dazu führen, dass potentielle Kunden den Grundstücksmarktbericht nicht bestellen. Eine Unterteilung in fachliche Segmente wie z.B. *unbebaute Grundstücke*, *bebaute Grundstücke* und *Wohnungs- und Teileigentum* ist sicherlich als kurzfristige Maßnahme Akzeptanz fördernd.

5.1.4.1   Grundstücksmarktbericht der Zukunft

Der Grundstücksmarktbericht der Zukunft soll die Lösung konkreter Anfragen in Form einer interaktiven Website mit verschiedenen thematischen Ebenen anbieten. Es ergeben sich wertvolle Synergieeffekte wie der Wegfall des klassischen analogen Grundstücksmarktberichtes. Noch benötigte analoge Ausgaben sind aus den entsprechenden Internet-Präsentationen abzuleiten (vgl. AdV 2002). Transparenz des Grundstücksmarktes bedeutet dann nicht mehr, dass im Grundstücksmarktbericht redundante Daten(übersichten) - oftmals aus Gründen der Darstellung nur in aggregierter Form - enthalten sein müssen bzw. sollten. Die unterschiedlichen Datenqualitäten und -genauigkeiten von aufgeführten Grundstücksmarktinformationen tragen aus Nutzersicht nicht zu einem eindeutig interpretierbaren Informationsangebot bei. So können z. B. stadtteilbezogene Darstellungen für Bodenrichtwerte im Grundstücksmarktbericht im Idealfall durch einen Link auf die entsprechende grundstücksbezogene Applikation entfallen. Die Daten brauchen folglich nicht redundant oder zumindest quasi redundant vorgehalten, gepflegt und kommentiert werden.

Unter anderem lassen sich beim Grundstücksmarktbericht der Zukunft Funktionalitäten wie Stichwortsuche, aktive Diagramme, georeferenzierter Zugriff auf Daten oder Informationen für räumliche und thematische Auswertebereiche realisieren. Der Nutzer soll sich beim Einstieg in das WIS-Angebot im Internet schnell einen Überblick über die wichtigsten Themen des Grundstücksmarktes verschaffen können (Abb. 5.32).

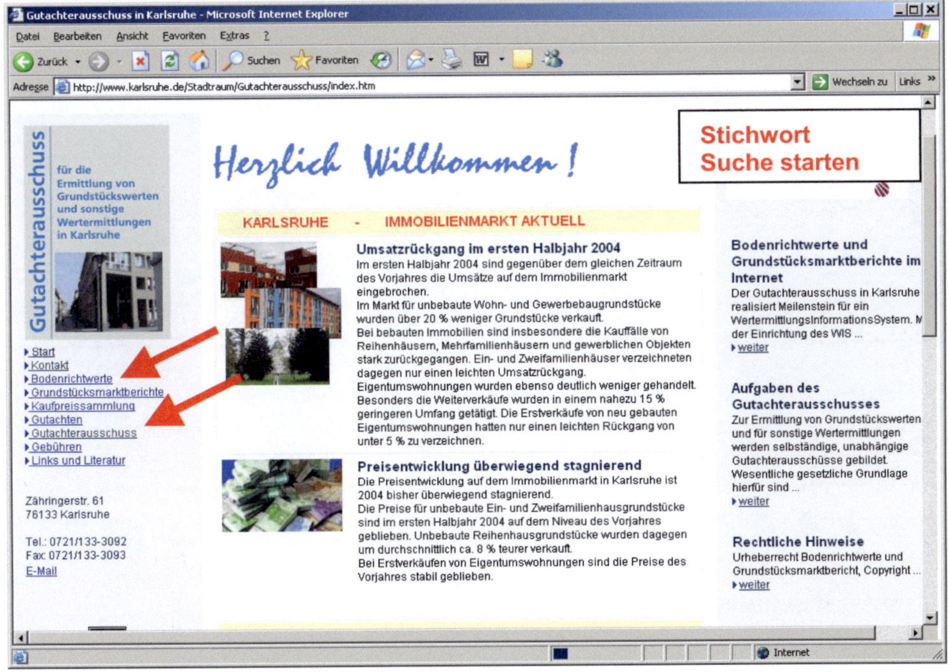

Abb. 5.32: WIS Karlsruhe im Internet

In den *Empfehlungen für die Arbeit der Gutachterausschüsse für Grundstückswerte und deren Geschäfts-stellen* (AdV 1997) sind Grundstücksmarktinformationen in erheblichem Umfang nur optional ausgewiesen. Im Zuge der Weiterentwicklung der Arbeit der Gutachterausschüsse auch aufgrund der fachlichen und technischen Chancen in einem WIS können diese Einschränkungen im wesentlichen aufgegeben werden. Ein um die Zukunftsaspekte erweitertes Gliederungskonzept eines Grundstücksmarktberichtes im Internet kann folgende Struktur aufweisen:

1. **Ziele und Informationsüberblick**
   Es sollen Aussagen zur Zielsetzung des Informationsangebots, zu den wesentlichen Themen in Kürze, zum gesetzlichen Auftrag zur Grundstücksmarkttransparenz, zur Erwartungshaltung aus Nutzersicht, zur Abgrenzung zum Gutachten sowie eine Benutzungsanleitung und eine Stichwort-suche enthalten sein.

2. **Gutachterausschuss**
   Es genügt ein Link auf den Baustein *Gutachterausschuss/Kontakt* (Abb.5.32) einschl. der Beschrei-bung der Aufgaben, der auch außerhalb des Grundstücksmarktberichtes von anderen Applikationen aufgerufen werden kann.

3. **Grundstücksmarkt**
   Informationen zur Anzahl der Kauffälle, dem Flächen- und Wertumsatz und den Marktteilnehmern können dem individuellen Bedürfnis jedes Einzelnen viel besser mittels dynamischer Diagramme angepasst werden, die der Nutzer nach seinen Wünschen aus einer gegebenen Menge an kombi-nierbaren Variablen online anfordern und generieren kann. Dadurch wird auch die Übersichtlichkeit und Transparenz gefördert (vgl. Kap. 5.4).

   Für individuelle Fragestellungen können mittels mehrerer Pulldown Menüs Variablen aus unter-schiedlichen Bereichen miteinander kombiniert werden. In Abb. 5.33 wird ein Diagramm erstellt, das zwei Kurven für unterschiedliche Teilmärkte (*Kauffälle insgesamt, unbebaute Grundstücke*) von 1980 bis 2003 enthält. Im Hintergrund dieser Website arbeitet ein Diagrammgenerator, der die Gra-fiken aus den gegebenen Daten des Grundstücksmarktes miteinander kombiniert und zeichnet.

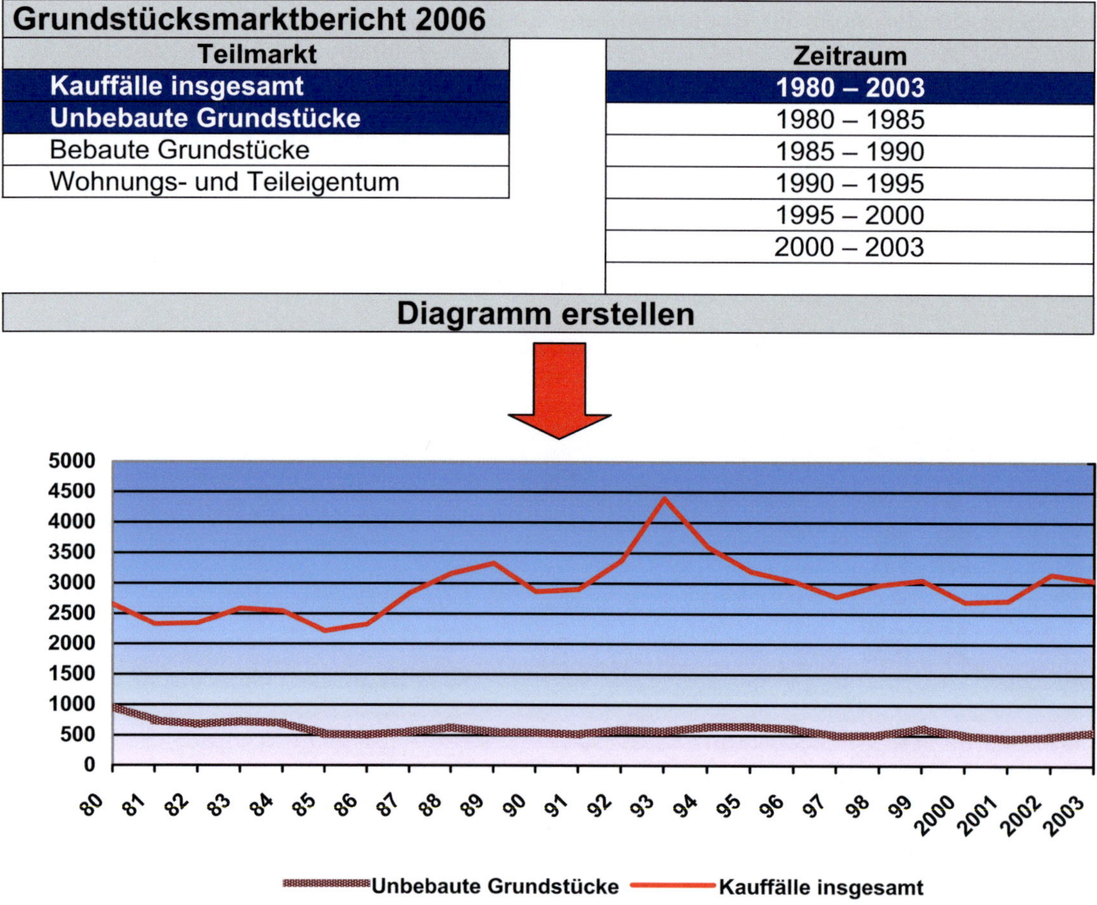

Abb. 5.33: Kauffälle insgesamt und unbebaute Grundstücke

4. Unbebaute Grundstücke

Für folgende Teilmärkte zu den unbebauten Grundstücken sollen Informationen wie Preisniveau angeboten werden:

- Individueller Wohnungsbau
- Geschosswohnungsbau
- Verwaltungs- und Bürogrundstücke
- Gewerbliche und industrielle Bauflächen
- Geschäftsgrundstücke
- Land- und forstwirtschaftlich genutzte Flächen
- Bauerwartungsland und Rohbauland
- Sonstige Grundstücke (z.B. Gartenland)

5. Bebaute Grundstücke

Zu den bebauten Grundstücken sind Aussagen wie Preisniveau aufzunehmen für

- Ein- und Zweifamilienhäuser
- Mehrfamilienhäuser
- Büro-, Verwaltungs- und Geschäftshäuser
- Gewerbe- und Industrieobjekte
- Sonstige bebaute Grundstücke

Nach der gif e.V. sollen auch die Verhältnisse von Kaufpreisen zu Sachwerten bzw. Ertragswerten angegeben werden. Die Forderung nach dem Verhältnis von Kaufpreis zu Ertragswert für Ein- und Zweifamilienhäuser kann aus Gründen der Marktorientierung nicht befürwortet werden. Generell sollen erforderliche Daten nicht (teil)redundant beantwortet werden.

Des Weiteren können die Mittel der Kaufpreise für standardisierte Teilmärkte differenziert angegeben werden. Auf eine Anfrage nach dem durchschnittlichen Kaufpreis für Reihenhäuser als Erstverkauf im Jahre 2003 kann der Kunde das Ergebnis aus einem aktiven Diagramm (Abb. 5.34) erfahren. Ggf. ist auch als Antwort auf seine Anfrage einfach der Wert *286.500 €* ausreichend. Dieses Vorgehen entspricht einer sehr effektiven und individuellen Ausnutzung der Daten des Grundstücksmarkt(bericht)es und dient zugleich der Kostenreduzierung für den Kunden (vgl. Kap. 5.4).

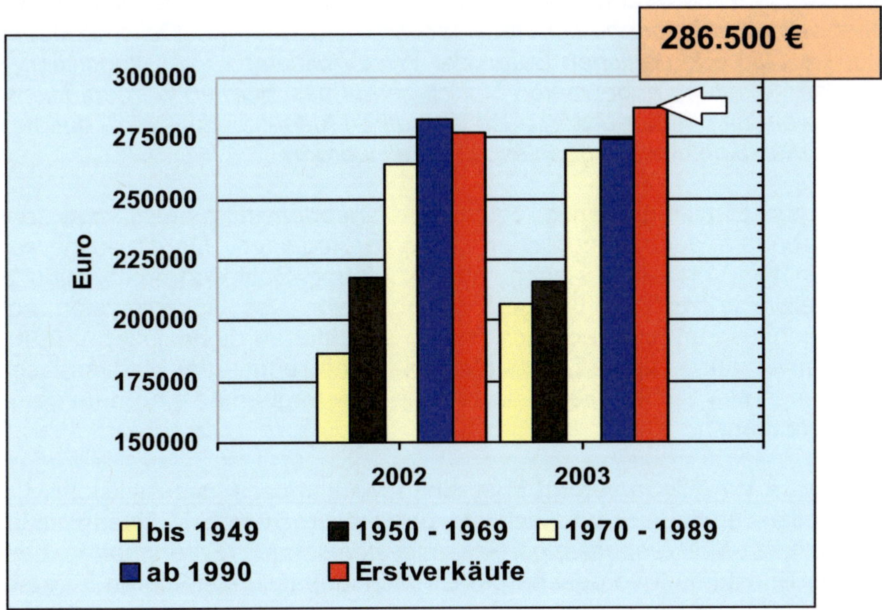

Abb. 5.34: Reihenhausgrundstücke - aktives Diagramm mit Zahlenwert

Die drei Teilmärkte *unbebaute Grundstücke*, *bebaute Grundstücke* und *Wohnungs-/Teileigentum* weisen von ihrer Eigenart als Grundstückstypen erhebliche Unterschiede auf. Eine einheitliche Darstellung ist dennoch möglich, da in allen drei Teilmärkten das vorrangige Interesse auf die Preise pro m² Grundstücks- oder Wohn-/ Nutzfläche abzielt.

6. Wohnungs- und Teileigentum

Wohnungs- und Teileigentum sind aufgrund der Eigentumsstruktur nachgefragte Teilmärkte, für die Informationen wie Preisniveau differenziert nach Wertmerkmalen anzubieten sind.

7. Bodenrichtwerte

Es genügt ein Link auf den Baustein *Bodenrichtwerte*, der auch außerhalb des Grundstücksmarktberichtes von anderen Applikationen aufgerufen werden kann und die grundstücksbezogenen Informationen als Bodenrichtwertauskunft originär liefert.

8. Erforderliche Daten

Es besteht in den Grundstücksmarktberichten der Gutachterausschüsse eine deutliche Entwicklung hin zur *ganzheitlichen Ableitung* von für die Wertermittlung erforderlichen Daten. Daraus kann geschlossen werden, dass sich die in der WertV genannten Parameter auch tatsächlich als *für die Wertermittlung von Grundstücken erforderlich* herausgebildet und erwiesen haben. In Anbetracht der noch bestehenden Defizite hinsichtlich Umfang und Tiefe in der Analyse soll diesem Thema ein ausführlicherer Abschnitt, der auf die wesentlichen Grundsätze eingeht, gewidmet werden. Zur Erreichung eines überfälligen Standards für die marktorientierte Wertermittlung soll auch von optionalen Auswertungen im Grundsatz abgesehen werden:

- Bodenpreisindexreihen
- Umrechnungskoeffizienten
- Liegenschaftszinssätze
- Vergleichsfaktoren für bebaute Grundstücke
- Marktanpassungsfaktoren
- Bewirtschaftungskosten
- Sonstige erforderliche Daten (z.B. Ladenmieten Innenstadt, Wertfaktoren für die Ermittlung von bebauten Erbbaurechten)

Modellbildung und -angaben

Damit die Ergebnisse der Wertermittlungsverfahren, insbesondere Ertrags- und Sachwertverfahren, zum Marktwert führen, hat Sprengnetter (2004) insgesamt fünf Anforderungen an diese Wertermittlungsverfahren aufgestellt. Das höchste Gewicht besitzt die Forderung 1.

Definition 5.3: Modellanforderung 1 für marktkonforme Wertermittlung nach Sprengnetter

Wichtigster Grundsatz ist, dass die in den Verfahren verwendeten Daten in demselben Modell aus Kaufpreisen abgeleitet werden, mit denen auch bewertet wird. In den Grundstücksmarktberichten ist es nicht ausreichend, bloß die erforderlichen Daten der Wertermittlung zu veröffentlichen, sondern es muss auch das bei der Ableitung angewandte Modell genau beschrieben werden. Nur so ist gewährleistet, dass bei Anwendung dieser Daten auch dasselbe Modell gewählt wird, d.h. modellkonform bewertet und somit marktkonforme Ergebnisse ermittelt werden.

Ein Forschungsprojekt zur Ermittlung eines *Sachwert-Marktanpassungs-Gesamtsystems nach Sprengnetter* soll insbesondere auch ermöglichen, dass in Regionen, für die keine regionalen Marktanpassungsfaktoren zur Verfügung stehen, marktkonforme Sachwertermittlungen durchgeführt werden können. Teilweise liegen vorläufige Ergebnisse vor. Das Gesamtsystem soll neben den Ein- und Zweifamilienhausgrundstücken auch andere Objektarten einbeziehen. Für nicht analysierte Teilmärkte wird davon ausgegangen, dass plausible Schätzungen der Marktanpassungsfaktoren möglich sind (Sprengnetter 2000). Dieser sachlichen Übertragbarkeit sind naturgemäß enge Grenzen gesetzt bzw. vorzugeben.

Die Wertermittlungssoftware *WF-ProSa* verfügt über einen Marktanpassungs-Assistenten, mit dem in Abhängigkeit vom Bodenwertniveau und Sachwert der entsprechende Marktanpassungsfaktor auf Grundlage des *Sachwert-Marktanpassungs-Gesamtsystems nach Sprengnetter* automatisch bereitgestellt wird. In der Endstufe ist vorgesehen, dass Marktanpassungsfaktoren für sämtliche in der Praxis angewandten Wertermittlungsverfahren vorliegen z.B. *Liegenschaftszinssatz-Gesamtsystem* (Sprengnetter 1998, 2000).

Der Arbeitskreis *Wertermittlung* in der Fachkommission *Kommunales Vermessungs- und Liegenschaftswesen* des Deutschen Städtetags und der Arbeitskreis VI *Immobilienwertermittlung* des Deutschen Vereins für Vermessungswesen e.V. (DVW e.V.) haben eine gemeinsame Arbeitsgruppe zur Vorgehensweise bei der Ermittlung der erforderlichen Daten gebildet. Ein Zeitpunkt bis zur Fertigstellung der Konzeption ist mit Ende 2006 unverbindlich anvisiert.

Die gif e.V. (2002) weist darauf hin, dass für die sachgerechte Anwendung der Ergebnisse von Kaufpreisanalysen die Beschreibung der zugrunde liegenden Stichprobe und damit der Anwendungsbereich unbedingt erforderlich ist. Beispiele zur Modellbildung für unterschiedliche Grundstückstypen sind in den *Hinweisen zur Harmonisierung und Standardisierung der Grundstücksmarktberichte Niedersachsen* beschrieben (Niedersächsische Vermessungs- und Katasterverwaltung 2003b).

Für den Anwendungsbereich werden im *Grundstücksmarktbericht Karlsruhe* (Gutachterausschuss in Karlsruhe 2005) neben den Tabellen- bzw. Diagrammwerten ergänzende Informationen (Stichprobenumfang, Minimal-/Maximal-/Mittelwert) zu den Merkmalen der Stichprobe angegeben. Danach lassen die tabellierten Ausprägungen der einzelnen Merkmale den Anwendungsbereich für Wertermittlungen erkennen. Liegt das zu bewertende Objekt außerhalb der angegebenen Bereiche, so sind die Werte gegebenenfalls anzupassen.

Ziel ist in jedem Fall die Herausgabe einer *Bedienungsanleitung* für die Anwender, wobei üblicherweise nach den Erkenntnissen über die wertbestimmenden Faktoren des Grundstücksmarktes eine standardisierte Modellbildung zugrunde liegt.

In AdV (1997) wird zu den erforderlichen Daten im Grundstücksmarktbericht weiter ausgeführt, dass die Informationen hierzu auch - abweichend von der empfohlenen Gliederung - in unmittelbarem Zusammenhang mit dem jeweiligen Teilmarkt dargestellt werden können.

Damit können vom Nutzer bedarfsorientiert thematische Informationspakete abgerufen werden. Als Beispiel für ein unbebautes Grundstück werden ergänzend zu den Bodenpreisen die Bodenpreisindexreihe(n) für Bauland oder land-/forstwirtschaftlich genutzte Grundstücke, die GFZ-Umrechnungskoeffizienten und die Umrechnungskoeffizienten für Größe bzw. Tiefe angeboten. Damit ließe sich auch Expertenwissen zur Vermeidung von Fehlerquellen wie z.B. die Anwendung von GFZ-Umrechnungskoeffizienten für Einfamilienhausgrundstücke systemgesteuert abbilden.

Für Wohnungseigentum werden ergänzend die Indexreihe(n) und die Umrechnungskoeffizienten (Lage, Fläche, Geschosslage, Baujahr etc.) im Internet eingestellt.

Als Beispiel für ein bebautes Grundstück werden ergänzend die Indexreihe(n), die GFZ-Umrechnungskoeffizienten, die Größe-/Tiefe-Umrechnungskoeffizienten, die Liegenschaftszinssätze, die Ertragsfaktoren und die Marktanpassungsfaktoren angeboten. Auf diesem Wege kann für Einfamilienhausgrundstücke bei der Anwahl des Ertragswertverfahrens (Anwendung von Liegenschaftszinssätzen) ein Fehlerhinweis ausgegeben werden.

Oftmals sind mehrere Modellbildungen und Verfahren möglich bzw. vorstellbar. Im Interesse der Aufwandsbegrenzung und der transparenten Marktwertermittlung sollte der schwerpunktmäßigen Verfahrenslösung der Vorzug eingeräumt werden. Für Ein- und Zweifamilienhausgrundstücke wird folglich die Lösung über den marktangepassten Sachwert favorisiert. Das Ertragswertverfahren kommt nicht zur Anwendung. Alternativ kann das Vergleichswertverfahren herangezogen werden.

9. **Rahmendaten zum Grundstücksmarkt**
Unter Rahmendaten zum Grundstücksmarkt werden die Entwicklung von Bautätigkeiten, Baukosten, Zinsen, Lebenshaltungskosten, Mieten etc. verstanden.

Es genügen entsprechende Links auf die Herausgeber der Daten, die dem Nutzer eine bessere Recherchemöglichkeit anbieten, als der *Abdruck* von ausgewählten Auszügen in z.B. einem PDF-Dokument. Auch die Datenpflege bzw. -aktualisierung entfällt. Ggf. wird ein Link auf einen Baustein angeboten, der auch außerhalb des Grundstücksmarktberichtes von anderen Applikationen aufgerufen werden kann. Im Interesse einer Strukturierung für den Nutzer sollte eine sorgfältige und überschaubare Auswahl an Links getroffen werden.

10. **Regionale Vergleiche**
Für bestimmte thematische Ebenen (z.B. Baulandpreise) können regionale Vergleiche, die häufig durch Obere Gutachterausschüsse erstellt werden, für die Öffentlichkeit anschaulich und informativ sein. Es bietet sich an, dass auch Informationen insbesondere für Spezialimmobilien aufgenommen werden. Für Bodenrichtwerte wird auf die Ausführungen unter Kap. 5.1.2 verwiesen.

Der Arbeitskreis *Wertermittlung* in der Fachkommission *Kommunales Vermessungs- und Liegenschaftswesen* des Deutschen Städtetags (Schaar 2004) veröffentlicht jährlich seine Untersuchungsergebnisse über Entwicklungen und Preise auf den Teilmärkten der unbebauten und der bebauten

Wohngrundstücke und des Wohnungseigentums sowie Durchschnittspreise für modellhaft ausgewählte, standardisierte Immobilien. Das Untersuchungsgebiet Deutschland ist in die Regionen
Nord, Süd, Ost, West (Nord und Süd) und *Alle (alle mitwirkende Städte)* gegliedert.

Die Abb. 5.35 zeigt die Preisentwicklungen in den Teilmärkten für Baugrundstücke (individuelle
Bauweise) und bebaute Grundstücke seit 1992.

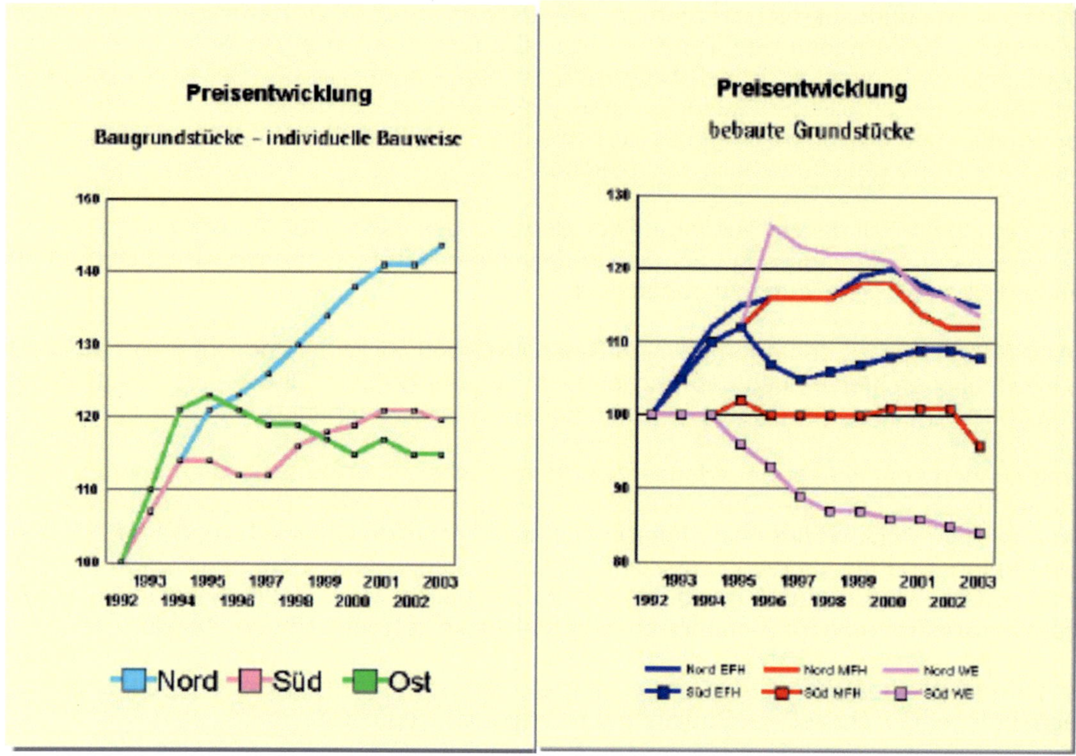

Abb. 5.35: Preisentwicklungen Baugrundstücke *individuelle Bauweise* und bebaute Grundstücke

Aus der Vielzahl möglicher Objektarten wurden unter Berücksichtigung der vor der Wiedervereini-
gung in den Regionen abweichenden Rechtsverhältnisse und Baugewohnheiten zwei Repräsentanten für neue (*Alle*) und drei Repräsentanten für gebrauchte Immobilien (*Nord, Süd, Osten*) ausgewählt. Die Daten beziehen sich auf Objekte mit mittlerer Ausstattung und in mittlerer Wohnlage des
jeweiligen Stadtgebiets. Die Preise für neue Doppelhaushälften oder Reihenhäuser im Volleigen-
tum mit einer Wohnfläche zwischen 90 und 140 m² ist in Abb. 5.36 dargestellt.

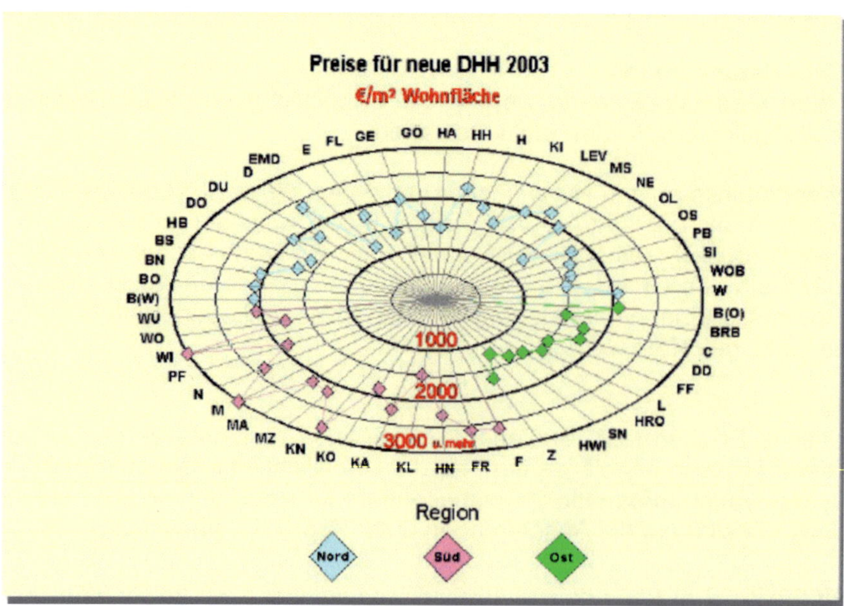

Abb. 5.36: Preise für neue Doppelhaushälften

11. Mieten

Der Kenntnis über Mieten kommt neben dem Liegenschaftszinssatz eine Schlüsselposition bei der Anwendung des Ertragswertverfahrens zu; daneben können Mieten in bestimmten Fällen (z.B. Ladenmieten in Innenstädten) auch für die Ableitung und/oder Plausibilisierung von Boden(richt)werten (vgl. Kap. 5.1.2.3) verwendet werden (AdV 2002). Erkenntnisse über das Mietniveau sind somit unstreitig auch als sonstige für die Wertermittlung erforderliche Daten i.S. des § 193 Abs. 3 BauGB zu klassifizieren und sollten daher vom Gutachterausschuss veröffentlicht werden.

Die Aufstellung von *Mietübersichten* sollte zumindest für Gutachterausschüsse in städtisch geprägten Bereichen angestrebt werden, sofern nicht bereits ein Mietspiegel i.S. der §§ 558 c und d BGB vorliegt. Auf die Grundsätze für die Aufstellung von Mietübersichten (AdV 2002) wird verwiesen.

Auf einen Mietspiegel sollte mittels Link verwiesen werden. Bei Mietübersichten von Verbänden wie Maklern, privaten Unternehmen, Einzelhandelsverbänden oder sonstigen Interessengruppen ist die örtliche Aussagekraft der Daten abzuwägen. Bezüglich der Möglichkeit des Aufbaus von Komponenten eines Multimedia-WIS können Ausführungen dem Kap. 5.1.4.4 entnommen werden.

12. Sonstige Angaben

In den Gliederungspunkt werden Angaben zum Gutachterausschuss, den Gebühren und zum Kundenkontakt eingestellt.

- Gebührengrundlagen, Angabe der Mitglieder des Gutachterausschusses, Besonderheiten
  Es genügen Links für den Gutachterausschuss auf den Baustein *Kontakt* und für die Gebührengrundlagen auf *Gebühren*.
- Neue Serviceleistungen
  Komfortable Glossarhilfe, Stichwortsuche, Kontaktformular zur Kundenbindung und -betreuung, Newsletter z. B. zur Veröffentlichung des Grundstücksmarktberichtes und unterjährigen Entwicklungen des Grundstücksmarktes, Forum im Internet, Zahlungssysteme im Internet.

Als wesentliche Funktionalität der Zukunft wird von AKS-Softwareentwicklern die automatisierte, integrierte Erstellung von Grundstücksmarktberichten herausgestellt (Horbach 2005).

Danach ist es mit der Version 6.0 der *WF-AKuK* nun erstmals möglich, den Grundstücksmarktbericht unmittelbar aus dem Programm heraus automatisiert zu erstellen. Von der Beschreibung des Gutachterausschusses über die Berechnung der Umsatzstatistiken, der Ermittlung von Durchschnittswerten bis hin zur Texterzeugung inklusive Grafikerstellung wird der gesamte Ablauf unterstützt. Dadurch wird die Arbeit des Gutachterausschusses wesentlich erleichtert und somit eine höhere Effizienz ermöglicht.

Im Modul *Grundstücksmarktbericht* wird ein allgemeines Inhaltsverzeichnis vorgeschlagen. Dieses kann individuell geändert werden. Es können zu jedem Gliederungspunkt passende Texte erfasst werden und für die meisten Punkte des Inhaltsverzeichnisses stehen bereits mitgelieferte Textbausteine zur Verfügung. Diese sind dann nur noch an die jeweilige Situation anzupassen. Zu jedem Gliederungspunkt werden eine freie Selektionsmöglichkeit über Suchprofile und die zugehörige Ergebnisübersicht als Vorschau in Tabellenform angezeigt. Grafiken werden über MS-Excel umgesetzt. Bei Ausgabe des Grundstücksmarktberichtes wird dieser nach MS-Word übergeben (vgl. Kap. 3.3).

In NIWIS soll die Erstellung des Grundstücksmarktberichts gleichfalls automationsgestützt erfolgen. In einer Auswahlliste können die zu berechnenden Werte für den Marktbericht angekreuzt werden. Die ermittelten Daten zu den ausgewählten Auswertungen und Listen werden in Erfassungsformaten angezeigt und in Ergebnistabellen abgespeichert. Für die Berechnung der Veränderungen zum Vorjahr werden die gespeicherten Ergebnisse herangezogen. Aus den so ermittelten Daten werden anschließend Tabellen und Grafiken erzeugt, die programmgestützt in eine Vorlage der Marktbeschreibung eingesetzt werden (vgl. Kap. 3.1).

Diese Entwicklungen stellen im Sinn eines WIS eine wesentliche Weiterentwicklung dar. Dennoch ist anzumerken, dass im Vergleich zur Konzeption der dargestellten individuellen Abfragemöglichkeiten (Abb. 5.33 u. 5.34) über das Internet lediglich eine Zwischenstufe gelöst scheint. Im Vordergrund steht hierbei im Wesentlichen die Herausgabe einer an den Inhalten eines analogen Marktberichts orientierten Fassung.

Folgerung für den Grundstücksmarktbericht der Zukunft in einem WIS im Internet

Werden die Daten durchgängig und konsequent in zeitlicher Abhängigkeit geführt, so entsteht ein aus einer Vielzahl einzelner Grundstücks(teil)marktberichte bzw. verlinkter Themen zusammengesetzter Grundstücksmarktbericht im Internet, der sich für den Nutzer als ein integrierter Gesamtgrundstücksmarkt(bericht) mit zeitlicher Orientierung (Stichtag) in einem WIS und der Möglichkeit individueller Fragestellungen darstellt.

5.1.4.2 Typische Preise für Grundstückstypen

Zahlreiche derzeit in Grundstücksmarktberichten angegebene Mittelwerte lassen oftmals eine verlässliche und interpretierbare Marktinformation vermissen. Das Mittel aus Kaufpreisen von Objekten mit heterogenen Ausprägungen stellt eher einen Beitrag zur *Grundstücksmarktverwirrung* dar, als dass damit Transparenz erreichbar wäre. Dies erfährt in Anbetracht der zunehmenden Informationsgewinnung bzw. -abfrage durch die Nutzer über das Internet besondere Bedeutung. Die Folge eines solchen Informationsangebots - ohne eigentliches Qualitätssiegel in Form von Metadaten - können Fehlanwendungen von erheblicher Auswirkung sein.

Im WIS Karlsruhe wurde diesem Anliegen folgend eine Entwicklung eingeleitet, die anstatt der Ausweisung von unzähligen zufälligen Kaufpreismitteln den Weg von *typischen Preisen* verfolgt. Diese *typischen Preise* werden aus der (multiplen) Regressionsanalyse unter Normierung der wertrelevanten Parameter für bestimmte, definierte Objekte abgeleitet. In einer Art Gesamtmodell für den örtlichen Grundstücksmarkt werden auf Grundlage der getätigten Kaufpreise typische Preise exemplarisch für definierte Objekte als Preisinformation herausgegeben. Schwierig interpretierbare oder gar fehlende Anwendungshinweise für *Mehrfachdaten* (multiple Daten) mit unterschiedlichen Genauigkeiten können damit entfallen. Es reicht aus zu verdeutlichen, dass der ausgewiesene Wert für genau das definierte Objekt Gültigkeit besitzt bzw. der wahrscheinlichsten Schätzung entspricht. Man kann hierbei von *zuverlässiger* und *konsistenter Grundstücksmarkttransparenz* sprechen.

Ein Beispiel zeigt Tab. 5.2, in der *typische Baulandpreise* für die verschiedenen Lagequalitäten in Karlsruhe auf Grundlage von Kaufpreisen dargestellt sind. Dabei fließen in die Analyse auch Kaufpreise aus zurückliegenden Jahren unter Verwendung des originären Modells zur Ermittlung der Bodenpreisindexreihe(n) ggf. unter Berücksichtigung der Normierung wertrelevanter Parameter ein. Als eine Metainformation ist die Verteilung der verwendeten Kaufpreise angegeben.

Typische Preise für unbebaute Grundstücke

Grundstückstyp	Mäßige Lage Euro/m²	Mittlere Lage Euro/m²	Gute Lage Euro/m²	Sehr gute Lage Euro/m²
Ein- und Zweifamilienhaus-grundstücke (ebf)	**290** 270 - 320	**340** 300 – 400	**400** 350 – 470	**480** 420 -540
Reihenhausgrundstücke (ebf)		**320** 290 – 350	**360** 340 – 390	
Mehrfamilienhausgrundstücke (ebf) **GFZ 1,0**		**390** 360 – 450	**410** 380 – 530	

Euro/m² = typischer Kaufpreis auf volle Euro/m² gerundet   ebf = erschließungsbeitragsfrei

Tab. 5.2: *Typische Preise* für unbebaute Grundstücke

Entsprechend werden auch *typische Preise* für Erstverkäufe von definiertem Wohnungseigentum auf Grundlage einer Auswertung von Kaufpreisen unter Berücksichtigung der Normierung wertrelevanter Parameter und der zugeordneten Indexreihe ausgewiesen.

Es ist daneben grundsätzlich zweckmäßiger, den Aufwand nach Schwerpunkten auszurichten, als zu jeder möglichen Fragestellung eine Information insbesondere mit unzureichender Grundstücksmarkttransparenz zu veröffentlichen. Ein Wert mit der Metainformation *wenig zuverlässig* sollte den Nutzern auch im Interesse der Präsentation des Gutachterausschusses besser vorenthalten bleiben.

5.1.4.3 Wertrechner

Im Folgenden sollen Abfragemöglichkeiten erläutert werden, die es dem Gutachterausschuss erlauben, den Nutzern auf Grundlage des Grundstücksmarktberichtes weitere Dienstleistungen anzubieten. Die qualifizierten Auskunftsmöglichkeiten können mit der Thematik eines *Wertrechners* verknüpft werden.

Für viele Bürger ist die Preisgestaltung bei Immobilienangeboten oftmals nicht oder nur eingeschränkt nachvollziehbar. Es wäre hilfreich, ein Werkzeug an der Hand zu haben, das es dem Laien ermöglicht, durch Selbsteingabe der wertbestimmenden Parameter einen genäherten Wert für eine Immobilie zu bestimmen.

Natürlich kann es dabei nicht darum gehen, dass Kurzgutachten am heimischen Rechner über das Internet erstellt werden. Die ermittelten Werte sollen viel mehr dazu dienen, Angebote auf ihre Plausibilität zu prüfen und beim Verkauf einen groben Richt-/Orientierungswert für die Preisgestaltung anzubieten.

Vorstellbar ist aufgrund der Aussagekraft des Teilmarktes insbesondere der Markt der Eigentumswohnungen. Es können z.B. für Erstverkäufe von Eigentumswohnungen unterschiedliche Abfragevarianten im *Wertrechner* angeboten werden:

Abfragevariante 1

Ausgehend von den *typischen Preisen* für das definierte Wohnungseigentum kann der Nutzer einen Richtwert durch Umrechnung auf die Gegebenheiten des interessierenden Objekts erhalten. Hierbei sind die unter *erforderliche Daten* für Erstverkäufe ausgewiesenen Parameter wie Wohnlage, Wohnfläche und Geschosslage in die Anwendung zu integrieren. Ein Beispiel für eine Eigentumswohnung als Erstverkauf mit einer Wohnfläche von 90 m² in guter Wohnlage im Erdgeschoss (EG) zeigt Abb. 5.37.

Abfragevariante 2

Ein potentieller Hauskäufer sucht ein älteres Einfamilienhaus mit einem kleineren Grundstück in Karlsruhe-Stadtteil X. Zum Maximalpreis gibt es eine genaue Vorstellung. Über angebotene Eingabenmasken kann er seine Vorgaben präzisieren. Als Ergebnis erhält er die Auskunft, ob es ein Grundstück nach seiner Preisvorstellung marktüblich geben könnte oder nicht.

Abfragevariante 3

Wieder sucht ein Immobilienkäufer ein bestimmtes Objekt in noch nicht definierter Lage. Beispielsweise soll nach einer Eigentumswohnung Baujahr 1990 mit ca. 100 m² Wohnfläche in einer Anlage mit höchstens 10 Wohnungen zu einem festgelegten Maximalpreis selektiert werden. Nach Eingabe aller zu wählenden Parameter gibt das System als Antwort eine digitale Karte mit Gebieten wertabgestimmter Wohnlagegunst aus. Eventuell gibt es keine Treffer, da die Vorgaben zu marktunüblich gewählt waren. Danach können die Eingaben geändert werden oder der Traum vom Wohnungseigentümer muss aufgegeben werden, sofern sich kein *Schnäppchen* findet.

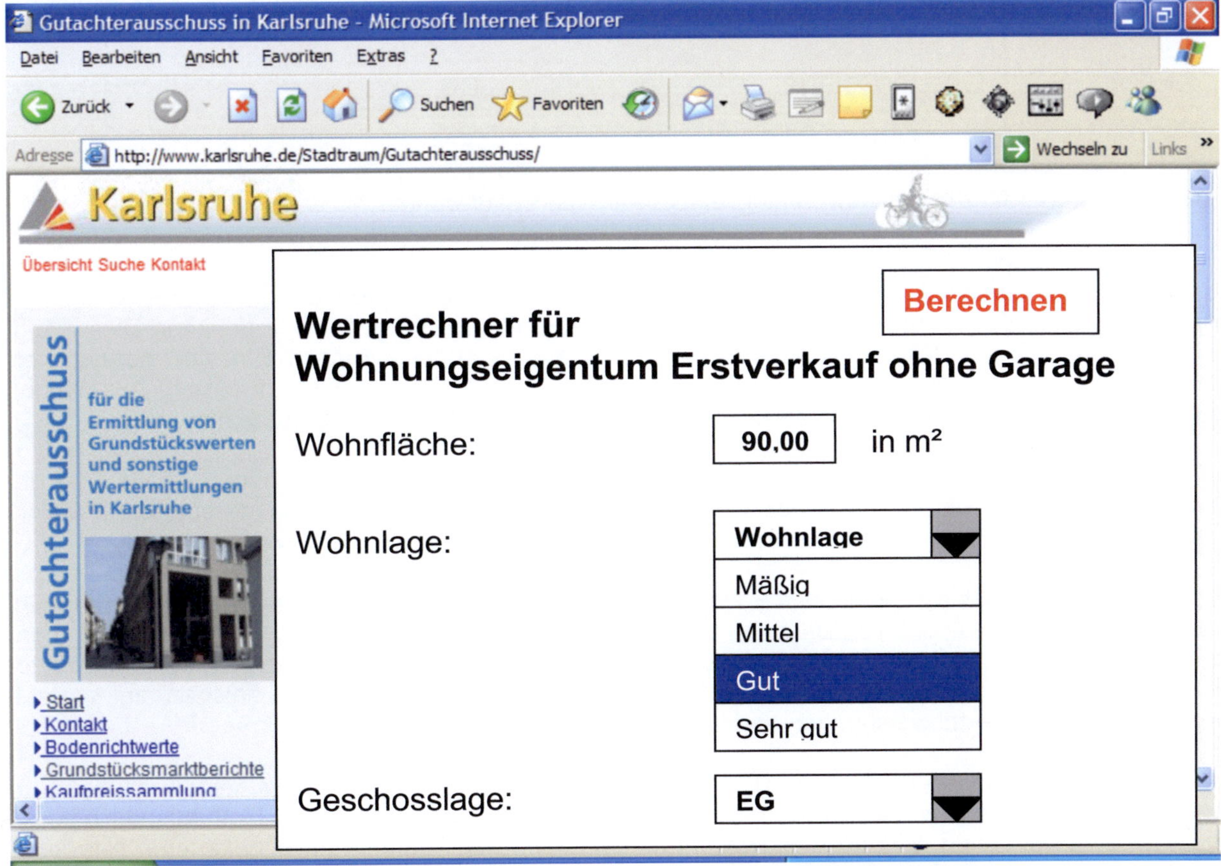

Abb. 5.37: Wertrechner für Eigentumswohnung *Erstverkauf* mit Objektvorgaben

Natürlich sind dem laienhaften Nutzer in verständlicher Form Erläuterungen (Hilfefunktion) zum Gebrauch des *Wertrechners* und zur Definition der Wohnfläche, Wohnlage und Geschosslage zur Verfügung zu stellen. Eingabehilfen können durch beschreibende Kataloge mit Klassifizierungen angeboten werden. Für die Wohnlagenklassifizierung kann zur Unterstützung auch eine digitale Karte mit der Darstellung der Thematik *Wohnlage* integriert sein. Das Ergebnis für den Auskunftssuchenden nach Variante 1 kann Abb. 5.38 entnommen werden.

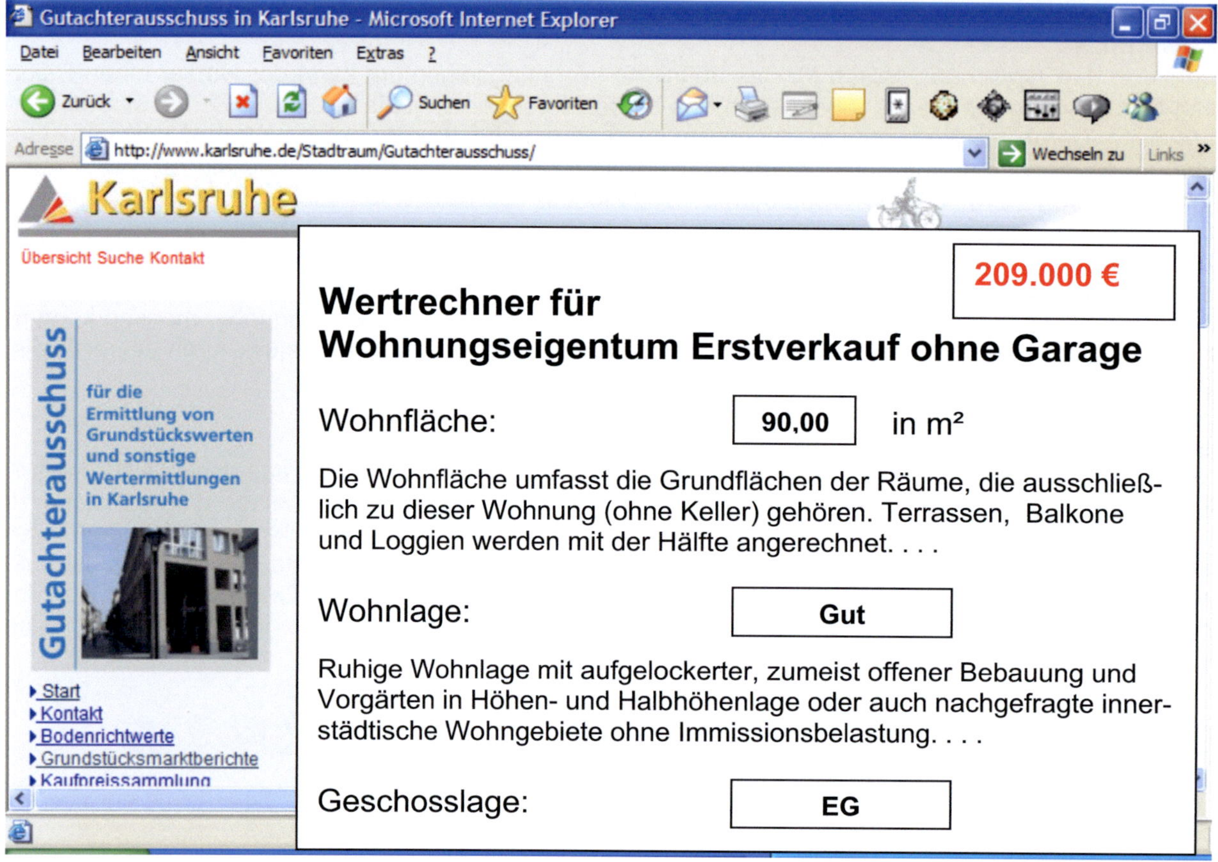

Abb. 5.38: Wertrechner für Eigentumswohnung *Erstverkauf* mit Erläuterungen zu Objektvorgaben

Diese drei Abfragevarianten sollen als Perspektive dienen, wie man das Wissen, das im Grundstücksmarkt(bericht) steckt, weiterführend nutzen kann. Es sind durchaus weitere Abfragemodelle denkbar. Dies betrifft insbesondere die Gruppe der Weiterverkäufe von Wohnungseigentum, die jedoch im Einzelfall bereits in erheblichem Umfang Interpretationen für Merkmale wie Baujahr bzw. Jahr der Modernisierung, Ausstattung oder Besonderheiten (z.B. Reparaturanstau am Sondereigentum) durch den Bürger bedürfen kann.

Die Einführung der GFZ-Umrechnung von Preisen der Grundstücke des Geschosswohnungsbaus oder der Verwaltungs- und Büronutzung unter Berücksichtigung der allgemeinen Preisentwicklung über die jeweilige Bodenpreisindexreihe sollte im Einzelfall aufgrund der örtlichen Gegebenheiten abgewogen werden.

Wird allerdings eine gewisse Schwelle bei der fachlichen Interpretation durch den Bürger überschritten, d. h. ist bei der Selbsteingabe Fachwissen quasi eines professionellen Gutachters erforderlich, das nicht mehr nur unerheblich über das für Laien typischerweise anzunehmende Niveau hinausgeht, so sollte von einer Realisierung (z.B. Ermittlung von Normalherstellungskosten, Sachwert der baulichen Anlagen) zur Vermeidung von gravierenden Wertabweichungen abgesehen werden.

Es ist deutlich darauf hinzuweisen, dass der durch die getroffenen Festlegungen des Nutzers ermittelte Wert den in einem Gutachten sachverständig ermittelten Marktwert nicht ersetzen kann. Haftungsausschlüsse sind umfassend zu benennen. Wertvolle Hinweise und Erläuterungen können neben bekannten Aussagen in Grundstücksmarktberichten Mietspiegeln wie für die Stadt Regensburg (2003) entnommen werden.

In der Zukunft besteht durch die Verknüpfung mit weiteren Informationssystemen die Aussicht, solche Abfragen noch leistungsfähiger zu machen.

Eine *Allgemeine Preisauskunft für Eigentumswohnungen* wurde auf der INTERGEO 2005 im Testbetrieb von der Arbeitsgemeinschaft der Gutachterausschüsse für Grundstückswerte in Nordrhein-Westfalen zusammen mit dem Geodatenzentrum des Landesvermessungsamtes als Teil des in der Entwicklung befindlichen *Immobilien-Richtwert-Informationssystems (IRIS)* präsentiert. Inwieweit das Rechercheergebnis der Kaufpreise, das dem Nutzer anonymisiert zugänglich gemacht wird, zur Grundstücksmarkttransparenz im Einzelfall beitragen wird, kann wohl nur unzureichend alleinig über das Nutzerverhalten beurteilt werden und sollte auf aussagekräftige Teilmärkte begrenzt bleiben.

5.1.4.4 Multimedia - WIS für Einzelhandelsmieten und sonstige Entwicklungsperspektiven

Neue Entwicklungsperspektiven im WIS-Bereich sollen kurz angerissen werden. Dabei werden mögliche zukünftige Ansätze und Perspektiven beispielhaft aufgezeigt und Hinweise zur Dringlichkeit der Einführung gegeben. Zumindest kann die Berücksichtigung der Entwicklung(en) bei der Realisierung eines GIS erforderlich sein.

Eine generelle Übersicht zu den geometrischen Dimensionen in einem GIS (Bill 1999b) zeigt Abb. 5.39. Ein 3D-GIS oder volumetrisches GIS ist für ein WIS aktuell noch nicht von vordringlichem Interesse. Mit Hilfe von Visualisierungen zu Kauffällen oder Bewertungsobjekten in Form von üblichen 2D-Bildern und ergänzend Grundriss-/Seiten-/Aufrissprojektionen können derzeit die wesentlichen wertrelevanten Merkmale geeignet präsentiert und die üblichen Anforderungen nachvollzogen werden.

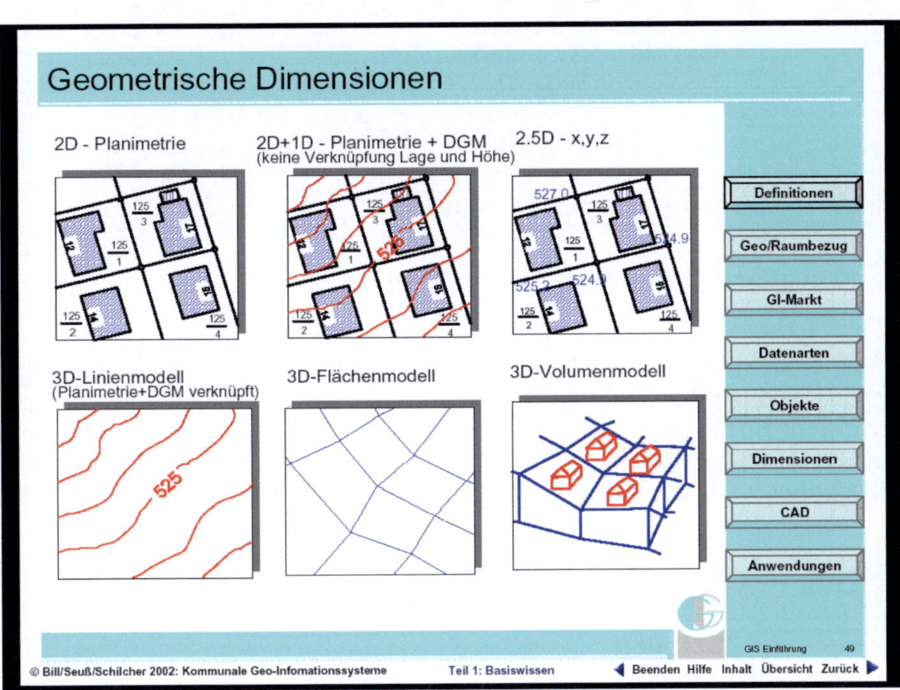

Abb. 5.39: Geometrische Dimensionen im GIS

Aspekte eines Multimedia-WIS können z.B. Grundstückserwerbsinteressenten am Bildschirm mittels Video in Form eines *dreidimensionalen Spaziergangs* durch die Gebäudlichkeiten erleben. Für die Integration der Videofunktion im 2-dimensionalen WIS müssen die eigentlichen Anforderungen eines 3D-GIS nicht erfüllt werden. Die Verschlechterung der Kosten-/Nutzenrelation spricht auch nicht für eine baldige Einführung.

Erfolgversprechende Ansätze zur Verbesserung der Präsentationskomponente können mit dem Einsatz von digitalen Stadtmodellen verbunden werden. Die geometrische Information des digitalen Stadtmodells kann dabei zunächst reduziert auf die Präsentationskomponente genutzt werden. Die Vorteile liegen in der realitätsnahen Darstellung, dem freien Betrachten von allen Seiten, der interaktiven Begehung im Raum und der Auswertbarkeit der Modelle.

Konzeptionelle Untersuchungen zur 3D-Visualisierung von Stadtlandschaften werden derzeit am Beispiel der Haupteinkaufsstraße von Karlsruhe durchgeführt (Berner 2005). Zur Erreichung von photorealistischen Modellen werden terrestrische Fassadenphotos neben den Teilmodellen für die Dachlandschaft, Werbetafeln und Stadtmöblierung integriert. Der Gutachterausschuss in Karlsruhe begleitet das Projekt bei der Realisierung von ersten Pilotanwendungen.

Für die im Grundstücksmarktbericht Karlsruhe dargestellten *Einzelhandelsmieten in der Innenstadt Karlsruhe*, die optional in jeder größeren Stadt ermittelt werden können, bietet sich eine überaus eindrucksvolle Präsentationsmöglichkeit an. Während eines virtuellen Rundgangs durch die jeweilige Innenstadt kann der Betrachter die für diese Lage üblichen Einzelhandelsmieten einsehen.

Die Abb. 5.40 zeigt Bildausschnitte aus einer Filmsequenz zu den Einzelhandelsmieten in der Karlsruher Haupteinkaufsstraße mit Mietpreisen in €/m² als Teil eines Multimedia-WIS. Eine interaktive Bewegung im Modell ist bereits realisiert. Innerhalb eines überschaubaren Zeitraumes erscheint auch die Lösung im Internet möglich.

Die Integration eines Wertrechners im Internet (vgl. Kap. 5.1.4.3) zur Umrechnung der üblicherweise auf einen 100 m² großen Laden im Erdgeschoss normierten Einzelhandelsmieten auf die Ladenfläche und Geschosslage im Einzelfall ist aufgrund des erheblichen Transparenzbedürfnisses von Vermietern und Mietern zu unterstützen.

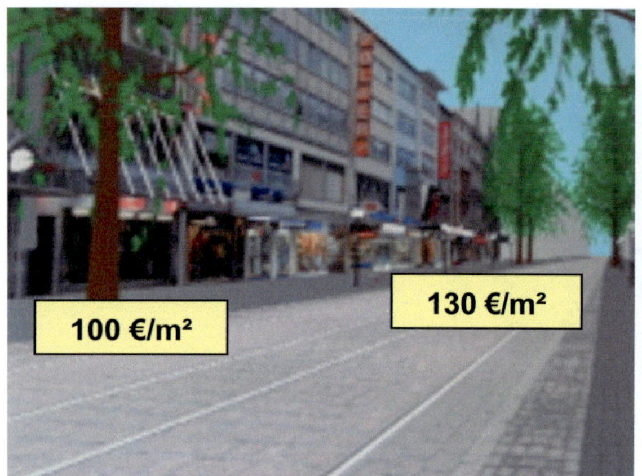

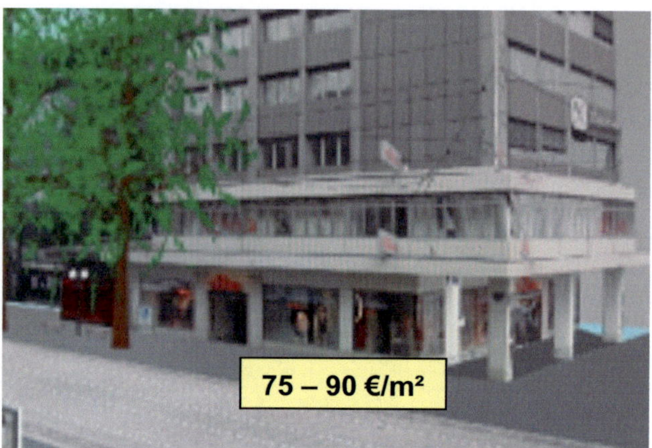

Abb. 5.40: Multimedia-WIS auch im Internet – Einzelhandelsmieten in Karlsruhe

Es entspricht dem Stand der Technik, dass im Zuge von Gebäudeplanungen Computer-Aided-Design-Systeme (CAD-Systeme) zur Anwendung kommen. Derzeit laufen im WIS Karlsruhe Untersuchungen zur Planerstellung für Objekte (i.d.R. Grundriss), für die keine Planunterlagen vorliegen bzw. Planstand und Realität erheblich voneinander abweichen. Neben der farblichen und materialbezogenen Festlegung können Raumkörper, Fenster, Türen, Dachgauben und sonstige Bauteile auch räumlich exakt definiert und eingepasst werden.

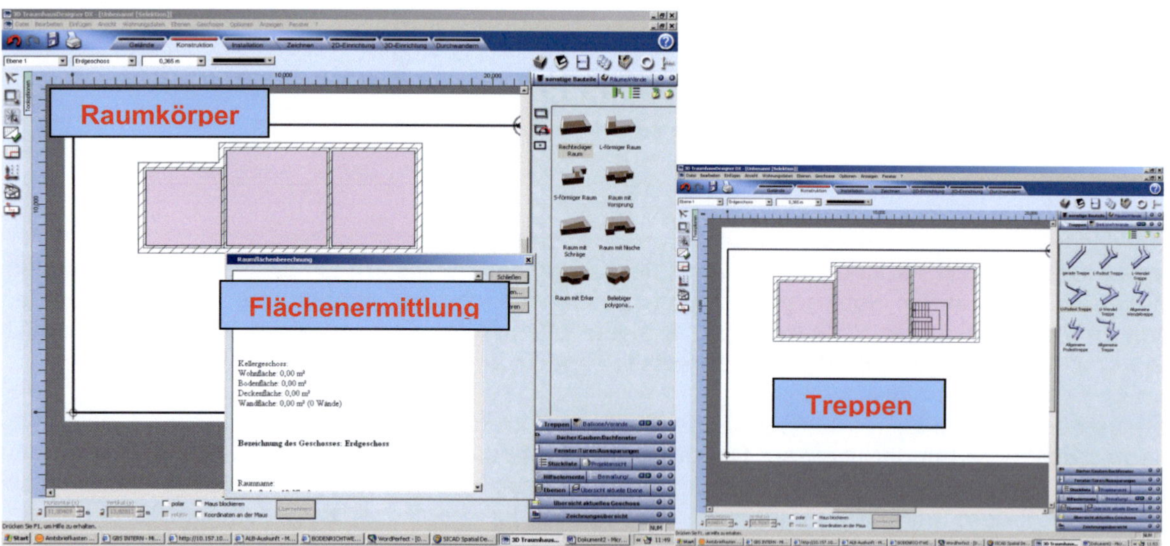

Abb. 5.41: WIS Karlsruhe - Objekt in 2D - Darstellung (Grundriss) mittels CAD-System

Erste Ergebnisse unter besonderer Beachtung von wirtschaftlichen Aspekten weisen darauf hin, dass der Aufwand für die CAD-gestützte Darstellung und geometrische Maßhaltigkeit nur für größere Objekte mit ggf. mehreren Entwicklungsstufen lohnenswert erscheint. Für die Berücksichtigung von Instandsetzungsmaßnahmen im Wertermittlungsmodell können die Flächenabwicklungen als eine wertvolle Grundlage ausgegeben werden. Nach Eingabe der Raumhöhe sind auch 3D-Präsentationen möglich.

Die Entwicklung bzw. Nutzung von Gebäudeinformationssystemen wird sicherlich nachhaltig(er) zur Weiterentwicklung von WIS beitragen. Diese Informationen können dann vom WIS aufgerufen bzw. integriert werden, ohne dass damit die Einführung eines 3D-WIS insgesamt verbunden ist.

Die Anforderungen an Datenanalysefunktionalitäten in einem WIS nehmen bei Einbeziehung der Zeit als weitere Dimension für Objekte deutlich zu. Dies reicht von einfachen Zeitoperatoren in selektiven Anfragen an den Datenbestand wie z.B. Daten vor dem Termin x, Daten von Zeitpunkt x bis y, bis in den Bereich der Interpolationen und Modelle. Verschiedenste Phänomene (Schadstoffausbreitung, Ökosystemverhalten, Entwicklungen auf dem Grundstücksmarkt) stellen sich als Funktion der Zeit dar, für die geeignete Interpolationsverfahren längs der Zeitskala (von einfachsten Verfahren wie der Mittelwert- oder Extremwertbildung bis hin zur Zeitreihenanalyse) zu integrieren sind. Zeitliche Transformationen zur Ableitung von Datenbeständen oder ganzen Karten für einen bestimmten Zeitpunkt - Interpolation bzw. Extrapolation für Prognosen - müssen im Grunde bereitstehen (Bill 1999b).

Zumeist werden zeitorientierte Entwicklungen auf Änderungen der Attribute für Grundstücksmarktinformationen wie der Bodenrichtwert einer Bodenrichtwertzone abzielen. Änderungen in den Zonenabgrenzungen sind nicht so häufig. Sie wurden bisher wie bei einer Änderung des stichtagbezogenen Bodenrichtwerts in einem jahrgangsweisen Ebenenprinzip im WIS Karlsruhe geeignet umgesetzt. Kauffälle erfahren gleichfalls eine Zeitorientierung durch die Erfassung des Attributs *Abschlussdatum* ohne natürlich damit die Qualität eines eigentlichen GIS mit Zeitbezug zu erreichen.

Inwieweit dies bei dynamischeren Modellen für Grundstücksmarktinformationen noch ausreichend sein kann, hängt maßgeblich von der gleichzeitig dynamischen Änderung der geometrischen Geofachdaten ab. Die üblichen Regressionsmodelle für im Wesentlichen attributorientierte Marktanalysen (z.B. Indexreihen, GFZ-Umrechnungskoeffizienten) liegen standardmäßig im AKS-Teil des WIS vor.

Die übliche Realisierung zeitlicher Aspekte der geometrischen Objektkomponenten der Geofachdaten in einem WIS wird endgültig wohl erst in der Zukunft entschieden werden. Es kann derzeit davon ausgegangen werden, dass die mittelfristige Umsetzung im Rahmen eines WIS sicherlich auf wenige Spezialanwendungen begrenzt bleiben wird.

5.1.5 WIS-Kompatibilität im Überblick

Im Zuge der Untersuchung der vorhandenen AKS auf WIS-Kompatibilität kann auf dem Markt generell ein Lösungsweg, der durch die Verknüpfung zweier Komponenten charakterisiert ist, beobachtet werden. Die Geosachdatenerfassung, -verwaltung und -analyse der Kauffälle einschließlich der Bodenrichtwerte mit Definition erfolgt originär im WIS - AKS-Teil, während die Geometrie- bzw. Präsentationskomponenten der Geofachdaten wie z.B. die Lage und Form der Bodenrichtwertzonen und die Geobasisdaten in einem angebundenen WIS - GIS (Desktop) realisiert und verwaltet werden. Umfangreichere Statistikfunktionen werden oftmals über ein an die AKS angegliedertes externes Statistikpaket realisiert.

Ein Vergleich der in Kap. 3 beschriebenen AKS-Systeme zeigt, dass sie im Endausbau aus Nutzersicht einem WIS entsprechen können. Dabei sind einzelne Komponenten erst zur Entwicklung mehr oder minder konkret vorgesehen. Einzelheiten eines Vergleichs der AKS-Systeme können Horbach (2005, 2006) entnommen werden. Im Anforderungskatalog *NIWIS* wird dargelegt, dass durch die vorgesehenen anwendungsbezogenen Schnittstellen (z.B. AKS-DB, Analyse-Programme, Ausgabe, Abgabe, (GIS-)Präsentation) für den Nutzer der Charakter eines WIS-Gesamtsystems erreicht werden soll. Für Präsentationen und Auskünfte sollen zunehmend webbasierte Dienste im Rahmen des Geoportals von Niedersachsen zur Anwendung kommen, während die Bearbeitung von Geometriefachdaten (noch) direkt im angebundenen GIS erfolgen soll.

Die Konzeption einer eigentlichen GIS-Gesamtlösung zur Bereitstellung aller Anwendungen ist zur Realisierung nicht eingeplant. Insoweit kann aus aktueller Sicht von einer Sollkonzeption eines modularen WIS bzw. Web-WIS, die sich an Abb. 5.42 orientiert, ausgegangen werden. Zur webbasierten Nutzung von Geodaten wird auf Kap. 2.4 und 5.4 verwiesen. Hierbei wird auf die interoperable Nutzung von verteilten Geodaten eingegangen und es werden Beispiele von Geo-Portalen des Immobilienmarktes vorgestellt. Die Informationsbereitstellung über das Web für die Nutzer wird zunehmend an Bedeutung gewinnen (vgl. Kap. 5.1.4.1 u. 5.4).

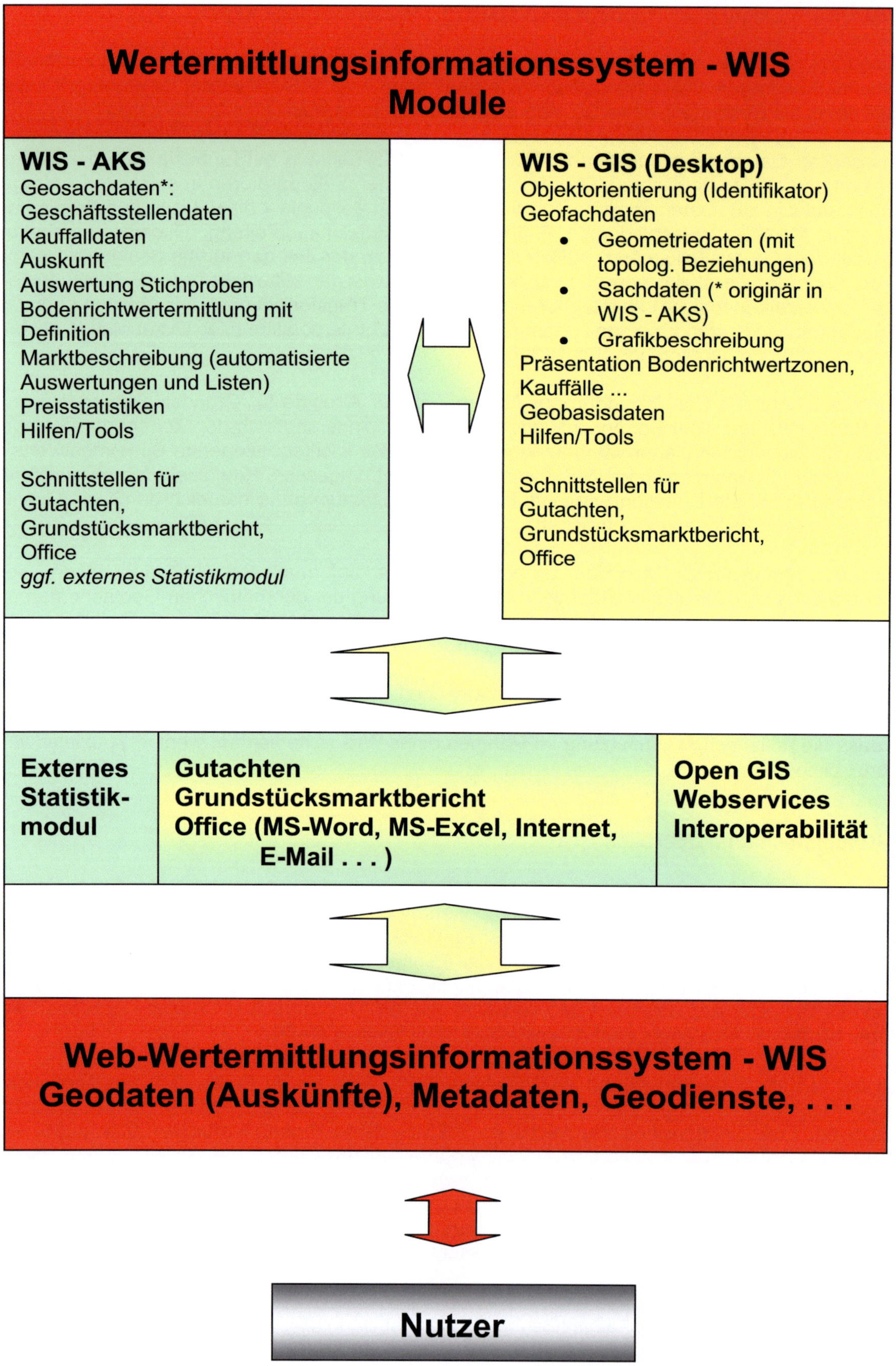

Abb. 5.42: Wertermittlungsinformationssystem - WIS mit Web-Komponente

5.2   Varianzkovarianzanalyse für Wertermittlungsverfahren

Nach § 194 BauGB wird der Verkehrswert (Marktwert) von Grundstücken durch den Preis bestimmt, der in dem Zeitpunkt, auf den sich die Ermittlung bezieht (Wertermittlungsstichtag), im gewöhnlichen Geschäftsverkehr nach den rechtlichen Gegebenheiten und tatsächlichen Eigenschaften, der sonstigen Beschaffenheit und der Lage des Grundstücks oder des sonstigen Gegenstands der Wertermittlung ohne Rücksicht auf ungewöhnliche oder persönliche Verhältnisse zu erzielen wäre.

Nach Hildebrandt (1996) ist der Verkehrswert - gemäß Definition und Begründung – der wahrscheinlichste Wert, der im gewöhnlichen Geschäftsverkehr erzielbar wäre. Dieser wahrscheinlichste Wert kann, bedingt durch unterschiedliche Einschätzung der jeweiligen wertrelevanten Variablen, immer nur innerhalb einer gewissen Variationsbreite ermittelt bzw. prognostiziert werden.

Das Bundesverwaltungsgericht führt in seinem Urteil vom 24.11.78 zur Genauigkeit von Verkehrswertermittlungen u.a. folgendes aus:

Werte sind in dem Sinne ungewiss – mehr oder weniger – dass sie sich nicht einfach ausrechnen oder in ihrer Höhe einer Tabelle entnehmen lassen, sondern aus einem Ermittlungsverfahren hervorgehen, das zumindest praktisch vielfältig Gelegenheit bietet, so oder anders vorzugehen.

Das Urteil beinhaltet mithin, dass der Verkehrswert zwar ein punktueller Wert ist, aber - bedingt durch die wahrscheinlichkeitstheoretische Definition des Verkehrswertbegriffes und im Hinblick auf die Gepflogenheiten der Marktteilnehmer - ein Wert, der in der Regel lediglich innerhalb einer Variationsbreite im Sinne der mathematischen Statistik prognostizierbar ist.

Aufgabe des Bewertungssachverständigen ist die Ermittlung von Verkehrswerten, welche im gewöhnlichen Geschäftsverkehr bei einer Veräußerung mit einem maximalen Wahrscheinlichkeitsgrad realisierbar sind. Jeder ermittelte bzw. prognostizierte Verkehrswert stellt eine Schätzung dar, die naturgemäß mit Unsicherheiten behaftet ist. Zu beantworten ist u.a. die Frage, inwieweit unterschiedliche Ergebnisse von Verkehrswertermittlungen, unter Berücksichtigung der zu erwartenden Genauigkeit (Standardabweichung) der Prognose (Wertermittlung), noch mit hinreichender Wahrscheinlichkeit als sachlich richtig qualifiziert werden können ?

Aus Marktanalysen ist bekannt, dass Grundstückspreise für gleichwertige Objekte, d.h. für Objekte, deren wertrelevanten Merkmale hinreichend übereinstimmen, um einen Mittelwert streuen. Numerisch charakterisiert wird diese Streuung durch den statistischen Begriff der *Standardabweichung (s)*. Dem gewöhnlichen Geschäftsverkehr sind – erfahrungsgemäß – noch preise zuzuordnen mit einer *Standardabweichung* von *1,5 s bis 2,0 s* vom wahrscheinlichsten Wert. Sinngemäß gelten die Feststellungen auch für die Ergebnisse der Wertermittlungsverfahren.

Die Darstellung der Varianzkovarianzanalyse für Wertermittlungsverfahren soll für die Praxis verdeutlichen helfen, warum sich Verkehrswerte nur innerhalb gewisser Toleranzbereiche mit bestimmten Wahrscheinlichkeiten ermitteln lassen.

Zunächst wird hierzu die Varianzkovarianzfortpflanzung in allgemeiner Form betrachtet.

$$f = Fl \tag{5.1a}$$

Die Funktionsgleichung $f = Fl$ beschreibt hierbei den linearen Zusammenhang zwischen den Zufallsvariablen l_k und den zu bestimmenden Zufallsvariablen f_i. In allgemeiner Form beinhaltet damit die Funktionsmatrix F in den einzelnen Zeilen die partiellen Ableitungen der m Funktionen f_i (5.1b) nach den n

$$
\begin{bmatrix} f_1 \\ f_2 \\ f_i \\ f_m \end{bmatrix}
=
\begin{bmatrix}
\delta f_1 / \delta l_1 & \delta f_1 / \delta l_2 & \dots & \delta f_1 / \delta l_k & \dots & \delta f_1 / \delta l_n \\
\delta f_2 / \delta l_1 & \delta f_2 / \delta l_2 & \dots & \delta f_2 / \delta l_k & \dots & \delta f_2 / \delta l_n \\
\delta f_i / \delta l_1 & \delta f_i / \delta l_2 & \dots & \delta f_i / \delta l_k & \dots & \delta f_i / \delta l_n \\
\delta f_m / \delta l_1 & \delta f_m / \delta l_2 & \dots & \delta f_m / \delta l_k & \dots & \delta f_m / \delta l_n
\end{bmatrix}
*
\begin{bmatrix} l_1 \\ l_2 \\ l_k \\ l_n \end{bmatrix}
\tag{5.1b}
$$

Variablen l_k.

Die Varianzkovarianzmatrix C_{ff} ergibt sich aus der Funktionsmatrix F und der Varianzkovarianzmatrix C_{ll} der Zufallsvariablen l_k zu

$$C_{ff} = FC_{ll}F^T \tag{5.2a}$$

Für die zu betrachtenden Funktionen *Wertermittlungsverfahren* wird die stochastische Unabhängigkeit der Zufallsvariablen l_k vorausgesetzt, d.h. ihre Varianzkovarianzmatrix besitzt Diagonalstruktur.

$$C_{ll} = \begin{bmatrix} \sigma^2_{l_1} & & & & 0 \\ & \sigma^2_{l_2} & & & \\ & & \sigma^2_{l_k} & & \\ & & & & \\ 0 & & & & \sigma^2_{l_n} \end{bmatrix} \tag{5.2b}$$

Dankenswerterweise wurden in Teilen konventionelle Ansätze der Fehlerfortpflanzung für unkorrelierte Zufallsvariablen auf Grundlage des *mittleren Fehlers* von Strotkamp zur Verfügung gestellt. Ein nach diesem Ansatz entwickeltes Anwendungsmodul ist in der Wertermittlungssoftware *WF-ProSa* realisiert.

Der Verkehrswert ist nach § 7 WertV mit Hilfe geeigneter Verfahren (Vergleichs-, Ertrags- und Sachwertverfahren) zu ermitteln. Das Vergleichswertverfahren basiert auf der Überlegung, den Verkehrswert eines Wertermittlungsobjektes aus der Mittelung von zeitnahen Kaufpreisen vergleichbarer Grundstücke festzustellen. Das Verfahren führt im allgemeinen direkt zum Verkehrswert und ist deshalb den *klassischen* Wertermittlungsverfahren überlegen, bei denen die nur mittelbar durch entsprechend abgeleitete Wertansätze für Normalherstellungskosten, Bodenwerte, Wertminderungen oder Liegenschaftszinssätze bestimmten Ausgangswerte (Grundstückssachwert, Grundstücksertragswert) noch durch zusätzlich zu ermittelnde Marktanpassungszu- oder -abschläge zu korrigieren sind (Mürle und Böser 1997a).

5.2.1   Vergleichswertverfahren

Bei Anwendung des Vergleichswertverfahrens sind Kaufpreise solcher Grundstücke heranzuziehen, die hinsichtlich der ihren Wert beeinflussenden Merkmale mit dem zu bewertenden Grundstück hinreichend übereinstimmen (Vergleichsgrundstücke). Ist die Vergleichbarkeit der Merkmale erfüllt, so bezeichnet man das Verfahren als Vergleichswertverfahren mit unmittelbarem Preisvergleich. Weichen die wertbeeinflussenden Merkmale (z.B. Lageverhältnisse, Nutzbarkeit, Grundstücksgröße) der Vergleichsgrundstücke vom Zustand des zu bewertenden Grundstücks ab, so ist dies durch Zu- oder Abschläge oder in anderer geeigneter Weise zu berücksichtigen (Vergleichswertverfahren mit mittelbarem Preisvergleich). Dabei sollen vorhandene Indexreihen und Umrechnungskoeffizienten herangezogen werden (§§ 13, 14 WertV).

Der unmittelbare Preisvergleich stellt dabei eine idealtypische Wunschvorstellung dar, die praktisch nur eingeschränkt Bedeutung erlangt. In der Regel sind Anpassungen in Qualität und Konjunktur und damit der mittelbare Preisvergleich notwendig (vgl. Kap. 4).

5.2.1.1   Unmittelbares Vergleichswertverfahren

Beim unmittelbaren Preisvergleich für (un)bebaute Grundstücke ergibt sich der Vergleichswert zu

$$VWert = \frac{1}{n}\sum_{i=1}^{n} l_i \tag{5.3}$$

$VWert$ Vergleichswert durch unmittelbaren Preisvergleich
(einfaches arithmetisches Mittel)

l_i Kaufpreise (Beobachtungen)

n Stichprobenumfang

Partielle Ableitungen

$$\delta VWert / \delta l_i = \frac{1}{n} \tag{5.4}$$

$$i = 1, \ldots, n$$

Varianzfortpflanzung

Annahme: stochastisch unabhängige Kaufpreise (Beobachtungen)
mit gleicher Standardabweichung σ_l

$$C_{ff} = F C_{ll} F^T \tag{5.5= 5.2a}$$

C_{ll} Diagonalmatrix

$$\sigma^2{}_{VWert} = \frac{n}{n^2} \sigma^2{}_l = \frac{1}{n} \sigma^2{}_l \tag{5.6a}$$

$$\sigma_{VWert} = \pm \frac{1}{\sqrt{n}} \sigma_l \tag{5.6b}$$

Beispiel

Größe	Daten [€/m²]	Standardabweichung σ [€/m²]
Kaufpreis 1	340	26.5
Kaufpreis 2	380	26.5
Kaufpreis 3	390	26.5
Vergleichswert [€/m²] Standardabw./Vergleichswert [-]	370	15.3 0.04

Tab. 5.3: Unmittelbares Vergleichswertverfahren - Beispiel

5.2.1.2 Mittelbares Vergleichswertverfahren

Beim mittelbaren Preisvergleich für unbebaute Grundstücke ergibt sich der Vergleichswert zu

$$VWert = \frac{1}{n} \sum_{i=1}^{n} \left(l_i * \frac{GFZ\ UK_j}{GFZ\ UK_i} * \frac{B\Pr eisInd_j}{B\Pr eisInd_i} \right) \tag{5.7}$$

$VWert$ — Vergleichswert durch mittelbaren Preisvergleich

l_i — Kaufpreise (Beobachtungen)

$GFZ\,UK_j$ — GFZ-Umrechnungskoeffizient für Bewertungsobjekt
$GFZ\,UK_i$ — GFZ-Umrechnungskoeffizient für Vergleichsobjekt

$B\,\mathrm{Pr}\,eisInd_j$ — Bodenpreisindex für Bewertungsobjekt
$B\,\mathrm{Pr}\,eisInd_i$ — Bodenpreisindex für Vergleichsobjekt

n — Stichprobenumfang

<u>Partielle Ableitungen</u>

$$\delta VWert / \delta l_i = \frac{1}{n} * \frac{GFZ\,UK_j}{GFZ\,UK_i} * \frac{B\,\mathrm{Pr}\,eisInd_j}{B\,\mathrm{Pr}\,eisInd_i} \qquad (5.8a)$$

$$\delta VWert / \delta GFZ\,UK_j = \frac{1}{n} * l_i * \frac{1}{GFZ\,UK_i} * \frac{B\,\mathrm{Pr}\,eisInd_j}{B\,\mathrm{Pr}\,eisInd_i} \qquad (5.8b)$$

$$\delta VWert / \delta GFZ\,UK_i = -\frac{1}{n} * l_i * \frac{GFZ\,UK_j}{GFZ\,UK_i^2} * \frac{B\,\mathrm{Pr}\,eisInd_j}{B\,\mathrm{Pr}\,eisInd_i} \qquad (5.8c)$$

$$\delta VWert / \delta B\,\mathrm{Pr}\,eisInd_j = \frac{1}{n} * l_i * \frac{GFZ\,UK_j}{GFZ\,UK_i} * \frac{1}{B\,\mathrm{Pr}\,eisInd_i} \qquad (5.8d)$$

$$\delta VWert / \delta B\,\mathrm{Pr}\,eisInd_i = -\frac{1}{n} * l_i * \frac{GFZ\,UK_j}{GFZ\,UK_i} * \frac{B\,\mathrm{Pr}\,eisInd_j}{B\,\mathrm{Pr}\,eisInd_i^2} \qquad (5.8e)$$

$i = 1, 2, \ldots, n$

<u>Varianzfortpflanzung</u>

Annahme: stochastisch unabhängige Kaufpreise (Beobachtungen) l_i mit gleicher Genauigkeit σ_l
GFZ-Umrechnungskoeffizienten $GFZ\,UK_{i,j}$ mit gleicher Genauigkeit $\sigma_{GFZ\,UK}$
Bodenpreisindizes $B\,\mathrm{Pr}\,eisInd_{i,j}$ mit gleicher Genauigkeit $\sigma_{B\,\mathrm{Pr}\,eisInd}$

$$C_{ff} = F C_{ll} F^T \qquad (5.9 = 5.2a)$$

C_{ll} — Diagonalmatrix

$$\sigma^2{}_{VWert} = \sum_1^n \left(\begin{array}{l} (\delta VWert / \delta l_i)^2 * \sigma^2{}_l \\ + (\delta VWert / \delta GFZ\,UK_j)^2 * \sigma^2{}_{GFZ\,UK} + (\delta VWert / \delta GFZ\,UK_i)^2 * \sigma^2{}_{GFZ\,UK} \\ + (\delta VWert / \delta B\,Pr\,eisInd_j)^2 * \sigma^2{}_{B\,Pr\,eisInd} + (\delta VWert / \delta B\,Pr\,eisInd_i)^2 * \sigma^2{}_{B\,Pr\,eisInd} \end{array} \right)$$

$$(5.10a)$$

$$\sigma^2{}_{VWert} = \frac{1}{n^2} \sum_1^n \left(\begin{array}{l} \left(\dfrac{GFZ\,UK_j}{GFZ\,UK_i} * \dfrac{B\,Pr\,eisInd_j}{B\,Pr\,eisInd_i} \right)^2 * \sigma^2{}_l \\[2em] + \left(l_i * \dfrac{B\,Pr\,eisInd_j}{B\,Pr\,eisInd_i} \right)^2 * \dfrac{GFZ\,UK_i{}^2 + GFZ\,UK_j{}^2}{GFZ\,UK_i{}^4} * \sigma^2{}_{GFZ\,UK} \\[2em] + \left(l_i * \dfrac{GFZ\,UK_j}{GFZ\,UK_i} \right)^2 * \dfrac{B\,Pr\,eisInd_i{}^2 + B\,Pr\,eisInd_j{}^2}{B\,Pr\,eisInd_i{}^4} * \sigma^2{}_{B\,Pr\,eisInd} \end{array} \right)$$

$$(5.10b)$$

Beziehung (5.7) lässt sich um Lage-Umrechnungskoeffizienten $Lageq\,UK_{i,j}$ erweitern. Man erhält bei entsprechender Vorgehensweise anstatt (5.10b).

$$\sigma^2{}_{VWert} = \frac{1}{n^2} \sum_1^n \left(\begin{array}{l} \left(\dfrac{GFZ\,UK_j}{GFZ\,UK_i} * \dfrac{B\,Pr\,eisInd_j}{B\,Pr\,eisInd_i} * \dfrac{Lageq\,UK_j}{Lageq\,UK_i} \right)^2 * \sigma^2{}_l \\[2em] + \left(l_i * \dfrac{B\,Pr\,eisInd_j}{B\,Pr\,eisInd_i} * \dfrac{Lageq\,UK_j}{Lageq\,UK_i} \right)^2 * \dfrac{GFZ\,UK_i{}^2 + GFZ\,UK_j{}^2}{GFZ\,UK_i{}^4} * \sigma^2{}_{GFZ\,UK} \\[2em] + \left(l_i * \dfrac{GFZ\,UK_j}{GFZ\,UK_i} * \dfrac{Lageq\,UK_j}{Lageq\,UK_i} \right)^2 * \dfrac{B\,Pr\,eisInd_i{}^2 + B\,Pr\,eisInd_j{}^2}{B\,Pr\,eisInd_i{}^4} * \sigma^2{}_{B\,Pr\,eisInd} \\[2em] + \left(l_i * \dfrac{GFZ\,UK_j}{GFZ\,UK_i} * \dfrac{B\,Pr\,eisInd_j}{B\,Pr\,eisInd_i} * \right)^2 * \dfrac{Lageq\,UK_i{}^2 + Lageq\,UK_j{}^2}{Lageq\,UK_i{}^4} * \sigma^2{}_{Lageq\,UK} \end{array} \right)$$

$$(5.10c)$$

Die Bodenpreisindizes und Umrechnungskoeffizienten für GFZ bzw. Lagequalität ergeben sich jeweilig als Funktion der unbekannten Regressionskoeffizienten bzw. der ausgeglichenen Kaufpreise (Beobachtungen). Insoweit lassen sich Informationen über die Genauigkeiten entsprechend (5.2a) ableiten.

<u>Beispiel 1</u>

Es wird vom Ansatz (5.7) ausgegangen und die gleiche Standardabweichung für die Kaufpreise wie beim unmittelbaren Preisvergleich angenommen.

Größe	Daten				Standardabweichung σ		
	Kaufpreis [€/m²]	GFZ UK [-]	Boden-preis-index [-]	Umger. Kaufpreis (mittel) [€/m²]	Kauf-preis [€/m²]	GFZ UK [-]	Boden-preis-index [-]
Kaufpreis 1	340	1.0	1.0	340	26.5	0.03	0.02
Kaufpreis 2	380	1.0	1.0	380	26.5	0.03	0.02
Kaufpreis 3	390	1.0	1.0	390	26.5	0.03	0.02
Bewertungsobjekt Vergleichswert [€/m²] Standardabw./ Vergleichswert [-]		1.0 1.0	1.0 1.0	370			18.8 [€/m²] 0.05

Tab. 5.4: Mittelbares Vergleichswertverfahren - Beispiel 1

<u>Beispiel 2</u>

Es wird vom Ansatz (5.7) ausgegangen und die gleiche Standardabweichung für die Kaufpreise wie beim unmittelbaren Preisvergleich angenommen.

Größe	Daten				Standardabweichung σ		
	Kaufpreis [€/m²]	GFZ UK [-]	Boden-preis-index [-]	Umger. Kaufpreis (mittel) [€/m²]	Kauf-preis [€/m²]	GFZ UK [-]	Boden-preis-index [-]
Kaufpreis 1	340	1.0	1.3	942	26.5	0.03	0.02
Kaufpreis 2	380	1.1	1.2	1.036	26.5	0.03	0.02
Kaufpreis 3	390	1.2	1.2	975	26.5	0.03	0.02
Bewertungsobjekt Vergleichswert [€/m²] Standardabw./ Vergleichswert [-]		3.0	1.2	984			46.0 [€/m²] 0.05

Tab. 5.5: Mittelbares Vergleichswertverfahren - Beispiel 2

5.2.2 Ertragswertverfahren nach WertV

Die WertV regelt die Ermittlung des Ertragswerts formelmäßig aus Boden- und Gebäudewertanteil (zweiglei-siges Verfahren). Der Ertragswert der baulichen Anlage definiert sich als Barwert aller künftigen Ertrags-anteile über die verbleibende Restnutzungsdauer zum Wertermittlungsstichtag. Zu betrachten sind hierbei i.d.R. die bei ordnungsgemäßer Bewirtschaftung nachhaltig erzielbaren Reinerträge nach Abzug der Bewirt-schaftungskosten. Die Marktanpassung des Ertragswerts zur Berücksichtigung der Lage auf dem Grund-stücksmarkt wird üblicherweise über die Einführung von aus vergleichbaren Kauffällen ausgewerteten Liegenschaftszinssätzen erreicht. Die Einführung eines gesonderten Marktanpassungsfaktors ist folglich nicht erforderlich. Die Anwendung anderer Darstellungsformen des Ertragswertverfahrens ist nicht ausge-schlossen. Als allgemeines Barwertverfahren wird hierbei die Betrachtung der Summe der über die verbleibende Restnutzungsdauer der baulichen Anlage jährlich anfallenden Reinerträge jeweils diskontiert auf den Wertermittlungsstichtag zuzüglich des danach verbleibenden diskontierten Restwerts (Bodenwerts) bezeichnet.

Der Ertragswert nach WertV ergibt sich zu

$$EWert = \left(RohE * Fl * 12 * \left(1 - BewK\right) - p * BWert\right) * V + BWert \pm bwU \qquad (5.11a)$$

$$= RohE * Fl * 12 * \left(1 - BewK\right) * V - BWert + BWert * q^{-GND} * q^{GA} + BWert \pm bwU \qquad (5.11b)$$

$$= RohE * Fl * 12 * \left(1 - BewK\right) * V + BWert * q^{-GND} * q^{GA} \pm bwU \qquad (5.11c)$$

$$= RohE * Fl * 12 * \left(1 - BewK\right) * V + BWert * q^{-n} \pm bwU \qquad (5.11d)$$

$$V = \frac{q^n - 1}{q^n * \left(q - 1\right)} = \frac{1}{p} - \frac{1}{p * q^n} = p^{-1} * \left(1 - q^{-n}\right) = p^{-1} * \left(1 - q^{-GND} * q^{GA}\right) \qquad (5.11e)$$

$EWert$	marktangepasster Ertragswert (Liegenschaftszinssatz)
$RohE$	nachhaltiger Rohertrag (monatlich) in EUR/m²
Fl	Fläche
$BewK$	Bewirtschaftungskosten
p	Liegenschaftszinssatz

$q = 1 + p$ Zinsfaktor $\hspace{4cm}$ (5.11f)

$BWert$	Bodenwert
V	Vervielfältiger
n	wirtschaftliche Restnutzungsdauer

$\quad n = GND - GA$ (Ansatz für Varianzfortpflanzung) $\hspace{3cm}$ (5.11g)

GA	Alter der baulichen Anlage
GND	Gesamtnutzugsdauer der baulichen Anlage
bwU	besondere wertbeeinflussende Umstände (z.B. Mieteinnahmen, Baumängel/-schäden)

<u>Partielle Ableitungen</u>

$$\delta EWert / \delta RohE = Fl * 12 * \left(1 - BewK\right) * V \qquad (5.12a)$$

$$\delta EWert / \delta Fl = RohE * 12 * \left(1 - BewK\right) * V \qquad (5.12b)$$

$$\delta EWert / \delta BewK = -RohE * Fl * 12 * V \qquad (5.12c)$$

$$\delta EWert / \delta GND = RohE * Fl * 12 * \left(1 - BewK\right) * \frac{\ln q}{q^n * p} + BWert * \left(-1\right) * \frac{\ln q}{q^n} \qquad (5.12d)$$

$$= \left(RohE * Fl * 12 * \left(1 - BewK\right) - p * BWert\right) * \frac{\ln q}{q^n * p} \qquad (5.12e)$$

$$\delta V / \delta GND = -p^{-1} * q^{GA} * q^{-GND} * \ln q * \left(-1\right) = p^{-1} * q^{-n} * \ln q \qquad (5.12f)$$

$$\delta EWert \,/\, \delta GA = -\delta EWert \,/\, \delta GND = RohE * Fl * 12 * (1 - BewK) * \frac{-\ln q}{q^n * p} + BWert * \frac{\ln q}{q^n} \qquad (5.12g)$$

$$= (RohE * Fl * 12 * (1 - BewK) - p * BWert) * \frac{-\ln q}{q^n * p} \qquad (5.12h)$$

$$\delta V \,/\, \delta GA = -p^{-1} * q^{-n} * \ln q \qquad (5.12i)$$

$$(5.12j)$$

$$\delta EWert \,/\, \delta p =$$
$$RohE * Fl * 12 * (1 - BewK) * \left(- p^{-2} - \left(- p^{-2} * q^{-n} + p^{-1} * (-n) * q^{-n-1}\right)\right) + BWert * (-n) * q^{-n-1}$$

$$= RohE * Fl * 12 * (1 - BewK) * p^{-2} * \left(-1 + q^{-n} * (1 + p * n * q^{-1})\right) - BWert * n * q^{-n-1} \qquad (5.12k)$$

$$= RohE * Fl * 12 * (1 - BewK) * p^{-2} * \left(q^{-n} * (1 + p * n * q^{-1}) - 1\right) - BWert * n * q^{-n-1} \qquad (5.12l)$$

$$\delta EWert \,/\, BWert = q^{-GND} * q^{GA} = q^{-n} \qquad (5.12m)$$

$$\delta EWert \,/\, bwU = 1 \qquad (5.12n)$$

<u>Varianzfortpflanzung</u>

Annahme: stochastisch unabhängige Beobachtungen

$$C_{ff} = FC_{ll}F^T \qquad (5.13= $$
$$5.2a)$$

C_{ll} Diagonalmatrix

$$\sigma^2{}_{EWert} =$$

$$\left(\delta EWert \,/\, \delta RohE\right)^2 * \sigma^2{}_{RohE} + \left(\delta EWert \,/\, \delta Fl\right)^2 * \sigma^2{}_{Fl} + \left(\delta EWert \,/\, \delta BewK\right)^2 * \sigma^2{}_{BewK} +$$

$$(5.14)$$

$$\left(\delta EWert \,/\, \delta p\right)^2 * \sigma^2{}_{p} + \left(\delta EWert \,/\, \delta GA\right)^2 * \sigma^2{}_{GA} + \left(\delta EWert \,/\, \delta GND\right)^2 * \sigma^2{}_{GND} +$$

$$+ \left(\delta EWert \,/\, \delta BWert\right)^2 * \sigma^2{}_{BWert} + \left(\delta EWert \,/\, \delta bwU\right)^2 * \sigma^2{}_{bwU}$$

<u>Beispiel</u>

Der Liegenschaftszinssatz ist mit 4 %, die Restnutzungsdauer mit 60 Jahren angenommen. Der Vervielfältiger ergibt sich folglich zu 22.6235.

Größe	Daten	Standardabweichung σ
Rohertrag [€/m² monatlich]	5.00	0.50
Wohn-/Nutzfläche [m²]	600	10
Bewirtschaftungskosten [%/100]	0.20	0.02
Liegenschaftszinssatz [%/100]	0.04	0.005
Bodenwert [€]	250.000	25.000
Alter [Jahre]	40	5
Gesamtnutzugsdauer [Jahre]	100	10
Bes. wertb. Umstände [€]	30.000	10.000
Ertragswert [€]	645.322	99.085
Standardabw./Ertragswert [-]		0.15

Tab. 5.6: Ertragswertverfahren - Beispiel

5.2.3 Discounted-Cashflow (DCF) - Verfahren

Die Discounted-Cashflow-Methode ist eigentlich darauf angelegt, unter Anwendung eines investitionsorientierten Zinsfußes als Entscheidungshilfe für Investitionen zu dienen. Die eigentliche Bedeutung liegt also in der Möglichkeit, damit die Rentabilität von Investitionen für einen mittelfristigen und überschaubaren Zeitraum aufzuzeigen und nicht den Verkehrswert zu ermitteln. Die Methode wird allgemein als fehleranfällig bezeichnet. Zum Ansatz des investitionsorientierten Zinsfußes gibt es nicht unerhebliche Spielräume wie z.B. das Verhältnis von Eigenkapital- zu Fremdkapitalfinanzierung. Die Bestimmung des Verkaufspreises nach Ablauf des Investitionszeitraums (i.d.R. 10 Jahre) wird als spekulativ eingestuft.

Unter Einführung von marktorientierten Größen, für den Diskontierungszinssatz wird ein objektspezifischer Liegenschaftszinssatz abgeleitet, kann zumindest die Angemessenheit von Kaufpreisforderungen beurteilt werden. In der Praxis wird die Methode jedoch insbesondere für Geschäftsgrundstücke nicht nur in wenigen Ausnahmefällen zur Verkehrswertermittlung herangezogen. Es liegt folglich nahe, die Varianzfortpflanzung auch für dieses in besonderem Maße unterschiedlich beurteilte Verfahren zu untersuchen.

Der DCF-Wert ergibt sich zu

$$DCFWert = \sum_{i=1}^{n}\left(RE_i * q^{-i}\right) + VP * q^{-n} - InvK \qquad (5.15a)$$

$DCFWert$ Discounted-Cashflow - Wert

RE_i Reinertrag ᵢ (jährlich) in EUR

p Diskontierungszinssatz

$q = 1 + p$ Diskontierungsfaktor   (5.15b)

n Investitionszeitraum

VP Verkaufspreis nach Nutzungs-/Investitionszeitraum

$InvK$ Investitionskosten am Anfang bei Kauf/Investition

Partielle Ableitungen

$$\delta DCFWert\,/\,\delta RE_i = \left(q^{-i}\right)_i \tag{5.16a}$$

$$\delta DCFWert\,/\,\delta p_i = \left(RE_i * (-i) * q^{-i-1}\right)_i \tag{5.16b}$$

$$\delta DCFWert\,/\,\delta n = -\left(RE + VP\right) * \ln q * q^{-n} \tag{5.16c}$$

(betroffen sind bei Ablauf des Investitionszeitraums n die Glieder $RE_n * q^{-n}$ und $VP * q^{-n}$)

$$\delta DCFWert\,/\,\delta VP = q^{-n} \tag{5.16d}$$

$$\delta DCFWert\,/\,\delta InvK = -1 \tag{5.16e}$$

Varianzfortpflanzung

Annahme: stochastisch unabhängige Beobachtungen

$\qquad\qquad$ σ_{RE_i} mit gleicher Genauigkeit σ_{RE}

$\qquad\qquad$ σ_{p_i} mit gleicher Genauigkeit σ_p

$\qquad\qquad$ σ_n bezieht sich auf die Glieder $RE_n * q^{-n}$ und $VP * q^{-n}$

$$C_{ff} = F C_{ll} F^T \tag{5.17= 5.2a}$$

C_{ll} Diagonalmatrix

$$\sigma^2{}_{DCFWert} =$$

$$\sum_{i=1}^{n} \left(\delta DCFWert\,/\,\delta RE\right)_i^2 * \sigma^2{}_{RE} + \sum_{i=1}^{n} \left(\delta DCFWert\,/\,\delta p\right)_i^2 * \sigma^2{}_p + \left(\delta DCFWert\,/\,\delta n\right)^2 \sigma^2{}_n \tag{5.18a}$$

$$+ \left(\delta DCFWert\,/\,\delta Vp\right)^2 * \sigma^2{}_{Vp} + \left(\delta DCFWert\,/\,\delta InvK\right)^2 * \sigma^2{}_{InvK}$$

$$= \sum_{i=1}^{n} \left(q^{-i}\right)^2 * \sigma^2{}_{RE} + \sum_{i=1}^{n} \left(RE_i * iq^{-i-1}\right)^2 * \sigma^2{}_p + \left((RE + VP) * \ln q * q^{-n}\right)^2 * \sigma^2{}_n \tag{5.18b}$$

$$+ \left(q^{-n}\right)^2 * \sigma^2{}_{VP} + \sigma^2{}_{InvK}$$

<u>Beispiel</u>

Größe	Daten	Standardabweichung σ
Reinerträge [€ jährlich]		
Reinertrag 1	1.000.000	50.000
Reinertrag 2	1.100.000	50.000
Reinertrag 3-10	1.300.000	50.000
Diskontierungszinssatz [%/100]	0.08	0.005
Investitionszeitraum [Jahre]	10	1
Verkaufspreis nach Nutzung [€]	12.000.000	1.000.000
Investitionskosten am Anfang [€]	500.000	100.000
DCFWert [€]	8.273.860	682.224
Standardabw./ DCFWert [-]		0.08

Tab. 5.7: Discounted-Cashflow (DCF) - Verfahren - Beispiel

5.2.4 Sachwertverfahren

Der Sachwert eines Grundstücks setzt sich zusammen aus dem Bodenwert und den Werten der baulichen und sonstigen Anlagen. Der Wert der baulichen Anlagen wird auf der Grundlage des Herstellungswerts ermittelt. Dies entspricht dem sich nach den gewöhnlichen Herstellungskosten bemessenen Neubauwert (Ersatzbeschaffungskosten) am Wertermittlungsstichtag. Die Wertminderung wegen Alters und die besonderen wertbeeinflussenden Umstände schließen sich im Verfahrensablauf an. Der Verkehrswert ist aus dem Sachwert insbesondere unter Berücksichtigung der Lage auf dem Grundstücksmarkt durch einen aus vergleichbaren Kauffällen abgeleiteten Marktanpassungsfaktor zu ermitteln.

Der Sachwert mit Marktanpassung ergibt sich zu

$$SWert = \left(\left(NHK * BGF * Ind * AWMin\right)*\left(1 + BNK\right)+ Auanlagen + BWert\right)* MAFaktor \pm bwU \tag{5.19a}$$

$$AWMin = 1 - \left(1/2 * \left(GA^2 / GND^2 + GA/GND\right)\right) \tag{5.19b}$$

$SWert$ marktangepasster Sachwert

NHK Normalherstellungskosten EUR/m² BGF

BGF Brutto-Grundfläche

Ind Baupreisindex

$AWMin$ Alterswertminderung (nach Ross)

GA Alter der baulichen Anlage

GND Gesamtnutzugsdauer der baulichen Anlage

BNK Baunebenkosten

Auanlagen   Außenanlagen (pauschal als Zeitwert)

BWert   Bodenwert

MAFaktor   Marktanpassungsfaktor

bwU   besondere wertbeeinflussende Umstände (z.B. Baumängel und Bauschäden)

Partielle Ableitungen

$$\delta SWert / \delta NHK = BGF * Ind * AWMin * (1 + BNK) * MAFaktor \tag{5.20a}$$

$$\delta SWert / \delta BGF = NHK * Ind * AWMin * (1 + BNK) * MAFaktor \tag{5.20b}$$

$$\delta SWert / \delta Ind = NHK * BGF * AWMin * (1 + BNK) * MAFaktor \tag{5.20c}$$

$$\delta SWert / \delta GA =$$
$$NHK * BGF * Ind * (1 + BNK) * MAFaktor * \left(- GA / GND^2 - 1 / 2GND\right) \tag{5.20d}$$

$$\delta SWert / \delta GND =$$
$$NHK * BGF * Ind * (1 + BNK) * MAFaktor * \left(GA^2 / GND^3 + GA / 2GND^2\right) \tag{5.20e}$$

$$\delta SWert / \delta BNK = NHK * BGF * Ind * AWMin * MAFaktor \tag{5.20f}$$

$$\delta SWert / \delta Auanlagen = MAFaktor \tag{5.20g}$$

$$\delta SWert / BWert = MAFaktor \tag{5.20h}$$

$$\delta SWert / MAFaktor = \left((NHK * BGF * Ind * AWMin) * (1 + BNK) + Auanlagen + BWert\right) \tag{5.20i}$$

$$\delta SWert / bwU = 1 \tag{5.20j}$$

Varianzfortpflanzung

Annahme: stochastisch unabhängige Beobachtungen

$$C_{ff} = FC_{ll}F^T \tag{5.21= 5.2a}$$

C_{ll} Diagonalmatrix

$$\sigma^2{}_{SWert} =$$

$$(\delta SWert / \delta NHK)^2 * \sigma^2{}_{NHK} + (\delta SWert / \delta BGF)^2 * \sigma^2{}_{BGF} + (\delta SWert / \delta Ind)^2 * \sigma^2{}_{Ind} +$$

$$(\delta SWert / \delta GA)^2 * \sigma^2{}_{GA} + (\delta SWert / \delta GND)^2 * \sigma^2{}_{GND} + (\delta SWert / \delta BNK)^2 * \sigma^2{}_{BNK} + \qquad (5.22)$$

$$(\delta SWert / \delta Auanlagen)^2 * \sigma^2{}_{Auanlagen} + (\delta SWert / \delta BWert)^2 * \sigma^2{}_{BWert} +$$

$$(\delta SWert / \delta MAFaktor)^2 * \sigma^2{}_{MAFaktor} + (\delta SWert / \delta bwU)^2 * \sigma^2{}_{bwU}$$

<u>Beispiel</u>

Die Restnutzungsdauer wird mit 60 Jahren bei 100 Jahren Gesamtnutzungsdauer angenommen. Die Alterswertminderung (nach Ross) ergibt sich zu 28% (0.72).

Größe	Daten	Standardabweichung σ
Normalherstellungskosten [€/m² BGF]	1.000	100
Brutto-Grundfläche (BGF) [m²]	300	10
Baupreisindex [-]	1.01	0.01
Alter [Jahre]	40	5
Gesamtnutzugsdauer [Jahre]	100	10
Baunebenkosten [%/100]	0.15	0.02
Außenanlagen (Zeitwert) [€]	20.000	5.000
Bodenwert [€]	200.000	20.000
Marktanpassungsfaktor [-]	0.90	0.05
Bes. wertb. Umstände [€]	15.000	5.000
Sachwert [€]	408.796	42.861
Standardabw./Sachwert [-]		0.10

Tab. 5.8: Sachwertverfahren - Beispiel

5.2.5 Residualwertverfahren

Das Residualwertverfahren dient in seiner Grundbeziehung der Ermittlung des Werts eines Grundstücks auf Grundlage einer Nutzungskonzeption. Dies betrifft insbesondere Grundstücke wie z.B. hochwertige Grundstücke in Innenstadtlagen, für die keine Vergleichspreise zur Verfügung stehen.

Ausgangswert ist üblicherweise der auf diese Entwicklungsabsichten abgestellte fiktive Ertragswert (oder der fiktive Vergleichswert), von dem dann die Bau-, Entwicklungs- und Vermarktungskosten einschließlich eines Gewinns in Abzug gebracht werden. Soweit hierbei als Baukosten Normalherstellungskosten eingeführt werden, findet eine Kombination von Ertrags- und Sachwert statt. Als Residuum erhält man den tragfähigen Grundstückswert aus Investorensicht, der noch um einen Marktanpassungsfaktor erweitert werden sollte bzw. muss.

Das modifizierte Residualverfahren (Reuter 2004) geht davon aus, dass sich durch gegensinnige Variation der Schätzung für Reinertrag und Herstellungskosten mit einem passenden Faktor der residuale Bodenwert an den Vergleichswert (Bodenwert) angleichen bzw. anpassen lässt.

In TEGoVA (2003) ist ausgeführt, dass die Residualmethode nur zu einer Ermittlung des Marktwertes der Immobilie führen kann, wenn es Wettbewerb zwischen potenziellen Entwicklungsunternehmen gibt. Wenn es kein solches wettbewerborientiertes Element gibt, spiegelt das Ergebnis nur die subjektive Sicht des jewieligen Entwicklers wider, das vom eigentlichen Marktwert erheblich abweichen kann. Das im Rahmen der Residualmethode erzielte Ergebnis sollte stets anhand einer anderen Methode überprüft werden, sofern dies überhaupt möglich ist.

Der Residualwert ergibt sich zu

$$RWert = \left(EWert - GrundENK1 - \left(\begin{array}{l} BauK + BNK + ZFKBauK + Verm + ErstVK + \\ V\Pr ov + WuG + Unv + ZFKBod + GrundENK2 \end{array} \right) \right) * MAFaktor$$

$$(5.23a)$$

Bezüglich des Ertragswerts $EWert$ wird auf Beziehung (5.11a) in Kap. 5.2.2 verwiesen.

$$EWert = \left(RohE * Fl * 12 * (1 - BewK) - p * BWert \right) * V + BWert \pm bwU$$

$$(5.23b = 5.11a)$$

$RWert$	marktangepasster Residualwert
$EWert$	Ertragswert
$GrundENK1$	Grunderwerbsnebenkosten nach vollendeter Bebauung
$BauK$	Baukosten (vgl. Kap. 5.2.4, Normalherstellungskosten)
BNK	Baunebenkosten (vgl. Kap. 5.2.4)
$ZFKBauK$	Zwischenfinanzierung Baukosten
$Verm$	Vermarktungskosten
$ErstVK$	Erstvermietungskosten
$V\Pr ov$	Vermietungsprovision
WuG	Wagnis und Gewinn
Unv	Unvorhergesehenes
$ZFKBod$	Zwischenfinanzierung Bodenkosten
$GrundENK2$	Grunderwerbsnebenkosten Boden
$MAFaktor$	Marktanpassungsfaktor

Partielle Ableitungen

$$\delta RWert / \delta EWert = MAFaktor \tag{5.24a}$$

$$\delta RWert / \delta GrundENK1 = -MAFaktor \tag{5.24b}$$

$$\delta RWert \, / \, \delta BauK = -MAFaktor \qquad\qquad (5.24c)$$

$$\delta RWert \, / \, \delta BNK = -MAFaktor \qquad\qquad (5.24d)$$

$$\delta RWert \, / \, \delta ZFKBauK = -MAFaktor \qquad\qquad (5.24e)$$

$$\delta RWert \, / \, \delta Verm = -MAFaktor \qquad\qquad (5.24f)$$

$$\delta RWert \, / \, \delta ErstVK = -MAFaktor \qquad\qquad (5.24g)$$

$$\delta RWert \, / \, \delta V\,Pr\,ov = -MAFaktor \qquad\qquad (5.24h)$$

$$\delta RWert \, / \, \delta WuG = -MAFaktor \qquad\qquad (5.24i)$$

$$\delta RWert \, / \, \delta Unv = -MAFaktor \qquad\qquad (5.24j)$$

$$\delta RWert \, / \, \delta ZFKBod = -MAFaktor \qquad\qquad (5.24k)$$

$$\delta RWert \, / \, \delta GrundENK2 = -MAFaktor \qquad\qquad (5.24l)$$

$$\delta RWert \, / \, \delta MAFaktor = \left(EWert - GrundENK1 - \left(\begin{array}{l} BauK + BNK + ZFKBauK + Verm + ErstVK + \\ V\,Pr\,ov + WuG + Unv + ZFKBod + GrundENK2 \end{array} \right) \right)$$

$$(5.24m)$$

Varianzfortpflanzung

Annahme: stochastisch unabhängige Beobachtungen

$$C_{ff} = FC_{ll}F^{T} \qquad\qquad (5.25= $$
$$5.2a)$$

C_{ll} Diagonalmatrix

$$\sigma^{2}_{RWert} =$$

$$\left(\begin{array}{l} \sigma^{2}_{EWert} + \sigma^{2}_{GrundENK1} + \sigma^{2}_{BauK} + \sigma^{2}_{BNK} + \sigma^{2}_{ZFKBauK} + \sigma^{2}_{Verm} + \\ \sigma^{2}_{ErstVK} + \sigma^{2}_{Pr\,ov} + \sigma^{2}_{WuG} + \sigma^{2}_{Unv} + \sigma^{2}_{ZFKBod} + \sigma^{2}_{GrundENK2} \end{array} \right) * MaFaktor^{2} +$$

$$\left(EWert - GrundENK1 - \left(\begin{array}{l} BauK + BNK + ZFKBauK + Verm + ErstVK + \\ V\,Pr\,ov + WuG + Unv + ZFKBod + GrundENK2 \end{array} \right) \right)^{2} * \sigma^{2}_{MAFaktor}$$

$$(5.26)$$

<u>Beispiel</u>

Größe	Daten	Standardabweichung σ
Ertragswert [€]	50.426.880	7.564.032 15 %
Grunderwerbsnebenkosten bei vollendeter Bebauung [€]	3.025.613	50.000
Baukosten [€]	31.795.441	3.179.544 10 %
Baunebenkosten [€]	5.405.225	540.523
Zwischenfinanzierung Baukosten [€]	1.860.033	93.000
Vermarktungskosten [€]	100.000	10.000
Erstvermietungskosten [€]	804.000	80.400
Vermietungsprovision [€]	268.000	5.000
Wagnis und Gewinn [€]	3.179.544	500.000
Unvorhergesehenes [€]	1.000.000	250.000
Zwischenfinanzierung Bodenkosten [€]	277.894	13.895
Grunderwerbsnebenkosten Boden [€]	153.462	5.000
Marktanpassungsfaktor [-]	1.00	0.05
Residualwert [€] Standardabw./Residualwert [-]	2.557.701	8.243.971 3.22

Tab. 5.9: Residualwertverfahren - Beispiel

5.2.6   Folgerungen

Anhand der Ergebnisse aus den Beispielen für die Varianzfortpflanzung in den Wertermittlungsverfahren soll eine grobe Klassifizierung für den Variationskoeffizienten, der hier zur Vergleichbarkeit der Ergebnisse als Quotient der Standardabweichung des Verfahrensergebnisses und dem Verfahrensergebnis definiert sein soll, angegeben (Tab. 5.10) werden.

Das Vergleichswertverfahren, das als das marktnaheste Verfahren bezeichnet wird, zeigt seine Vorteile auch bei der Varianzfortpflanzung. Ausgehend von der Ermittlung des Vergleichswerts durch unmittelbaren Preisvergleich, der nur von der Standardabweichung der Beobachtungen abhängt, zeichnet sich auch der mittelbare Preisvergleich mit i.d.R. wenigen Modellparametern durch eine günstige Varianzfortpflanzung aus. In der Bewertung des Variationskoeffizienten schneidet das im vorliegenden Fall für unbebaute Grundstücke umgesetzte Vergleichswertverfahren folglich deutlich am besten ab, wobei für funktionierende Grundstücksteilmärkte eine Obergrenze im Bereich von 0,10 bis 0,15 erwartet werden kann (vgl. Kap. 5.3). In der Literatur wird für das Vergleichswertverfahren im (un)mittelbaren Preisvergleich von 0,20 bis 0,25 für den Variationskoeffizienten als Quotienten der Standardabweichung des einzelnen Kaufpreises und dem Mittelwert nach Beziehung (4.5) ausgegangen.

In einer nächsten Klasse können das Ertragswert- und Sachwertverfahren angesiedelt werden. Es ist nicht verwunderlich, dass in Anbetracht der insbesondere bei bebauten Grundstücken vermehrten Anzahl an Modellparametern konsequent das Niveau des Variationskoeffizienten absinkt. Hinzu kommt, dass die Größen oftmals schwieriger interpretierbar sind und damit in der Standardabweichung kritischer beurteilt werden müssen.

Besonderes Augenmerk ist beim Ertragswertverfahren insbesondere auf den Jahresrohertrag, die Bewirtschaftungskosten und die Fläche zu richten, da in den partiellen Ableitungen jeweils der Vervielfältiger als linearer Faktor auftaucht. Die Varianzfortpflanzung der wirtschaftlichen Restnutzungsdauer und des Liegenschaftszinssatzes wird bei Objekten mit größerem Liegenschaftszinssatz und hoher Restnutzungsdauer generell günstiger beeinflusst. Der Bodenwert fliest nur in abgezinster Form über die Restnutzungsdauer der baulichen Anlage ein. Eine umfangreiche Darstellung ist (Ludin 2005) zu entnehmen.

Wertermittlungsverfahren	Variationskoeffizient = Standardabweichung Verfahrensergebnis/ Verfahrensergebnis
Vergleichswertverfahren mit unmittelbarem Preisvergleich für unbebaute Grundstücke	**0.04**
Vergleichswertverfahren mit mittelbarem Preisvergleich für unbebaute Grundstücke	**0.05**
Ertragswertverfahren	**0.15**
Sachwertverfahren	**0.10**
Discounted-Cashflow-Methode	**0.08**
Residualwertmethode	**3.22**

Tab. 5.10: Ergebnisse der Varianzfortpflanzung der Wertermittlungsverfahren

Das Sachwertverfahren ist durch eine Verteilung der Varianzfortpflanzung auf mehrere Größen wie Normalherstellungskosten, Baunebenkosten, Bruttogrundfläche, Bodenwert und Marktanpassungsfaktor gekennzeichnet. Gleichfalls haben geringes Alter bei hoher Gesamtnutzungsdauer der baulichen Anlage hierbei eine abschwächende Wirkung.

Überraschend gleich auf kann die Discounted-Cashflow-Methode, soweit sie als Wertermittlungsmethode beurteilt wird, erwähnt werden. Es darf bei aller Kritik, die sich gegen die Anwendung des Verfahrens als Wertermittlungsmethode wendet, nicht verkannt werden, dass sämtliche Einflüsse auf die Ergebnisvarianz - mit Ausnahme der zum Stichtag anfallenden Investitionskosten - über Potenzen des invertierten Diskontierungsfaktors, der bei der Wertermittlung mit Hilfe des Liegenschaftszinssatzes bestimmt wird, eine nicht unerhebliche Dämpfung erfahren. Die Einführung von marktorientierten Größen (vgl. Kap. 5.2.3) wird vorausgesetzt. Eine pauschale Abwertung der Methode aufgrund von Schwächen in der Varianzfortpflanzung erscheint nicht uneingeschränkt vertreten werden zu können.

Die Interpretation der Varianzfortpflanzung und die absolute Größe des Variationskoeffizienten der Residualwertmethode sind Beleg genug, dass die Anwendung des Residualwertverfahrens im Regelfall nicht mit einer üblichen Sicherheitswahrscheinlichkeit innerhalb eines akzeptablen Intervalls zum Marktwert führen kann. Vielmehr ist von einer deutlichen Verfehlung auch bei Einführung eines Marktanpassungsfaktors, dessen marktorientierte Bestimmung gerade aufgrund der typischerweise geringen Anzahl an Kaufpreisen bedenklich gesehen werden muss, auszugehen. Als qualifiziertes Wertermittlungsverfahren kann es nicht im allgemeingültigen Sinne klassifiziert werden.

Hiervon unterschieden muss der mittelbare deduktive Preisvergleich mit marktgerechten Faktorpreisen werden, wie er insbesondere für die Wertermittlung unbebauter Grundstücke Anwendung findet (vgl. Kap. 4.1).

Abschließend kann festgehalten werden, dass für die stochastische Modellbildung zur Analyse von Grundstücksmarktinformationen (vgl. Kap. 5.3), insbesondere auch bei unkorrelierten Beobachtungen, weitergehender Untersuchungsbedarf im Hinblick auf die Einführung von realistischen Varianzen für die Kaufpreise besteht.

5.3   Alternative Modellbildungen zur Analyse von Grundstücksmarktinformationen

Üblicherweise kommen in der Grundstückswertermittlung zur Analyse von Grundstücksmarktinformationen (multiple) Regressionsmodelle zur Anwendung. Für die Entwicklung von alternativen Lösungsansätzen soll von den Modellbildungen für die Ausgleichung geodätischer Netze ausgegangen werden.

5.3.1   Strategiekonzept zur Ausgleichung von sukzessiven Grundstücksmarktanalysen

Bei der Wertermittlung unbebauter Grundstücke entspricht es der üblichen Vorgehensweise, dass die in einer übergeordneten Grundstücksmarktanalyse ermittelten Parameter (z.B. GFZ-Umrechnungskoeffizienten) als *unveränderliche Grundlage* für nachfolgende Analysen weiterverwendet werden. Das Strategiekonzept soll eine Überprüfung dieser Parameter und der Kaufpreise ermöglichen. Für bebaute Grundstücke zeigen sich zumeist einfache (nicht)lineare Ansätze mit hoher Bestimmtheit, wobei auch hierfür zumindest Teile der entwickelten Strategie wie die Einführung von in der übergeordneten Grundstücksmarktanalyse ermittelten Unbekannten als fingierte Ersatzbeobachtungen mit flexibler Gewichtung verwendet werden können (vgl. Kap. 5.3.1.3 und 5.3.2.4).

Wesentliches Ziel der entwickelten Strategie ist die Verbesserung der Konsistenz der Ergebnisse von Grundstücksmarktanalysen. Hierzu gehört auch die Einführung der Beurteilungskriterien der inneren und äußeren Zuverlässigkeit. Damit können für die Erkennbarkeit grober Fehler in den Kaufpreisen Grenzwerte und ihre Auswirkungen auf Funktionen der Unbekannten angegeben werden. Für die Ausgleichung von Verdichtungsstufen geodätischer Netze haben seit geraumer Zeit Methoden zur Überprüfung der sogenannten Anschlusspunkte Anwendung in der *(amtlichen)* Praxis gefunden (WM B.-W. 1984).

Grundlage für die nachfolgenden Betrachtungen bildet hierbei das Modell der Netzverdichtung mit dynamischem Ansatz. Für die Benennung der Parameter werden zur besseren Nachvollziehbarkeit die in der Ausgleichungsrechnung üblichen Bezeichnungen verwendet. Eine Interpretation der Variablen wie z.B. Beobachtungen (Kauffälle y_i) und Unbekannte (Regressionskoeffizienten b_i) und ihrer Beziehungen erfolgt bei der jeweiligen Modellbildung. Dies gilt auch für die nachfolgende Betrachtung von Aspekten der Zuverlässigkeitsmaße.

5.3.1.1   Dynamischer Ansatz der Netzausgleichung

Eine fehlertheoretisch strenge Behandlung geodätischer Netze erlaubt die Methode der dynamischen Netzausgleichung, bei der Koordinaten- und Genauigkeitsänderungen im übergeordneten Netz zugelassen werden (Schmitt 2005c; Bill 1984). Bei der Modellbildung fließen in eine gemeinsame Ausgleichung alle Netzbeobachtungen l_1, die zur Bestimmung der Netzpunkte höherer Ordnung dienen, und die Verdichtungsmessungen l_2 für die Neupunkte und ihre Verknüpfung mit einer Teilgruppe der übergeordneten Neupunkte (Anschlusspunkte) ein.

<u>Funktionales Modell beim dynamischen Ansatz der Netzausgleichung</u>

Dabei seien in einem gemeinsamen Gauß-Markov-Modell (GMM)

l_1 Beobachtungen der Beobachtungsgruppe der Ausgangsmessungen

l_2 Beobachtungen der Beobachtungsgruppe der Verdichtungsmessungen

x_1 Koordinaten der Punkte des übergeordneten (existierenden) Netzes, die mit den Verdichtungsmessungen nicht in Verbindung stehen, und funktional nur mit l_1 verbunden sind.

x_2 Koordinaten der Punkte des existierenden Netzes, die mit beiden Beobachtungsgruppen l_1 und l_2 funktional verbunden sind.

x_3 Koordinaten der Punkte des Verdichtungsnetzes, die nur mit der Beobachtungsgruppe l_2 funktional verbunden sind.

Für das linearisierte Modell erhält man das Verbesserungsgleichungssystem

$$l_1 + v_1 = A_{11}\hat{x}_1 + A_{12}\hat{x}_2 + 0\ \hat{x}_3 \tag{5.27a}$$

$$l_2 + v_2 = 0\ \hat{x}_1 + A_{22}\hat{x}_2 + A_{23}\hat{x}_3 \tag{5.27b}$$

Mit Hilfe von Matrizen kann man schreiben:

$$\begin{vmatrix} l_1 \\ l_2 \end{vmatrix} + \begin{vmatrix} v_1 \\ v_2 \end{vmatrix} = \begin{vmatrix} A_{11} & A_{12} & 0 \\ 0 & A_{22} & A_{23} \end{vmatrix} \begin{vmatrix} \hat{x}_1 \\ \hat{x}_2 \\ \hat{x}_3 \end{vmatrix} \tag{5.27c}$$

Als Gewichtsmatrix wird eingeführt

$$P = \begin{vmatrix} P_{l_1 l_1} & 0 \\ 0 & P_{l_2 l_2} \end{vmatrix} \ . \tag{5.28}$$

Das Normalgleichungssystem lautet dann

$$\begin{vmatrix} A_{11}^T P_{l_1 l_1} A_{11} & A_{11}^T P_{l_1 l_1} A_{12} & 0 \\ A_{12}^T P_{l_1 l_1} A_{11} & A_{12}^T P_{l_1 l_1} A_{12} + A_{22}^T P_{l_2 l_2} A_{22} & A_{22}^T P_{l_2 l_2} A_{23} \\ 0 & A_{23}^T P_{l_2 l_2} A_{22} & A_{23}^T P_{l_2 l_2} A_{23} \end{vmatrix} * \begin{vmatrix} \hat{x}_1 \\ \hat{x}_2 \\ \hat{x}_3 \end{vmatrix} = \begin{vmatrix} A_{11}^T P_{l_1 l_1} l_1 \\ A_{12}^T P_{l_1 l_1} l_1 + A_{22}^T P_{l_2 l_2} l_2 \\ A_{23}^T P_{l_2 l_2} l_2 \end{vmatrix} \ . \tag{5.29}$$

Da mit dieser Modellbildung insbesondere Koordinaten und Genauigkeiten als veränderliche Größen betrachtet werden, ergeben sich für die Praxis die bekannten Probleme der Dynamisierung der Werte, insbesondere auch für die Gruppe von x_1. Rechentechnisch können bei Hinzukommen der Verdichtungsmessungen die Ergebnisse des übergeordneten Netzes einschließlich der Kofaktormatrix über z.B. die Neumannsche Reihe ohne erneute Ausgleichung fortgeschrieben werden.

<u>Wertermittlung</u>

Zur Anwendung des mittelbaren statistischen Preisvergleichs werden erforderliche Daten mittels Stichproben von geeigneten Kauffällen ermittelt. Die wahren Wertbeziehungen (z.B. alle Einflussgrößen) können in Analysen nur mehr oder minder zutreffend nachvollzogen werden. Die Grundstücksmarktteilnehmer beurteilen *objektive* Sachverhalte mit unterschiedlichen Wertansätzen. Dabei können auch die Hypothesentests zum multiplen Regressionsmodell (vgl. Kap. 4.2) die Vorgehensweise zur Modellbildung nur mit einer gewissen Signifikanzschwelle untermauern.

In der Praxis der Grundstückswertermittlung werden die analysierten erforderlichen Daten nachfolgend für den mittelbaren statistischen Preisvergleich als fehlerfreie Größen herangezogen. Das *Vergleichbarmachen* wird durch z.B. eine Indexreihe für Bauland, um die ungleichen Kaufpreise auf einen Stichtag hochzurechnen oder Verhältniszahlen (Unrechnungskoeffizienten) zur Berücksichtigung unterschiedlicher Geschossflächenzahlen erreicht.

Über die möglichen Fehler bei der Analyse der erforderlichen Daten in der übergeordneten Grundstücksmarktanalyse hinaus kann eine weitere Fehlerart darin liegen, dass der lokale, für das Bewertungsobjekt zutreffende Grundstücksmarkt (nun) ein ganz anderes Marktverhalten zeigt als die verschiedenen Teilmärkte, für die die jeweiligen erforderlichen Daten ermittelt worden sind. Damit kann bzw. können die in der übergeordneten Analyse ermittelte(n) Wertbeziehung(en) zwischen Kaufpreis und Einflussgröße(n) nachfolgend nicht übertragen bzw. herangezogen werden.

Dieses üblicherweise angewandte Verfahren der *hierarchischen Analyse von Grundstücksmarktinformationen* stellt keine strenge Lösung für die durch Beobachtungen (Kauffälle) in verschiedenen Analyseebenen ermittelten erforderlichen Daten dar. Aus der übergeordneten Grundstücksmarktanalyse werden die ermittelten Regressionskoeffizienten $\hat{x}_2$ zunächst in erforderliche Daten für den mittelbaren statistischen Preisvergleich umgerechnet und anschließend als fehlerfreie Größen in eine nachfolgende Grundstücksmarktanalyse zur Ermittlung der Regressionskoeffizienten $\hat{x}_3$ eingeführt. Eine möglicherweise bestimmte Varianzkovarianzmatrix für $\hat{x}_2$ bleibt unberücksichtigt. Als Beispiel kann die GFZ-Normierung mittels Umrechnungskoeffizienten von Kaufpreisen für Mehrfamilienhausgrundstücke für die nachfolgende Ermittlung einer Bodenpreisindexreihe genannt werden.

Entsprechend dem funktionalen Modell beim dynamischen Ansatz der Netzausgleichung können die Parameter bei der Grundstücksmarktanalyse interpretiert werden:

l_1 Kaufpreise der Kaufpreisgruppe der übergeordneten Grundstücksmarktanalyse a

l_2 Kaufpreise der Kaufpreisgruppe der nachgeordneten Grundstücksmarktanalyse b

x_1 Regressionskoeffizienten für die wertrelevanten Parameter der übergeordneten Grundstücksmarktanalyse a, die mit den Kaufpreisen der Kaufpreisgruppe der nachgeordneten Grundstücksmarktanalyse b (über die wertrelevanten Einflussparameter) nicht in Verbindung stehen, und funktional nur mit l_1 verbunden sind.

x_2 Regressionskoeffizienten für die wertrelevanten Einflussparameter der übergeordneten Grundstücksmarktanalyse a, die mit beiden Kaufpreisgruppen l_1 und l_2 funktional verbunden sind.

x_3 Regressionskoeffizienten für die wertrelevanten Parameter der nachgeordneten Grundstücksmarktanalyse b, die nur mit der Beobachtungsgruppe l_2 funktional verbunden sind.

5.3.1.2   Grundstücksmarktanalyse ohne Zusatzrestriktionen

Ein freies Richtungs- und Streckennetz wird durch einen Punkthaufen definiert, in dem durch Beobachtungen lediglich die gegenseitige Lage der Punkte (Geometrie) bestimmt ist. Die Beobachtungen legen nur relative Koordinaten im Netz fest. Absolute Koordinaten sind nur über Zusatzinformationen wie der Einführung von Bedingungsgleichungen zur Fixierung von Punkten oder einzelner Koordinaten im GMM erhältlich.

Wird zur Regularisierung des singulären Normalgleichungssystems nur über d Parameter durch Formulierung von d Zusatzrestriktionen verfügt, so sind alle Aussagen bezüglich der *inneren Geometrie* des Netzes invariant gegenüber den gewählten Zusatzbedingungen. Hierzu zählen der à-posteriori Varianzfaktor, die ausgeglichenen Beobachtungen, ihre Genauigkeit und Zuverlässigkeit. Abhängig hiervon sind jedoch alle die Koordinaten betreffenden Ergebnisse wie die Koordinatenunbekannten, ihre Genauigkeit (mittlerer Punktfehler und Fehlerellipse), die relativen Fehlerellipsen und die Auswirkungen unentdeckter Fehler auf die Koordinaten (Bill 1984).

Soll die sich aus den Netzbeobachtungen ergebende Punktlage optimal an die Näherungskoordinaten aller Netzpunkte angepasst werden, so muss neben der Bedingung $v^T P v \rightarrow Minimum$ eine zweite Bedingung erfüllt werden

$$\hat{z}^T \hat{z} \rightarrow Minimum \tag{5.30}$$

In $\hat{z}$ sind die Klaffungen zwischen Näherungs- und endgültigen Koordinatenunbekannten nach der Ausgleichung zusammengefasst, deren Quadratsumme minimal werden soll (Bill 1984).

Im Lagenetz lassen sich diese Klaffungen als Restklaffungen einer überbestimmten Ähnlichkeitstransformation interpretieren. Die Lösung feldert die ausgeglichenen Koordinaten im Sinne einer überbestimmten Ähnlichkeitstransformation auf die Näherungskoordinaten der (identischen) Punkte an. Die Entwicklung der Anfelderung der ausgeglichenen Koordinaten erfolgt über die Schwerpunktnäherungskoordinaten, die Summe der Koordinatenunterschiede der jeweiligen Näherungskoordinaten aller Punkte in Bezug auf die jeweilige Schwerpunktnäherungskoordinate ist Null. Die Schwerpunktnäherungskoordinaten selbst erfahren nur eine Translation.

In der Grundstückswertermittlung ist der Rangdefekt in der Design- und Normalgleichungsmatrix bereits durch die absolute Dimension des Kaufpreislevels beseitigt. Zur Interpretation der Datumsparameter wird zunächst der übliche Ansatz der multiplen Regression zur Beschreibung des Zusammenhangs der Zielgröße und der Einflussgrößen betrachtet. Dafür stehen p Realisierungen Y_i und X_{ij} der Ziel- und Einflussgrößen ($j = 1,2,\ldots,m$) in Form einer auszuwertenden Stichprobe zur Verfügung.

$$Y_i = b_0 + b_1 X_{i1} + \ldots + b_j X_{ij} \ldots + b_m X_{im} + v_i \qquad\qquad i = 1,2,\ldots,p \qquad (5.31=4.2)$$

Die Regressionsgleichung sei für die Mittelwerte der Zielgröße und der Einflussgrößen ohne Restglied streng erfüllt (Geodätisches Institut an der Technischen Universität Hannover 1976).

$$\overline{Y} = b_0 + b_1 \overline{X}_1 + \ldots + b_j \overline{X}_j \ldots + b_m \overline{X}_m \qquad\qquad (5.32)$$

Subtrahiert man (5.32) von (5.31) so erhält man

$$Y_i - \overline{Y} = b_1 (X_{i1} - \overline{X}_1) + \ldots + b_j (X_{ij} - \overline{X}_j) \ldots + b_m (X_{im} - \overline{X}_m) + v_i \qquad\qquad (5.33)$$

Diese Darstellung der i-ten Realisierung kann gleichfalls als Entwicklung in Bezug auf die jeweiligen Mittelwerte (Schwerpunkte) von Zielgröße und Einflussgrößen interpretiert werden, wobei zusätzlich die Bedingung $v^T P v \to Minimum$ gilt.

Der durch die Modellbildung der multiplen Regression beseitigte Rangdefekt kann folglich vergleichbar der *inneren Lösung* zur Beseitigung des Rangdefekts bei freien Netzen verstanden werden. Insoweit wird der Begriff der Grundstücksmarktanalyse ohne Zusatzrestriktionen eingeführt.

Im ersten Schritt soll zur Überprüfung der Kaufpreise l_2 als Beobachtungen eine Grundstücksmarktanalyse ohne Zusatzrestriktionen mit den wertrelevanten Einflussparametern (Merkmalen) aus der übergeordneten und nachgeordneten Grundstücksmarktanalyse durchgeführt werden. Die Kauffälle müssen sich über wertrelevante Merkmale der übergeordneten und nachgeordneten Grundstücksmarktanalyse verknüpfen lassen. In einem Beispiel sollen die Zusammenhänge für die Wertermittlung aufgezeigt werden.

Kaufpreise für Mehrfamilienhausgrundstücke sind üblicherweise von der GFZ und der allgemeinen Preisentwicklung abhängig. Bei einer nachfolgenden Grundstücksmarktanalyse zur Ermittlung einer Bodenpreisindexreihe wird nach klassischer Vorgehensweise vorab die GFZ-Normierung der Kaufpreise l_2 mittels der aus einer übergeordneten Grundstücksmarktanalyse abgeleiteten GFZ-Umrechnungskoeffizienten durchgeführt.

Inwieweit der für die Analyse (des Bewertungsobjekts) zutreffende Grundstücksmarkt – abgebildet durch eine repräsentative Stichprobe von Kauffällen l_2 - ein vergleichbares Marktverhalten für die GFZ-Abhängigkeit zeigt wie die Teilmärkte, für die die GFZ-Umrechnungskoeffizienten ermittelt worden sind, bleibt ungeprüft. Die aus dem ermittelten Regressionskoeffizienten abgeleiteten GFZ-Umrechnungskoeffizienten werden als fehlerfrei in die Varianzkovarianzfortpflanzung eingehen.

Mögliche grobe Fehler in den Kaufpreisen l_2, die aufgrund von ungewöhnlichen oder persönlichen Verhältnissen ausgeschlossen werden sollen, können bei der hierarchischen Vorgehensweise von den funktionalen Modellfehlern zwischen Beobachtungen und Unbekannten nicht gesondert betrachtet werden und bleiben ggf. unentdeckt.

<u>Funktionales Modell in der Grundstücksmarktanalyse mit Ausgleichung ohne Zusatzrestriktionen</u>

Das funktionale Modell mit dem Verbesserungsgleichungssystem zur Kaufpreisgruppe der nachfolgenden Grundstücksmarktanalyse lautet zunächst

$$\hat{l}_2 = l_2 + v_2 = 0\hat{x}_1 + A_{22}\hat{x}_2 + A_{23}\hat{x}_3 \quad . \qquad\qquad (5.34a)$$

Das Datum im Modell ist durch das Kaufpreislevel definiert. Es sind im Modell als eine Unbekanntengruppe die Regressionskoeffizienten $\hat{x}_3$ der nachfolgenden Grundstücksmarktanalyse definiert. Von den vorliegenden Unbekanntenvektoren $\hat{x}_1$ und $\hat{x}_2$ der Regressionskoeffizienten der übergeordneten Grundstücksmarktanalyse sind nur die im Hinblick auf die nachfolgende Grundstücksmarktanalyse wertrelevanten Regressionskoeffizienten $\hat{x}_2$ als Unbekannte zu berücksichtigen. Als Matrixsystem lässt sich schreiben

$$\hat{l}_2 = \begin{vmatrix} A_{22} & A_{23} \end{vmatrix} * \begin{vmatrix} \hat{x}_2 \\ \hat{x}_3 \end{vmatrix} \quad . \tag{5.34b}$$

<u>Stochastisches Modell</u>

Das stochastische Modell wird durch die Gewichtsmatrix der Beobachtungen $P_{l_2 l_2}$ angegeben, wobei im allgemeinen unter Beachtung von Käufer- bzw. Verkäuferidentität für denselben Vorgang im Teilmarkt und anschließender Elimination von *identischen* Kauffällen von unkorrelierten und gleichgenauen Beobachtungen ausgegangen wird.

Durch die *Grundstücksmarktanalyse ohne Zusatzrestriktionen* soll ohne Anschlussbedingungen nur auf die Beobachtungs- bzw. Kauffallinformationen abgestellt werden. Von einer marktorientierten Verknüpfung der Einflussgrößen (x_2, x_3) im Modell kann grundsätzlich entsprechend der hierarchischen Vorgehensweise ausgegangen werden.

Unter Einführung von

$$A = \begin{vmatrix} A_{22} & A_{23} \end{vmatrix} \tag{5.34c}$$

und

$$\hat{x} = \begin{vmatrix} \hat{x}_2 \\ \hat{x}_3 \end{vmatrix} \tag{5.34d}$$

ergibt sich das Normalgleichungssystem zu

$$A^T P_{l_2 l_2} A \, \hat{x} = A^T P_{l_2 l_2} l_2 \tag{5.35a}$$

Eine <u>Lösung des Normalgleichungssystems</u> lässt sich unter Einführung von

$$Q_{\hat{x}\hat{x}} = \begin{vmatrix} Q_{\hat{x}_2 \hat{x}_2} & Q_{\hat{x}_2 \hat{x}_3} \\ Q_{\hat{x}_3 \hat{x}_2} & Q_{\hat{x}_3 \hat{x}_3} \end{vmatrix} \tag{5.35b}$$

in folgender Form angeben

$$\hat{x} = \left(A^T P_{l_2 l_2} A \right)^{-1} A^T P_{l_2 l_2} l_2 = Q_{\hat{x}\hat{x}} A^T P_{l_2 l_2} l_2 \quad . \tag{5.35c}$$

In dem nachfolgenden Beispiel wird der ermittelte Schätzwert $\hat{x}_{2GFZ}$ für die GFZ-Abhängigkeit aus der übergeordneten Grundstücksmarktanalyse a nicht als *unveränderlich* wie in einem hierarchischen Modell eingeführt, sondern durch $\hat{x}_{2GFZ}$ als *unbekannter* Regressionskoeffizient ersetzt. Als unbekannte Regressionskoeffizienten $\hat{x}_3$ für die weiteren wertrelevanten Parameter der nachgeordneten Grundstücksmarktanalyse b sollen neben dem konstanten Glied $\hat{x}_{3Glied0}$ die Regressionskoeffizienten $\hat{x}_{3BZeit}$ und $\hat{x}_{3Lageq}$ ermittelt werden. Der Zusammenhang zwischen den Kaufpreisen und den unbekannten Regressionskoeffizienten lautet dann

$$\hat{l}_{2_i} = l_{2_i} + v_{2_i} = GFZ_i \hat{x}_{2GFZ} + BZeit_i \hat{x}_{3BZeit} + Lageq_i \hat{x}_{3Lageq} + \hat{x}_{3Glied0} \qquad (5.36)$$

$\hat{l}_{2_i}$ ausgeglichene Kaufpreise der nachgeordneten Grundstücksmarktanalyse b

l_{2_i}, v_{2_i} Kaufpreise, Verbesserungen der nachgeordneten Grundstücksmarktanalyse b

$\hat{x}_{2GFZ}$ ausgeglichener Regressionskoeffizient (Schätzwert) in der nachgeordneten Grundstücksmarktanalyse b für das wertrelevante Merkmal *GFZ*, das originär mit den beiden Kaufpreisgruppen l_1 und l_2 verknüpft ist.

GFZ_i Geschossflächenzahl des i-ten Kauffalls

           GFZ-Umrechnungskoeffizienten (vgl. (5.71) $GFZ\ UK_i = \hat{y}_{GFZ_i} / \hat{y}_{GFZ_{Basis=1,0}}$)

$\hat{x}_{3BZeit}$ ausgeglichener Regressionskoeffizient (Schätzwert) für das wertrelevante Merkmal *Bodenpreisentwicklung*, das nur mit der Kaufpreisgruppe l_2 verknüpft ist.

$BZeit_i$ Bezugszeitpunkt (Stichtag) des i-ten Kauffalls

           Bodenpreisindizes (vgl. (5.69)) $B\Pr eisInd_{i[\%]} = \hat{y}_{t_i} / \hat{y}_{t_0} * 100$)

$\hat{x}_{3Lageq}$ ausgeglichener Regressionskoeffizient (Schätzwert) für das wertrelevante Merkmal *Lagequalität*, das nur mit der Kaufpreisgruppe l_2 verknüpft ist.

$Lageq_i$ Lagequalität des i-ten Kauffalls (i.d.R. diskrete Zufallsvariable)

           Umrechnungskoeffizienten für z.B. die Wohnlage können entsprechend den GFZ-Umrechnungskoeffizienten abgeleitet werden.

$$Lageq\ UK_i = \hat{y}_{Lageq_i} / \hat{y}_{Lageq_{Basis=mittel}}$$

$\hat{x}_{3Glied0}$ ausgeglichener Regressionskoeffizient (Schätzwert) als *konstantes Glied*, das nur mit der Kaufpreisgruppe l_2 verknüpft ist.

5.3.1.3 Stochastische Grundstücksmarktanalyse

Durch Ausgleichung der Beobachtungsgruppe zur Bestimmung der Netzpunkte höherer Ordnung ergeben sich Koordinaten für die Anschlusspunkte und ihre Kofaktormatrix. Diese korrelierten Unbekannten können als Ersatz für die zu ihrer Bestimmung herangezogene unkorrelierte Beobachtungsgruppe in die Ausgleichung dynamischer Netze eingeführt werden; damit läst sich eine bestmögliche Annäherung an das dynamische Netz quasi als Kompromiss angeben (Schmitt 2005c; Bill 1984).

Übertragen auf die Analyse von Grundstücksmarktinformationen bedeutet dies, dass die in der übergeordneten Grundstücksmarktanalyse ermittelten Regressionskoeffizienten $\hat{x}_2$ als stochastische Regressionskoeffizienten in Form fingierter Ersatzbeobachtungen/-kaufpreise im Modell der stochastischen Ausgleichung eingeführt werden und nachfolgend mittels Hypothesentests kontrolliert werden können (Schmitt 2005c). Damit wird eine gewisse *Bewegung* der Regressionskoeffizienten $\hat{x}_2$ der übergeordneten Grundstücksmarktanalyse im Modell durch eine zu wählende Stochastik gestattet.

<u>Funktionales Modell in der Grundstücksmarktanalyse mit stochastischer Ausgleichung</u>

Das Verbesserungsgleichungssystem zur Kauffallgruppe der nachfolgenden Grundstücksmarktanalyse

$$l_2 + v_2 = A_{22}\hat{x}_2 + A_{23}\hat{x}_3 \qquad (5.37a)$$

wird um die Verbesserungsgleichungen

$$l_{x_2} + v_{x_2} = I\ \hat{x}_2 + 0\ \hat{x}_3 \qquad (5.37b)$$

für die in der übergeordneten Grundstücksmarktanalyse ermittelten Regressionskoeffizienten $\hat{x}_2$ als fingierte Ersatzbeobachtungen erweitert. Die Beobachtungsanzahl n wächst damit auf $n = n_{l_2} + n_{x_2}$ an. Die Regressionskoeffizienten $\hat{x}_1$ sind nur auf die Beobachtungsgruppe l_1 bezogen. Von den vorliegenden Unbekanntenvektoren $\hat{x}_1$ und $\hat{x}_2$ der Regressionskoeffizienten der übergeordneten Grundstücksmarktanalyse sind folglich wie bei der freien Ausgleichung nur die im Hinblick auf die nachfolgende Grundstücksmarktanalyse wertrelevanten Regressionskoeffizienten $\hat{x}_2$ als Unbekannte zu berücksichtigen.

Als Konfigurationsmatrix A ergibt sich

$$A = \begin{vmatrix} A_{22} & A_{23} \\ I & 0 \end{vmatrix} \qquad (5.37c)$$

$$\hat{l} = \begin{vmatrix} \hat{l}_2 \\ \hat{l}_{x_2} \end{vmatrix} = A * \begin{vmatrix} \hat{x}_2 \\ \hat{x}_3 \end{vmatrix}\ . \qquad (5.37d)$$

Zu dem <u>stochastischen Ansatz</u> für die Kauffallgruppe l_2 wird der Anteil der Beobachtungen l_{x_2} hinzugefügt. Entweder wird die Information aus der Varianzkovarianzmatrix der übergeordneten Grundstücksmarktanalyse entnommen oder es werden *künstliche* Ersatzmatrizen eingeführt. Die Gewichtsmatrix P stellt sich dann wie folgt dar:

$$P = \begin{vmatrix} P_{l_2 l_2} & 0 \\ 0 & P_{lx_2 lx_2} \end{vmatrix} \qquad (5.37e)$$

Eine Korrelation der Kauffälle l_2 zu den Ersatzbeobachtungen l_{x_2} sei ebenso ausgeschlossen wie dies für die ursprünglichen Kauffälle der übergeordneten Grundstücksmarktanalyse l_1 mit l_2 gilt.

Für die Zielfunktion der Methode der kleinsten Quadrate gilt:

$$v_{l_2}^T P_{l_2 l_2} v_{l_2} + v_{x_2}^T P_{x_2 x_2} v_{x_2} \rightarrow Minimum \qquad (5.38)$$

Das <u>Normalgleichungssystem</u> ergibt sich zu

$$\begin{vmatrix} A_{22}^T P_{l_2 l_2} A_{22} + P_{lx_2 lx_2} & A_{22}^T P_{l_2 l_2} A_{23} \\ A_{23}^T P_{l_2 l_2} A_{22} & A_{23}^T P_{l_2 l_2} A_{23} \end{vmatrix} * \begin{vmatrix} \hat{x}_2 \\ \hat{x}_3 \end{vmatrix} = \begin{vmatrix} A_{22}^T P_{l_2 l_2} l_2 + P_{lx_2 lx_2} l_{x_2} \\ A_{23}^T P_{l_2 l_2} l_2 \end{vmatrix}\ . \qquad (5.39)$$

In einer linearisierten Form des funktionalen Modells mit Näherungswerten kann bei der rechentechnischen Behandlung l_{x_2} im Absolutgliedvektor zu Null gesetzt werden, indem als Näherungen und Ersatzbeobachtungen jeweilig die Regressionskoeffizienten aus der übergeordneten Grundstücksmarktanalyse gewählt werden. Der Absolutgliedanteil $P_{lx_2lx_2} l_{x_2}$ in (5.39) entfällt somit.

Eine Lösung des Normalgleichungssystems lässt sich folglich angeben

$$\begin{vmatrix} \hat{x}_2 \\ \hat{x}_3 \end{vmatrix} = \begin{vmatrix} A_{22}{}^T P_{l_2l_2} A_{22} + P_{lx_2lx_2} & A_{22}{}^T P_{l_2l_2} A_{23} \\ A_{23}{}^T P_{l_2l_2} A_{22} & A_{23}{}^T P_{l_2l_2} A_{23} \end{vmatrix}^{-1} * \begin{vmatrix} A_{22}{}^T P_{l_2l_2} l_2 \;(+P_{lx_2lx_2} l_{x_2})_{=0} \\ A_{23}{}^T P_{l_2l_2} l_2 \end{vmatrix} \quad \text{bzw.} \qquad (5.40a)$$

$$\begin{vmatrix} \hat{x}_2 \\ \hat{x}_3 \end{vmatrix} = \begin{vmatrix} Q_{\hat{x}_2\hat{x}_2} & Q_{\hat{x}_2\hat{x}_3} \\ Q_{\hat{x}_3\hat{x}_2} & Q_{\hat{x}_3\hat{x}_3} \end{vmatrix} * \begin{vmatrix} A_{22}{}^T P_{l_2l_2} l_2 \\ A_{23}{}^T P_{l_2l_2} l_2 \end{vmatrix} \quad . \qquad (5.40b)$$

Dieser Lösungsweg bietet somit die Möglichkeit, Informationen über die Varianz(kovarianz)situation der Regressionskoeffizienten der übergeordneten Grundstücksmarktanalyse einfließen zu lassen und so eine bestmögliche Annäherung an die dynamische Ausgleichung von Grundstücksmarktinformationen zu erreichen.

<u>Stochastisches Modell der Ersatzbeobachtungen</u>

Zur Aufstellung der Kofaktormatrix $Q_{x_2x_2}$ der Ersatzbeobachtungen können unterschiedliche Lösungsansätze verfolgt werden:

- Übernahme der vorliegenden Varianzkovarianzinformation der übergeordneten Grundstücksmarktanalyse für die Regressionskoeffizienten $\hat{x}_2$.

- Ersatzmatrizen wie
    o Diagonalmatrix aus Varianzinformationen zu den Regressionskoeffizienten $\hat{x}_2$ und
    o Kriteriummatrix, wie in der Optimierung geodätischer Netze verwendet (Schmitt 1979).

Der unkorrelierter Ansatz einer Diagonalmatrix kann zumindest näherungsweise konsistent mit dem Analyseziel der Erklärung der Zielgröße (Kaufpreis) mit Hilfe von unkorrelierten bis schwach korrelierten Einflussgrößen beurteilt werden. Hierzu wird die Kofaktormatrix $Q_{\hat{x}_2\hat{x}_2}$ aus der übergeordneten Grundstücksmarktanalyse näher betrachtet, die die vollständige Varianzkovarianzinformationen der Regressionskoeffizienten $\hat{x}_2$ enthält.

$$Q_{\hat{x}_2\hat{x}_2} = \begin{vmatrix} & \vdots & \vdots & \\ \cdots & q_{\hat{x}_{2i}\hat{x}_{2i}} & q_{\hat{x}_{2i}\hat{x}_{2j}} & \cdots \\ \cdots & q_{\hat{x}_{2j}\hat{x}_{2i}} & q_{\hat{x}_{2j}\hat{x}_{2j}} & \cdots \\ & \vdots & \vdots & \end{vmatrix} \qquad (5.41)$$

Der Korrelationskoeffizient $\rho_{\hat{x}_{2i}\hat{x}_{2j}}$ zwischen dem i- und j-ten Regressionskoeffizienten von $\hat{x}_2$ ist definiert zu

$$\rho_{\hat{x}_{2i}\hat{x}_{2j}} = \frac{q_{\hat{x}_{2i}\hat{x}_{2j}}}{\sqrt{q_{\hat{x}_{2i}\hat{x}_{2i}} q_{\hat{x}_{2j}\hat{x}_{2j}}}} \quad . \qquad (5.42a)$$

Im einfachsten Fall werden die Genauigkeiten für alle Regressionskoeffizienten $\hat{x}_2$ gleich angenommen. Nur der gemeinsame Varianzfaktor ist vorzugeben

$$C_{\hat{x}_2\hat{x}_2} = \sigma^2_{\hat{x}_2\hat{x}_2}\ I \quad . \tag{5.42b}$$

Nachbarschaftsbeziehungen bleiben bei dieser Diagonalmatrix unberücksichtigt. Dafür lässt sich das *Data snooping* für unkorrelierte Beobachtungen beim Testen der Ersatzbeobachtungen anwenden (vgl. Kap. 5.3.2.2).

Die Koordinaten des übergeordneten Netzes sind als Ergebnis der Ausgleichung der höheren Ordnung korreliert. Diese mathematische Korrelation wird einerseits durch die Netzgeometrie in der Konfigurationsmatrix und andererseits durch das stochastische Modell geprägt. Zur Lösung werden in Kriteriummatrizen für korrelierte Ersatzbeobachtungen (Varianzkovarianzmatrix der Regressionskoeffizienten $\hat{x}_2$) geeignete funktionale Beziehungen, die sogenannten Kovarianzfunktionen, aufgestellt. Ein Überblick wird in Bill (1984) gegeben. Es soll in dieser Arbeit nicht weiter Gegenstand der Untersuchung sein.

5.3.1.4   Hierarchische Grundstücksmarktanalyse

Änderungen in den Regressionskoeffizienten $\hat{x}_2$ aus der übergeordneten Grundstücksmarktanalyse werden in der *hierarchischen Grundstücksmarktanalyse* ausgeschlossen. In vorhergehenden Analyseschritten wurden keine groben Kauffallfehler in den (stochastischen) Regressionskoeffizienten $\hat{x}_2$ und den Kaufpreisen der Kauffallgruppe l_2 aufgedeckt bzw. die Fehler wurden bereinigt.

<u>Funktionales Modell in der Grundstücksmarktanalyse mit hierarchischer Ausgleichung</u>

Das Verbesserungsgleichungssystem zur Kauffallgruppe l_2 der nachfolgenden Grundstücksmarktanalyse enthält nur noch die Regressionskoeffizienten $\hat{x}_{3_i}$ der nachfolgenden Grundstücksmarktanalyse als Unbekannte

$$\hat{l}_2 = l_2 + v_2 = A_{23}\hat{x}_3 \quad . \tag{5.43}$$

Die Kauffälle sind vorab entsprechend der hierarchischen Vorgehensweise mit Hilfe der aus der übergeordneten Grundstücksmarktanalyse abgeleiteten und bestätigten bzw. korrigierten erforderlichen Daten z.B. GFZ-Umrechnungskoeffizienten umgerechnet (normiert) worden.

Es ist nur noch der <u>stochastische Ansatz</u> für die Kauffallgruppe l_2 in Form der Gewichtsmatrix der Beobachtungen $P_{l_2 l_2}$ zu beachten.

$$P = P_{l_2 l_2} \tag{5.44a}$$

Wird zur Vereinfachung

$$\hat{x} = \hat{x}_3 \quad , \tag{5.44b}$$

$$A = A_{23} \quad , \tag{5.44c}$$

$$l = l_2 \quad \text{und} \tag{5.44d}$$

$$Q = Q_{\hat{x}_3\hat{x}_3} \tag{5.44e}$$

eingeführt, so ergibt sich für das <u>Normalgleichungssystem</u> $A^T P A\,\hat{x} = A^T P l$ (vgl. (5.35a und c)) die bekannte Lösung

$$\hat{x} = \left(A^T P A\right)^{-1} A^T P l = Q\,A^{\,T} P l \quad . \tag{5.45}$$

5.3.2 Modellfehler und statistische Tests

Bei der Ausgleichung geodätischer Netze wird durch das mathematische Modell mit seinen Komponenten funktionales und stochastisches Modell der Zusammenhang zwischen beobachteten Größen und den gewählten Unbekannten beschrieben (Schmitt 2005b). Die Arbeitsschritte können durch spezielle Proben – bis hin zu einer Schlussprobe – überprüft werden. Fehler im mathematischen Modell selbst können damit allerdings nicht erkannt werden.

Zu den Modellfehlern zählen insbesondere grob fehlerhafte Beobachtungen, unzureichende funktionale Zusammenhänge zwischen Beobachtungen und Unbekannten oder ein ungenügendes stochastisches Modell. Vorrangig gilt die Suche den grob fehlerhaften Beobachtungen.

In der Grundstücksbewertung sollen folglich grobe Fehler in den Kaufpreisen aufgedeckt werden. Es kann sich dabei um z.B. einen durch ungewöhnliche oder persönliche Verhältnisse beeinflussten Kauffall oder einen *klassischen* Erfassungsfehler beim Kaufpreis handeln.

Für die Benennung der Parameter werden zur besseren Nachvollziehbarkeit gleichfalls die in der Ausgleichungsrechnung bzw. den Hypothesentests zur Beschreibung der inneren und äußeren Zuverlässigkeit geodätischer Netze üblichen Bezeichnungen verwendet. Eine Umsetzung in die Variablen der Regressionsanalyse von Grundstücksmarktinformationen ist entsprechend möglich.

5.3.2.1 Prüfen der Kauffälle

Zunächst wird eine Nullhypothese H_0 mit dem mathematischen Zusammenhang zwischen Beobachtungen und Unbekannten aufgestellt. Als Basis dient das GMM in bekannter Form der vermittelnden Ausgleichung.

<u>Nullhypothese H_0</u>

Die Beobachtungen unterliegen einer Normalverteilung um den Mittelwert Ax mit der Varianz C_{ll}

$$l \sim N\left(Ax, C_{ll}\right) \tag{5.46}$$

Grundlage bilden die bekannten Formelbeziehungen

$$\hat{l} = l + v = A\hat{x} \tag{5.47a}$$

$$Q_{\hat{x}\hat{x}} = \left(A^T P_{ll} A\right)^{-1} = N^{-1} \tag{5.47b}$$

$$\hat{x} = Q_{\hat{x}\hat{x}} A^T P_{ll} l \tag{5.47c}$$

$$\hat{\sigma}_0^2 = \frac{v^T P_{ll} v}{n - u} = \frac{\Omega}{r} \tag{5.47d}$$

Unter $\hat{\sigma}_0^2$ versteht man den à-posteriori Varianzfaktor und $r = n - u$ steht für die Gesamtredundanz des Modells. Zur Anwendung des Globaltests wird auf (5.53) verwiesen.

Dann wird eine Alternativhypothese H_a auf Grundlage einer Erweiterung des Modells der Nullhypothese aufgestellt.

Alternativhypothese H_a

Zur Formulierung der Alternativhypothese wird das Modell der Nullhypothese um p Zusatzparameter y_i zur Beschreibung der Modellfehler im allgemeinen mit Hilfe einer Matrix B erweitert.

$$\hat{l} = l + v' = A\hat{x}' + B\hat{y} \tag{5.48}$$

Die Beobachtungen unterliegen nun einer Normalverteilung

$$l \sim N\left(Ax' + By, C_{ll}\right) \tag{5.49}$$

und das Normalgleichungssystem lautet

$$\begin{vmatrix} A^T P_{ll} A & A^T P_{ll} B \\ B^T P_{ll} A & B^T P_{ll} B \end{vmatrix} \begin{vmatrix} \hat{x}' \\ \hat{y} \end{vmatrix} = \begin{vmatrix} A^T P_{ll} l \\ B^T P_{ll} l \end{vmatrix} \quad . \tag{5.50}$$

Die Auflösung des Systems nach y ergibt

$$\hat{y} = -Q_{\hat{y}\hat{y}} B^T P_{ll} v = Q_{\hat{y}\hat{y}} B^T P_{ll} Q_{vv} P_{ll} l \quad \text{mit} \tag{5.51a}$$

$$Q_{\hat{y}\hat{y}} = \left(B^T P Q_{vv} P B\right)^{-1} \quad . \tag{5.51b}$$

Dabei ist bemerkenswert, dass $\hat{y}$ mit den Ergebnissen v unter der Nullhypothese geschätzt wird. Für die Schätzung der Modellfehler (Zusatzparameter) im allgemeinen, wobei $By = \nabla l$ gesetzt wird, erhält man

$$\hat{\nabla} l = B\hat{y} = -B Q_{\hat{y}\hat{y}} B^T P_{ll} v \quad . \tag{5.52}$$

Globaltest

Vor der Aufstellung einzelner Hypothesentests für mögliche Alternativhypothesen wird zunächst zur globalen Prüfung des mathematischen Modells die Durchführung des Globaltests unter der Nullhypothese H_0 empfohlen.

Damit kann auch der à-priori Varianzfaktor σ_0^2 als eine realistische Einschätzung der Messkonfiguration bestätigt werden. Mit dem à-posteriori Varianzfaktor $\hat{\sigma}_0^2$ lautet die Testgröße (zweiseitige Fragestellung)

$$F = \frac{\hat{\sigma}_0^2}{\sigma_0^2} \approx F_{f_1 = n-u, f_2 = \infty} \quad . \tag{5.53}$$

Die Testgröße unterliegt nach Fisher der F-Verteilung mit den Freiheitsgraden f_1 und f_2. Der Globaltest sollte für sämtliche in der Strategie zur Grundstücksmarktanalyse betrachteten Modellbildungen angewendet werden.

Bei Anwendung der multiplen Regressionsanalyse in der Grundstückswertermittlung wird üblicherweise zur Prüfung des Gesamtmodells das multiple Bestimmtheitsmaß nach (4.8a) eingeführt, wobei das stochastische Modell ausnahmslos als Einheitsmatrix für gleichgewichtige, unkorrelierte Beobachtungen angenommen wird. Die Testentscheidung zur Beurteilung des Varianzabbaus durch die Einflussgrößen kann bei Bedarf in Ergänzung des Globaltests entsprechend (4.12a bis c) herangezogen werden.

<u>Modellbildung für Beobachtungsfehler</u>

Die spezielle Modellbildung für Beobachtungsfehler führt zu der Beziehung $y = \nabla l$, wobei die Matrix B hierbei die funktionale Modellierung der Beobachtungsfehler ∇l liefert.

Ausgehend von der Schätzung

$$\hat{\nabla} l = -Q_{\hat{\nabla}l\hat{\nabla}l} B^T P_{ll} v = -Q_{\hat{\nabla}l\hat{\nabla}l} B^T P_{ll} Q_{vv} P_{ll} l \tag{5.54}$$

lässt sich auch im erweiterten Modell eine Nullhypothese

$$H_0: \quad E(\hat{\nabla}l) = 0 \tag{5.55}$$

aufstellen. Als Teststatistik kann die Testgröße

$$T = \frac{\hat{\nabla}_l^T Q_{\hat{\nabla}l\hat{\nabla}l}^{-1} \hat{\nabla}_l}{p\hat{\sigma}_0^2} \quad \sim F_{p,r-p} \Big| \ H_0 \tag{5.56}$$

angeben werden.

Für die Alternativhypothese(n) H_a kann $E(\hat{\nabla}l) \neq 0$ formuliert werden. Bei der Reduktion üblicherweise auf einen groben Beobachtungsfehler ∇l_i in der Beobachtung l_i beschränkt sich ∇l auf

$$B_i^T \nabla l = e_i^T \nabla l = (0 \dots 1 \dots 0) \ \nabla l \quad . \tag{5.57}$$

B^T besteht folglich nach der Reduktion üblicherweise auf einen groben Beobachtungsfehler ∇l_i in der Beobachtung l_i aus einer Zeile für die i-te Beobachtung - der i-ten Zeile der n-dimensionalen Einheitsmatrix. Zum Prüfen aller n Beobachtungen werden damit n Alternativhypothesen benötigt.

<u>Innere Zuverlässigkeit</u>

Die innere Zuverlässigkeit ist definiert als ein Maß für die Erkennbarkeit grober Fehler in den Beobachtungen ab einem bestimmten Grenzwert.

Mittels (5.51a und b) ergibt sich aus

$$\hat{\nabla} l = -\left(B^T P_{ll} Q_{vv} P_{ll} B\right)^{-1} B^T P_{ll} v \tag{5.58}$$

für unkorrelierte Beobachtungen für einen groben Beobachtungsfehler ∇l_i

$$\hat{\nabla} l_i = -\frac{v_i}{(Q_{vv} P_{ll})_{ii}} = -\frac{v_i}{q_{v_i v_i} * p_i} = -\frac{v_i}{r_i} \tag{5.59a}$$

$$r_i = (Q_{vv} P_{ll})_{ii} = q_{v_i v_i} * p_i \tag{5.59b}$$

$$r_i = 1 - \frac{q_{\hat{l}_i \hat{l}_i}}{q_{l_i l_i}} = 1 - q_{\hat{l}_i \hat{l}_i} * p_i \quad . \tag{5.59c}$$

r_i ist der Redundanzanteil der i-ten Beobachtung und stellt den Anteil der i-ten Beobachtung an der Verbesserung v_i dar. Insoweit wird damit ein Beitrag zur eigenen Kontrollierbarkeit geliefert. Im geodätischen Netz wird der Redundanzanteil und damit die Kontrollierbarkeit maßgeblich durch die Beobachtungsgeometrie, die sich in der Konfigurationsmatrix A zeigt, beeinflusst.

Übertragen auf die Wertermittlung bedeutet dies zu überprüfen, welche Ausprägungen für die wertrelevanten Merkmale in der Matrix X auftreten, welcher Verteilung – im Idealfall N(0,1) -Verteilung – sie entsprechen, und wie sie sich hinsichtlich Minimal-/Maximalwert, Mittelwert, empirischem Exzess und empirischer Schiefe verhalten. Größere Stichproben beeinflussen die Qualität dieser Kriterien sicherlich günstig. Damit kann auch das für die Ergebnisfindung unerwünschte Auftreten von Influenzpreisen, die eine geringe bis im Extremfall fehlende Kontrollierbarkeit aufweisen, reduziert werden.

Ausgehend von der Interpretation von $\hat{\nabla}l_i$ als Widerspruch zur Nullhypothese $E(\hat{\nabla}l) = 0$ kann ein normierter Widerspruch w_i als normalverteilte Testgröße angegeben werden. Die Testgröße wird als *normierte Verbesserung* bezeichnet.

$$w_i = \frac{\hat{\nabla}l_i}{\sigma_0\sqrt{q_{\hat{\nabla}l_i\hat{\nabla}l_i}}} = \frac{\hat{\nabla}l_i}{\sigma_0\sqrt{(p_i q_{v_i v_i} p_i)^{-1}}} = \frac{|v_i|}{\sigma_0 * q_{v_i v_i} p_i \sqrt{(p_i q_{v_i v_i} p_i)^{-1}}} = \frac{|v_i|}{\sigma_{v_i}} \qquad (5.60)$$

Durch Umformung von (5.59b) nach σ_{v_i} ergibt sich

$$\sigma_{v_i} = \sqrt{r_i} * \sigma_{l_i} \; . \qquad (5.61)$$

Eingesetzt in (5.60) erhält man als Testgröße

$$w_i = \frac{|v_i|}{\sqrt{r_i} * \sigma_{l_i}} = \frac{|-r_i * \hat{\nabla}l_i|}{\sqrt{r_i} * \sigma_{l_i}} = \frac{\sqrt{r_i} * \hat{\nabla}l_i}{\sigma_{l_i}} \; . \qquad (5.62)$$

Die Wahrscheinlichkeit für die Zuordnung zur Nullhypothese H_0: $\hat{\nabla}l_i = 0$ beträgt

$$P(|w_i| < k | H_0) = 1 - \alpha_0 \; . \qquad (5.63a)$$

Ist die Testgröße $|w_i|$ größer als das $\alpha_0/2$-Fraktil k der Normalverteilung, so wird in dieser Beobachtung ein grober Fehler vermutet (Abb. 5.43).

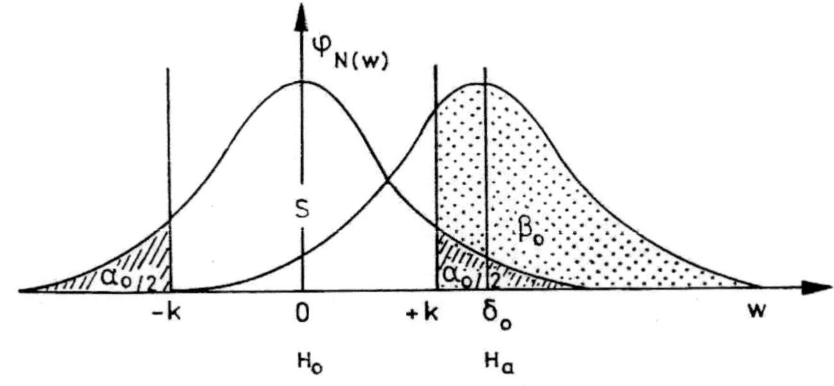

Abb. 5.43: Wahrscheinlichkeitsdichte der Normalverteilung

Die Lage der Alternativhypothese H_{ai} ist dabei abhängig von der Größe des vermuteten groben Fehlers $\hat{\nabla}l_i$ (Mürle und Bill 1984). Die Wahrscheinlichkeit, einen Fehler $\hat{\nabla}l_i$ zu entdecken, ist die Macht (oder Güte) β_i des Tests bezüglich der Alternativhypothese

$$P(|w_i| > k \mid H_{a_i}) = \beta_i \quad .$$

(5.63b)

Der Nichtzentralitätsparameter δ_0 ist eine Funktion von α_0 und β_0. Richtige Entscheidungen werden mit den Wahrscheinlichkeiten $1-\alpha_0$ unter H_0 und β_0 unter H_a getroffen. Falsche Entscheidungen sind von den Wahrscheinlichkeiten α_0 (Fehler 1. Art) und $1-\beta_0$ (Fehler 2. Art) abhängig.

Als Ergebnis kann damit ein Grenzwert für die innere Zuverlässigkeit zur Erkennbarkeit eines groben Beobachtungsfehlers ermittelt werden.

$$\nabla_0 l_i = \frac{\delta_0(\alpha_0, \beta_0) * \sigma_{l_i}}{\sqrt{r_i}}$$

(5.64)

Für die Grundstückswertermittlung bedeutet dies, dass je größer der Redundanzanteil eines Kaufpreises, umso kleiner ist der mit der Wahrscheinlichkeit $1-\beta_0$ nicht mehr aufdeckbare grobe Fehler $\nabla_0 l_i$ in einer Beobachtung des Grundstücksmarktes.

Auch für die Grundstücksmarktanalyse lautet die Folgerung, dass große und gleichmäßige Redundanzanteile für die Kauffälle gefordert werden müssen (Schmitt 2005b).

Ausreichende Kontrollierbarkeit: $\qquad 0{,}1 \leq r_i \leq 0{,}3$

Gute Kontrollierbarkeit: $\qquad 0{,}3 \leq r_i \leq 1{,}0$

Die Grenzwerte für die innere Zuverlässigkeit sollten den Bereich $(6-8) * \sigma_{l_i}$ nicht überschreiten (Mürle und Bill 1984).

Nachteil des Einzeltests ist die Voraussetzung des Vorliegens nur eines groben Fehlers. Bei gleichzeitigem Auftreten mehrerer grober Fehler können auch fehlerfreie Beobachtungen als falsch ausgewiesen werden. Zur strategischen Vorgehensweise wird ein *iteratives Datasnooping* vorgeschlagen, wobei zunächst nur die Beobachtung mit der größten Testgröße eliminiert wird und die Iteration solange fortgesetzt wird, bis keine Beobachtung mehr verworfen wird.

<u>Äußere Zuverlässigkeit</u>

Neben der inneren Zuverlässigkeit ist für die Beurteilung eines geodätischen Netzes oder einer Grundstücksmarktanalyse die Auswirkung eines nicht entdeckten groben Fehlers in den Beobachtungen auf die unbekannten Koordinaten bzw. Regressionskoeffizienten und daraus abgeleiteter Größen von Interesse (äußere Zuverlässigkeit).

Ein nicht erkannter grober Fehler $\nabla_0 l_i$ in der Beobachtung l_i beeinflusst alle Unbekannten (äußerer Zuverlässigkeitsvektor) und lässt sich für unkorrelierte Beobachtungen wie folgt darstellen.

$$\nabla_{0,i}\hat{x} = Q_{\hat{x}\hat{x}} \, a_i^T \, p_i \nabla_0 l_i$$

(5.65)

Im Vektor a_i^T stehen die transponierten Koeffizienten der (reduzierten) Verbesserungsgleichung der i-ten Beobachtung. Entsprechend der Auswirkungen eines nicht entdeckten groben Fehlers im geodätischen Netz auf alle Unbekannten werden auch in der Grundstücksmarktanalyse die zu bestimmenden Regressionskoeffizienten insgesamt verfälscht.

Von weitergehendem Interesse ist, inwieweit eine beliebige Funktion der Unbekannten wie z. B. im geodätischen Netz die Koordinate selbst, ein Richtungswinkel oder eine Fläche von einem groben Fehler $\nabla_0 l_i$ beeinflusst werden kann. In der Grundstücksmarktanalyse kann es sich um den Regressionskoeffizienten selbst oder eine davon abgeleitete Funktion zur Ermittlung der erforderlichen Daten handeln.

Ausgehend von (5.65) gilt für die Auswirkung eines groben Fehlers $\nabla_0 l_i$ auf eine beliebige Funktion der Unbekannten

$$\nabla_{0,i} f = f\, Q_{\hat{x}\hat{x}}\, a_i^T p_i \nabla_0 l_i \quad . \tag{5.66a}$$

Die Umformung mit (5.61) und (5.64) liefert

$$\nabla_{0,i} f = f\, Q_{\hat{x}\hat{x}}\, a_i^T \sigma_0\, \delta_0 / \sqrt{q_{v_i v_i}} \quad . \tag{5.66b}$$

Des Weiteren lässt sich $f\, Q_{\hat{x}\hat{x}}\, a_i^T$ als Skalarprodukt schreiben

$$f\, Q_{\hat{x}\hat{x}}^{1/2} Q_{\hat{x}\hat{x}}^{1/2} a_i^T = |\, f\, Q_{\hat{x}\hat{x}}^{1/2}\, | * |\, Q_{\hat{x}\hat{x}}^{1/2} a_i^T\, | * \cos(\phi) \quad , \tag{5.66c}$$

wobei ϕ dem Winkel zwischen den beiden Vektoren $f\, Q_{\hat{x}\hat{x}}^{1/2}$ und $Q_{\hat{x}\hat{x}}^{1/2} a_i^T$ entspricht.

Durch Einsetzen der Vektoren in (5.66c) erhält man

$$= \sqrt{f\, Q_{\hat{x}\hat{x}}^{1/2} * (f\, Q_{\hat{x}\hat{x}}^{1/2})^T} * \sqrt{(Q_{\hat{x}\hat{x}}^{1/2} a_i^T)^T * Q_{\hat{x}\hat{x}}^{1/2} a_i^T} * \cos(\phi) \tag{5.66d}$$

$$= \sqrt{f\, Q_{\hat{x}\hat{x}} f^T} * \sqrt{a_i\, Q_{\hat{x}\hat{x}}\, a_i^T} * \cos(\phi) \quad . \tag{5.66e}$$

Wegen $|\cos(\phi)| \le 1$ ergibt sich aus (5.66b)

$$\frac{|\nabla_{0,i} f|}{\sigma_f} \le \sqrt{\frac{a_i\, Q_{\hat{x}\hat{x}}\, a_i^T}{q_{v_i v_i}}} * \delta_0 \quad \text{mit} \tag{5.66f}$$

$$\sigma_f = \sigma_0 \sqrt{f\, Q_{\hat{x}\hat{x}} f^T} \quad . \tag{5.66g}$$

Mit der Abkürzung

$$\overline{\delta}_{0,i} = \sqrt{\frac{a_i\, Q_{\hat{x}\hat{x}}\, a_i^T}{q_{v_i v_i}}} * \delta_0 \tag{5.66h}$$

lässt sich schreiben

$$\frac{|\nabla_{0,i} f|}{\sigma_f} \le \overline{\delta}_{o,i} \quad . \tag{5.66i}$$

Der Wert $\overline{\delta}_{o,i}$ gibt an, wie stark im worst case eine beliebige Funktion der (aller) Unbekannten $f(\hat{x}) = f\,\hat{x}$ von einem groben Fehler $\nabla_0 l_i$ in Einheiten der Standardabweichung der Funktion σ_f verfälscht werden kann.

Für die Lösungen von nichtlinearen Beziehungen mittels Taylorentwicklung wird auf Schmitt (2005a) verwiesen.

Nach Schmitt (2005b) und Förstner (1979) erhält man für (5.66h) mit (5.59b und c) und (5.64)

$$\overline{\delta}_{o,i} = \sqrt{\frac{1-r_i}{r_i}} * \delta_0 = \sqrt{1-r_i} * \frac{\nabla_0 l_i}{\sigma_{l_i}} \quad . \tag{5.66j}$$

Der Beitrag der i-ten Beobachtung zur Bestimmung der Unbekannten wird mit $u_i = 1 - r_i$ (5.66k) ausgedrückt. Der Wert $\overline{\delta}_{o,i}$ soll in der Netzplanung einen oberen Grenzbereich von $(6-8)$ nicht überschreiten (Mürle und Bill 1984; Schmitt 2005b).

Als Sonderfall ist die Verfälschung $\nabla_0 \hat{l}_i$ der ausgeglichenen Beobachtung $\hat{l}_i$ durch einen nicht erkannten groben Fehler $\nabla_0 l_i$ in der Beobachtung l_i selbst zu behandeln. Es gilt

$$\nabla_0 \hat{l}_i = \nabla_0 l_i + \nabla_0 v_i \quad \text{mit} \tag{5.67a}$$

$$\nabla_0 v_i = -r_i * \nabla_0 l_i \quad . \tag{5.67b}$$

Durch Einsetzen von (5.67b) in (5.67a) erhält man

$$\nabla_0 \hat{l}_i = (1 - r_i) * \nabla_0 l_i = u_i * \nabla_0 l_i \quad . \tag{5.67c}$$

<u>Grundstückswertermittlung</u>

In der Grundstückswertermittlung lautet dann die Beziehung für die Auswirkung $\nabla_0 \hat{y}_i$ eines groben Fehlers $\nabla_0 y_i$ auf den ausgeglichenen Kaufpreis $\hat{y}_i$

$$\nabla_0 \hat{y}_i = (1 - r_i) * \nabla_0 y_i = u_i * \nabla_0 y_i \quad . \tag{5.68}$$

<u>Beispiel *Bodenpreisindizes*</u>

Die Bodenpreisindizes ergeben sich aus dem jeweiligen Verhältnis der Schätzwerte $\hat{y}_i$ im Zeitpunkt t_i zum Schätzwert $\hat{y}_{t_0}$ bezogen auf die Preisbasis im Zeitpunkt t_0 in der Dimension [%]. Die Schätzwerte $\hat{y}_i$ bestimmen sich als Funktion der unbekannten Regressionskoeffizienten.

$$B\,\mathrm{Pr}\,eisInd_{i[\%]} = \frac{\hat{y}_{t_i}}{\hat{y}_{t_0}} * 100 \tag{5.69}$$

Der Wert $\overline{\delta}_{o,i}$, wie stark im worst case eine beliebige Funktion der Unbekannten $f(\hat{x}) = f(\hat{x}_2|\hat{x}_3)$ von einem groben Fehler $\nabla_0 y_i$ in Einheiten der Standardabweichung der Funktion σ_f verfälscht werden kann, folgt der bekannten Beziehung (5.66j). Inwieweit bei der Funktion der Unbekannten die Gruppe der Regressionskoeffizienten $\hat{x}_2$ als Unbekannte mit zu berücksichtigen sind, hängt vom gewählten Ausgleichungsmodell ab.

Für die ausgeglichenen Beobachtungen kann die Auswirkung $\nabla_0 \hat{y}_i$ eines groben Fehlers $\nabla_0 y_i$ im Kaufpreis y_i auf den Schätzwert $\hat{y}_i$ direkt abgelesen werden.

$$\nabla_0 \hat{y}_i = (1 - r_i) * \nabla_0 y_i = u_i * \nabla_0 y_i \tag{5.70a}$$

$$\nabla_0 \hat{y}_{t_i} = u_i * \nabla_0 y_{t_i} \tag{5.70b}$$

$$\nabla_0 \hat{y}_{t_0} = u_i * \nabla_0 y_{t_0} \tag{5.70c}$$

Beispiel *GFZ-Umrechnungskoeffizienten*

Die GFZ-Umrechnungskoeffizienten ergeben sich aus dem jeweiligen Verhältnis der Schätzwerte $\hat{y}_i$ mit der Geschossflächenzahl GFZ_i zum Schätzwert $\hat{y}_{GFZ_{Basis=1,0}}$ bezogen auf die Preisbasis mit der Geschossflächenzahl $GFZ_{Basis=1,0}$. Die Schätzwerte $\hat{y}_i$ bestimmen sich als Funktion der unbekannten Regressionskoeffizienten.

$$GFZ\ UK_i = \frac{\hat{y}_{GFZ_i}}{\hat{y}_{GFZ_{Basis=1,0}}} \tag{5.71}$$

Der Wert $\overline{\delta}_{o,i}$, wie stark im worst case eine beliebige Funktion der Unbekannten $f(\hat{x}) = f(\hat{x}_2|\hat{x}_3)$ von einem groben Fehler $\nabla_0 y_i$ in Einheiten der Standardabweichung der Funktion σ_f verfälscht werden kann, folgt der bekannten Beziehung (5.66j). Inwieweit bei der Funktion der Unbekannten die Gruppe der Regressionskoeffizienten $\hat{x}_2$ als Unbekannte mit zu berücksichtigen sind, hängt vom gewählten Ausgleichungsmodell ab.

Für die ausgeglichenen Beobachtungen kann die Auswirkung $\nabla_0 \hat{y}_i$ eines groben Fehlers $\nabla_0 y_i$ im Kaufpreis y_i auf den Schätzwert $\hat{y}_i$ direkt abgelesen werden.

$$\nabla_0 \hat{y}_i = (1 - r_i) * \nabla_0 y_i = u_i * \nabla_0 y_i \tag{5.72a}$$

$$\nabla_0 \hat{y}_{GFZ_i} = u_i * \nabla_0 y_{GFZ_i} \tag{5.72b}$$

$$\nabla_0 \hat{y}_{GFZ_{1,0}} = u_i * \nabla_0 y_{GFZ_{1,0}} \tag{5.72c}$$

5.3.2.2   Prüfen der stochastischen Regressionskoeffizienten

Im funktionalen Modell der *Grundstücksmarktanalyse mit stochastischer Ausgleichung* wird das Verbesserungsgleichungssystem zur Kauffallgruppe l_2 der nachfolgenden Grundstücksmarktanalyse gemäß (5.37a) um die Verbesserungsgleichungen für die in der übergeordneten Grundstücksmarktanalyse ermittelten Regressionskoeffizienten als fingierte Ersatzbeobachtungen l_{x_2} nach (5.37b) erweitert.

Innere Zuverlässigkeit

Die innere Zuverlässigkeit ist definiert als ein Maß für die Erkennbarkeit grober Fehler in den Beobachtungen ab einem bestimmten Grenzwert.

<u>Nullhypothese H_0</u>
Es kann davon ausgegangen werden, dass alle in der nachgeordneten Grundstücksmarktanalyse ermittelten Regressionskoeffizienten $\hat{x}_2$ als identisch mit den Sollwerten aus der übergeordneten Grundstücksmarktanalyse betrachtet werden. Für die Nullhypothese H_0 kann insbesondere auf Grundlage der Modellbildung für Beobachtungsfehler nach (5.48) bzw. (5.54) auf (5.55) Bezug genommen werden.

<u>Alternativhypothese H_a</u>
Unter Einbeziehung der Alternativhypothese H_a bei der Beschreibung eines Modellfehlers durch p Zusatzparametern y_i mit Hilfe einer Matrix B gemäß (5.48) lässt sich für die *stochastische Grundstücksmarktanalyse* schreiben

$$\hat{l} = \begin{vmatrix} l_2 + v_2' \\ l_{x_2} + v_{x_2}' \end{vmatrix} = \begin{vmatrix} A_{22} & A_{23} \\ I & 0 \end{vmatrix} * \begin{vmatrix} \hat{x}_2' \\ \hat{x}_3' \end{vmatrix} + B\hat{y} \quad . \tag{5.73a}$$

Die Zusatzparameter y_i werden hierbei als Beobachtungsfehler interpretiert und beziehen sich folglich auf die Beobachtungsgruppe l_{x_2}. Mit den Umbenennungen

$$l + v' = \begin{vmatrix} l_2 + v_2' \\ l_{x_2} + v_{x_2}' \end{vmatrix} \quad , \tag{5.73b}$$

$$A = \begin{vmatrix} A_{22} & A_{23} \\ I & 0 \end{vmatrix} \quad \text{und} \tag{5.73c}$$

$$\hat{x}' = \begin{vmatrix} \hat{x}_2' \\ \hat{x}_3' \end{vmatrix} \tag{5.73d}$$

ergibt sich das bekannte Ausgangsgleichungssystem nach (5.48).

$$\hat{l} = l + v' = A\hat{x}' + B\hat{y} \tag{5.73e}$$

Für die Auflösung des Systems nach $\hat{y}$ gilt (5.51a) mit (5.51b) bzw. (5.54).

Nach der Reduktion auf einen groben Beobachtungsfehler ∇l_i in der Beobachtung l_i (hier: stochastische Regressionskoeffizienten als Ersatzbeobachtungen $l_{x_2\,i}$) lässt sich der Redundanzanteil r_i der i-ten Beobachtung mit den Beziehungen (5.59b) bzw. (5.59c) ermitteln. Dabei stehen für $(Q_{ll})_{ii}$ und $(Q_{\hat{l}\hat{l}})_{ii}$:

$$(Q_{ll})_{ii} = \begin{vmatrix} Q_{l_2 l_2} & 0 \\ 0 & Q_{l x_2 l x_2} \end{vmatrix}_{ii} \tag{5.74a}$$

$$(Q_{\hat{l}\hat{l}})_{ii} = \begin{vmatrix} Q_{\hat{l}_2 \hat{l}_2} & Q_{\hat{l}_2 \hat{l} x_2} \\ Q_{\hat{l} x_2 \hat{l}_2} & Q_{\hat{l} x_2 \hat{l} x_2} \end{vmatrix}_{ii} \tag{5.74b}$$

Eine Korrelation der Kauffälle l_2 zu den fingierten Ersatzbeobachtungen l_{x_2} sei ebenso ausgeschlossen, wie dies für die ursprünglichen Kauffälle der übergeordneten Grundstücksmarktanalyse l_1 mit l_2 gilt. Dabei wird auch jeweilig innerhalb der Gruppe der Kauffälle l_2 und der Gruppe der fingierten Ersatzbeobachtungen l_{x_2} von unkorrelierten Beobachtungen und der Reduktion auf üblicherweise einen groben Beobachtungsfehler ausgegangen (vgl. (5.59a)).

Als Ergebnis kann damit nach (5.64) ein Grenzwert für die innere Zuverlässigkeit zur Erkennbarkeit eines groben Beobachtungsfehlers $\nabla_0 l_{x_{2i}}$ in einem der als fingierte Ersatzbeobachtung $l_{x_{2i}}$ eingeführten Regressionskoeffizienten x_{2i} der übergeordneten Grundstücksmarktanalyse ermittelt werden.

$$\nabla_0 l_{x_{2i}} = \frac{\delta_0(\alpha_0, \beta_0) * \sigma_{lx_{2i}}}{\sqrt{r_{lx_{2i}}}} \tag{5.75}$$

Im geodätischen Netz geht der eindimensionale Grenzwert für eine Einzelbeobachtung über in eine sogenannte Grenzwertellipse für das Koordinatenpaar des Punktes i. Es handelt sich folglich um einen 2-dimensionalen Parametertest, der den Nachweis eines groben Fehlers in den Anschlusspunktkoordinaten des Punktes i mit der Irrtumswahrscheinlichkeit α_0 und der Testgüte β_0 signifikant ermöglicht.

Für die Grundstückswertermittlung bedeutet dies auch hierbei, dass je größer der Redundanzanteil eines stochastischen Regressionskoeffizienten (fingierte Ersatzbeobachtung), umso kleiner ist der mit der Wahrscheinlichkeit 1-β_0 nicht mehr aufdeckbare grobe Fehler $\nabla_0 l_{x_{2i}}$. Die Auswirkungen in Folgeanalysen bzw. für den mittelbaren Preisvergleich können damit gleichfalls geringer gehalten werden. Dadurch sind neben realistischeren Schätzungen auch konsistentere Parameter für die Grundstücks(teil)märkte erreichbar.

Nachteil des Einzeltests ist die Voraussetzung des Vorliegens nur eines groben Fehlers. Bei gleichzeitigem Auftreten mehrerer grober Fehler können auch fehlerfreie Beobachtungen als falsch ausgewiesen werden. Zur strategischen Vorgehensweise wird ein *iteratives Datasnooping* vorgeschlagen, wobei zunächst nur die Beobachtung mit der größten Testgröße eliminiert wird und die Iteration solange fortgesetzt wird, bis keine Beobachtung mehr verworfen wird. Auf die Anmerkungen zu (5.64) wird verwiesen.

Als Sonderfall ist die Verfälschung $\nabla_0 \hat{l}_{x_{2i}}$ der ausgeglichenen fingierten Ersatzbeobachtung $\hat{l}_{x_{2i}}$ selbst durch einen nicht erkannten groben Fehler $\nabla_0 l_{x_{2i}}$ in der Ersatzbeobachtung $l_{x_{2i}}$ von Interesse. Es gilt gleichfalls die Ausgangsbeziehung (5.68).

$$\nabla_0 \hat{l}_{x_{2i}} = \left(1 - r_{lx_{2i}}\right) * \nabla_0 l_{x_{2i}} = u_{lx_{2i}} * \nabla_0 l_{x_{2i}} \tag{5.76}$$

5.3.2.3   Beispiel

Das vorstehende Strategiekonzept zur sukzessiven Ausgleichung von Grundstücksmarktdaten und der Aufstellung von Hypothesentests zur Beschreibung der inneren und äußeren Zuverlässigkeit soll anhand eines Beispiels für eine Stichprobe unbebauter Kauffälle umgesetzt werden. Es kommen hierbei die Modelle der Grundstücksmarktanalyse ohne Zusatzrestriktionen (vgl. Kap. 5.3.1.2), der stochastischen Grundstücksmarktanalyse (vgl. 5.3.1.3) und der hierarchischen Grundstücksmarktanalyse (vgl. Kap. 5.3.1.4) zur Anwendung. Es werden gleichfalls die Ergebnisse zur inneren und äußeren Zuverlässigkeit interpretiert.

Als Beobachtungen werden in den Modellen die Kaufpreise (Bodenwerte) in €/m² der 56 Kauffälle eingeführt. Es wird von unkorrelierten Beobachtungen ausgegangen. Es wird ein Ausschnitt der ersten zwanzig Kauffälle der Stichprobe gezeigt. Die GFZ, die Zeit und die Lage sind als wertrelevante Parameter in der Grundstücksmarktanalyse ohne Zusatzrestriktionen (Tab. 5.11 bis 5.13, Abb. 5.44 bis 5.49) definiert.

In der stochastischen Grundstücksmarktanalyse (Tab. 5.14) wird zusätzlich als fingierte Ersatzbeobachtung der in der übergeordneten Grundstücksmarktanalyse ermittelte Regressionskoeffizient für den Werteinfluss der GFZ zur Überprüfung in die Analyse aufgenommen.

Nach Akzeptanz bzw. Verwerfung des GFZ-Regressionskoeffizienten aus der übergeordneten Grundstücksmarktanalyse werden die Kaufpreise mit den bisherigen bzw. den neu bestimmten GFZ-Umrechnungskoeffizienten in der hierarchischen Grundstücksmarktanalyse (Tab. 5.15) zunächst auf die mittlere GFZ von 1,0 normiert und anschließend mit den wertrelevanten Parametern Zeit und Lage als Unbekannte ausgeglichen.

Neben der Verbesserung selbst werden die normierte Verbesserung nach (5.60) als normalverteilte Testgröße und das Fraktil k der Normalverteilung mit 1,96 bei α_0=5% und β_0=80% ausgegeben. Der Nichtzentralitätsparameter δ_0 beträgt dann 2,8. Für die Beurteilung der inneren Zuverlässigkeit stehen der Redundanzanteil nach (5.59b und c), der Grenzwert zur Erkennbarkeit eines groben Beobachtungsfehlers nach (5.64) und der daraus abgeleitete Zuverlässigkeitsfaktor als Vielfaches der Standardabweichung σ_{l_i} zur Verfügung. Im Falle der stochastischen Grundstücksmarktanalyse betrifft dies auch die fingierte Ersatzbeobachtung.

Der Wert, wie stark im worst case eine beliebige Funktion der Unbekannten von einem groben Fehler in Einheiten der Standardabweichung der Funktion nach (5.66i und j) verfälscht werden kann, und die Verfälschung der ausgeglichenen Beobachtung selbst durch einen nicht erkannten groben Fehler in der Beobachtung nach (5.67c) dienen der Transparenz der äußeren Zuverlässigkeit.

Zur globalen Prüfung des mathematischen Modells wird das Ergebnis des Globaltests nach (5.53) mit den Quantilen der F-Verteilung für eine zweiseitige Fragestellung angegeben.

Für die Beurteilung der Unbekannten ergeben sich die unbekannten Regressionskoeffizienten nach (5.35c), (5.40a) und (5.45) sowie ihre Kofaktorenmatrix nach (5.35b), (5.40b) und (5.44e).

In der Grundstücksmarktanalyse ohne Zusatzrestriktionen wurde zunächst eine Ausgleichung mit den Originalkauffällen durchgeführt (Tab. 5.11). Der Globaltest wird akzeptiert. Die Redundanzanteile liegen gleichmäßig auf hohem Niveau zwischen 0,85 und 0,95. Für die Kauffälle Nrn. 2 und 15 weist die Testgröße auf einen groben Fehler hin. In der weiteren Analyse werden die Kauffälle zur besseren Vergleichbarkeit in der Stichprobe belassen. Die Erkennbarkeit eines groben Fehlers ist aufgrund der realistischen Beobachtungsvarianz von σ_{li}^2 = 3600 (€/m²)² erst ab einer Größe von ca. 170 €/m² möglich. Für funktionierende Grundstücksteilmärkte darf im Vergleichswertverfahren eine Obergrenze für den Variationskoeffizienten im Bereich von 0,10 bis 0,15 erwartet werden (vgl. Kap. 5.2.6).

Der Wert, wie stark im worst case eine beliebige Funktion der Unbekannten von einem groben Fehler in Einheiten der Standardabweichung der Funktion (um 1) verfälscht werden kann, und die Verfälschung der ausgeglichenen Beobachtung selbst (10 bis 30 €/m²) durch einen nicht erkannten groben Fehler in der Beobachtung liegen aufgrund des hohen Redundanzniveaus in unerwartet günstigen Bereichen.

Nachfolgend wurden die wertrelevanten Parameter des ersten Kauffalles (Randlage der Parameter) unter Beibehaltung des Kaufpreises modifiziert. Damit wird ein grober Fehler herbeigeführt (Tab. 5.12). Dies wird durch die Testgröße signalisiert und bestätigt. Der zugehörige Redundanzanteil vermindert sich von 0,85 auf 0,69 durch die Randlage vergleichbar einer ungünstigeren Konfiguration in der geodätischen Netzausgleichung. Innere und äußere Zuverlässigkeit verschlechtern sich entsprechend. Die Kauffälle Nrn. 2 und 15 werden gleichfalls als Ausreißer identifiziert. Der Globaltest verändert sich nur in geringen Umfang bei weiterhin bestehender Akzeptanz.

In einem nächsten Schritt (Tab. 5.13) werden ausgehend von den Originalkauffällen 9 Kauffälle mit einer deutlich besseren Beobachtungsvarianz σ_{li}^2 von 625 (€/m²)² eingeführt, was ungefähr einer hälftigen Standardabweichung entspricht. Die Kaufpreise könnten z.B. auf Grundlage von Marktwertgutachten vereinbart worden sein. Die restlichen 47 Kauffälle bleiben mit der Varianz von σ_{li}^2 = 3600 (€/m²)² unverändert.

Für die Redundanzanteile der 9 Kauffälle ergeben sich geringere Werte in einem Bereich von 0,60 bis 0,90, während die sonstigen Kauffälle Werte zum Teil deutlich über 0,90 aufweisen. Die weiteren Parameter der inneren und äußeren Zuverlässigkeit verhalten sich folgerichtig, wobei die gewählte Standardabweichung auf die Erkennbarkeit eines groben Fehlers (75 bis 170 €/m²) zusätzlichen Einfluss nimmt. Die Verfälschung der ausgeglichenen Beobachtung selbst durch einen nicht erkannten groben Fehler in der Beobachtung erreicht mit 5 bis 30 €/m² eine günstige Größenordnung. Der Wert, wie stark im worst case eine beliebige Funktion der Unbekannten von einem groben Fehler in Einheiten der Standardabweichung der Funktion verfälscht werden kann, nimmt bis auf Werte von 2 zu. Der Globaltest verändert sich in merklichem Umfang bei weiterhin bestehender Akzeptanz. Dies deutet auf eine zu optimistische Annahme des stochastischen Modells neben den Ausreißern hin.

Ein Überblick zur Verteilung von Maßen der inneren und äußeren Zuverlässigkeit für die Grundstücksmarktanalyse ohne Zusatzrestriktionen wird in Form von Histogrammen für die Version mit den Originalkauffällen (Abb. 5.44 bis 5.46) und für die Version mit modifiziertem stochastischem Modell (Abb. 5.47 bis 5.49) gegeben.

In der stochastischen Grundstücksmarktanalyse (Tab. 5.14) wird zusätzlich als fingierte Ersatzbeobachtung der in der übergeordneten Grundstücksmarktanalyse ermittelte Regressionskoeffizient für den Werteinfluss der GFZ in die Analyse aufgenommen. Alle 56 originären, unkorrelierten Kauffälle haben eine Varianz von σ_{li}^2 = 3600 (€/m²)², für die fingierte Ersatzbeobachtung wird unter Berücksichtigung der Ergebnisse der Kofaktormatrix der Grundstücksmarktanalyse ohne Zusatzrestriktionen eine Varianz von σ_{li}^2 = 100 (€/m²)² eingeführt.

Die Testgröße der normierten Verbesserung für die fingierte Ersatzbeobachtung aus der übergeordneten Grundstücksmarktanalyse und der Globaltest für die Gesamtmodellbildung werden akzeptiert. Der Redundanzanteil der fingierten Ersatzbeobachtung erreicht bei dem eingeführten stochastischen Modell einen Wert von ca. 0,5. Folgerichtig stellen sich die sonstigen Zuverlässigkeitsparameter der fingierten Ersatzbeobachtung als akzeptabel dar ($\nabla_0 l_{x_{2i}}$ um 40 €/m² und $\nabla_0 \hat{l}_{x_{2i}}$ ungefähr 20 €/m², $\overline{\delta}_{o,i}$ bei 3). Wiederum werden die Kauffälle Nrn. 2 und 15 als Ausreißer identifiziert.

Wird wie bei der Grundstücksmarktanalyse ohne Zusatzrestriktionen für die Gruppe von 9 Kauffällen eine Beobachtungsvarianz σ_{li}^2 von 625 (€/m²)² eingeführt, so führt dies zur Akzeptanz des Globaltests. Die Redundanzanteile der 9 Kauffälle variieren wiederum in einem Bereich von 0,6 bis 0,9. Die sonstigen Parameter nehmen das jeweilig zu erwartende Niveau ein.

Abschließend wird zusätzlich die Varianz der fingierten Ersatzbeobachtung auf die Beobachtungsvarianz von 625 (€/m²)² wie bei den 9 Kauffällen angepasst. Es zeigen sich für die 9 Kauffälle und die fingierte Ersatzbeobachtung vergleichbare Zuverlässigkeitsparameter. Die Kauffälle Nrn. 2 und 15 werden als Ausreißer identifiziert, die fingierte Ersatzbeobachtung und der Globaltest werden akzeptiert.

Im dritten Schritt der Analysestrategie werden in der hierarchischen Grundstücksmarktanalyse (Tab. 5.15) im Falle der Akzeptanz der fingierten Ersatzbeobachtung die Kaufpreise mit den bisherigen GFZ-Umrechnungskoeffizienten zunächst auf die mittlere GFZ von 1,0 normiert und anschließend mit den wertrelevanten Parametern Zeit und Lage als Unbekannte ausgeglichen. Der Globaltest wird akzeptiert.

Als Ausreißer werden nun die Kauffälle Nrn. 1, 2 und 5 reklamiert. Der Kauffall Nr. 15 wird gerade noch akzeptiert. Diese Testergebnisse sprechen für die vorgeschlagene Analysestrategie in Stufen. Mit dem Modell der *Grundstücksmarktanalyse ohne Zusatzrestriktionen* (vgl. Kap. 5.3.1.2) soll die Kaufpreisgruppe (Beobachtungen) l_2 ohne die Einführung zusätzlicher Bedingungen geprüft werden. Die Redundanzanteile r_i liegen in den Bereichen größer 0,85, die nicht mehr aufdeckbaren groben Fehler $\nabla_0 l_i$ homogen über 170 €/m² und die Werte $\overline{\delta}_{o,i}$ um 1. Wird gleichfalls für die Gruppe von 9 Kauffällen die Beobachtungsvarianz auf σ_{li}^2 = 625 (€/m²)² modifiziert, so erhält man die bereits zu erwartenden Auswirkungen in den Zuverlässigkeitsmaßen.

Es kann festgehalten werden, dass für die stochastische Modellbildung der Kaufpreise zur Analyse von Grundstücksmarktinformationen grundsätzlicher Untersuchungsbedarf im Hinblick auf die Einführung von realistischen Annahmen für die Varianzen im Falle unkorrelierter Beobachtungen bzw. (Ko)varianzen im Falle korrelierter Beobachtungen besteht.

Allgemeingültige Folgerungen und Angaben von typischen Werten für die Zuverlässigkeitsmaße werden in den Kap. 5.3.2.4 und 5.3.2.5 beschrieben.

Grundstücksmarktanalyse ohne Zusatzrestriktionen Kap. 5.3.1.2
Stichprobenumfang:n = 56

		Vorgaben (Kauffalldaten)			**Ausgleichungsergebnisse**			**innere Zuverlässigkeit**			**äußere Zuverlässigkeit**	
lfd. Nr.:	GFZ	Datum	Lage	Preis in €/m²	v_i	ω_i	r_i	$\nabla_0 l_i$	$\nabla_0 l_i / \sigma_{l_i}$	$\nabla_0 \hat{l}_i$	$\bar{\delta}_{0,i}$
1	1,2	03.01.2002	9	683,71	-97,45	1,77	0,85	182,72	3,05	28,25	1,20
2	1,5	21.01.2002	7	369,00	157,69	**2,72**	0,93	173,91	2,90	11,63	0,75
3	2	07.02.2002	5	520,13	-33,11	0,58	0,89	177,95	2,97	19,34	0,98
4	1,2	24.04.2002	7	522,63	-25,97	0,45	0,94	173,24	2,89	10,32	0,70
5	1,2	17.05.2002	9	673,94	-87,89	1,58	0,86	181,64	3,03	26,26	1,15
6	0,8	28.06.2002	5	297,43	69,88	1,21	0,93	173,94	2,90	11,68	0,75
7	1,5	02.07.2002	7	497,37	29,06	0,50	0,95	172,25	2,87	8,40	0,63
8	1,2	26.07.2002	9	585,43	0,51	0,01	0,86	181,26	3,02	25,56	1,13
9	1,75	05.08.2002	5	522,40	-60,55	1,05	0,93	174,19	2,90	12,15	0,77
10	1,4	13.09.2002	5	475,45	-48,52	0,83	0,94	172,99	2,88	9,83	0,69
11	2,4	19.09.2002	5	558,63	-32,13	0,56	0,90	176,99	2,95	17,52	0,93
12	1	20.09.2002	7	398,81	77,71	1,33	0,95	172,76	2,88	9,38	0,67
13	1,3	24.09.2002	5	472,54	-55,58	0,95	0,95	172,80	2,88	9,46	0,67
14	1,7	10.10.2002	9	718,85	-83,24	1,48	0,88	178,89	2,98	21,11	1,02
15	0,82	14.11.2002	5	236,87	132,22	**2,27**	0,95	172,80	2,88	9,46	0,67
16	1	19.11.2002	7	457,12	19,30	0,33	0,95	172,48	2,87	8,85	0,65
17	1	09.12.2002	3	322,78	-25,23	0,46	0,85	181,89	3,03	26,71	1,16
18	1,2	16.12.2002	5	413,62	-6,75	0,12	0,95	172,11	2,87	8,12	0,62
19	1,25	28.03.2003	5	364,02	47,67	0,81	0,96	171,47	2,86	6,88	0,57
20	1	07.05.2003	5	413,53	-26,80	0,46	0,96	171,57	2,86	7,06	0,58

Fraktil k: 1,96

$\alpha_0 = 5\%; \beta_0 = 80\%$

ausg. Koeffizienten	$\hat{x}$		Kofaktormatrix $Q_{\hat{x}\hat{x}}$				$\bar{r}_i$	$\hat{\sigma}_0^2$	σ_0^2	Globaltest
99,5717	GFZ	€/m²	0,030216	0,016490	-0,001817	-0,0069466	0,93	3800,88	3600	1,06
65,5367	Konstante	€/m²	0,016490	0,709929	-0,018236	-0,0755772				
-0,1602	Zeit	€/m²/Zeit	-0,001817	-0,018236	0,001152	0,0008426				ob. Quantil: 1,44
44,7109	Lage	€/m²	-0,006947	-0,075577	0,000843	0,0123123				un. Quantil: 0,69

$$\sigma_{li}^2 = 3600 \ (€/m²)^2 \qquad\qquad \alpha_0 = 10\%$$

Tab. 5.11: Grundstücksmarktanalyse ohne Zusatzrestriktionen - *Originalkauffälle*

Grundstücksmarktanalyse ohne Zusatzrestriktionen Kap. 5.3.1.2
Stichprobenumfang:n = 56

	Vorgaben (Kauffalldaten)				Ausgleichungsergebnisse		innere Zuverlässigkeit			äußere Zuverlässigkeit	
lfd. Nr.:	GFZ	Datum	Lage	Preis in €/m²	v_i	ω_i	r_i	$\nabla_0 l_i$	$\nabla_0 l_i / \sigma_{l_i}$	$\nabla_0 \hat{l}_i$	$\overline{\delta}_{0,i}$
1	0,5	03.01.2000	10	683,71	-102,43	**2,06**	0,69	202,28	3,37	62,75	1,88
2	1,5	21.01.2002	7	369,00	164,46	**2,82**	0,94	173,05	2,88	9,96	0,69
3	2	07.02.2002	5	520,13	-30,71	0,54	0,89	177,90	2,97	19,25	0,98
4	1,2	24.04.2002	7	522,63	-19,27	0,33	0,95	172,39	2,87	8,67	0,64
5	1,2	17.05.2002	9	673,94	-78,04	1,39	0,88	179,38	2,99	22,03	1,05
6	0,8	28.06.2002	5	297,43	73,57	1,27	0,93	173,75	2,90	11,31	0,74
7	1,5	02.07.2002	7	497,37	34,70	0,59	0,96	171,65	2,86	7,22	0,59
8	1,2	26.07.2002	9	585,43	9,87	0,18	0,88	179,21	2,99	21,71	1,04
9	1,75	05.08.2002	5	522,40	-58,93	1,02	0,93	174,17	2,90	12,12	0,77
10	1,4	13.09.2002	5	475,45	-46,50	0,80	0,94	172,95	2,88	9,75	0,68
11	2,4	19.09.2002	5	558,63	-32,06	0,56	0,90	177,00	2,95	17,54	0,93
12	1	20.09.2002	7	398,81	83,75	1,43	0,95	172,05	2,87	8,00	0,62
13	1,3	24.09.2002	5	472,54	-53,45	0,92	0,95	172,75	2,88	9,36	0,67
14	1,7	10.10.2002	9	718,85	-75,35	1,33	0,90	177,44	2,96	18,38	0,95
15	0,82	14.11.2002	5	236,87	134,91	**2,31**	0,95	172,70	2,88	9,27	0,67
16	1	19.11.2002	7	457,12	24,93	0,43	0,96	171,86	2,86	7,64	0,60
17	1	09.12.2002	3	322,78	-26,38	0,48	0,85	181,87	3,03	26,69	1,16
18	1,2	16.12.2002	5	413,62	-5,01	0,09	0,95	172,08	2,87	8,05	0,62
19	1,25	28.03.2003	5	364,02	48,60	0,83	0,96	171,47	2,86	6,86	0,57
20	1	07.05.2003	5	413,53	-25,67	0,44	0,96	171,55	2,86	7,03	0,58

Fraktil k: 1,96

$$\alpha_0 = 5\%; \beta_0 = 80\%$$

ausg. Koeffizienten $\hat{x}$			Kofaktormatrix $Q_{\hat{x}\hat{x}}$				$\overline{r}_i$	$\hat{\sigma}_0^2$	σ_0^2	Globaltest
97,6726	GFZ	€/m²	0,029482	0,016853	-0,002060	-0,0062110	0,93	3877,4	3600	1,08
68,7661	Konstante	€/m²	0,016853	0,715351	-0,018300	-0,0765425				
-0,8643	Zeit	€/m²/Zeit	-0,002060	-0,018300	0,001077	0,0011060				ob. Quantil: 1,44
46,3692	Lage	€/m²	-0,006211	-0,076542	0,001106	0,0116393				un. Quantil: 0,69

$$\sigma_{li}^2 = 3600 \ (€/m²)^2$$

$$\alpha_0 = 10\%$$

Tab. 5.12: Grundstücksmarktanalyse ohne Zusatzrestriktionen - *Modifikation Kauffall 1*

Grundstücksmarktanalyse ohne Zusatzrestriktionen Kap. 5.3.1.2

Stichprobenumfang:n = 56

lfd. Nr.:	GFZ	Datum	Lage	Preis in €/m²	v_i	ω_i		r_i	$\nabla_0 l_i$	$\nabla_0 l_i / \sigma_{l_i}$		$\nabla_0 \hat{l}_i$	$\overline{\delta}_{0,i}$
				Vorgaben (Kauffalldaten)	**Ausgleichungsergebnisse**				**innere Zuverlässigkeit**			**äußere Zuverlässigkeit**	
1	1,2	03.01.2002	9	683,71	-103,40	1,78		0,93	173,93	2,90		11,66	0,75
2	1,5	21.01.2002	7	369,00	162,91	**2,76**		0,97	170,46	2,84		4,89	0,48
3	2	07.02.2002	5	520,13	-15,81	0,73		0,75	80,59	3,22		19,79	1,60
4	1,2	24.04.2002	7	522,63	-23,12	1,00		0,86	75,64	3,03		10,85	1,15
5	1,2	17.05.2002	9	673,94	-95,41	1,64		0,94	173,43	2,89		10,68	0,72
6	0,8	28.06.2002	5	297,43	80,35	1,36		0,97	170,45	2,84		4,87	0,48
7	1,5	02.07.2002	7	497,37	32,41	1,38		0,88	74,51	2,98		8,75	1,02
8	1,2	26.07.2002	9	585,43	-7,81	0,39		0,66	86,47	3,46		29,79	2,03
9	1,75	05.08.2002	5	522,40	-46,40	0,78		0,98	170,13	2,84		4,24	0,45
10	1,4	13.09.2002	5	475,45	-36,32	0,61		0,98	169,70	2,83		3,37	0,40
11	2,4	19.09.2002	5	558,63	-15,68	0,72		0,76	80,55	3,22		19,72	1,59
12	1	20.09.2002	7	398,81	77,99	1,32		0,98	170,04	2,83		4,05	0,44
13	1,3	24.09.2002	5	472,54	-43,95	0,74		0,98	169,67	2,83		3,32	0,40
14	1,7	10.10.2002	9	718,85	-90,26	1,55		0,95	172,62	2,88		9,11	0,66
15	0,82	14.11.2002	5	236,87	141,19	**2,38**		0,98	170,11	2,84		4,20	0,45
16	1	19.11.2002	7	457,12	18,90	0,81		0,87	75,16	3,01		9,96	1,09
17	1	09.12.2002	3	322,78	-5,67	0,28		0,67	85,49	3,42		28,17	1,96
18	1,2	16.12.2002	5	413,62	3,50	0,15		0,90	73,93	2,96		7,65	0,95
19	1,25	28.03.2003	5	364,02	56,94	0,96		0,98	169,39	2,82		2,76	0,36
20	1	07.05.2003	5	413,53	-19,06	0,81		0,89	74,39	2,98		8,51	1,01

Fraktil k: 1,96

$\alpha_0 = 5\%; \beta_0 = 80\%$

ausg. Koeffizienten $\hat{x}$			Kofaktormatrix $Q_{\hat{x}\hat{x}}$					$\overline{r}_i$	$\hat{\sigma}_0^2$	σ_0^2	Globaltest
103,90	GFZ	€/m²	0,021103	-0,008907	-0,001053	-0,0018952					
108,215	Konstante	€/m²	-0,008907	0,303873	-0,008563	-0,0290951					
-1,3227	Zeit	€/m²/Zeit	-0,001053	-0,008563	0,000725	0,0002306		0,93	4126,8	3600	1,15
39,6626	Lage	€/m²	-0,001895	-0,029095	0,000231	0,0048512					

47 Kauffälle mit $\sigma_{li}^2 = 3600 \ (€/m²)^2$

9 Kauffälle mit $\sigma_{lj}^2 = 625 \ (€/m²)^2$ (*kursiv* gekennz.)

ob. Quantil: 1,44
un. Quantil: 0,69

$\alpha_0 = 10\%$

Tab. 5.13: Grundstücksmarktanalyse ohne Zusatzrestriktionen - *Modifikation stochastisches Modell*

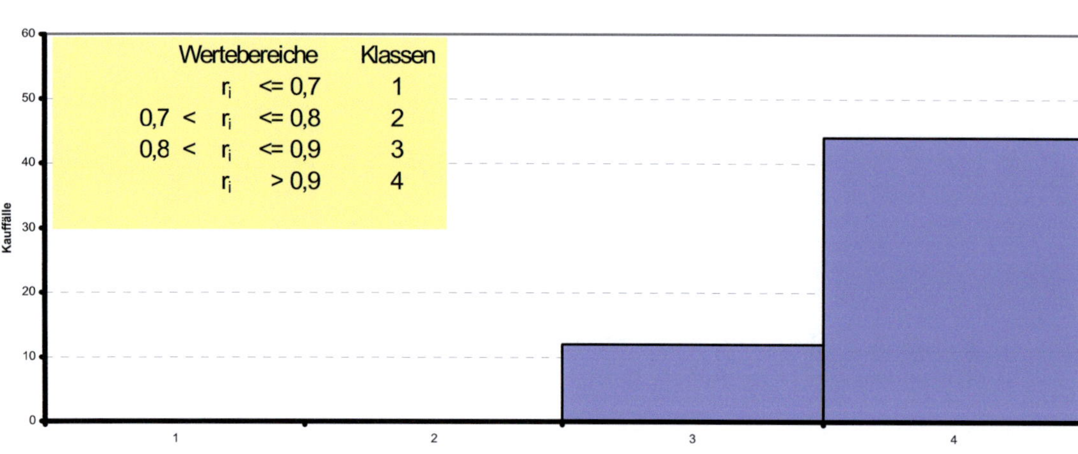

Abb. 5.44: Grundstücksmarktanalyse ohne Zusatzrestriktionen - *Originaldaten-Redundanzanteil*

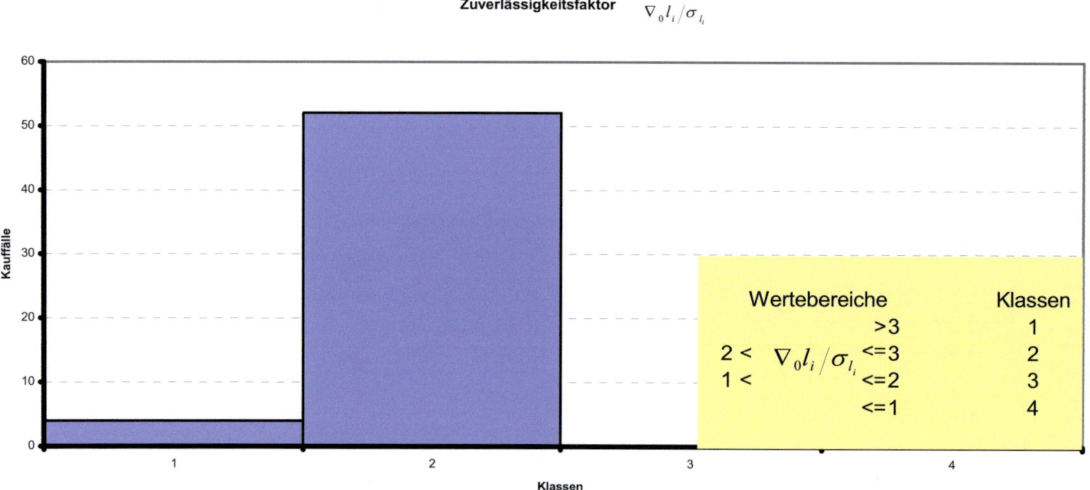

Abb. 5.45: Grundstücksmarktanalyse ohne Zusatzrestriktionen - *Originaldaten-Zuverlässigkeitsfaktor*

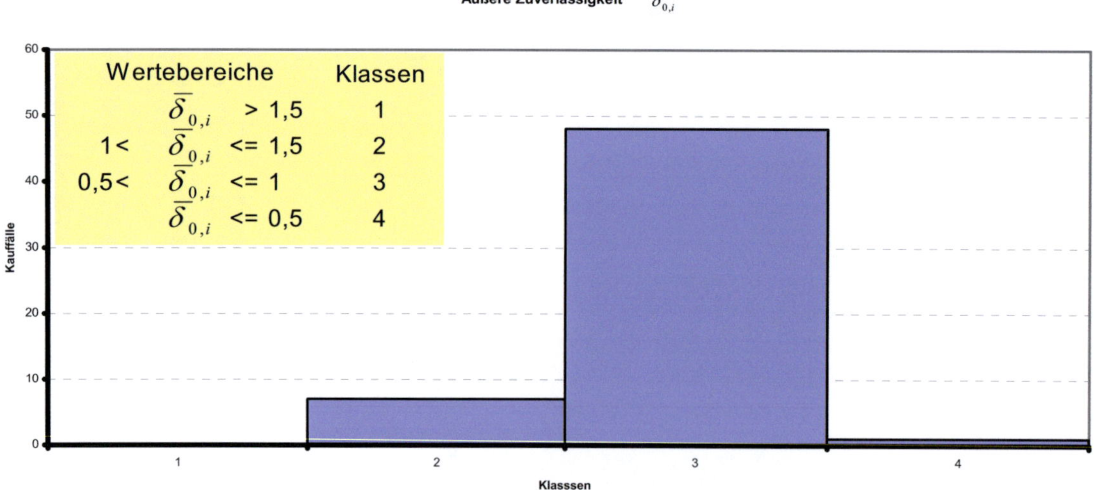

Abb. 5.46: Grundstücksmarktanalyse ohne Zusatzrestriktionen - *Originaldaten-Äußere Zuverlässigkeit*

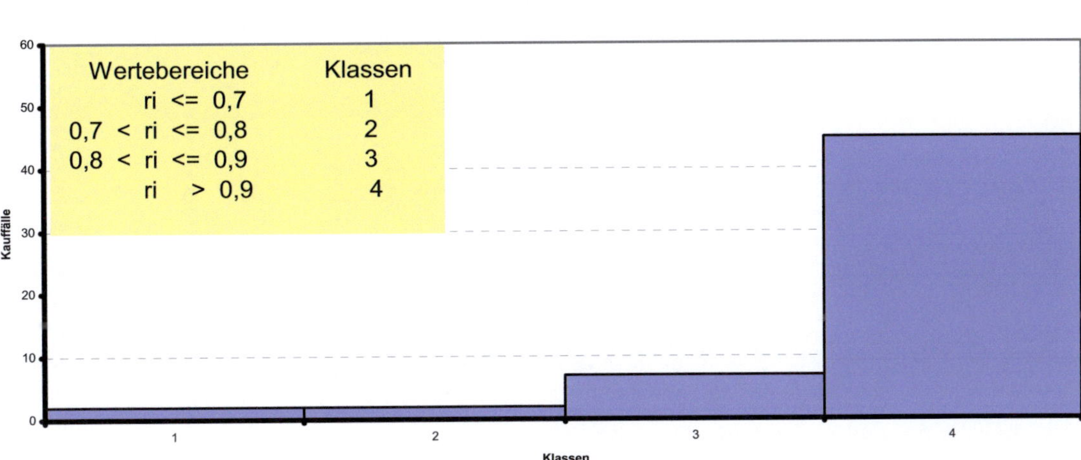

Abb. 5.47: Grundstücksmarktanalyse ohne Zusatzrestriktionen - *stochast. Modell-Redundanzanteil*

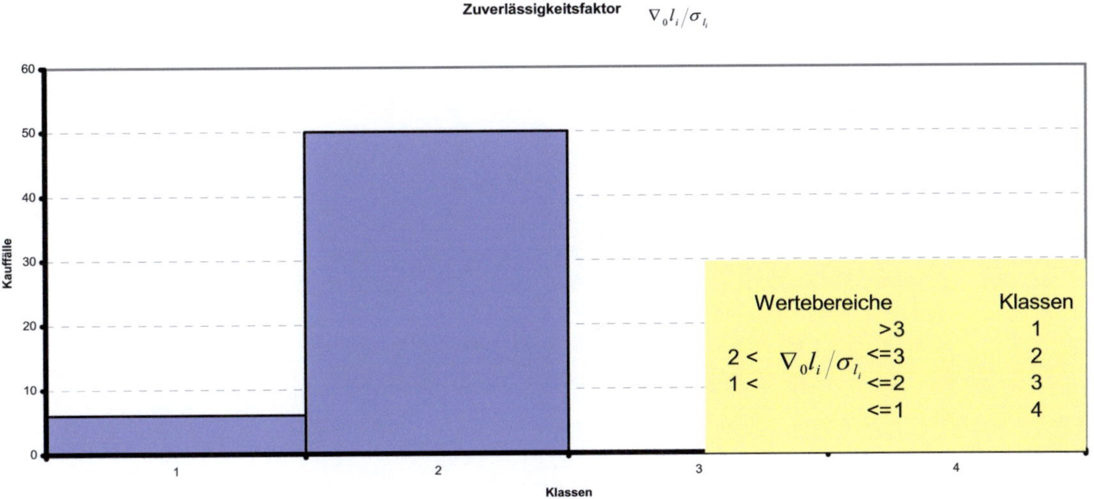

Abb. 5.48: Grundstücksmarktanalyse ohne Zusatzrestriktionen - *stochast. Modell-Zuverlässigkeitsfaktor*

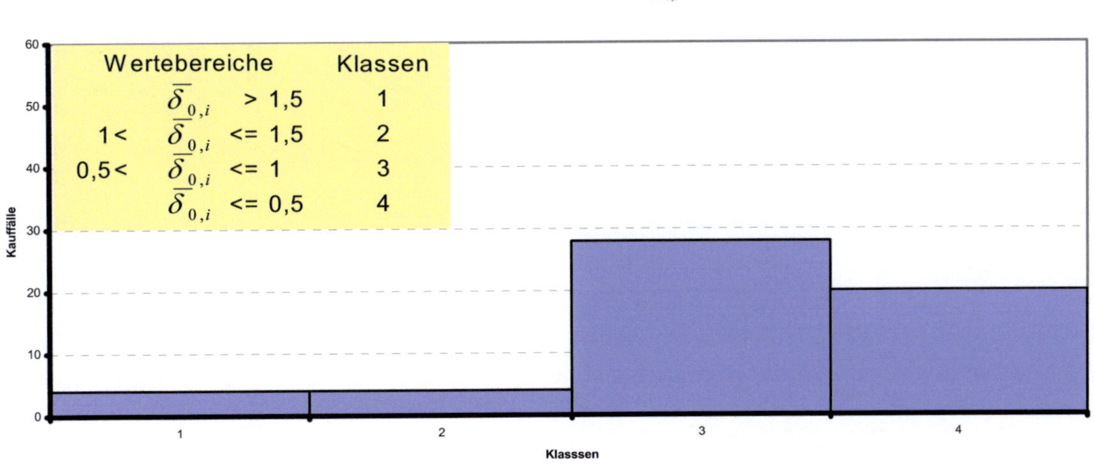

Abb. 5.49: Grundstücksmarktanalyse ohne Zusatzrestriktionen - *stochast. Modell-Äußere Zuverlässigkeit*

Stochastische Grundstücksmarktanalyse Kap. 5.3.1.3
Stichprobenumfang:n = 56+1

				Vorgaben (Kauffalldaten)	Ausgleichungsergebnisse			innere Zuverlässigkeit		äußere Zuverlässigkeit	
lfd. Nr.:	GFZ	Datum	Lage	Preis in €/m²	v_i	ω_i	r_i	$\nabla_0 l_i$	$\nabla_0 l_i / \sigma_{l_i}$	$\nabla_0 \hat{l}_i$	$\overline{\delta}_{0,i}$
1	1,2	03.01.2002	9	683,71	-103,34	1,86	0,85	181,75	3,03	26,45	1,16
2	1,5	21.01.2002	7	369,00	157,62	**2,72**	0,93	173,91	2,90	11,63	0,75
3	2	07.02.2002	5	520,13	-25,78	0,45	0,91	176,57	2,94	16,73	0,91
4	1,2	24.04.2002	7	522,63	-28,80	0,49	0,94	173,05	2,88	9,95	0,69
5	1,2	17.05.2002	9	673,94	-94,41	1,69	0,87	180,48	3,01	24,09	1,10
6	0,8	28.06.2002	5	297,43	67,21	1,16	0,93	173,77	2,90	11,34	0,74
7	1,5	02.07.2002	7	497,37	28,24	0,48	0,95	172,24	2,87	8,37	0,63
8	1,2	26.07.2002	9	585,43	-6,34	0,11	0,87	179,99	3,00	23,19	1,08
9	1,75	05.08.2002	5	522,40	-56,01	0,97	0,94	173,68	2,89	11,18	0,73
10	1,4	13.09.2002	5	475,45	-46,87	0,80	0,94	172,92	2,88	9,71	0,68
11	2,4	19.09.2002	5	558,63	-22,73	0,39	0,92	174,77	2,91	13,29	0,80
12	1	20.09.2002	7	398,81	72,63	1,24	0,95	172,15	2,87	8,20	0,63
13	1,3	24.09.2002	5	472,54	-54,76	0,94	0,95	172,78	2,88	9,43	0,67
14	1,7	10.10.2002	9	718,85	-86,54	1,53	0,88	178,60	2,98	20,57	1,01
15	0,82	14.11.2002	5	236,87	129,06	**2,21**	0,95	172,56	2,88	9,00	0,66
16	1	19.11.2002	7	457,12	13,95	0,24	0,96	171,81	2,86	7,54	0,60
17	1	09.12.2002	3	322,78	-23,52	0,42	0,85	181,81	3,03	26,56	1,16
18	1,2	16.12.2002	5	413,62	-7,09	0,12	0,95	172,11	2,87	8,11	0,62
19	1,25	28.03.2003	5	364,02	47,23	0,80	0,96	171,47	2,86	6,87	0,57
20	1	07.05.2003	5	413,53	-29,36	0,50	0,96	171,41	2,86	6,76	0,57
fing. EB	I I I			114,51	-7,15	1,03	0,48	40,46	4,05	21,08	2,92

Fraktil k: 1,96

ausg. Koeffizienten	$\hat{x}$		Kofaktormatrix $Q_{\hat{x}\hat{x}}$		$\alpha_0 = 5\%; \beta_0 = 80\%$		$\overline{r}_i$	$\hat{\sigma}_0^2$	σ_0^2	Globaltest
107,354	GFZ	€/m²	0,014473	0,007898	-0,0008705	-0,0033273	0,93	3801,74	3600	1,06
69,7835	Konstante	€/m²	0,007898	0,705240	-0,0177195	-0,0736020				
-0,6282	Zeit	€/m²/Zeit	-0,000870	-0,017720	0,0010948	0,0006249				ob. Quantil: 1,44
42,9219	Lage	€/m²	-0,003327	-0,073602	0,0006249	0,0114802				un. Quantil: 0,69

56 Kauffälle mit σ_{li}^2 = 3600 (€/m²)²
1 fing. EB mit $\sigma_{x_2 x_2}^2$ = 100 (€/m²)²

$\alpha_0 = 10\%$

Tab. 5.14: Stochastische Grundstücksmarktanalyse - *Originalkauffälle und fingierte Ersatzbeobachtung*

Hierarchische Grundstücksanalyse Kap. 5.3.1.4
Stichprobenumfang:n = 56

				Ausgleichungsergebnisse			innere Zuverlässigkeit			äußere Zuverlässigkeit	
lfd. Nr.:	Datum	Lage	Preis in €/m²	v_i	ω_i	r_i	$\nabla_0 l_i$	$\nabla_0 l_i / \sigma_{l_i}$	$\nabla_0 \hat{l}_i$	$\overline{\delta}_{0,i}$
1	03.01.2002	9	620,91	-134,34	**2,41**	0,86	180,87	3,01	24,82	1,12
2	21.01.2002	7	297,58	135,36	**2,34**	0,93	173,91	2,90	11,63	0,75
3	07.02.2002	5	351,44	27,93	0,49	0,92	175,33	2,92	14,36	0,84
4	24.04.2002	7	475,12	-45,17	0,77	0,94	172,87	2,88	9,60	0,68
5	17.05.2002	9	612,67	-130,40	**2,32**	0,88	179,43	2,99	22,13	1,05
6	28.06.2002	5	330,48	44,37	0,76	0,94	173,61	2,89	11,04	0,73
7	02.07.2002	7	401,10	26,67	0,46	0,95	172,22	2,87	8,34	0,63
8	26.07.2002	9	532,21	-52,16	0,93	0,88	178,85	2,98	21,03	1,02
9	05.08.2002	5	382,71	-9,05	0,16	0,94	173,23	2,89	10,30	0,70
10	13.09.2002	5	399,54	-27,10	0,46	0,94	172,86	2,88	9,59	0,68
11	19.09.2002	5	332,52	39,73	0,68	0,95	172,81	2,88	9,49	0,67
12	20.09.2002	7	398,81	26,46	0,45	0,96	171,59	2,86	7,11	0,58
13	24.09.2002	5	414,51	-42,42	0,73	0,95	172,77	2,88	9,40	0,67
14	10.10.2002	9	536,46	-58,78	1,04	0,89	178,34	2,97	20,08	1,00
15	14.11.2002	5	260,30	110,18	1,88	0,95	172,35	2,87	8,58	0,64
16	19.11.2002	7	457,12	-33,74	0,57	0,96	171,20	2,85	6,34	0,55
17	09.12.2002	3	322,78	-6,15	0,11	0,85	181,73	3,03	26,43	1,15
18	16.12.2002	5	376,02	-6,56	0,11	0,95	172,10	2,87	8,11	0,62
19	28.03.2003	5	325,02	41,16	0,70	0,96	171,46	2,86	6,86	0,57
20	07.05.2003	5	413,53	-48,60	0,83	0,96	171,27	2,85	6,48	0,56

Fraktil k: 1,96

$$\alpha_0 = 5\%;\ \beta_0 = 80\%$$

ausg. Koeffizienten $\hat{x}$			Kofaktormatrix $Q_{\hat{x}\hat{x}}$			$\overline{r}_i$	$\hat{\sigma}_0^2$	σ_0^2	Globaltest
271,006645	Konstante	€/m²	0,700929	-0,0172445	-0,0717862	0,95	4408,56	3600	1,22
-3,20920578	Zeit	€/m²/Zeit	-0,017244	0,00104244	0,0004248				
26,52574262	Lage	€/m²	-0,071786	0,00042479	0,0107153				ob. Quantil: 1,44
									un. Quantil: 0,69

$$\sigma_{li}^2 = 3600\ (€/m²)^2 \qquad\qquad \alpha_0 = 10\%$$

Tab. 5.15: Hierarchische Grundstücksmarktanalyse - *Kauffälle mit GFZ-normierten Kaufpreisen*

5.3.2.4 Folgerungen für die Beurteilung der Konsistenz des Marktverhaltens eines Grundstücks-(teil)marktes und die Analysestrategie

Aus den Untersuchungen zum vorgeschlagenen Strategiekonzept zur sukzessiven Ausgleichung von Grundstücksmarktdaten und der Aufstellung von Hypothesentests zur Beschreibung der inneren und äußeren Zuverlässigkeit lassen sich für die Analyse und Stichprobe der Kauffälle wesentliche Folgerungen angeben:

- Über die möglichen Fehler (z.B. grober Kaufpreisfehler, funktionales Modell) , die bei der Analyse der erforderlichen Daten in der übergeordneten Grundstücksmarktanalyse vorliegen können, kann eine weitere Fehlerart darin liegen, dass der lokale, für das Bewertungsobjekt zutreffende Grundstücksmarkt ein ganz anderes Marktverhalten zeigt als der Teilmarkt, für den die erforderlichen Daten ermittelt worden sind. Damit kann die in der übergeordneten Analyse ermittelte Wertbeziehung zwischen Kaufpreis und Einflussgröße(n) nicht auf die nachfolgenden Grundstücksmarktverhältnisse übertragen werden.

- Beobachtungen zu den Anschlusspunkten sind in der geodätischen Netzverdichtung üblicherweise möglich. Auf dem Grundstücksmarkt können die Kaufpreise l_2 der Kaufpreisgruppe der nachgeordneten Grundstücksmarktanalyse, die die Regressionskoeffizienten x_2 der wertrelevanten Einflussparameter der übergeordneten Grundstücksmarktanalyse betreffen, nur aus dem Kaufverhalten der Marktteilnehmer heraus entstehen.

- Es sollte in den Stichproben der über- und nachgeordneten Grundstücksmarktanalyse eine vergleichbare Ausprägung der wertrelevanten Merkmale vorliegen, dies gilt insbesondere im Hinblick die Überprüfung der Regressionskoeffizienten x_2. Die Stichprobenkennzahlen (vgl. Kap.4.2.1 und Kap. 5.1.4.1 Definition 5.3) sollten folglich vergleichbare Auswerte- und damit Anwendungsbereiche aufweisen, was in der Praxis üblicherweise durch große Stichproben begünstigt wird. Bei kleineren räumlichen Zuständigkeitsbereichen der Gutachterausschüsse, wie z.B. oftmals in Baden-Württemberg anzutreffen, sind nachteilige Auswirkungen auf den Stichprobenumfang und die -kennzahlen zu erwarten.

- Können somit Modellbildungen entstehen, die im Einzelfall Abweichungen von der Konsistenz des Marktverhaltens in einem Grundstücks(teil)markt nach sich ziehen? Auf die Ausführungen zum *Gesamtsystem nach Sprengnetter* (vgl. Kap. 5.1.4.1) wird verwiesen. In 1:1-Beziehungen zwischen einer Einfluss- und einer Zielgröße sind diese Effekte weniger zu befürchten.

- Es wird nachdrücklich empfohlen, die durch Transformationen auf Grundlage von Verteilungsuntersuchungen gewonnenen nichtlinearen Beziehungen in (multiplen) Regressionsansätzen auf ihre Eignung und Aussagekraft zu überprüfen. Die statistischen Parameter besitzen nur im transformierten System Gültigkeit (vgl. Kap. 4.2).

- Des Weiteren ist im allgemeinen zu hinterfragen, ab welcher Schranke grobe Beobachtungsfehler mit einer vorgegebenen Sicherheitswahrscheinlichkeit erkannt werden können? Wie stellen sich die Auswirkungen auf die zu ermittelnden Regressionskoeffizienten (Unbekannte) und Funktionen der Unbekannten dar? Zur Beurteilung der Grundstücksmarktanalyse(n) stehen als Maße der inneren Zuverlässigkeit Redundanzanteil, normierte Verbesserung als Testgröße und der Grenzwert zur Erkennbarkeit eines groben Beobachtungsfehlers zur Verfügung. Zu den Parametern der äußeren Zuverlässigkeit zählen der äußere Zuverlässigkeitsvektor, die Verfälschung (worst case) einer beliebigen Funktion der Unbekannten durch einen groben Beobachtungsfehler in Einheiten der Standardabweichung der Funktion und die Auswirkung eines groben Beobachtungsfehlers auf die ausgeglichene Beobachtung selbst.

- Das stochastische Modell der Kaufpreise kann bei Verwendung von Ausgleichungsmodellen variiert werden. So können z.B. die Kaufpreise auf Grundlage von erstellten Gutachten ein höheres Gewicht erhalten. Es besteht allerdings grundsätzlicher Untersuchungsbedarf.

- Zur sukzessiven Analyse und Prüfung von Grundstücksmarktdaten mit multiplen, linearen Wertbeziehungen für unbebaute Grundstücke wird eine stufenweise Strategie mit den Modellen *Grundstücksmarktanalyse ohne Zusatzrestriktionen*, *stochastische Grundstücksmarktanalyse* und *hierarchische Grundstücksmarktanalyse* auf der Grundlage von Ausgleichungsmodellen (Mürle und Bill 1984) vorgeschlagen. Mit dieser Analysestrategie kann eine verbesserte Modellkonsistenz über (kurz- bis mittelfristige) Betrachtungszeiträume erreicht werden.

Grundstücksmarktanalyse ohne Zusatzrestriktionen
Mit dem Modell der *Grundstücksmarktanalyse ohne Zusatzrestriktionen* (vgl. Kap. 5.3.1.2) soll die Kaufpreisgruppe (Beobachtungen) l_2 ohne die Einführung zusätzlicher Bedingungen z.B. in Form der unveränderlichen Regressionskoeffizienten x_2 aus der übergeordneten Grundstücksmarktanalyse geprüft werden. Informationen zur realistischen Einschätzung der Varianzkovarianzsituation der Kauffälle liegen vor.

Stochastischen Grundstücksmarktanalyse
In der Modellbildung der *stochastischen Grundstücksmarktanalyse* (vgl. Kap. 5.3.1.3) werden die Regressionskoeffizienten $\hat{x}_2$ aus der übergeordneten Grundstücksmarktanalyse mittels eindimensionaler Hypothesentests geprüft, indem sie als fingierte Ersatzbeobachtungen (stochastische Größen) eingeführt werden.

- o   Der wesentliche Vorteil liegt in der Zulässigkeit einer angemessenen *Bewegung* der Regressionskoeffizienten $\hat{x}_2$ der übergeordneten Grundstücksmarktanalyse. Eine *leichte Bewegung* der Beobachtungen kann über das stochastische Modell (Kofaktor-/Gewichtsmatrix) der Regressionskoeffizienten $\hat{x}_2$ modifiziert werden.

- o   Der Test der eigentlichen Kaufpreise (Beobachtungen) l_2 wird unter dem Einfluss der fingierten Ersatzbeobachtungen $\hat{x}_2$ im Modell durchgeführt.

- o   Es wird aufgezeigt, dass keine *fehlerfreie* Verwendung der in der übergeordneten Grundstücksmarktanalyse als Grundlage für erforderliche Daten ermittelten Regressionskoeffizienten $\hat{x}_2$ zur Normierung der Kaufpreise zulässig ist (realistische Varianzkovarianzsituation).

- o   Zu beachten sind bei der Einführung stochastischer Regressionskoeffizienten $\hat{x}_2$ aus der übergeordneten Grundstücksmarktanalyse, dass die Einheiten der Regressionskoeffizienten $\hat{x}_2$ aus der übergeordneten Grundstücksmarktanalyse ggf. an die der nachgeordneten *stochastischen Grundstücksmarktanalyse* anzupassen sind bzw. umgekehrt (gleiche Unbekanntendimension). Üblicherweise wird dies durch identische Merkmaleinheiten erreicht.

- o   Für die Gewährleistung der Konsistenz eines Gesamtmodells, das die wesentlichen wertbeeinflussenden Merkmalen enthält, ist es neben den grundsätzlichen Ausführungen in Kap. 5.3.1 auch aus rein numerischen Gründen im Grunde nicht zulässig, dass einzelne Parameter einer gesonderten Analyse unterzogen werden und diese Lösungsbausteine in einem Gesamtlösungsmodell quasi widerspruchsfrei zusammengeführt werden.

Wird ausgehend von einem Gesamtmodell als veränderliche Größe die allgemeine Preisentwicklung mit einem Stichtag zugelassen, der vom Stichtag des Gesamtmodells abweicht, so ergeben sich bei strenger Interpretation bereits dadurch bedingt veränderte GFZ-Umrechnungskoeffizienten. Veränderungen des Kaufpreislevels (Δy) in Bezug auf unterschiedliche Zeitpunkte entsprechen einer Umdefinition des Basisniveaus der Preisentwicklung und bewirken folglich auch Veränderungen der GFZ-Umrechnungskoeffizienten, die aus der Wertbeziehung der Kaufpreise $\hat{y}_i$ ermittelt werden (vgl. Kap. 5.3.2.5).

Die diesbezüglichen Auswirkungen können üblicherweise für überschaubare Zeiträume ohne ungewöhnlich hohe prozentuale Preisentwicklungen vernachlässigt werden. Es ist dabei zu berücksichtigen, dass die *stochastische Grundstücksmarktanalyse* zur Überprüfung der Regressionskoeffizienten $\hat{x}_2$ aus der übergeordneten Grundstücksmarktanalyse zur Anwendung kommt.

Im begründeten Einzelfall sind auf Grundlage der vorliegenden Kennzahlen der übergeordneten Grundstücksmarktanalyse gesonderte Untersuchungen anzustellen. Ggf. ist der Grundstücksmarkt einer derart dynamischen Entwicklung unterworfen, dass die Heranziehung von erforderlichen Daten aus der übergeordneten Grundstücksmarktanalyse ohnehin nicht befürwortet werden kann.

   o   Soweit $\hat{x}_{2i}$ im seltenen Fall der zeitlichen Überdeckung der Kauffallgruppen l_1, l_2 für die allgemeine Preisentwicklung steht (z.B. nachträglicher Eingang von Kauffällen), ist die zeitbezogene Modellbildung der übergeordneten Grundstücksmarktanalyse a im Überdeckungsbereich in der nachgeordneten Grundstücksmarktanalyse b nachzubilden. Informationen hierzu liegen aus der *Grundstücksmarktanalyse ohne Zusatzrestriktionen* vor. Grundsätzlich können (zur Verbesserung des Modells) auch multiple Zeitfenster für die allgemeine Preisentwicklung definiert werden.

Hierarchische Grundstücksmarktanalyse
Im Modell der *hierarchischen Grundstücksmarktanalyse* (vgl. Kap. 5.3.1.4) werden abschließend in *gewohnter Weise* die Regressionskoeffizienten $\hat{x}_3$ der nachgeordneten Grundstücksmarktanalyse bestimmt, wobei für eine realistische Schätzung ihrer Genauigkeitssituation (5.40b) heranzuziehen ist.

- Für bebaute Grundstücke zeigen sich zumeist einfache (nicht)lineare Modellansätze (vgl. Kap. 5.1.4.1 *Gesamtsystem nach Sprengnetter)* mit hoher Bestimmtheit. Die Einführung von in der übergeordneten Grundstücksmarktanalyse a ermittelten Unbekannten $\hat{x}_{2i}$ als fingierte Ersatzbeobachtungen mit flexibler Gewichtung erscheint als *Identitätsbedingung* möglich.

So ist z.B. die Einführung eines Marktanpassungsfaktors (*Kaufpreis / Sachwert*) im Sachwertverfahren aus der Analyse a als Parameter $\hat{x}_{2i}$ in der Analyse b mit stochastischer Ausgleichung möglich. Es werden identische Preis- und Wertentwicklung unterstellt. Ggf. ist zu untersuchen, inwieweit eine zeitliche Anpassung (Indizierung) erforderlich wird.

Ausgehend von (5.37a und b) erhält man für solche Fälle ein *reduziertes* Verbesserungsgleichungssystem (ohne $\hat{x}_3$ als Unbekannte) zur Kauffallgruppe l_2 der nachfolgenden Grundstücksmarktanalyse b

$$l_2 + v_2 = A_{22}\hat{x}_2 + 0 \ \hat{x}_3 \tag{5.77a}$$

mit der Erweiterung um die Verbesserungsgleichung(en)

$$l_{x_2} + v_{x_2} = I \ \hat{x}_2 + 0 \ \hat{x}_3 \ . \tag{5.77b}$$

Es kann nach Durchführung der Analyseschritte, wobei die *hierarchische Grundstücksmarktanalyse* ohne $\hat{x}_3$ als Unbekannte entfällt, entschieden werden, ob die bisherigen Marktanpassungsfaktoren beibehalten werden können oder die Einführung neuer Faktoren erforderlich ist.

- Aus der beispielhaften Umsetzung (vgl. Kap. 5.3.2.3) der Analysestrategie zur sukzessiven Ausgleichung von Grundstücksmarktdaten ergeben sich auf Grundlage des Modells der Grundstücksmarktanalyse ohne Zusatzrestriktionen bei (α_o = 5%, β_o = 80%) für die Maße der inneren und äußeren Zuverlässigkeit von unkorrelierten Beobachtungen folgende Anhaltswerte:

Innere Zuverlässigkeit
Die Redundanzanteile r_i liegen für gleichgewichtige Beobachtungen im Bereich größer 0,8 bis 0,95. Die nicht mehr aufdeckbaren groben Fehler $\nabla_0 l_i$ erreichen bei einer Beobachtungsvarianz σ_{li}^2 von 2500 bis 3600 (€/m²)² Werte homogen über 150 €/m². Der Faktor $\nabla_0 l_i / \sigma_{l_i}$ kann mit ungefähr 3 angegeben werden. Zur Suche grober Fehler in den Beobachtungen steht mit der normierten Verbesserung ein geeignetes Instrument zur Verfügung.

Wird für eine Kauffallgruppe der Kauffälle das stochastische Modell dahingehend verändert, dass die Standardabweichung σ_{l_i} optimistisch auf den halben Wert ±(25 bis 30) €/m² bemessen wird, so sind Minderungen in den Redundanzanteilen dieser Kauffälle auf 0,60 bis 0,90 die Folge. Der Faktor $\nabla_0 l_i / \sigma_{l_i}$ erhöht sich dann auf einen Wert bis 4.

<u>Fingierte Ersatzbeobachtung(en)</u>
In der stochastischen Grundstücksmarktanalyse werden zusätzlich als fingierte Ersatzbeobachtungen die in der übergeordneten Grundstücksmarktanalyse ermittelten Regressionskoeffizienten in die Analyse aufgenommen. Unter Berücksichtigung der gewählten Beobachtungsvarianz der Kauffälle hat sich für den Redundanzanteil der fingierten Ersatzbeobachtung auf Grundlage der ersten Ergebnisse der Kofaktormatrix der Grundstücksmarktanalyse ohne Zusatzrestriktionen ein Wert von ungefähr 0,50 ergeben (vgl. Kap. 5.3.2.3). Nach erster Einschätzung wird damit ein akzeptables Niveau für die Durchführbarkeit der Analysestrategie gewährleistet.

<u>Äußere Zuverlässigkeit</u>
Die Einflussfaktoren $\overline{\delta}_{o,i}$ haben nach dem hohen Niveau der Redundanzanteile die Größenordnung um 1 erreicht und befinden sich für die Analyse, wie stark im worst case eine beliebige Funktion der Unbekannten z.B. die Ableitung von Umrechnungskoeffizienten von einem groben Fehler in Einheiten der Standardabweichung der Funktion verfälscht werden kann, in einem überaus günstigen Wertebereich. Die Auswirkung $\nabla_0 \hat{l}_i$ eines nicht entdeckten groben Fehlers auf den ausgeglichenen Kaufpreis selbst bemisst sich zwischen 10 und 30 €/m². Bei einer Reduzierung der Standardabweichung ungefähr auf den halben Wert für eine Kauffallgruppe erhält man für diese Kauffälle für $\overline{\delta}_{o,i}$ einen Wert bis 2.

<u>Stochastisches Modell</u>
Es kann festgehalten werden, dass für die stochastische Modellbildung der Kaufpreise zur Analyse von Grundstücksmarktdaten mittels Ausgleichungsmodellen grundsätzlicher Untersuchungsbedarf im Hinblick auf die Einführung von realistischen Annahmen für die Varianzen im Falle unkorrelierter Beobachtungen und zusätzlich für die Kovarianzen im Falle korrelierter Beobachtungen besteht. Eine Standardabweichung σ_{l_i} von ±(50 bis 60) €/m² für die Kaufpreise erscheint zumindest in der beispielhaften Umsetzung einer realistischen Einschätzung zu entsprechen. Es kann für die Standardabweichung $\sigma_{\hat{l}_i}$ der ausgeglichenen Kaufpreise von einem Orientierungswert ±(15 bis 30) €/m² ausgegangen werden.

<u>Globaltest</u>
Der Globaltest unterstützt die Analysestrategie bei der Überprüfung des Gesamtmodells z.B. in der Annahme eines realistischen stochastischen Modells, der Konfiguration aller wertrelevanten Einflussparameter und der Vermutung von groben Kaufpreisfehlern.

<u>Stichprobe</u>
Entscheidende Bedeutung kommen folglich unter Berücksichtigung der Aussagen zum stochastischen Modell der Quantität der Kauffälle (Stichprobenumfang >50) zur Gewährleistung eines akzeptablen Niveaus der Redundanzanteile der Beobachtungen und der Ermittlung der qualitätsbestimmenden Merkmale der Kaufpreise zur Reduzierung von *manuellen* groben Fehlern zu. Dies gilt insbesondere für sukzessive Grundstücksmarktanalysen. Besonders geeignet erscheinen Stichproben mit Teilmarktorientierung.

5.3.2.5 Folgerungen für die Ermittlung von Bodenrichtwerten in kaufpreisarmen Lagen

Der Ermittlung von Bodenrichtwerten gilt derzeit ein grundsätzliches Interesse (Reuter 2004). Insbesondere in Innenstadtlagen liegt oftmals kein ausreichender Stichprobenumfang an Kaufpreisen vor. Im statistischen Preisvergleich werden neben der Ermittlung von Marktwerten für bestimmte Aufgabenstellungen auch typische Kennzahlen wie z.B. Bodenpreisindizes, Umrechnungskoeffizienten des Grundstücksmarktes aus den ausgeglichenen Kaufpreisen (Beobachtungen) abgeleitet.

In Geschäftslagen kann nach Nr. 2.3.4.2 WertR die Abhängigkeit des Bodenwerts von den höherwertig genutzten Flächen (ebenerdige Läden) erheblich größer sein als die Abhängigkeit von der GFZ. Als deduktives Wertkalkül für baureifes Land kann u.a. das Mietlageverfahren, das von einer wirtschaftlichen Wertbeziehung zwischen Bodenwert und Erdgeschossladenmiete ausgeht, genannt werden. In diesen Fällen wird eine eingehende Untersuchung hinsichtlich der den Bodenwert bestimmenden Wertmerkmale erforderlich. Üblicherweise findet hierbei eine Kombination des deduktiven mit dem statistischen Preisvergleich statt, was zu vergleichbaren mathematischen Modellbildungen bzw. -betrachtungen führt (vgl. Kap. 4.1 und 5.1.2.3).

Auf Grundlage der dargestellten Ausgleichungsmodelle zur Analyse von Grundstücksmarktdaten können auch Parameter der inneren und äußeren Zuverlässigkeit für zu ermittelnde Bodenrichtwerte einer Beurteilung zugeführt werden.

Bei der Ermittlung von Bodenrichtwerten mit Hilfe einer Kombination des deduktiven mit dem statistischen Preisvergleich liefert die innere Zuverlässigkeit - als ein Maß für die Erkennbarkeit grober Fehler in den Kaufpreisen ab einem bestimmten Grenzwert - eine überaus transparente und nachvollziehbare Größe. Bodenrichtwerte hängen im wesentlichen von den Kaufpreisen ab.

Der Redundanzanteil r_i des i-ten Kaufpreises (5.59b und c) stellt den Anteil der i-ten Beobachtung an der Verbesserung v_i dar. Die normierte Verbesserung als Testgröße für die Erkennbarkeit grober Fehler in den Kaufpreisen ergibt sich nach (5.60) bis (5.62). Der Grenzwert für die innere Zuverlässigkeit zur Erkennbarkeit eines groben Kaufpreisfehlers wird nach (5.64) ermittelt.

Neben der inneren Zuverlässigkeit ist für die Beurteilung einer Grundstücksmarktanalyse die Auswirkung eines nicht entdeckten groben Fehlers in einem Kaufpreis auf die unbekannten Regressionskoeffizienten und daraus abgeleitete Größen von Interesse (äußere Zuverlässigkeit).

Ein nicht erkannter grober Fehler $\nabla_0 y_i$ in der Beobachtung y_i beeinflusst alle Unbekannten (äußerer Zuverlässigkeitsvektor) und lässt sich für unkorrelierte Beobachtungen nach (5.65) darstellen. Als geeignetes und leicht nachvollziehbares Betrachtungsmodell bei der Ermittlung eines Bodenrichtwerts kann die Auswirkung $\nabla_0 \hat{y}_i = \left(1 - r_i\right) * \nabla_0 y_i$ eines groben Kaufpreisfehlers $\nabla_0 y_i$ auf den ausgeglichenen Kaufpreis $\hat{y}_i$ selbst nach (5.68) herangezogen werden. Im Falle eines groben Beobachtungsfehlers sind damit auch davon abgeleitete Funktionen fehlerbehaftet, wobei der Wert $\overline{\delta}_{o,i}$ nach (5.66i und j) eine Schranke liefert, wie stark im worst case eine beliebige Funktion der Unbekannten $f(\hat{x}) = f\,\hat{x}$ von einem groben Fehler $\nabla_0 y_i$ in Einheiten der Standardabweichung der Funktion σ_f verfälscht werden kann.

Als eine beliebige Funktion der Unbekannten kann auch der zu ermittelnde Bodenrichtwert interpretiert werden. Die Bodenrichtwerte hängen funktional im wesentlichen von den Schätzwerten der ausgeglichenen Kaufpreise $\hat{y}_i$ ab, die mit Hilfe der unbekannten Regressionskoeffizienten bestimmt werden. Diese sind auch zur Ermittlung von erforderlichen Daten wie Mietlage-Umrechnungskoeffizienten Grundlage.

Zum Testen von Bodenrichtwerten aus übergeordneten Grundstücksmarktanalysen (Vorjahre) als fingierte Ersatzbeobachtungen ist anzumerken, dass es sich bei den Bodenrichtwerten um eine Funktion der unbekannten Regressionskoeffizienten handelt und nicht um die Beobachtungen oder Unbekannten selbst.

Getestet werden die originären Beobachtungen aus der nachgeordneten Grundstücksmarktanalyse in dem *Ausgleichsmodell ohne Zusatzrestriktionen*. In der *stochastischen Grundstücksmarktanalyse* können die Regressionskoeffizienten aus der übergeordneten Grundstücksmarktanalyse als fingierte Ersatzbeobachtungen in einem Verbesserungsgleichungssystem nach (5.37a und b) bzw. (5.77a und b) betrachtet werden. Zur Bemessung der Parameterwerte der inneren und äußeren Zuverlässigkeit wird auf die Ergebnisse bzw. Orientierungswerte in Kap. 5.3.2.3 und 5.3.2.4 verwiesen.

Die fehlerfreie Verwendung von erforderlichen Daten zur Normierung von Kaufpreisen als Grundlage für die Bodenrichtwertermittlung liefert keine realistische Varianzkovarianzsituation (vgl. Kap. 5.3.1.4 und 5.3.2.4).

Bei der Ausgleichung direkter Beobachtungen als Sonderfall der vermittelnden Ausgleichung liegen n unabhängige Kaufpreise (Beobachtungen) zur Ermittlung einer Unbekannten vor. Für gleichgenaue Kaufpreise reduziert sich die Lösung der Unbekannten auf das einfache arithmetische Mittel.

Soweit in einer Bodenrichtwertzone Kauffälle auftreten, kann üblicherweise von einer geringen Anzahl ausgegangen werden. Neben den Kaufpreisen wird als Unbekannte der (zonale) Bodenrichtwert für den Preisvergleich definiert. Damit ergeben sich für einen Stichprobenumfang von 3 Kaufpreisen Redundanzanteile größer als 0,6. Der Grenzwert für die innere Zuverlässigkeit zur Erkennbarkeit eines groben Beobachtungsfehlers liegt bei einer angenommenen Standardabweichung für die einzelne Beobachtung von $\pm$(50 bis 60) €/m² um 200 €/m². Der Faktor $\nabla_0 l_i / \sigma_{l_i}$ kann bei 3 bis 4 angegeben werden. Für den Einflussfaktor $\overline{\delta}_{o,i}$ der äußeren Zuverlässigkeit gilt zur Orientierung der Wert 2. Die Auswirkung $\nabla_0 \hat{l}_i$ kann mit 60 bis 80 €/m² abgeschätzt werden.

5.4 Webbasierte Nutzung von Geodaten

Bisher sieht die Nutzung von Geodaten typischerweise so aus, dass der Nutzer ein GIS besitzt und sich im dafür passenden Datenformat die Geodaten zumeist offline besorgt. Der logisch nächste Schritt zur Verbesserung der Situation ist nun, die Daten online über das Internet zu nutzen (Teege 2001).

5.4.1 Interoperable Nutzung von verteilten Geodaten über Geo-Portale

Zur Nutzung von Geodaten über das Internet werden zwei prinzipielle Varianten unterschieden:

- Das Internet wird nur zur Übertragung der Daten verwendet (*download*), die Nutzung geschieht wie bisher in einem GIS.
- Die Daten werden über das Internet übertragen und direkt im Web-Browser bearbeitet. Damit entfällt die Notwendigkeit einer GIS- Infrastruktur beim Nutzer.

Die zweite Variante wird typischerweise für einfachere Nutzungsformen angewendet, beispielsweise reine Auskunftsvorgänge. Mit Hilfe geeigneter Technologien (z.B. *Applets*) ist aber auch die Bearbeitung der Daten direkt im Web-Browser möglich. Die gesamte Einrichtung, mit der der Nutzer die Geodaten eines Anbieters über Internet nutzen kann, wird allgemein als *Geodatenserver* bezeichnet.

Es entspricht dem Stand der Technik, dass GIS-Hersteller ihre Systeme um eine Internet Map Server (IMS)-Schnittstelle erweitert haben. Dabei handelt es sich jedoch um proprietäre Schnittstellen, als Client kann also nur ein System des gleichen Herstellers verwendet werden. Dies ist dann typischerweise das eigene GIS oder als Alternative ein im Internet-Browser lauffähiger spezieller Viewer. Umgekehrt bedeutet das, dass der Anwender mit den Geodaten mehrerer Anbieter arbeiten kann, aber nur wenn diese Anbieter ihre Daten auf der Basis eines IMS eines gemeinsamen Herstellers bereitstellen.

Aus Anwendersicht existieren folgende Anforderungen an eine internet-basierte Arbeitsumgebung zur Nutzung von Geodaten:

- Nutzung von Daten verschiedener Geodaten-Anbieter gemäß den Anforderungen durch die Anwendung und unabhängig vom GIS-System beim Anbieter (Definition 2.5: Interoperabilität).

- Nutzung eigener Geodaten (die lokal beim Anwender gespeichert und gepflegt werden) in Kombination mit Daten der Geodaten-Anbieter.

Die zweite Anforderung ist meist automatisch erfüllt im Fall eines IMS mit einem GIS als Client. Das größere Problem ist die Interoperabilität. Zur Umsetzung kann man zwei Ansätze beobachten:

- Die Offenlegung proprietärer IMS-Schnittstellen. Damit ist es zumindest prinzipiell möglich, Clients zu entwickeln, die Daten von mehreren proprietären IMS abrufen können. Der Nachteil bei diesem Ansatz ist es, dass der Client mehrere IMS-Schnittstellen implementieren muss.

- Die Verwendung einer herstellerunabhängigen einheitlichen IMS-Schnittstelle mit Eingrenzung auf bestimmte Standard-Datenformate. Diesen Ansatz verfolgt das OGC mit der Erarbeitung des *Web Map Service (WMS)*. Erste WMS-fähige IMS sowie Clients existieren bereits.

Der interoperable Zugriff auf Online-Geodaten über eine herstellerunabhängige einheitliche IMS-Schnittstelle ist folglich die wesentliche Grundlage für den Aufbau eines Geo-Portals (Abb. 5.50). Ein Geo-Portal tritt als Vermittler zwischen Anbietern und Nutzern von Geodaten sowie relevanter Dienstleistungen auf. Das Portal selbst enthält keine Geodaten. Grundidee ist die verteilte Datenhaltung. Geodaten aus verteilten Beständen amtlicher und privater Datenanbieter werden über das Internet in einfacher Weise nutzergerecht verfügbar gemacht. Die Daten bleiben an der Stelle, dies sie originär vorhält, erfasst und pflegt. Daraus leitet sich als Geschäftsmodell ab, dass der Nutzer/Käufer Nutzungsrechte an Geodaten/ Geoinformationsprodukten erwirbt, während die Anbieter der Nutzungsrechte an Geodaten Eigentümer der Geodaten bleiben.

Das Portal ermöglicht die Datennutzung (reines Viewing, Überlagerung) ohne vorhandenes GIS beim Nutzer. Komplexere Nutzungsfälle können durch Auslagerung zu einer im Portal angebotenen Dienstleistung oder Verwendung eines eigenen GIS abgedeckt werden.

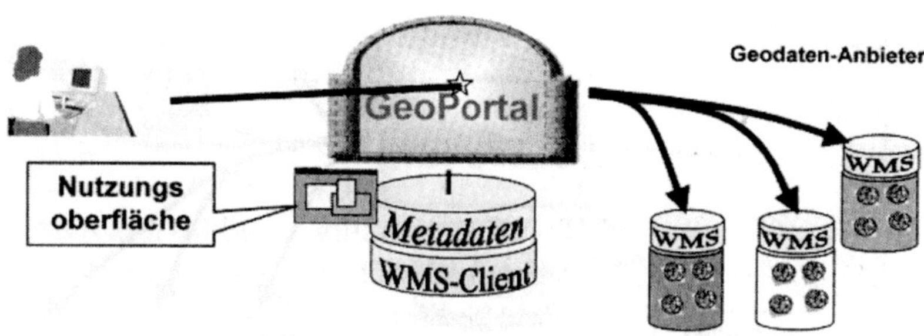

Abb. 5.50: Geo-Portal mit WMS-Ansatz

Der WMS für Zugriffe auf Geodaten über das Internet (AdV 2006) repräsentiert die einfachste der OGC-Schnittstellen. Er ist realisiert über die drei Anfragen *GetCapabilities*, *GetMap* und *GetFeatureInfo*. Das Angebot eines Servers (Kartenebenen, Gestaltung, Ausdehnung, Datenformate, Koordinatensysteme) wird mit *GetCapabilities* vom Client abgefragt. Aus dem XML-Dokument der Antwort kann komfortabel die gewünschte Karte (Rasterdaten) zusammengestellt werden. Mit *GetMap* ruft der Anwender eine georeferenzierte Karte im gewünschten Koordinatensystem und Format von einem Server ab. *GetFeatureInfo* liefert die Sachdaten des nächstliegenden Objekts jedes Layers eingebettet in ein XML-Dokument. Im WMS-Standard ist das Vektorformat *Scalable Vector Grafics (SVG)* enthalten.

Im Bodenrichtwertportal liefert der WMS die Kartendarstellungen, die Darstellung der Bodenrichtwerte (Grafik) und optional textliche Informationen zu den Bodenrichtwerten.

Der *Web Feature Service (WFS)* ist ein Dienst, der Geodaten als Vektordaten im Internet bereitstellt. Es handelt sich gleichfalls um eine standardisierte Schnittstelle des OGC. Der standardisierte Zugriff auf die Geodaten erfolgt über mehrere Anfragen, wobei im Zuge der Geodatenanforderung (*GetFeature*) räumliche und fachliche Selektionsparameter für die Bereitstellung der Daten übermittelt werden. Die Geodaten werden in *Geography Markup Language (GML)* bereitgestellt. GML ist ein Standard des OGC zur Beschreibung und zum Austausch von Geodaten. GML beruht auf der *Extensible Markup Language (XML)* und trifft die für den Bereich der Geoinformationen notwendigen Festlegungen.

Im Bodenrichtwertportal liefert der WFS die Bodenrichtwertdatei (Vektordaten), um den Bodenrichtwert darzustellen bzw. zu beschreiben und um bestimmte Selektionen und Auswertungen durchführen zu können. Durch eine Verkettung von WFS und WMS kann bei der Übergabe der Vektordaten an den WMS eine grafische Darstellung der Bodenrichtwerte erzeugt werden und als Kartenbild an den Nutzer abgegeben werden.

Der *Web-Gazetteer-Service (WFS-G)* als ein spezifischer WFS dient zur Ermittlung des Raumbezuges aus einer beschreibenden Ortsangabe über das Internet. Im BRW-Portal erfolgt über den WFS-G die Zuordnung des Kartenausschnittes und/oder Bodenrichtwertes zum eingegebenen Objekt (z.B. Gemeinde, Gemeindeteil, Gemarkung, Flur, Flurstück).

Der *Web-Geocoding-Service (WFS-GC)* als ein spezifischer WFS dient zur Ermittlung des Raumbezuges aus einer Adresse. Im BRW-Portal erfolgt über den WFS-GC die Zuordnung des Kartenausschnittes und/oder Bodenrichtwertes zur eingegebenen Adresse (Gemeinde, Straße, Hausnummer).

Die Interoperabilität auf der Basis von Open GIS Webservices lies der *Runde Tisch GIS e.V.* (2003) durch das Institut für Technik Intelligenter Systeme an der Universität der Bundeswehr München untersuchen. Das Hauptziel des Projekts lag in der Verbesserung der Nutzung von verteilten heterogenen Geodaten auf der Grundlage der Internettechnologie und von offenen Standards des OGC. Schwerpunktmäßig wurde der Online-Zugriff auf verteilte, vom Datenanbieter vorgehaltene und gepflegte Datenbestände behandelt. Um den Bezug zur Praxis herzustellen, wurde die Bewertung von Immobilien als Anwendungsbereich gewählt.

Das Anwendungsszenario beruht darauf, dass einem Immobilienbewerter einige Exposes von Gewerbeimmobilien vorliegen. Nach Eingabe der Adressen in ein Anwendungssystem sollen nun verschiedene grafische und textliche Informationen zu den Objekten abgerufen werden. Es hat sich gezeigt, dass die WMS-Schnittstelle in der Praxis mittlerweile auf breiter Basis einsetzbar ist. Alle getesteten Herstellersysteme konnten mit verschiedenen Web Map Clients angesprochen werden. Die erfolgreiche Kombination von amtlichen Daten mit Daten aus öffentlichen und privatwirtschaftlichen Quellen für den Bereich der Immobilienbewertung konnte gleichfalls gezeigt werden.

Ein echtes Geo-Portal muss neben den geospezifischen Komponenten auch allgemeine Portal-Komponenten enthalten, neben Personalisierung und Authentifizierung sind dies Komponenten, die die Kommunikation der Nutzer untereinander unterstützen, die bedarfsgerechte Information der einzelnen Nutzer und E-commerce-Aspekte zur Organisation der Nutzung kostenpflichtiger Angebote.

Je mehr Geodaten-Anbieter über ein Geo-Portal erreichbar sind, desto besser und flexibler kann auf die Anforderungen des einzelnen Nutzers eingegangen werden. Umgekehrt steigt damit die Anzahl der potenziellen Nutzer und insbesondere die Breite im Spektrum der Nutzungs- und Nutzerarten (vom Fachanwender bis zum beliebigen Web-Surfer). Dadurch entstehen weitere Anforderungen an ein Geo-Portal wie das Angebot von Metadaten oder die Bereitstellung von auf die angebotenen Daten anwendbaren Geodiensten. Die wesentliche technische Voraussetzung für diese Interoperabilität von Geodiensten in einem Portal ist die Existenz von standardisierten Schnittstellen zwischen den Diensten, analog zum WMS-Standard für die interoperable Nutzung von Geodaten.

5.4.2   Geo-Portale des Immobilienmarktes

Der Geoinformationsmarkt ist auch durch die zunehmende Wertschöpfung (Mitnutzung, Veredelung) aus dem vorhandenen Geodatenbestand gekennzeichnet, d.h. Informationsdiensteanbieter kaufen Informationen von den Informationsanbietern, bringen Spezialkenntnisse ein, und leiten z.B. neue oder veredelte Produkte als Dienstleistung ab. Das Ziel ist es, dem Anwender stets die passenden Informationen und Services zur richtigen Zeit, im richtigen Kontext und auch am richtigen Ort zu präsentieren. Nachfolgend sollen einige Beispiele für Geo-Portale aus der Immobilienwertermittlung und –wirtschaft vorgestellt werden.

5.4.2.1   VBORIS

Aus der Einrichtung eines *VBORIS* resultiert im Endausbau eine verbesserte Bereitstellung der Wertermittlungsinformationen. Als Vorteile sind

- die digitalen Informationen (Bodenrichtwertdatei und Grundstücksmarktberichte) selbst,
- die homogenen Datenbestände (grenzübergreifend einheitliche Datenstruktur),
- die einheitlichen Bezugskonditionen (grenzübergreifendes einheitliches Preismodell),
- der einfache, direkte, zentrale und ständige Datenzugriff und
- die erleichterte Führung einer integrierten Datennutzung durch die offene Bereitstellung

zu nennen.

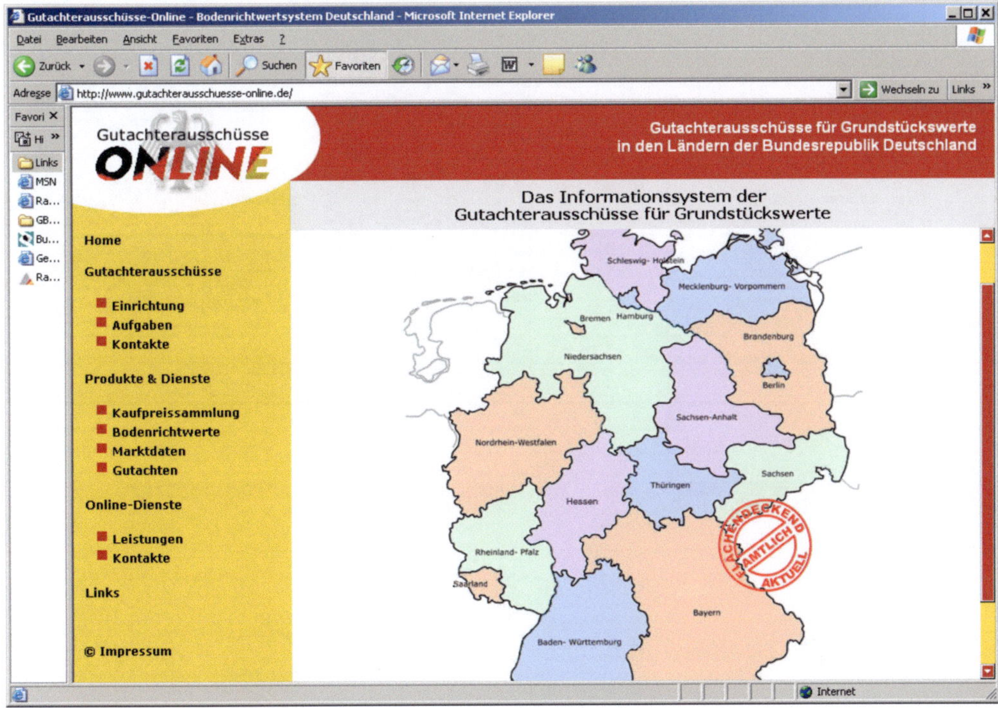

Abb. 5.51: *Gutachterausschüsse ONLINE*

Das Gemeinschaftsportal *Gutachterausschüsse ONLINE* (*www.gutachterausschuesse-online.de*) ist Ende 2004 als gemeinsames Einstiegesportal (Linkportal) in Betrieb genommen worden. Das Gemeinschaftsportal soll dem Nachfrager von Grundstücksmarktinformationen die Möglichkeit eines bundesweit zentralen Einstiegs eröffnen. Das Portal soll über die Einrichtung und Aufgaben der Gutachterausschüsse informieren, die Produkte und Dienste der Gutachterausschüsse beschreiben, eine zentrale Anlaufstelle je Bundesland benennen, den Zugang zu den bereits realisierten *Bodenrichtwertinformationssystemen (BORIS)* der Länder leisten (Abb. 5.51).

In 2006/2007 ist die Präsentation von dem *VBORIS* auf einem Informationstag mit allen Ländern und berührten Bundesressorts vorgesehen. Auf Länderebene soll in möglichst großen Ländergemeinschaften begonnen werden, das *VBORIS* schrittweise zu realisieren.

Für die Redaktion des Projekts zeichnet die Projektgruppe *VBORIS* der AdV verantwortlich. Das Landesvermessungsamt Nordrhein-Westfalen ist für die Betreuung zuständig. Auf den Informationsseiten des Portals können zum jeweiligen Thema zahlreiche Beispieldateien aus verschiedenen Ländern heruntergeladen werden. Hinweise zum Urheberrecht (vgl. Kap. 5.5.1) und Haftungsausschluss sind gleichfalls aufgenommen. Den Nutzern wird auch eine Übersicht auf die zentralen Anlaufstellen in den Bundesländern angeboten. Für Baden-Württemberg ist stellvertretend die Portaladresse von Karlsruhe auch für Rückfragen angegeben.

5.4.2.2   On-geo

Eine Lösung für eine Geodatenhandelsplattform mit Informationsprodukten für die Immobilienbranche betreibt *on-geo* mit dem Portal *www.on-geo.de*. Die Daten werden von *on-geo* als Datenbrooker branchenspezifisch kombiniert und veredelt angeboten. Dabei ist die Geocodierung und Flächendeckung der nach Kundenbedarf verfügbaren Informationsobjekte von ausschlaggebender Bedeutung. Je nach Bedarf werden die Informationen (einzelfallbezogen) beim Datenanbieter abgerufen (Aktualität). *On-geo* repräsentiert dabei den Marktplatz, auf dem der Datenanbieter seine Informationen anbieten und vertreiben kann.

Damit wird ein breiter Nutzerkreis angesprochen und online gegen Bezahlung beliefert. Ein realisiertes Beispiel der direkten Verlinkung von *on-geo* für die Stadt Pforzheim zeigt die Abb. 5.52.

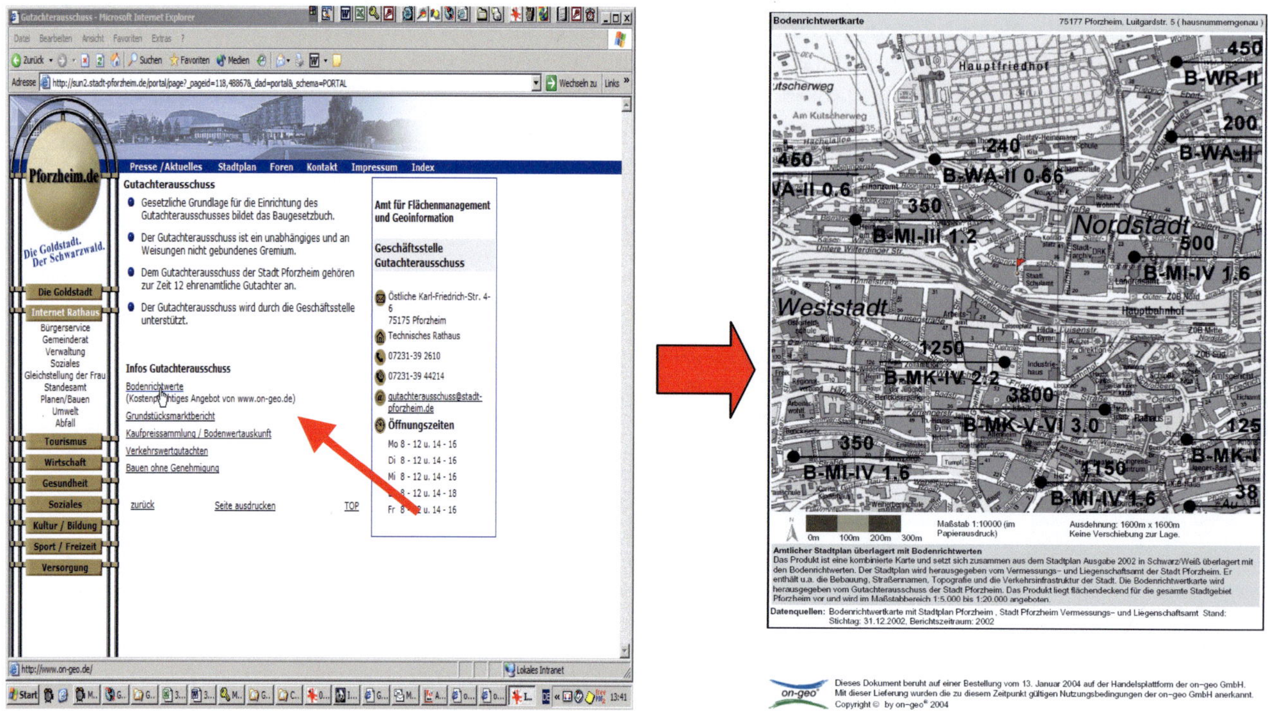

Abb. 5.52: *On-geo* bei der Stadt Pforzheim

5.4.2.3   Brw.web.de – Bodenrichtwerte bundesweit online

Das Portal *brw-web.de* bietet den Online-Zugang zu Bodenrichtwerten. Bundesweit können für nahezu jede gültige Anschrift in Deutschland die von den örtlichen Gutachterausschüssen für Grundstückswerte (GAA) veröffentlichten Bodenrichtwerte abgefragt werden.

Die technische Realisierung und Umsetzung von *brw-web.de* erfolgt durch IMMO-CHECK Gesellschaft für Informations-Service mbH, Bochum. Das Vorhaben *brw-web.de* ist ein Projekt in Kooperation mit dem Deutschen Verband für Wohnungswesen, Städtebau und Raumordnung e.V. (DV).

Der DV hat sich entschlossen, als neutraler Mittler zwischen kommunalen oder staatlichen Institutionen und der Wirtschaft einen Informationsdienst zu betreiben, der einen bundesweiten Online-Zugang zu Bodenrichtwerten bietet. Seine Realisierung wird durch einen Fachbeirat (Mitglied) begleitet, dem sowohl Vertreter aus dem Kreis der Gutachterausschüsse wie der Nutzer angehören.

Als Gründe, warum man sich nicht auf die geplanten Weblösungen der Gutachterausschüsse beschränkt, werden genannt:

- Die Vielfalt der Web-Oberflächen in den bereits realisierten Angeboten ist für den Nutzer verwirrend und verlangt von bundesweit tätigen Unternehmen einen hohen Einarbeitungsaufwand.
- Die Art der Zugangsrealisierung erlaubt es durchweg nicht, solche Lösungen in automatisierte Prozesse auf Seiten der Nutzer zu integrieren.
- Auch auf absehbare Zeit noch werden im Bundesgebiet die Bodenrichtwerte nur zu einem Teil über Weblösungen der Gutachterausschüsse zugänglich sein. Mit dem Hinweis auf *VBORIS* ist diese These wohl nur noch eingeschränkt aufrechtzuerhalten (vgl. Kap. 5.4.2.1).

Die harmonisierte Oberfläche (Abb. 5.53) unterstützt die sachgerechte Nutzung der Bodenrichtwerte unabhängig von ihrer Darstellung in den unterschiedlichen Quellen. Auch Gutachterausschüsse, die noch keine eigene Weblösung realisiert haben, können diesen Dienst nutzen. Somit geht es um die Herstellung von Transparenz auf dem Bodenmarkt. Der Nutzung des Portals liegt der Abschluss von Nutzungsvereinbarungen zugrunde.

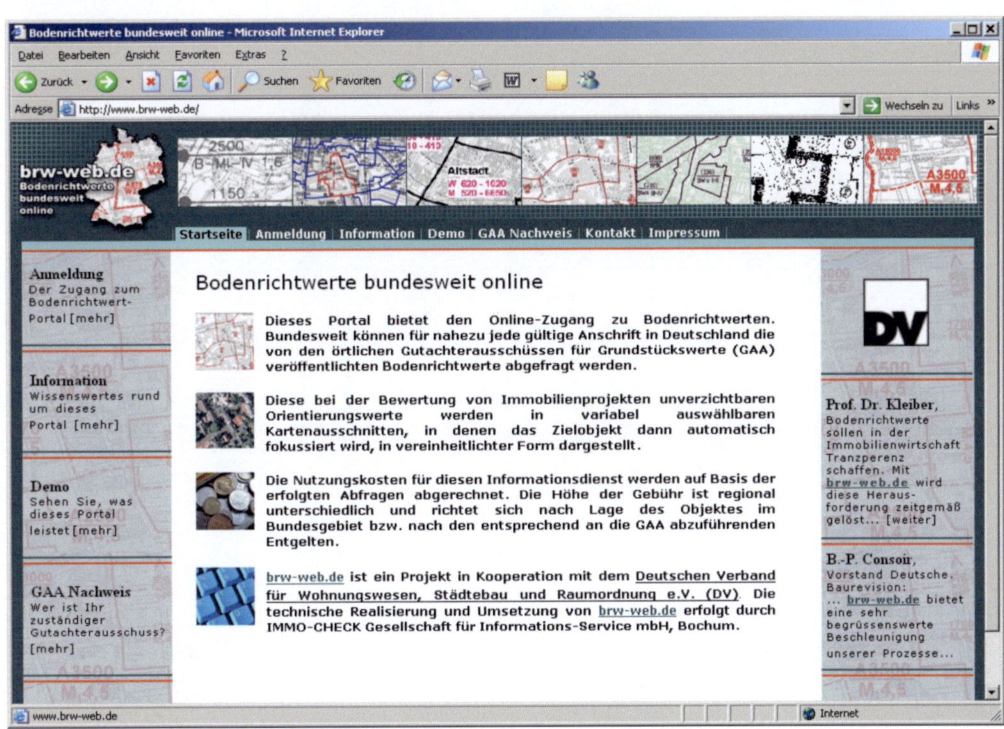

Abb. 5.53: *Brw-web.de*

5.4.2.4   Berlin GAA Online

Das Portal *GAA Online* (Abb. 5.54) bietet seit September 2000 Informationen über die Preisentwicklung auf dem Berliner Immobilienmarkt und die Wertermittlung von Grundstücken per Mausklick (*www.gutachterausschuss-berlin.de*). Die Informationen können entweder online auf den Computer heruntergeladen oder als Druckerzeugnisse per E-Mailfunktion bei den Vertriebspartnern bestellt werden. Dabei wird (zwangsläufig) nach kostenfreien und kostenpflichtigen Zugriffen unterschieden.

Kostenfrei sind die Präsentationen des Gutachterausschusses und seiner Geschäftsstelle, die Information über die Produktpalette des Gutachterausschusses und die Kommunikation per E-Mail. Kostenpflichtig ist die Bestellung von Produkten wie schriftliche Bodenrichtwertauskünfte, Bodenrichtwerte auf CD-ROM, Auskünfte aus der Kaufpreissammlung und der aktuelle Grundstücksmarktbericht.

Für einen registrierten Nutzerkreis (z.B. öffentlich bestellte und vereidigte, zertifizierte Sachverständige), bei dem ein berechtigtes Interesse angenommen werden kann, soll es voraussichtlich ab Herbst 2006 möglich werden, durch eigenständige Selektionen *grundstücksbezogene Auskünfte* aus der Kaufpreissammlung zu erhalten. Diese Funktionalität ist nach Abstimmung mit dem Datenschutzbeauftragten über eine Änderung des Vermessungsgesetzes geregelt worden. Des Weiteren sind *blockbezogene Auskünfte* (bislang anonymisierte Auskünfte) und *Informationen für jedermann* aus der Kaufpreissammlung im Angebot.

Weiterhin bietet *GAA Online* auch aggregierte Daten über Eingrenzungen mittels Nutzungsart, Stadtbezirk und Zeitspanne der Vertragsabschlüsse an (Trefferzahl, durchschnittlicher, minimaler und maximaler Kaufpreis pro m² Grundstücks- bzw. Wohnfläche). Individuelle Abfragen teilmarktbezogener Preisniveaus sind gleichfalls möglich.

Durch Eingabe der Abfrageparameter wie Stichtag, Bezirk oder Postleitzahl, Straße und Hausnummer erhält der Nutzer unter *BRW Online* den gewünschten Bodenrichtwert.

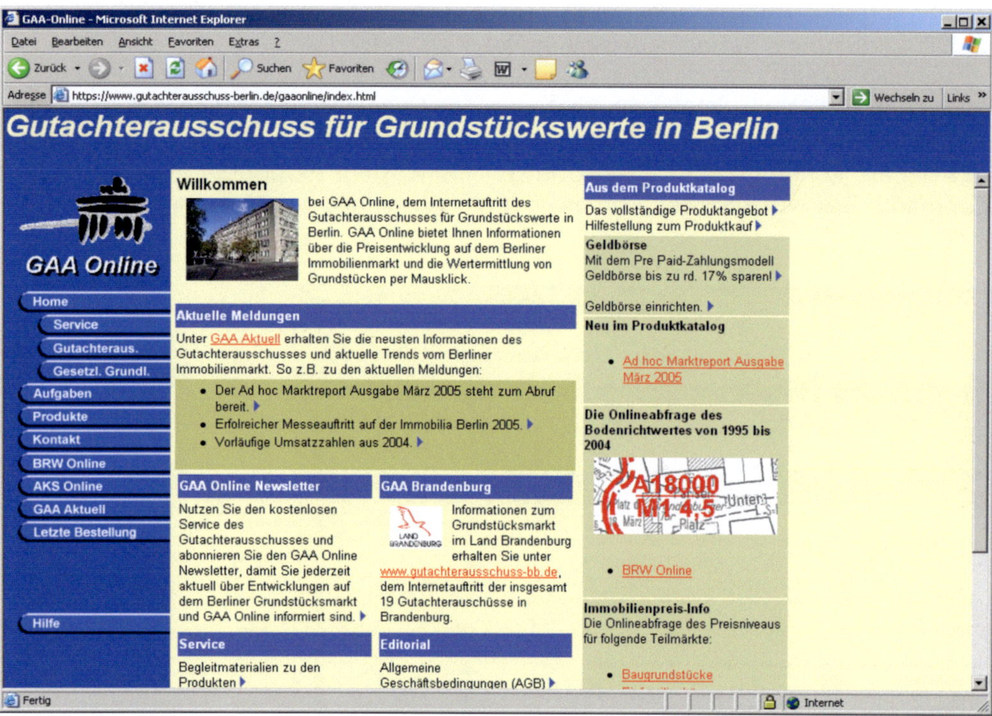

Abb. 5.54: Berlin *GAA Online*

5.4.2.5   WIS Karlsruhe

Die Stadt Karlsruhe hat ein Strategiekonzept *E-Government* in 2004 zur Umsetzung der Prozesse im Internet beschlossen. Hierzu gehört auch die weitere Umsetzung des Portals *WIS Karlsruhe (www.karlsruhe/Stadtraum/Gutachterausschuss)*, insbesondere mit der Bereitstellung von zusätzlichen Komponenten wie *Grundstücksteilmarktberichte*, *Zahlungsverkehrsplattform* und *Wertrechner*.

Bei der Bodenrichtwertauskunft (Abb. 5.55) wird der Nutzer durch ein Straßenverzeichnis unterstützt. Durch einfaches Anklicken einer benachbarten Bodenrichtwertzone erhält man direkt den Bodenrichtwert. Da es sich um geeignete Bodenrichtwerte nach § 13 Abs. 2 WertV handelt, erhält insbesondere auch der sachverständige Nutzer eine umfassende Informationsgrundlage für z. B. die auf den Grundstückstyp bezogene Bodenwertermittlung. Bodenrichtwerte und Grundstücksmarktberichte werden nach einem jährlichen Ebenenprinzip angeboten. Die Geobasisdaten als digitaler Stadtplan dienen zur räumlichen Orientierung im WIS.

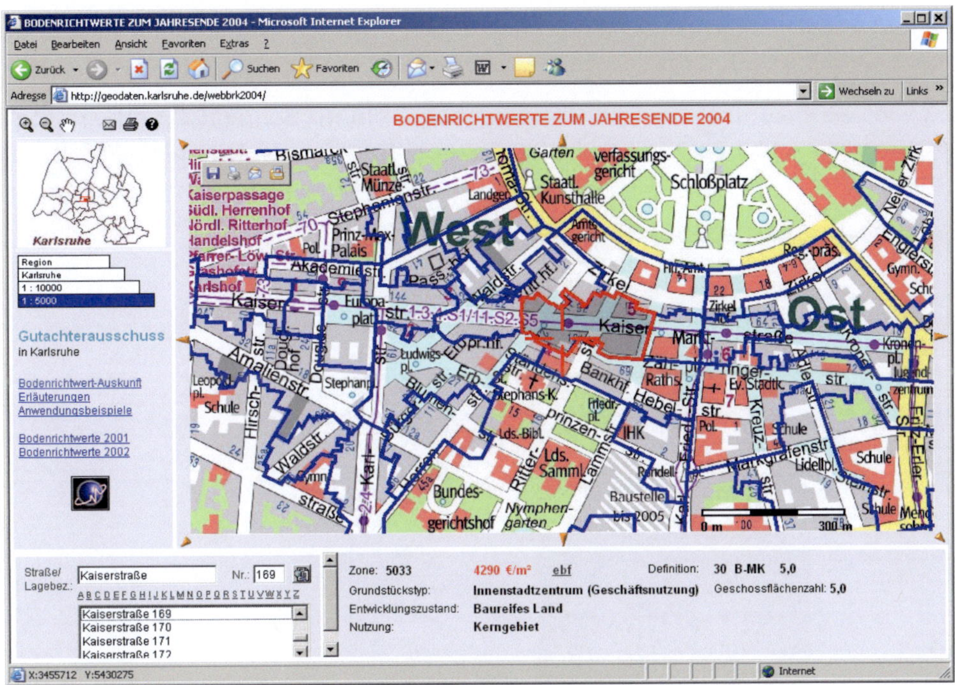

Abb. 5.55: WIS Karlsruhe - Bodenrichtwertauskunft

5.4.2.6 Region Stuttgart Gewerbeimmobilienbörse

Die Region Stuttgart vermarktet Gewerbeflächen auch über ein Internet-Portal *(www.gewerbeimmobilien. region-stuttgart.de)*. So können neben der Lage u.a. die Fläche, die Entfernung zur Autobahn und/oder Bundesstraße und der maximale Preis durch den Nutzer vorgegeben werden (Abb. 5.56).

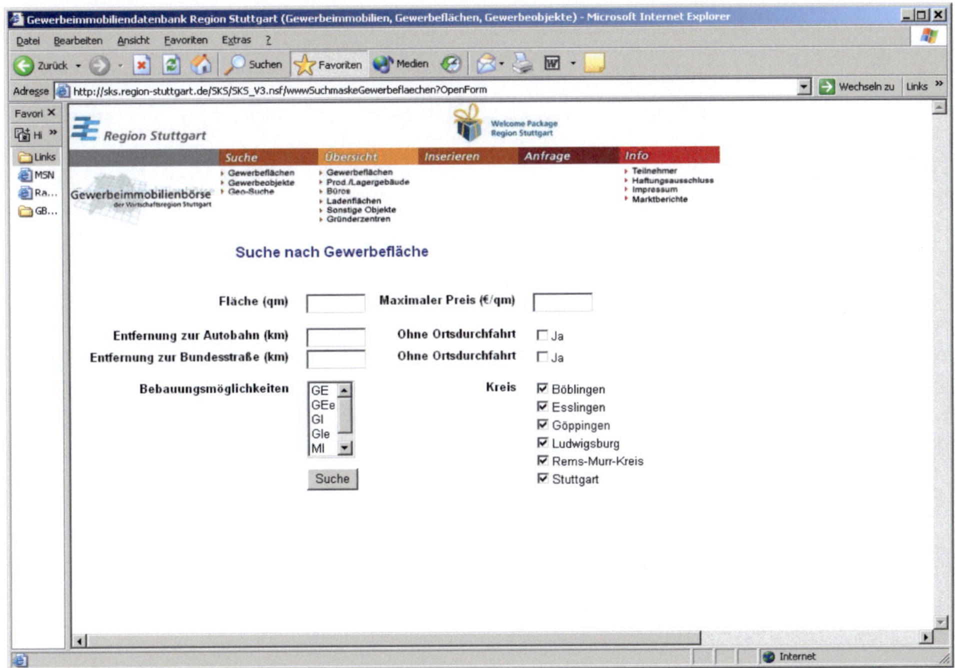

Abb. 5.56: Region Stuttgart Gewerbeimmobilienbörse - Suche nach Gewerbefläche

5.4.2.7 IVD - IMMONET

Im Jahr 1996 hat der Bundesverband Ring Deutscher Makler (RDM) für seine Mitglieder das *RDM-IMMO-NET* als Portal unter *www.immonet.de* ins Leben gerufen, das sich in die Anwendungsbereiche *Informationsbörse* und *Immobilienbörse* gliedert. Damit soll das größte deutsche und europäische Immobilienangebot im Internet aufgebaut werden. Der Immobilien Verband Deutschland (IVD) ist im Jahre 2004 als Zusammenschluss aus den bis dahin selbständigen Verbänden RDM und Verband Deutscher Makler (VDM) entstanden.

Mit *IVD-IMMONET* (Abb. 5.57) wird ein Instrument an die Hand gegeben, um für den zunehmenden Konkurrenzdruck in den nationalen und internationalen Immobilienmärkten vorbereitet zu sein und größtmögliche Markttransparenz herzustellen.

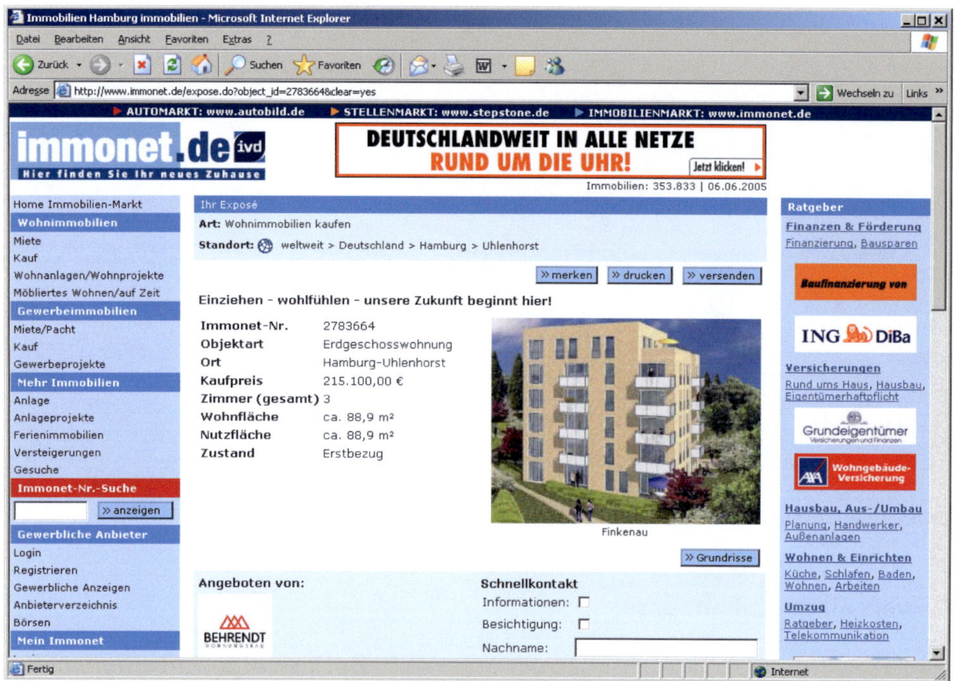

Abb. 5.57: IVD-IMMONET - Objektangebot

5.4.2.8   Location Based Services

Insbesondere im Hinblick auf die rasante Weiterentwicklung von Handy und PDA soll noch abschließend auf Anwendungsfelder der *Location Based Services (LBS)* eingegangen werden. *LBS* haben als Aufgabe, dem Benutzer Informationen oder Anwendungen bezogen auf seinen aktuellen Aufenthaltsort maßgeschneidert anzubieten. Hauptsächlich wird dies derzeit im Bereich der Mobilfunkanbieter verwendet, um den Kunden die Suche nach den nächsten Point of Interests (POI's) wie die nächste Tankstelle zu ermöglichen (Bill et al. 2002).

Der Dienst kann auch einen Außendienstmitarbeiter lokalisieren helfen. Aus einem GIS-Datenbestand wird eine Karte seiner näheren Umgebung geliefert, wobei der Standpunkt im Zentrum des Bildschirms liegen sollte. Aufgrund dieser Vorpositionierung kann der Mitarbeiter die in seiner Umgebung liegenden Objekte wie Immobilien mit dem Datenbestand in der Datenbank vergleichen und durch Auswahl der entsprechenden Symbole diesen Datenbestand auch aktualisieren. Nutzen und Vorteile eines LBS sind vor allem bei kleineren Aufgaben wie z.B. Bearbeitung von Geosachdaten zu suchen, jeweils ergänzend zu einer leistungsfähigen GIS-Lösung.

Für einen ortsbezogenen Dienst mit einem GIS und einer Geodatenbank als Datenbasis ergibt sich nach Bill et al. (2002) ein Aufbau nach Abb. 5.58.

BRIDGE-IT (Bringing Innovative Developments for Geographic Information Technology) ist ein mit Unterstützung der Europäischen Kommission in 2002 initiiertes europäisches Forschungsprojekt, das auf einen Arbeitsplan zur Realisierung von innovativen Entwicklungen für geographische Informationstechnologie von zwei Jahren ausgelegt ist. Dem BRIDGE-IT Konsortium gehören GIS-Entwicklungsfirmen, Hochschulen etc. an.

Im Rahmen einer Kooperation zwischen SICAD GEOMATICS und der Stadt Esslingen wurde eine Pilotanwendung für mobile Immobilieninformationen entwickelt. Dem Nutzer werden Informationen über Geschäfts- und Wohnimmobilien, die in der unmittelbaren Nachbarschaft zum Kauf oder zur Miete angeboten werden, auf Grundlage einer digitalen Karte mit interaktiven Abfragefunktionen bereitgestellt.

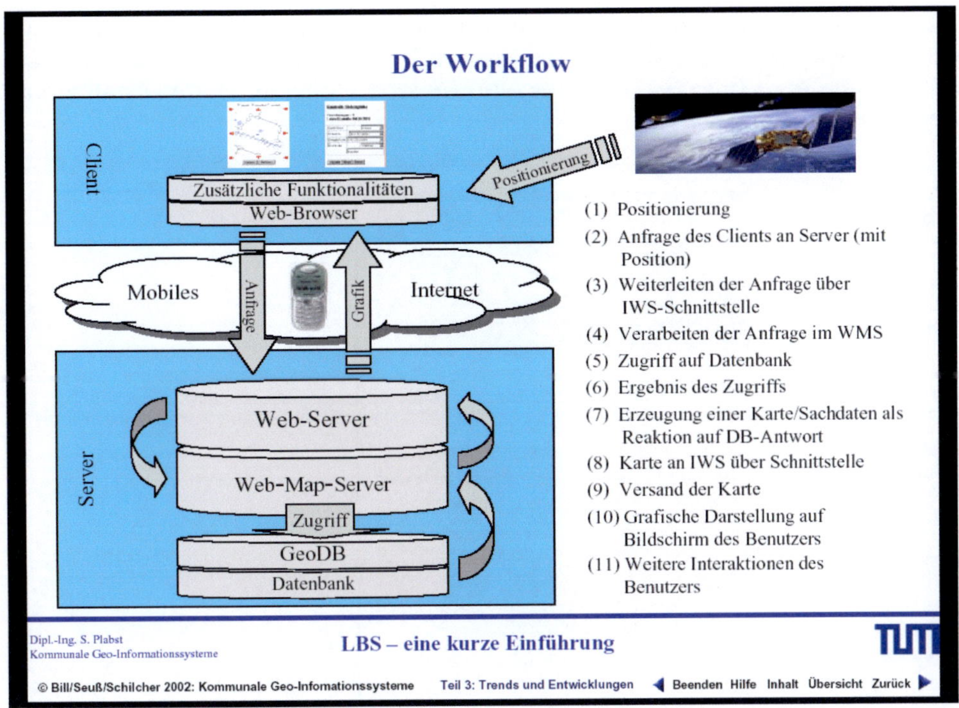

Abb.5.58: Der Workflow in einem *LBS*

5.4.3 ECommerce

Professionelle Nutzer (z.B. Sachverständige, Makler) reagieren mit großer Akzeptanz auf die Möglichkeit des Abrufs von Informationen im Internet über Nutzerkennungen für Mitgliederbereiche. Um das Informationsbedürfnis sporadischer Nutzer zu befriedigen, bedarf es für Einzelzugriffe eines wirtschaftlichen Online-Bezahlverfahrens (Aumann et al. 2004).

Die Akzeptanz des eCommerce, also des Handels im Internet (bestellen, kaufen, zahlen), hängt allerdings wesentlich von der Implementierung eines bedienungsfreundlichen und sicheren Zahlungssystems (ePayment) ab. Dabei ist der Anbieter in erster Linie an einem kostengünstigen und (finanziell) ausfallsicheren System interessiert, während der Käufer in der Regel neben der Bedienerergonomie Sicherheitsaspekte (z.B. SSL-Verbindung für Kontendaten) besonders kritisch hinterfragt. Zudem sollte das System ggf. auch die wirtschaftliche Abrechnung von Bagatellbeträgen gewährleisten (micropayment).

Die von den Gutachterausschüssen angebotenen Produkte sind überwiegend mit Kleinbeträgen bepreist, die verwaltungsaufwändige Inkassomaßnahmen untragbar erscheinen lassen. Gebert (2004) hat die gängigen Zahlungsverfahren für Internetangebote wie das elektronische Lastschriftverfahren, die Kreditkarte, die Geldkarte, Zahlungssysteme (z.B. *FIRSTGATE click&buy*^{TM} , *T-pay, ipayment*), die Telefonrechnung (*Telekom)* und Mobilfunkrechnung (SMS über Mobiltelefon) beschrieben.

Die Gewährleistung bzw. Verbesserung der Grundstücksmarkttransparenz ist zukünftig ohne eCommerce mit ePayment-Funktion auch unter Kosten-/Nutzenaspekten nicht mehr vorstellbar. Am Beispiel des von der Niedersächsischen Vermessungs- und Katasterverwaltung (Aumann et al. 2004) eingeführten Online-Inkassosystems soll stellvertretend für die Funktionsweise von Zahlungssystemen das von der Firma *FIRSTGATE* angebotene System *click&buy*^{TM} beschrieben werden.

Das *FIRSTGATE-Inkassosystem* bietet drei verschiedene Abrechnungsmodi *Pay per click* (Einzeldownload), *Pay per minute* (Übertragungsdauer) und *Pay per stream* (Datenmenge). Diese *Payment-Module* ermöglichen gegen Entgelt einerseits den Download der Grundstücksmarktberichte oder seiner einzelnen Abschnitte und andererseits der Bodenrichtwerte.

Jeder Kunde muss bei *FIRSTGATE* (Abb. 5.59) registriert sein, wenn er eine der dort geführten Seiten, die durch eine *click&buy*^{TM} - *Schaltfläche* gekennzeichnet sind, betreten möchte. Das Anklicken führt den Kunden auf eine Zwischenseite, wo ihm Informationen über den Anbieter, Inhalt und Preis des gerade ausgewählten Links angezeigt werden. Für das nochmalige Anklicken der angebotenen Schaltfläche ist dann ein bestimmter Preis zu bezahlen. *FIRSTGATE* fungiert dabei als eine Art Kassierer zwischen Anbieter und Kunde. Der fällige Betrag wird von *FIRSTGATE* beim Kunden eingezogen und der Anbieter bekommt den vereinbarten Anteil auf sein Konto angewiesen. Der Kunde kann wahlweise per elektronischer Lastschrift oder Kreditkarte bezahlen. Nur der jeweilige Benutzer kann mit seinem Benutzernamen und Passwort auf seine Daten Zugriff nehmen. Die gegenüber *FIRSTGATE* gemachten Angaben unterliegen den Bestimmungen des Bundesdatenschutzgesetzes.

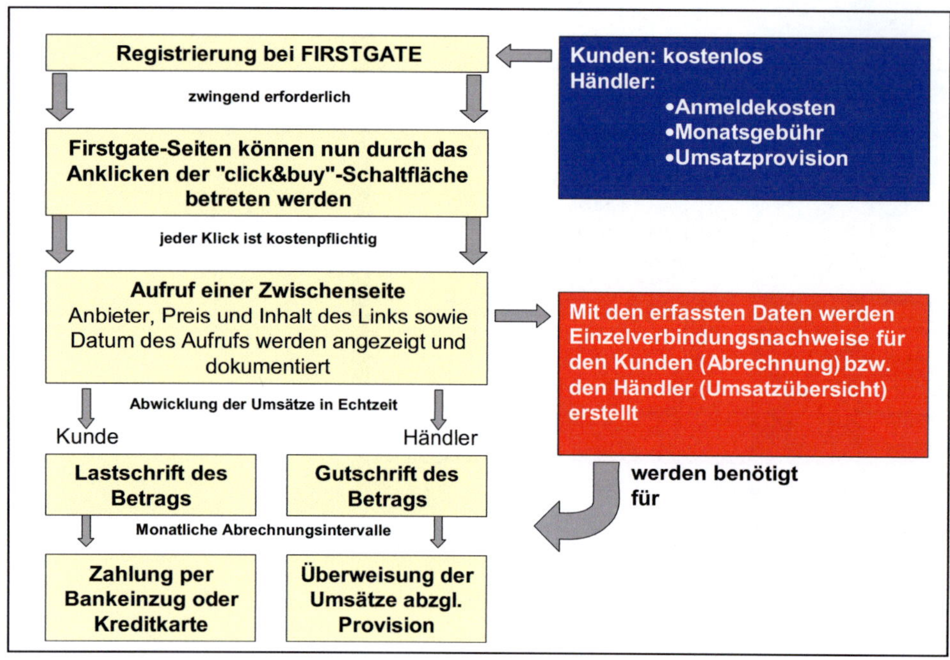

Abb. 5.59: Die Funktionsweise von *FIRSTGATE click&buy*[TM]

Innerhalb einer Einstiegsseite für den Download der Marktberichte wird dem Nutzer die Möglichkeit gegeben, über eine interaktive Karte oder eine Liste den gewünschten Marktbericht auszuwählen. Zukünftig soll eine Suchfunktion den ortsunkundigen Nutzer unterstützen, indem nach Angabe eines Ortsnamens automatisch auf die Info-Seite des betreffenden Grundstücksmarktberichtes verlinkt wird. Für jeden Grundstücksmarktbericht wird eine eigene HTML-Seite erzeugt, in der auf individuelle Produktinformationen (Metadaten) wie die Anzahl der Seiten, den räumlichen Geltungsbereich, die Größe der zum Download angebotenen Datei, den Preis und das Inhaltsverzeichnis hingewiesen wird, bevor die Ware in den Warenkorb geordert wird.

Informationen über den Berliner Grundstücksmarkt bzw. Daten zur Wertermittlung können bei *GAA Online*, dem fortgeschrittenen Internetauftritt des Gutachterausschusses für Grundstückswerte in Berlin, gleichfalls entweder online auf den Computer herunterladen oder als Druckerzeugnisse per E-Mailfunktion bei den Vertriebspartnern bestellt werden. Als Zahlungsarten stehen zur Zeit für die online abrufbaren Produkte die Kreditkarte und das elektronische Lastschriftverfahren zur Verfügung.

5.5   Urheber- und datenschutzrechtliche Aspekte

5.5.1   Urheberrecht

Für das Urheberrecht *Gesetz über Urheberrecht und verwandte Schutzrechte (UrhG)* sind am 13.09.2003 wesentliche Änderungen in Kraft (Bundestag 2003b) getreten. Das hierzu beschlossene *erste Gesetz zur Regelung des Urheberrechts in der Informationsgesellschaft* reagiert auf die technischen Entwicklungen der letzten Jahre. Mit Anbruch des digitalen Zeitalters wurde es erforderlich, den Schutz der Urheber auch auf die Verwertung im Internet zu erstrecken. Damit wird der bestehende Schutz des geistigen Eigentums ausgebaut. Wer für gewerbliche oder private Zwecke - entgeltlich oder unentgeltlich - Musik, Filme oder Computerspiele im Internet zum Download anbietet und verbreitet, ohne hierzu berechtigt zu sein, macht sich strafbar.

Diejenigen Fragestellungen, bei denen die EU-Richtlinie *Urheberrecht in der Informationsgesellschaft* keine zwingenden Vorgaben macht, wurden dem *zweiten Gesetzes zur Regelung des Urheberrechts in der Informationsgesellschaft* vorbehalten. Den Gesetzesentwurf hat die Bundesregierung am 22.03.2006 beschlossen. Es sollen u.a. die Ausgestaltung fakultativer Schrankenbestimmungen, insbesondere der Privatkopie, und das urheberrechtliche Vergütungssystem reformiert werden. Jetzt beginnt das parlamentarische Verfahren. Das Gesetz wird nicht vor Ende 2006 bekannt gemacht werden.

Die Immobilienbranche, insbesondere die Vertreter des Kredit-, Sachverständigen- und Maklerbereichs, haben wiederholt dringlichen- Bedarf an online präsentierten Geobasisdaten und Geofachdaten der Vermessungs- und Katasterverwaltungen sowie der Gutachterausschüsse artikuliert. Die stärkste Nachfrage besteht bundesweit derzeit nach Internetpräsentationen der Bodenrichtwerte durch die Gutachterausschüsse und Lizenzierungen für ihre Präsentation in betriebseigenen sowie kommerziellen Intranets bzw. im Internet (AdV 2002).

Primär sollten die Gutachterausschüsse diese Daten mit modernen Medien selbst vertreiben. Neben der Eigenvermarktung ist grundsätzlich auch die Drittvermarktung mit Lizenzierung geeignet, um für die zunehmenden Bestrebungen Dritter, Dienstleistungen mit dem Ziel der (überregionalen) Vermarktung von Geodaten für spezifische Branchen anzubieten, praktikable und zeitgemäße Lösungen zur Verfügung zu stellen. Bei der Abgabe von Daten sind die rechtlichen Rahmenbedingungen wie *Datenschutz und Urheberrecht* zu berücksichtigen.

Nun ist für die Gutachterausschüsse ein aktueller Anlass zur Klärung urheberrechtlicher Fragestellungen eingetreten (Mürle 2003b). Die Stadt Karlsruhe (Klägerin) hatte zufällig erfahren, dass u.a. die vom Gutachterausschuss der Klägerin ermittelten Grundstücksmarktdaten wie Bodenrichtwerte und Grundstücksmarktberichte von einem Software-Unternehmen (Beklagte) elektronisch erfasst und auf Datenspeicher (aktuell auch über ein Portal im Internet) zur kommerziellen Nutzung neben eigenen Datenrecherchen angeboten werden.

Die Stadt Karlsruhe hat sich stellvertretend für die Interessen der sonstigen betroffenen Gutachterausschüsse in der Bundesrepublik bereit erklärt, Klage zu erheben. Daraufhin wurde die Beklagte aufgefordert, die Vervielfältigung, Verbreitung und öffentliche Wiedergabe der Bodenrichtwerte einschließlich wertbestimmender Parameter und der Grundstücksmarktberichte des Gutachterausschusses von Karlsruhe zu unterlassen.

Das Landgericht (LG) Frankfurt am Main ist in seinem Urteil vom 19.09.2002 zur Vervielfältigung, Verbreitung und öffentlichen Wiedergabe der Bodenrichtwerte einschließlich wertbestimmender Parameter und Grundstücksmarktberichte des Gutachterausschusses zu der Auffassung gekommen, dass die der Klägerin gemäß den §§ 87 a, 87 b UrhG zustehenden Leistungsschutzrechte durch die Beklagte verletzt worden sind.

Entgegen der Auffassung der Beklagten stellt die Bodenrichtwertsammlung des Gutachterausschusses der Klägerin eine Datenbank i. S. v. § 87 a Abs. 1 S. 1 UrhG dar. Es handelt sich um eine Sammlung von Daten, die systematisch angeordnet und einzeln zugänglich sind. Die Erstellung der Bodenrichtwertsammlung erfordert auch nach Art und Umfang wesentliche Investitionen der Klägerin i. S. v. § 87 a Abs. 1 S. 1 UrhG. Es sind sämtliche wirtschaftlichen Aufwendungen als wesentlich zu berücksichtigen, die für den Aufbau, die Darstellung oder die auswählende und aktualisierende Überprüfung einer Datenbank erbracht werden. Die Klägerin, die als Trägerin des Gutachterausschusses die Investitionen vorgenommen hat, ist auch als Datenbankherstellerin i. S. v. § 87 a Abs. 2 UrhG anzusehen. Datenbankherstellerin ist nicht die natürliche Person, die im Angestellten- oder Dienstverhältnis bei der Erstellung der Datenbank tätig wird, sondern die natürliche oder juristische Person, die die wesentlichen Investitionen vornimmt und das organisatorische und wirtschaftliche Risiko trägt, das mit dem Aufbau und der Pflege der Datenbank verbunden ist.

Die der Klägerin gemäß §§ 87 a, 87 b UrhG zustehenden Leistungsschutzrechte hat die Beklagte verletzt. Die wiederholte und systematische Entnahme der Daten aus der jeweils in aktualisierter Form vorliegenden Bodenrichtwertsammlung kommt der Nutzung eines wesentlichen, auf Investitionen der Klägerin beruhenden Teils der Datenbank gleich. Die Beklagte übernimmt insoweit die vom Gutachterausschuss ermittelten Bodenrichtwerte sowie die aktuellen Grundstücksmarktberichte als Ganzes.

Diese Verfahrensweise läuft einer normalen Auswertung der Datenbank zuwider. Was als normale Auswertung einer Datenbank anzusehen ist, bestimmt sich maßgeblich nach deren Natur und Zweck und ist regelmäßig nur anhand der Gesamtumstände zu bestimmen. Hierunter fällt jedenfalls die Herstellung sogenannter parasitärer Konkurrenzprodukte. Im Hinblick darauf, dass die Zusammenfassungen der Beklagten bundesweit vertrieben werden und nicht nur die Bodenrichtwerte und Grundstücksmarktberichte der Klägerin sondern auch die anderer Städte der Bundesrepublik enthalten, werden hierdurch regional und bundesweit tätige Unternehmen angesprochen, für die sich der Bezug und die Lektüre des Druckwerks der Klägerin hierdurch weitgehend erübrigt, so dass eine solche Nutzung klar der datenbankimmanenten Zweckbestimmung zuwiderläuft.

Dabei steht einer Urheberrechtsverletzung entgegen der Auffassung der Beklagten auch der Umstand, dass die Beklagte nach § 87 a Abs. 1 S. 2 UrhG eine neue Datenbank als sogenannter Datenveredler geschaffen hat, nicht entgegen. Eine Rechtsverletzung wird nicht dadurch legitimiert, dass das Produkt des Verletzers selbst Schutz genießt. Eine Rechtsverletzung kann auch nicht mit der Begründung abgelehnt werden, bei der Bodenrichtwertsammlung handele es sich um ein amtliches und damit gemeinfreies Werk i. S. v. § 5 Abs. 2 UrhG. Die Frage, ob § 5 UrhG auch amtliche Datenbanken vom urheberrechtlichen Schutz ausnimmt, ist umstritten. Der Bundesgerichtshof (BGH) hat sie bislang unbeantwortet gelassen Die Kammer vertritt in Anlehnung an die Rechtsprechung des Oberlandesgerichts (OLG) Dresden die Auffassung, dass § 5 UrhG auf Datenbanken i. S. d. §§ 87 a ff. UrhG nicht anwendbar ist.

§ 87 c UrhG normiert für das Datenbankherstellerrecht abschließend die Schranken. Darüber hinaus passt § 5 UrhG von seiner Interessenlage nicht auf diese Fälle. Diese eng auszulegende Ausnahmevorschrift beruht wesentlich auf der Erwägung, dass die Kraft ihres Amtes zur Schaffung solcher Werke berufenen Verfasser entweder überhaupt kein Interesse an der Verwertung ihrer Leistung haben oder ihre Interessen hinter denen der Allgemeinheit zurücktreten müssen. Dass aber auch derjenige, der wesentliche Investitionen vornimmt oder auf seine Kosten vornehmen lässt, regelmäßig kein Interesse an deren wirtschaftlicher Verwertung hat oder haben darf, kann demgegenüber nicht angenommen werden. Insoweit passt die eng auszulegende Vorschrift des § 5 Abs. 2 UrhG von ihrem intendierten Anwendungsbereich nicht auf derartige Datenbanken. Sie bezieht sich lediglich auf amtliche Werke, die im amtlichen Interesse zur allgemeinen Kenntnisnahme bestimmt sind. Das amtliche Interesse an der freien Veröffentlichung muss zwar nicht besonders dringlich und unabweisbar sein, es muss aber nach Art und Bedeutung der Information gerade darauf gerichtet sein, dass der Nachdruck oder die sonstige Verwertung des die Information vermittelnden Werkes jedermann freigegeben wird.

Zwar soll die Veröffentlichung der Bodenrichtwerte zur Transparentmachung des Bodenmarktes beitragen, weshalb auch in § 196 Abs. 2 BauGB ein Auskunftsrecht für jedermann - nicht nur bezogen auf ein bestimmtes Grundstück/Gebiet/Zeitraum - normiert wird, ohne dass ein (berechtigtes) Auskunftsinteresse vorgetragen werden muss. Angesichts dessen, dass hier erhebliche Investitionen aufgewandt wurden, folgt daraus jedoch nicht, dass ein amtliches Interesse im Rahmen der Erfüllung der sozialstaatlichen Verpflichtung zur Daseinsvorsorge gerade daran besteht, dass die Veröffentlichung der Bodenrichtwerte und der Marktanalyse von Dritten zu gewerblichen Zwecken erfolgt.

Insoweit ähnelt hier die Interessenlage des staatlichen Organs dem bei amtlichen Statistiken und Kartenwerken der Vermessungsämter, bei denen - abgesehen von Gefahrenabwehrmaßnahmen - gerade ein amtliches Interesse an einer Veröffentlichung u. ä. durch jedermann zu verneinen ist.

Das OLG Frankfurt hat in seinem Urteil vom 01.07.2003 das Urteil des LG Frankfurt und seine Entscheidungsgründe im Berufungsverfahren uneingeschränkt bestätigt.

Der BGH hat am 04.03.2004 beschlossen, dass auf die Nichtzulassungsbeschwerde des Streithelfers die Revision gegen das Urteil des OLG Frankfurt am Main vom 01.07.2003 zugelassen wird. Von einer Begründung hat der BGH abgesehen. Die Beklagte hatte auf Grundlage einer rechtlichen Einschätzung des Streithelfers, wonach die Bodenrichtwerte der Gutachterausschüsse von jedermann kostenfrei auch für gewerbliche Zwecke genutzt werden könnten, die Leistungsschutzrechte der Gutachterausschüsse verletzt. Der Streithelfer war, nachdem das Software-Unternehmen gegen ihn als Streitverkündeter Ansprüche geltend gemacht hat, dem Verfahren als Streithelfer beigetreten.

Mit Urteil vom 20.07.2006 hat der BGH die Revision gegen das Urteil des OLG Frankfurt zurückgewiesen. Damit ist das Urteil des OLG Frankfurt, das die Leistungsschutzrechte der Gutachterausschüsse nach UrhG uneingeschränkt anerkennt, rechtskräftig geworden. Zwischenzeitlich war bereits auf Grundlage der ergangenen - wenn auch noch nicht rechtskräftigen - Entscheidungen des LG und OLG Frankfurt eine allgemeine Akzeptanz der Urheberrechte der Gutachterausschüsse, die in den Portalen eingehend über die urheberrechtlichen Belange aufklären, insbesondere durch Drittvermarkter zu erkennen.

Des Weiteren war auf Grundlage der Urteile des LG und OLG Frankfurt die Frage zu prüfen, inwieweit das Urheberrecht an Grundstücksmarktberichten reicht, die an Sachverständige verkauft werden, die dann die Daten in Gutachten verwerten.

Nach § 87 b UrhG hat der Datenbankhersteller das ausschließliche Recht, die Datenbank insgesamt oder einen wesentlichen Teil der Datenbank zu vervielfältigen, zu verbreiten oder öffentlich wiederzugeben. § 87 b Abs. 1 Satz 2 UrhG enthält eine Einschränkung der nach Satz 1 freigestellten Nutzungen unwesentlicher Teile einer Datenbank. Das bedeutet, dass die Nutzung unwesentlicher Teile einer Datenbank grundsätzlich zulässig ist, es sei denn, sie erfolgt wiederholt und systematisch und läuft entweder der normalen Auswertung der Datenbank zuwider, oder beeinträchtigt die berechtigten Interessen des Datenbankherstellers unzumutbar.

Zum Thema *Amtliches Register* wird ausgeführt, dass dann, wenn wesentliche Teile oder das gesamte Register vervielfältigt wird, um etwa ein Konkurrenzregister zu erstellen oder ein Register mit anderen Parametern wirtschaftlich zu nutzen, die bestimmungsgemäße Benutzung des Registers in Frage steht und es sich damit um eine gewerbliche Verwertung und nicht bloß um eine Einsichtnahme handelt. Solche gewerblichen Verwertungen unterliegen daher uneingeschränkt dem Verbot der Entnahme oder Weiterverwendung wesentlicher Datenbankteile oder der Datenbank in ihrer Gesamtheit. Dies wird damit begründet, dass dann das öffentliche Register seine Funktion als Informationsquelle für jedermann verliert und über seinen gesetzlichen Auftrag hinaus zum Objekt des wirtschaftlichen Interesses wird.

Ausgehend davon, dass der Sachverständige grundsätzlich die Daten des Grundstücksmarktberichts grundstücksbezogen und jeweils für den Einzelfall verwendet, kann nicht von einer systematischen Nutzung der Daten in der Weise gesprochen werden, dass die Intensität der Nutzung einer einmaligen Vervielfältigung oder Verbreitung wesentlicher Teile gleich kommt. Der Sachverständige bedient sich durch seinen Zugriff auf die Daten und deren Weiterverwendung zu seinen Zwecken, wohl nicht einem Großteil der vom Gutachterausschuss getätigten Investitionen. Vielmehr entnimmt er nur kleine Teile in sein Gutachten. Allenfalls im Einzelfall wäre zu prüfen, ob hier eine derartige Ausnutzung des Grundstücksmarktberichts vorliegt, dass dies den berechtigten Interessen des Gutachterausschusses zuwiderläuft.

Ergänzend ist auch auf die Vorschrift des § 87 c Abs. 2 hinzuweisen, wonach die Wiedergabe eines wesentlichen Teils einer Datenbank zulässig ist zur Verwendung im Verfahren vor Gericht.

Auch die urheberrechtlichen Zielsetzungen und Schutzmechanismen in der Bundesrepublik können nicht mehr im Focus nationaler Lösungen betrachtet werden. Vielmehr bilden europäische Regelungen, wie zunehmend zu beobachten, die rechtliche Basis hierfür.

Mit der *Richtlinie 96/9/EG des Europäischen Parlaments und des Rates vom 11. März 1996 über den rechtlichen Schutz von Datenbanken (Richtlinie 96/9/EG)* wurde mit der Einführung des Schutzrechts *sui generis* keine Rechtsangleichung, sondern bewusst die Schaffung eines neuen Rechts beabsichtigt.

Der Europäische Gerichtshof (EuGH) hat in seinem Urteil vom 09. November 2004 für Recht erkannt, dass der Begriff einer mit der Beschaffung des Inhalts einer Datenbank verbundenen Investition im Sinne von Artikel 7 Abs. 1 der Richtlinie 96/9/EG dahin zu verstehen ist, dass er die Mittel bezeichnet, die der Ermittlung von vorhandenen Elementen und deren Zusammensetzung in dieser Datenbank gewidmet werden. Er umfasst nicht die Mittel, die eingesetzt werden, um die Elemente zu erzeugen, aus denen der Inhalt einer Datenbank besteht. Dabei müssen die Investitionen wesentlich sein. Der durch die Richtlinie gewährte urheberrechtliche Schutz erstreckt sich nicht auf den Inhalt der Datenbank und lässt die Rechte an ihrem Inhalt unberührt. Die Zielrichtung des durch die Richtlinie eingerichteten Schutzrechts *sui generis* ist, einen Anreiz für die *Einrichtung von Systemen* für die Speicherung und Verarbeitung vorhandener Informationen zu geben und nicht für das *Erzeugen von Elementen*, die später in einer Datenbank zusammengestellt werden können. Nach der 48. Begründungserwägung ist das Ziel der Richtlinie, ein angemessenes und einheitliches Niveau im Schutz der Datenbanken sicherzustellen, damit der Hersteller der Datenbank die ihm zustehende Vergütung erhält.

Nach Artikel 7 Abs. 5 der Richtlinie ist die wiederholte und systematische Entnahme und/oder Weiterverwendung unwesentlicher Teile des Inhalts der Datenbank, wenn dies auf Handlungen hinausläuft, die einer normalen Nutzung der Datenbank entgegenstehen oder die berechtigten Interessen des Herstellers der Datenbank unzumutbar beeinträchtigen, unzulässig. Der EuGH hat des weiteren dargelegt, dass auch Teile der Datenbank, die öffentlich bekannte Daten enthalten, Schutz genießen.

Der Gesetzgeber hat folglich mit der Richtlinie ein Schutzrecht *sui generis* geschaffen hat, dass in seinem Umfang die Anwendbarkeit auf nationaler Ebene von § 5 UrhG auf die §§ 87 a ff. UrhG wegen der umfassenden Regelungen in der Richtlinie ausschließt.

Geschützte Investitionen in einem WIS mit den Systemen *automatisiert geführte Kaufpreissammlung, Bodenrichtwerte,* und *Grundstücksmarktbericht* sind die Mittel, die der Ermittlung (nicht Erzeugung) von vorhandenen Elementen und deren Zusammenstellung in dieser Datenbank gewidmet werden (Abb. 5.60). Die Geschäftsstelle des Gutachterausschusses führt die Unterlagen zum Grundstücksmarkt und wertet diese aus. Auf der Grundlage eines vom Gutachterausschuss entwickelten Models werden die relevanten Kauffalldaten für die Systeme *automatisiert geführte Kaufpreissammlung, Bodenrichtwerte, Grundstücksmarktbericht* etc. ausgewählt, sowie systematisch und methodisch angeordnet. Die Daten werden gespeichert und weiterverarbeitet. Die Geschäftsstelle erteilt Auskünfte über die ermittelten Bodenrichtwerte auf der Grundlage des Systems *Bodenrichtwerte (Bodenrichtwertsammlung).* Die Geschäftsstelle erstellt des Weiteren einen Grundstücksmarktbericht mit umfangreichen Grundstücksmarktdaten auf der Grundlage des Systems *Grundstücksmarktbericht (Sammlung von Grundstücksmarktdaten, u. a. auch Bodenrichtwerte).*

**Geschützte Investitionen nach der
Europäischen Datenbankrichtlinie 96/9/EG im WIS
für die**

**Systeme *Automatisiert geführte Kaufpreissammlung,
Bodenrichtwerte* und *Grundstücksmarktbericht***

<table>
<tr><td>

Nicht geschützt sind die Mittel, die eingesetzt werden, um die **Elemente** zu **erzeugen**, aus denen der **Inhalt** einer Datenbank besteht (in der Datenbank enthaltene Elemente).

</td><td>

- Zur Führung der Kaufpreissammlung ist jeder Vertrag in Abschrift dem Gutachterausschuss zu übersenden.

- Der Gutachterausschuss kann ergänzende Auskünfte einholen.

- Dies bedeutet, dass zunächst für den Inhalt der Datenbank die Elemente (Datenfelder je Kauffall) vollständig erzeugt werden.

</td></tr>
</table>

Artikel 3 Schutzgegenstand
(1)Gemäß dieser Richtlinie werden Datenbanken, die aufgrund **der Auswahl oder Anordnung des Stoffes eine eigene geistige Schöpfung ihres Urhebers** darstellen, als solche urheberrechtlich geschützt. Bei der Bestimmung, ob sie für diesen Schutz in Betracht kommen, sind keine anderen Kriterien anzuwenden.
(2)Der durch diese Richtlinie gewährte **urheberrechtliche Schutz einer Datenbank erstreckt sich nicht auf deren Inhalt** und lässt Rechte an diesem Inhalt unberührt.

<table>
<tr><td>

Geschützt sind die Mittel, die der Ermittlung von vorhandenen Elementen und deren Zusammenstellung in dieser Datenbank gewidmet werden.

Ein Anreiz für die Einrichtung von Systemen für die Speicherung und die Verarbeitung vorhandener Informationen soll gegeben werden.

</td><td>

- Die Geschäftsstelle des Gutachterausschusses führt und wertet die Unterlagen aus. Auf Grundlage eines vom Gutachterausschuss entwickelten Modells werden die relevanten Kauffalldaten für die **Systeme *Automatisiert geführte Kaufpreissammlung, Bodenrichtwerte, Grundstücksmarktbericht etc.*** ausgewählt sowie systematisch und methodisch angeordnet. Die Daten werden gespeichert und weiterverarbeitet.

- Die Geschäftsstelle erteilt Auskünfte über die ermittelten Bodenrichtwerte auf Grundlage des **Systems *Bodenrichtwerte (Bodenrichtwertsammlung)***

- Die Geschäftsstelle erstellt einen Grundstücksmarktbericht mit umfangreichen Grundstücksmarktdaten auf Grundlage des **Systems *Grundstücksmarktbericht (Sammlung von Grundstücksmarktdaten, u.a. auch Bodenrichtwerte)***

Damit soll der Grundstücksmarkt insgesamt transparent gemacht werden.

</td></tr>
</table>

Abb. 5.60: Geschützte Investitionen nach der Europäischen Datenbankrichtlinie 96/9/EG im WIS

Demzufolge handelt es sich hierbei um Datenbanken, die aufgrund der Auswahl und Anordnung des Stoffes eine eigene geistige Schöpfung des Urhebers darstellen. Gemäß Art. 3 der Richtlinie sind sie als solche urheberrechtlich geschützt. Der durch diese Richtlinie gewährte urheberrechtliche Schutz einer Datenbank erstreckt sich nicht auf deren Inhalt und lässt Rechte an diesem Inhalt unberührt.

Ein Beispiel für die nationale Umsetzung der Leistungsschutzrechte zeigt die GAVO NRW (Landesregierung NRW 2004). In § 10 ist zur Verwendung der Daten der Kaufpreissammlung geregelt, dass für die aus der Kaufpreissammlung abgeleiteten Produkte der Leistungsschutz für Datenbanken der §§ 87a ff. UrhG gilt.

Damit soll zum einen verhindert werden, dass die aus der Kaufpreissammlung abgeleiteten Produkte in unsachgemäßer Form verbreitet werden. Der Hinweis soll zum anderen aber auch verhindern, dass Daten aus den amtlichen Nachweisen, die unter Einsatz erheblicher öffentlicher Mittel erarbeitet wurden, von Einzelnen zu ihrem Vorteil vermarktet werden und dass dadurch der erforderliche Mittelrückfluss in den öffentlichen Haushalt nicht im gebotenen Umfang erfolgt.

5.5.2   Datenschutz

Nicht untersucht werden sollen hierbei die datenschutzrechtlich relevanten Sicherheitsaspekte des Zuganges zu Daten aufgrund von technischen Entwicklungsschritten für Internet-basierte Systeme (z.B. Bereitstellung von Passwörtern, Firewalls, Kryptographie, Authentifizierung, elektronischer Ausweis).

Nach einschlägiger Rechtsauffassung bestehen für Bodenrichtwerte und die in Grundstücksmarktberichten enthaltenen (aggregierten) Informationen keine datenschutzrechtlichen Bedenken. Beide Informationsbereiche stellen erwünschte Beiträge zur Grundstücksmarkttransparenz dar und sollen öffentlich bekannt gemacht werden, um den Nutzerkreis im Regelfall nicht einzugrenzen.

Nach wie vor in der Diskussion befindet sich die Nutzung der Kaufpreissammlung. Folgende Fragestellungen werden hierbei aufgeworfen:

- Ist das in § 195 Abs. 3 BauGB geregelte Auskunftsrecht, wonach Auskünfte aus der Kaufpreissammlung nur bei berechtigtem Interesse nach Maßgabe landesrechtlicher Vorschriften zu erteilen sind, ein Nachteil für die Nutzer ?

- Warum sind die Daten oftmals in den Bundesländern nur anonymisiert zu erhalten ?

- Bestehen diese Hemmnisse angesichts wesentlich liberaler Lösungen in anderen europäischen Ländern wie Schweden, Niederlande vor dem Hintergrund der getätigten Investitionen zu Recht ?

Das Bundesdatenschutzgesetz (BDSG) in der Fassung vom 14.01.2003 gilt nach § 1 Abs. 2 Ziff. 2. für die Erhebung, Verarbeitung und Nutzung personenbezogener Daten durch öffentliche Stellen der Länder, soweit der Datenschutz nicht durch Landesgesetz geregelt ist und soweit sie Bundesrecht ausführen (Bundestag 2003a). Soweit nach Abs. 3 andere Rechtsvorschriften des Bundes auf personenbezogene Daten einschließlich deren Veröffentlichung anzuwenden sind, gehen sie den Vorschriften des BDSG vor. Einschlägig sind hierbei die Regelungen des § 195 BauGB zur Kaufpreissammlung, insbesondere für die Erteilung von Auskünften nach Abs. 3.

Üblicherweise finden sich länderspezifische Regelungen wie im Landesdatenschutzgesetz (LDSG) von Baden-Württemberg in der Fassung vom 18.09.2000, zuletzt geändert durch Gesetz vom 14.12.2004 (Landtag B.-W. 2004), wonach die Vorschriften gemäß § 2 Abs. 1 LDSG für die Verarbeitung personenbezogener Daten durch Behörden und sonstige öffentliche Stellen des Landes, der Gemeinden etc. gelten. Soweit nach Abs. 5 besondere Rechtsvorschriften des Bundes oder des Landes auf personenbezogene Daten anzuwenden sind, gehen sie den Vorschriften des LDSG vor.

In der *Verordnung der Landesregierung über die Gutachterausschüsse, Kaufpreissammlungen und Bodenrichtwerte nach dem Baugesetzbuch (Gutachterausschussverordnung)* vom 11. Dezember 1989, zuletzt geändert durch Verordnung der Landesregierung zur Änderung der Gutachterausschussverordnung vom 15.02.2005 (Landesregierung B.-W. 2005), sind Regelungen in § 11 zur Kaufpreissammlung und in § 13 zu Auskünften aus der Kaufpreissammlung zu beachten, wobei der rechtliche Rahmen nach § 195 BauGB vorgeht.

Begriffsbestimmungen sind in § 3 LDSG geregelt. Nach Abs. 1 handelt es sich bei *personenbezogenen Daten* um Einzelangaben über persönliche oder sachliche Verhältnisse einer bestimmten oder bestimmbaren natürlichen Person. Unter *anonymisieren* ist nach Abs. 6 das Verändern personenbezogener Daten in der Weise zu verstehen, dass Einzelangaben über persönliche und sachliche Verhältnisse nicht mehr oder nur mit einem unverhältnismäßig großen Aufwand an Zeit, Kosten und Arbeitskraft einer bestimmten oder bestimmbaren natürlichen Person zugeordnet werden können.

Das Volkszählungsurteil des Bundesverfassungsgerichts (BVerfG) vom 15.12.1983 führt zum Recht auf *informationelle Selbstbestimmung* u.a. aus (BVerfG 1984):

Im Mittelpunkt der grundgesetzlichen Ordnung stehen Wert und Würde der Person, die in freier Selbstbestimmung als Glied einer freien Gesellschaft wirkt. Ihrem Schutz dient das in Art. 2 i.V. mit Art. 1 GG gewährleistete allgemeine Persönlichkeitsrecht, das gerade auch im Hinblick auf moderne Entwicklungen und die mit ihnen verbundenen neuen Gefährdungen der menschlichen Persönlichkeit Bedeutung gewinnen können. Die bisherigen Konkretisierungen durch die Rechtssprechung umschreiben den Inhalt des Persönlichkeitsrechts nicht abschließend. Es umfasst auch die aus dem Gedanken der Selbstbestimmung folgende Befugnis des Einzelnen, grundsätzlich selbst zu entscheiden, wann und innerhalb welcher Grenzen persönliche Lebenssachverhalte offenbart werden. Diese Befugnis bedarf unter den heutigen und künftigen Bedingungen der automatischen Datenverarbeitung in besonderem Maße des Schutzes.

Dieses Recht auf informationelle Selbstbestimmung ist nicht schrankenlos gewährleistet. Der Einzelne hat nicht ein Recht im Sinne einer absoluten, uneinschränkbaren Herrschaft über seine Daten; er ist vielmehr eine sich innerhalb der sozialen Gemeinschaft entfaltende, auf Kommunikation angewiesene Persönlichkeit. Grundsätzlich muss daher der Einzelne Einschränkungen seines Rechts auf informationelle Selbstbestimmung im überwiegenden Allgemeininteresse hinnehmen. Diese Beschränkungen bedürfen nach Art. 2 GG einer (verfassungsmäßigen) gesetzlichen Grundlage, aus der sich die Voraussetzungen und der Umfang der Beschränkungen klar und für den Bürger erkennbar ergeben (Normenklarheit). Der Gesetzgeber hat ferner den Grundsatz der Verhältnismäßigkeit zu beachten. Dieser mit Verfassungsrang ausgestattete Grundsatz folgt bereits aus dem Wesen der Grundrechte selbst, die als Ausdruck des allgemeinen Freiheitsanspruchs des Bürgers gegenüber dem Staat von der öffentlichen Gewalt jeweils nur soweit beschränkt werden dürfen, als es zum Schutz öffentlicher Interessen unerlässlich ist.

Zu den erwähnten öffentlichen Interessen können auch die erwünschte Grundstücksmarkttransparenz und marktorientierte Wertermittlungen gezählt werden. Die Nutzung der Kaufpreissammlung wurde auf Grundlage des Tenors des Volkszählungsurteils eingehend geprüft. Eine allgemeine Zugänglichkeit z.B. durch (unbeschränkte) Einsichtnahme selbst durch einen begrenzten Personenkreis ist danach nicht zulässig. Ein Einsichtsrecht würde die Kenntnisnahme aller in der Kaufpreissammlung enthaltenen Daten, unabhängig von einer bestimmungsgemäßen Nutzung, ermöglichen, während bei der Erteilung von Auskünften nur Teilaspekte zu bestimmten Fragestellungen der Immobilienwertermittlung bekannt gegeben werden. Die Grundstücksmarktberichte der Gutachterausschüsse bewirken darüber hinaus die erwünschte Grundstücksmarkttransparenz.

Da in den Niederlanden die immobilienbezogenen Daten nicht zu den besonders geschützten Daten gehören, werden diese im Internet veröffentlicht. Der Kunde kann sich unter https://kadaster-on-line.kadaster.nl anmelden und erhält Zugang zu Daten wie Eigentümer einschließlich Geburtsdatum, Belastungen des Grundstücks, Hypotheken und dem bereits gezahlten Kaufpreis und -datum. Auch für die Kommunen besteht die Möglichkeit, Produkte aus dem Informationsangebot an den Bürger abzugeben (Bottmeyer und Wehrmann 2004).

Auch in Schweden werden Auskünfte über Größe, Eigentümer, letzter Kaufpreis, Belastungen etc. in einem öffentlichen Zentralregister angeboten. Im Internet (www.tref.se, www.maurex.de) stellen kommerzielle Anbieter Vergleichspreise aus Kaufpreissammlungen für Abonnenten zur Verfügung. Vergleichspreise für Bauland, Ackerland, Einfamilienhäuser, Mietshäuser, Geschäftshäuser etc. können selbst selektiert werden. Derartige Daten unterliegen gleichfalls nicht dem Datenschutz. Folglich können für die Vergleichspreise die unverschlüsselten Daten ohne Anonymisierung einschließlich Anschrift und der Kartenpositionierung abgerufen werden. Auch der Einheitswert und sonstige Vergleichsmaßstäbe werden zur Markttransparenz ausgegeben (Ruzyzka-Schwob 2001).

Die datenschutzrechtlichen Regelungen sind durch die Rechtssysteme in den betreffenden Ländern geprägt. Insbesondere betrifft dies wohl ein unterschiedliches Grundrechtsverständnis. Es sollen an dieser Stelle aber keine vertieften Untersuchungen zu den Unterschieden der bodenrechtlichen Systeme oder der Persönlichkeitsrechte bzw. deren Auswirkungen erfolgen. Vielmehr soll der Blick auf eine interessante liberalisierende Entwicklung in einzelnen Bundesländern gelenkt werden.

Eine Auskunft aus der Kaufpreissammlung kann nach den nationalen datenschutzrechtlichen Grundprinzipien nur als anonymisiert gelten, wenn die angegebenen Daten derart verändert worden sind, dass Rückschlüsse auf Eigentümer, Erbbauberechtigte oder Inhaber dinglicher Rechte und auf die exakte Lage des Bezugsobjektes nicht oder nur mit einem unverhältnismäßig großen Aufwand an Zeit, Kosten und Arbeitskraft möglich sind, d.h. die Daten dürfen nicht einer bestimmten oder bestimmbaren natürlichen Person zugeordnet werden können (§ 3 Abs. 7 BDSG).

Werden die Daten anonymisiert, sind sie nach Kleiber (2004a) für die Belange der Verkehrswertermittlung eigentlich nicht mehr verwertbar. Denn wie soll der Sachverständige Unterschiede in den Eigenschaften der Vergleichsobjekte von dem Bewertungsobjekt dann berücksichtigen können, wenn nicht die Eigenschaften der Vergleichsobjekte hinreichend konkretisiert mit angegeben werden. Kleiber führt weiter aus, dass man zwar in Deutschland mit der Kaufpreissammlung der Gutachterausschüsse einen weltweit einzigartigen Fundus habe, um die Verkehrswertermittlung (Marktwertermittlung) auf Marktdaten stützen zu können. Jedoch bleibe diese Chance ungenutzt und das Auskunftsrecht würde zu einer *leeren Hülse*. Auch wenn dieser Qualitätseinstufung der Auskünfte aus der Kaufpreissammlung sicherlich nicht uneingeschränkt gefolgt werden kann, sind aktuell bemerkenswerte Bestrebungen zur Verbesserung umgesetzt worden.

In der GAVO NRW vom 23.03.2004 ist u.a. der Zugang zu den Daten der Kaufpreissammlung mit dem Ziel der Erhöhung der vom BauGB verlangten Markttransparenz des Bodenverkehrs erweitert worden. Die neuen Vorschriften entsprechen den gestiegenen Anforderungen der Nutzer an die Gutachterausschüsse. Die beachtenswerten datenschutzrechtlichen Voraussetzungen in NRW, insbesondere für Auskünfte aus der Kaufpreissammlung, sollen folglich auszugsweise wiedergegeben werden:

§ 10 Verwendung der Daten der Kaufpreissammlung
(2) Auskünfte aus der Kaufpreissammlung sind zu erteilen, wenn ein berechtigtes Interesse dargelegt wird und der Empfänger der Daten die Einhaltung datenschutzrechtlicher Bestimmungen zusichert. Ein berechtigtes Interesse ist regelmäßig anzunehmen, wenn die Auskunft von öffentlich bestellten und vereidigten oder nach DIN EN 45013 zertifizierten Sachverständigen für Grundstückswertermittlung zur Begründung ihrer Gutachten beantragt wird.

In der Begründung heißt es hierzu:

Wegen der bundesgesetzlichen Vorgabe bleibt es grundsätzlich bei der bisherigen Regelung, aber sie wird modifiziert … . Dadurch wird deutlich, dass bei der Auslegung des unbestimmten Rechtsbegriffs berechtigtes Interesse ein niedrigerer Maßstab angelegt werden soll als bisher. Diese Schranke soll im Wesentlichen verhindern, dass Daten aus purer Neugier oder aus nicht deutlich genug erkennbaren Beweggründen erfragt werden. . . . . Hierbei ist der Anspruch sachlich auf solche Auskünfte begrenzt, für die ein berechtigtes Interesse besteht. Darüber hinaus wird der stringente Grundsatz aufgegeben, die Daten aus der Kaufpreisdatei nur an solche Antragsteller abzugeben, bei denen eine sachgerechte Verwendung der Daten gewährleistet erscheint.

Es war ein Anliegen des Bundesgesetzgebers mit der Einrichtung der Gutachterausschüsse für Grundstückswerte Markttransparenz herzustellen bzw. – soweit schon vorhanden - zu verbessern, insoweit entspricht es der Intention des BauGB, die Schranke für den Zugang zu den Daten der Kaufpreissammlung nur so hoch anzusetzen, wie es nach datenschutzrechtlichen Notwendigkeiten im Interesse der schutzwürdigen Belange der Betroffenen erforderlich ist. Folgerichtig wird von dem Empfänger der Daten nunmehr verlangt, dass er die Einhaltung datenschutzrechtlicher Bestimmungen zusichert … .

Die Daten aus der Kaufpreissammlung dürfen den genannten Sachverständigen auch in nicht anonymisierter Form abgegeben werden. Damit wird dem berechtigten Wunsch der Sachverständigen Rechnung getragen, für die Erstellung und Begründung ihrer Gutachten grundstücksbezogene Vergleichsdaten hinzuziehen zu können. In Zukunft verfügen die Sachverständigen damit über die gleichen Unterlagen wie die Gutachterausschüsse für Grundstückswerte und sie können damit unter vergleichbaren Bedingungen Gutachten erstellen.

In Abs. 4 ist geregelt, dass die anonymisierte Auskunft aus der Kaufpreissammlung keine Auskunft aus der Kaufpreissammlung im Sinne des § 195 Abs. 3 BauGB darstellt. In der Begründung heißt es hierzu:

…Vor dem gleichen Hintergrund wird neu zugelassen, dass Daten aus der Kaufpreissammlung in anonymisierter Form ohne Angabe des berechtigten Interesses abgegeben werden dürfen. Die anonymisierte Abgabe von Daten setzt voraus, dass diese Daten nicht personenbezogen und nicht personenbeziehbar sind, d.h. dass es auch nicht möglich sein darf, sie einer Person zuzuordnen … .

Als richtungsweisend für das Sachverständigenwesen in Deutschland beurteilt Kleiber (2004a) die gefundene Lösung für die Auskunft aus der Kaufpreissammlung nach § 10 Abs. 2 GAVO NRW. In allen Bundesländern, die sich bislang auf anonymisierte Auskunftserteilung aus der Kaufpreissammlung verstehen, wird demgemäß der bundesrechtlichen Auskunftspflicht nicht nachgekommen. Einige Bundesländer haben sich ersatzweise zur Umgehung des § 195 Abs. 3 BauGB zu einer *grundstücksbezogenen* Auskunftserteilung bekannt.

In § 10 Abs. 3 GAVO NRW ist geregelt, dass Daten aus der Kaufpreissammlung in Gutachten angegeben werden dürfen, soweit es zu deren Begründung erforderlich ist. Die Angabe in einer auf natürliche Personen beziehbaren Form ist jedoch nur zulässig, wenn kein Grund zu der Annahme besteht, dass dadurch schutzwürdige Belange der Betroffenen beeinträchtigt werden. Die Gewährleistung schutzwürdiger Belange der Betroffenen ist durch die Angabe im Gutachten und damit die externe Öffnung an einen nicht mehr zur Einhaltung datenschutzrechtlicher Bestimmungen verpflichtbaren Nutzerkreis nur allzu verständlich.

Abschließend kann festgehalten werden, dass datenschutzrechtliche Belange bei Metadaten im Grundsatz nicht von Relevanz sind, da sie keine individuellen Datensätze enthalten, sondern nur deren Inhalte beschreiben. Allerdings beschreiben die Metadaten, welche personenbezogenen Daten im Geodatenbestand gespeichert sind (semantische Metainformation), welche Voraussetzungen vorliegen müssen, um die Daten zu nutzen (z.B. Darlegung des berechtigten Interesses) und welche Schritte notwendig sind, die Daten zu beziehen (syntaktische Metainformation, z.B. Registrierung des Kunden, Ausfüllen einer Maske zur Darlegung des berechtigten Interesses).

6 Anforderungen der Finanzdienstleistung und des Steuerrechts an Grundstücksmarktinformationen im WIS

Geofachdaten sind wie bereits erwähnt aufgrund ihres Querschnittcharakters für Unternehmen wie z.B. Banken, Versicherungen, Finanzdienstleistungsinstitute, Kapitalanlagegesellschaften, der Immobilienwirtschaft nicht nur von hohem Nutzen, sondern nehmen in der (internationalen) Rechnungslegung von Unternehmen, bei Investmentfonds und der Finanzdienstleistungsaufsicht eine fundamentale Rolle ein. Überaus anschaulich können Schnittstellen zu den einzelnen Branchen und ihre Verflechtungen auf dem Kapitalmarkt anhand der Finanzdienstleistungsaufsicht in Deutschland aufgezeigt werden.

Die Bundesanstalt für Finanzdienstleistungsaufsicht (BaFin) ist zum 01. Mai 2002 gegründet worden. Die BaFin vereinigt unter ihrem Dach die drei ehemaligen Bundesaufsichtsämter für das Kreditwesen, das Versicherungswesen und den Wertpapierhandel. Damit gibt es in Deutschland erstmals eine einheitliche staatliche Allfinanzaufsicht über Kredit-, Finanzdienstleistungsinstitute, Versicherungsunternehmen und den Wertpapierhandel. Dadurch werden Kapitalmarktverflechtungen, Unternehmensbeziehungen und Risiken erfassbar und handhabbar. Für eine integrierte Finanzaufsicht spricht auch, dass die drei Unternehmensgruppen mit ähnlichen oder sogar identischen Produkten um die Ersparnisse der privaten Haushalte konkurrieren. Die BaFin unterliegt der Rechts- und Fachaufsicht des Bundesministeriums der Finanzen und finanziert sich vollständig aus Gebühren und aus Umlagen der beaufsichtigten Institute und Unternehmen.

Das Hauptziel der BaFin ist es, die Funktionsfähigkeit, Stabilität und Integrität des gesamten deutschen Finanzsystems zu sichern. Hieraus lassen sich insbesondere zwei Ziele ableiten. Zum einen gilt es, die Zahlungsfähigkeit von Banken, Finanzdienstleistungsinstituten und Versicherungsunternehmen zu sichern (Solvenzaufsicht). Ein weiteres Ziel liegt darin, Kunden und Anleger in ihrer Gesamtheit zu schützen und Verhaltensstandards durchzusetzen, die das Vertrauen der Anleger in die Finanzmärkte wahren (Marktaufsicht). Zum Anlegerschutz gehört auch die Bekämpfung von gesetzeswidrigem Handeln. Nationales Aufsichtsrecht wird zunehmend durch internationale Standards geprägt. Im Rahmen ihrer nationalen Verantwortung vertritt die BaFin die deutschen Interessen in EU- und anderen internationalen Gremien.

Das Hauptziel der Bankenaufsicht besteht darin, Missständen im Kreditwesen entgegenzuwirken, die die Sicherheit der den Instituten anvertrauten Vermögenswerte gefährden, die ordnungsgemäße Durchführung der Bankgeschäfte beeinträchtigen oder erhebliche Nachteile für die Gesamtwirtschaft nach sich ziehen können. Rechtliche Grundlage für die Bankenaufsicht ist in erster Linie das Kreditwesengesetz (KWG). Die Bankenaufsicht erfasst nicht nur Banken im herkömmlichen Sinne, sondern beispielsweise auch Wertpapierhandelsbanken und die als Finanzdienstleistungsinstitute zugelassenen Börsenmakler. Die Deutsche Bundesbank wirkt an der laufenden Bankenaufsicht mit. Ihre Beteiligung ist in § 7 KWG geregelt. Danach wertet sie unter anderem die Berichte und Meldungen aus, die die Institute regelmäßig einreichen müssen, und prüft, ob die Eigenkapitalausstattung und die Risikosteuerungsverfahren der Institute angemessen sind.

Auch das Versicherungswesen basiert auf Vertrauen. Kunden erwarten von einem Versicherungsunternehmen, dass es jederzeit und oftmals über einen sehr langen Zeitraum die vertraglich vereinbarten Leistungen erbringen kann. Die Hauptziele der Versicherungsaufsicht bestehen nach dem Versicherungsaufsichtsgesetz darin, die Belange der Versicherten ausreichend zu wahren und dabei vor allem sicherzustellen, dass die Verpflichtungen aus den Versicherungsverträgen jederzeit erfüllbar sind. Im Vordergrund steht also der Verbraucherschutz. Die Versicherungsaufsicht ist nach dem föderalistischen System auf Bund und Länder aufgeteilt. Die BaFin beaufsichtigt für den Bund die in Deutschland tätigen privaten Versicherungsunternehmen, die wirtschaftlich von erheblicher Bedeutung sind, und die öffentlich-rechtlichen Wettbewerbsversicherer, die über die Grenzen eines Bundeslandes hinaus tätig sind. Nach Vorliegen einer aufsichtsbehördlichen Erlaubnis zum Betrieb von Versicherungsunternehmen erfolgt eine laufende Aufsicht. Neben der risikogerechten Kapitalanlage müssen die Eigenmittelausstattung (Solvabilität) ausreichend sein und die Bilanzen und Erfolgsrechnungen die tatsächliche Vermögens-, Finanz- und Ertragslage widerspiegeln. Wichtige Informationen ergeben sich über die Rechnungslegung der Unternehmen.

Ziel der Wertpapieraufsicht ist es, die Transparenz und Integrität des Marktes sowie den Anlegerschutz zu gewährleisten. Dies betrifft insbesondere die Bekämpfung von Insidergeschäften, die Ad-hoc-Publizität, Directors' Dealings, die Kurs- und Marktpreismanipulation, Mitteilungspflicht bedeutender Stimmrechtsanteile und die Veröffentlichung von Wertpapierverkaufsprospekten. Grundlagen der staatlichen Wertpapieraufsicht sind das Wertpapierhandelsgesetz (WpHG), das Wertpapiererwerbs- und Übernahmegesetz (WpÜG) und das Verkaufsprospektgesetz.

Im Bereich Asset-Management beaufsichtigt die BaFin nicht nur Finanzdienstleistungsinstitute und Kapitalanlagegesellschaften (KAG), die Investmentfonds anbieten, sondern führt bei im Lande aufgelegten Fonds auch die Produktaufsicht durch. Die Solvenzaufsicht über KAG und Finanzdienstleistungsinstitute wird - wie bei Kreditinstituten - auf der Grundlage des KWG durchgeführt. Dagegen regelt das Investmentgesetz

(InvG) die Marktaufsicht über KAG und deren Investmentfonds, Investmentaktiengesellschaften sowie die Zulassung ausländischer Investmentfonds zum öffentlichen Vertrieb. Die Aufsicht über die einzelnen Börsen ist nach den Vorschriften des Börsengesetzes Ländersache. Auf internationaler Ebene nimmt die BaFin die Aufgaben der Börsenaufsicht mit wahr.

Zunächst soll auf die verpflichtende Anwendung internationaler Rechnungslegungsstandards für Unternehmen eingegangen werden. Dabei wird neben dem Bedarf an Immobilienwertinformationen für die Rechnungslegung der Unternehmen auch der Kontext mit der (internationalen) Marktwertermittlung hergestellt.

Für steuerrechtliche Vorgänge wie die Festlegung der Grundsteuer und Erbschaftsteuer werden Grundstückswerte in unterschiedlicher Ausprägung als Bemessungsgrundlage herangezogen. Aktuell stehen im Hinblick auf diese Bemessungsgrundlagen Reformvorhaben von erheblicher Bedeutung zur Entscheidung an.

Im Falle der Erbschaftsteuer ergibt sich die Belastung aus dem Zusammenwirken eines einheitlichen – nur nach der Maßgabe des Verwandtschaftsgrades und der Höhe des Erbes gestaffelten – Steuersatzes und der Bemessungsgrundlage, die sich aus Werten zusammensetzt, die nach unterschiedlichen Regeln ermittelt werden. Zur Gewährleistung einer gleichmäßigen Besteuerung der einzelnen zur Erbschaft gehörenden wirtschaftlichen Einheiten und Wirtschaftsgüter wurde die Erbschaft- und Schenkungsteuer zum 1.1.1996 neu geregelt. Danach werden unbebaute Grundstücke mit einem aus dem Bodenrichtwert abgeleiteten Wert angesetzt. Bebaute Grundstücke sind in einem Ertragswertverfahren zu bewerten, wobei der für ein bebautes Grundstück anzusetzende Wert nicht geringer sein darf als der Wert, mit dem der Grund und Boden allein als unbebautes Grundstück zu bewerten wäre. Die sich danach ergebenden Ertragswerte erreichen nach einer Kaufpreisuntersuchung der Finanzverwaltung im Durchschnitt nur die Hälfte des Verkehrswertniveaus bei einer erheblichen Streubreite. Das BVerfG wird voraussichtlich noch im Jahre 2006 zur Verfassungsmäßigkeit der Tarifregelung des Erbschaftsteuer- und Schenkungsteuergesetzes in Verbindung mit den für die Ermittlung der steuerlichen Bemessungsgrundlage maßgeblichen Bewertungsvorschriften entscheiden.

Die Grundsteuer gehört zu den ältesten Formen der direkten Besteuerung und zählt zu den Realsteuern, deren Aufkommen den Gemeinden zusteht. Obwohl es sich bei den Realsteuern um bundesgesetzlich geregelte Steuern handelt, haben die Gemeinden durch die Bestimmung des Hebesatzes wesentlichen Einfluss auf die Höhe des Steueraufkommens in ihrem Gemeindegebiet. Die Grundsteuer umfasst sowohl den Grund und Boden als auch die Investitionen auf dem Boden (Gebäude). Heute gilt das Grundsteuergesetz 1974, das im Hinblick auf die nach dem Bewertungsgesetz 1971 erstmals ab 1974 anzuwendenden Einheitswerte notwendig wurde.

Der Einheitswert nach dem Bewertungsgesetz wurde als einheitlicher Wert für die Veranlagung zur Erbschaft- und Schenkungsteuer, Grund-, Vermögen- und Gewerbekapitalsteuer eingeführt. Hinter dem Verfahren der Einheitsbewertung stand die Grundidee, für eine Vielzahl von Steuern und Abgaben einheitlich ermittelte Werte zur Verfügung zu stellen. Der Gesetzgeber wollte mit der Einheitsbewertung im Sinne einer gleichmäßigen und gerechten Besteuerung Belastungsunterschiede vermeiden. Zudem sollten durch ein einfaches und verwaltungsökonomisches Verfahren die Kosten der Besteuerung möglichst gering gehalten werden. Entgegen der ursprünglichen Konzeption des Bewertungsgesetzes unterblieben die erforderlichen Neubewertungen. Die Einheitswerte erstarrten folglich auf der Basis der Wertverhältnisse 01.01.1964 bzw. in den neuen Ländern noch auf der Basis der Wertverhältnisse 01.01.1935.

Eine Aktualisierung der Bemessungsgrundlagen für diese Steuer erscheint aus verfassungsrechtlichen Gründen geboten. Die nicht durchgeführten Anpassungen der Einheitswerte haben nicht nur zu erheblichen Wertverzerrungen zwischen den verschiedenen Vermögensarten geführt, sondern auch innerhalb des Grundbesitzes sind Wertverschiebungen zu den Verkehrswerten eingetreten, die nicht mehr mit den Grundsätzen einer gleichmäßigen Besteuerung zu vereinbaren sind. Aktuell soll nun zur Reform der Grundsteuer ein Gesetzentwurf für eine gesetzliche Neuregelung der Bemessungsgrundlage in das Gesetzgebungsverfahren eingebracht werden.

6.1 Entwicklung internationaler Rechnungslegungsstandards im Kontext mit der (internationalen) Marktwertermittlung

In der Verordnung (EG) Nr. 1606/2002 des Europäischen Parlaments und des Rates vom 19. Juli 2002 betreffend die Anwendung internationaler Rechnungslegungsstandards ist als zweiter Erwägungsgrund ausgeführt:

Um zu einer Verbesserung der Funktionsweise des Binnenmarktes beizutragen, müssen kapitalmarktorientierte Unternehmen dazu verpflichtet werden, bei der Aufstellung ihrer konsolidierten Abschlüsse ein einheitliches Regelwerk internationaler Rechnungslegungsstandards von hoher Qualität anzuwenden. Überdies ist es von großer Bedeutung, dass an den Finanzmärkten teilnehmende Unternehmen der Gemeinschaft Rechnungslegungsstandards anwenden, die international anerkannt sind und wirkliche Weltstandards darstellen. Dazu bedarf es einer zunehmenden Konvergenz der derzeitig international angewandten Rechnungslegungsstandards, mit dem Ziel, letztlich zu einem einheitlichen Regelwerk weltweiter Rechnungslegungsstandards zu gelangen.

Als internationale Rechnungslegungsstandards werden insbesondere die *International Accounting Standards (IAS)*, die *International Financial Reporting Standards (IFRS)* und damit *verbundene Auslegungen (SIC/IFRIC-Interpretationen)* bezeichnet. Im Jahre 2001 erfolgte eine Umstrukturierung des *International Accounting Standards Committee (IASC)* und die Umbenennung in *International Accounting Standards Board (IASB)*. Die durch das *IASC* verabschiedeten *IAS* behalten ihre Gültigkeit, werden vom *IASB* modifiziert oder durch neue *IFRS* ersetzt. Das Standing Interpretations Committee (SIC) wurde in International Financial Reporting Interpretations Committee (IFRIC) umbenannt.

Damit wird für die Abschlüsse von kapitalmarktorientierten Gesellschaften die Anwendung internationaler Rechnungslegungsstandards ab 2005 verpflichtend vorgeschrieben. Für bestimmte Unternehmen können die Mitgliedsstaaten ergänzend von einem Wahlrecht, dass die Einführung erst für die Geschäftsjahre, die am oder nach dem 1. Januar 2007 beginnen, Anwendung findet, Gebrauch machen. Die Übergangsregelung soll u.a. Unternehmen einbeziehen, deren Wertpapiere zum öffentlichen Handel in einem Nichtmitgliedstaat zugelassen sind und die zu diesem Zweck internationale Rechnungslegungsstandards z.B. United States Generally Accepted Accounting Principles (US-GAAP) seit einem Geschäftsjahr, welches vor der offiziellen Veröffentlichung im Amtsblatt der Europäischen Gemeinschaften begann, anwenden.

Die Europäische Kommission hatte bereits in ihrem Strategiepapier *Rechnungslegungsstrategie der EU: Künftiges Vorgehen* vom 13.06.2000 die Anerkennung der *IAS* als einheitliche europäische Standards für börsennotierte Unternehmen in Aussicht gestellt.

In Deutschland wurde mit dem Bilanzrechtsreformgesetz vom 04.12.2004 die Fortentwicklung und Internationalisierung des deutschen Bilanzrechts umgesetzt. Ein Kernanliegen ist auch in der Stärkung der Unabhängigkeit der Wirtschaftsprüfer zu sehen. So werden Wirtschaftsprüfer nunmehr von der Abschlussprüfung eines Kapitalmarktunternehmens ausgeschlossen, wenn besondere Ausschlussgründe nach dem § 319a Handelsgesetzbuch (HGB), die über die in § 319 Abs. 2 und 3 HGB genannten Gründe hinausgehen, vorliegen.

Das Bilanzkontrollgesetz vom 15.12.2004 führt ein zweistufiges Verfahren ein, um die Rechtmäßigkeit von Unternehmensabschlüssen nach den zahlreichen Bilanzskandalen der letzten Jahre verlässlich zu kontrollieren. Auf der ersten Stufe wird eine privatrechtlich organisierte Institution als Deutsche Prüfstelle für Rechnungslegung (DPR) tätig, wenn Anhaltspunkte für Bilanzfehler von Unternehmen, deren Wertpapiere an einer deutschen Börse zum Handel zugelassen sind, vorliegen. Die Prüfung erfolgt auch auf Verlangen der BaFin oder ohne besonderen Anlass (stichprobenartige Prüfung). In den Fällen, wenn das Unternehmen nicht mit der Prüfstelle kooperiert oder es aus anderen Gründen zu keiner einvernehmlichen Lösung kommt, prüft auf der zweiten Stufe die BaFin. Sie kann die Prüfung der Rechnungslegung mit hoheitlichen Mitteln - falls erforderlich - zwangsweise durchsetzen.

Der *Konzernabschluss nach internationalen Rechnungslegungsstandards* ist insbesondere durch den neu eingefügten § 315a HGB geregelt worden. Nach Abs. 1 sind Konzernabschlüsse für kapitalmarktorientierte Unternehmen (§ 315a Abs. 1 HGB) für Geschäftsjahre, die nach dem 31.12.2004 beginnen, nach den IAS bzw. IFRS aufzustellen. Dies gilt auch für den Konzernabschluss von nicht kapitalmarktorientierten Mutterunternehmen nach Abs. 2, wenn sie bis zum jeweiligen Bilanzstichtag die Zulassung eines Wertpapiers zum Handel an einem organisierten Markt im Sinne des § 2 Abs. 5 des WpHG im Inland beantragt haben.

Damit konnte die Ausnahmeregelung des § 292a HGB, der börsennotierten Unternehmen bisher schon IAS- oder US-GAAP-Konzernabschlüsse mit Befreiungswirkung unter gewissen Grundbedingungen ermöglichte, Ende 2004 außer Kraft treten. Von dieser Option hatten aufgrund der internationalen Vergleichbarkeit immer mehr deutsche Unternehmen Gebrauch gemacht.

Bilanzierungen nach HGB haben bisher dazu beigetragen, dass sich *stille Reserven* in Form ggf. bestehender Abweichungen zwischen dem Buchwert der um Abschreibungssätze verminderten Anschaffungskosten (§ 253 HGB) und dem Marktwert der Immobilien ergeben haben. Nach dem Realisationsprinzip dürfen lediglich realisierte Gewinne ausgewiesen werden (§ 252 HGB). Dadurch kann es in den Jahresabschlüssen zu einer asymmetrischen Informationsvermittlung bezüglich der Vermögens-, Finanz- und Ertragslage kommen. Diese zum Teil erheblichen *stillen* Reserven kann das Unternehmen erst durch einen Verkauf realisieren. Beispielsweise können sogenannte *sale-and-lease-back-Verfahren* zur Aktivierung genutzt werden, bei denen die Unternehmen ihre Immobilien an eine Leasinggesellschaft verkaufen, um sie anschließend langfristig zu mieten.

Im Gegensatz zur deutschen handelsrechtlichen Bilanzierung werden die IAS/IFRS durch eine Vielzahl detaillierter Einzelfallregelungen in Form von einzelnen Rechnungslegungsstandards geprägt. Dies betrifft vorrangig den Wertpapiermarkt und nur am Rande die Immobilien. Damit rückt auch für den Wertermittler die internationale Standardisierung der Bilanzierungs- und Bewertungsnormen in das Blickfeld.

Ende 2003 hat das IASB die IAS überarbeitet. Zweck der Überarbeitung war eine weitere Verbesserung der Qualität und der Konsistenz des Korpus der bereits vorliegenden IAS. Die Übernahme der Standards dieses Verbesserungsprojekts betreffen neben den eigentlichen IAS auch Änderungen im IFRS Nr. 1 und Änderungen bzw. Ersetzungen der Auslegungen des SIC/IFRIC (Europäische Kommission 2004). Für die Bilanzierung und Bewertung von Immobilien sind insbesondere drei IAS/IFRS einschlägig (Baumunk 2002).

Wird die Immobilie lediglich zu Zwecken der Weiterveräußerung im Rahmen der gewöhnlichen Geschäftstätigkeit gehalten, ist nach IAS/IFRS 2 *Inventories* zu bilanzieren. Zielsetzung dieses Standards ist die Regelung der Bilanzierung von Vorräten. Die Bewertung von Grundstücken und Gebäuden folgt dabei dem Niederstwertprinzip der Anschaffungskosten, die im Falle der Nachbewertung um die Abschreibung vermindert werden.

Werden Immobilien im Rahmen der betrieblichen Geschäftstätigkeit genutzt, richten sich Ansatz und Bewertung nach IAS 16 *Property, Plant and Equipment*. Damit werden Investitionen eines Unternehmens in betriebliche Sachanlagen und Änderungen solcher Investitionen transparent gemacht und grundsätzliche Fragestellungen zur Bilanzierung von Sachanlagen wie den Ansatz der Vermögenswerte geregelt. Immobilien, die sich im Bau- oder Entwicklungsstadium befinden, werden gleichfalls nach IAS 16 bilanziert, wenn sie im Rahmen der gewöhnlichen Geschäftstätigkeit oder als Anlageimmobilie durch das Unternehmen eigengenutzt werden sollen. Nach der Erstbewertung zu den Anschaffungskosten besteht für die Folgebewertung ein Wahlrecht zwischen um planmäßige Abschreibungen und außerplanmäßige Wertminderungen geminderte Anschaffungs- bzw. Herstellungskosten und dem Zeitwert (*fair value*) der Vermögensgegenstände.

Der beizulegende Zeitwert ist der Betrag, zu dem eine Vermögenswert zwischen sachverständigen, vertragswilligen und voneinander unabhängigen Geschäftspartnern getauscht werden könnte (IAS 16 Paragraph 6). Für Grundstücke und Gebäude wird er in der Regel nach den auf dem Markt basierenden Daten mit Hilfe hauptamtlicher Gutachter ermittelt (IAS 16 Paragraph 32). Wird eine Sachanlage neu bewertet, ist die ganze Gruppe der Sachanlagen (z.B. unbebaute Grundstücke, Grundstücke und Gebäude), zu denen der Gegenstand gehört, neu zu bewerten (IAS 16 Paragraph 36). Bei manchen Sachanlagen kommt es zu signifikanten Schwankungen des beizulegenden Zeitwerts, die sicherlich eine jährliche Neubewertung erforderlich machen (IAS 16 Paragraph 34).

Kleiber (2000) hat die Definition des *fair value* nach IAS 16 eindeutig mit dem Marktwert bei fortbestehender Nutzung gleichgesetzt. Es handelt sich folglich um den Verkehrswert mit der Maßgabe, dass die Fortführung des tatsächlichen oder eines ähnlichen Geschäftsbetriebs der Verkehrswertermittlung zu Grunde zu legen ist. Schließlich soll für die Rechnungslegung von Unternehmen der Wert des bestehenden Unternehmens in die Bilanzen eingehen und nicht ggf. ein höherer Wert, der sich bei entsprechend unausgeschöpften Nutzungspotenzialen für eine Immobilie nach Maßstäben der reinen Verkehrswertermittlung ergeben würde.

Nach IAS 40 *Investment Property* werden Anlageimmobilien, die gehalten werden, um Miete, Pacht, oder sonstige regelmäßige Einkünfte und/oder Kapitalrenditen durch Wertsteigerungen am gehaltenen Vermögen zu erzielen, klassifiziert. Daher erzeugen Anlageimmobilien Cashflows, die weitgehend unabhängig von den anderen vom Unternehmen gehaltenen Vermögenswerten anfallen (IAS 40 Paragraph 7). Hiervon unterscheiden sich vom Eigentümer selbst genutzte Immobilien nach IAS 40 Paragraphen 5 und 7. Folglich müssen die Anlageimmobilien oder als Finanzinvestition gehaltene Immobilien einzeln veräußerbar sein. Beispiele finden sich in Paragraph 8. Nur die Einzelveräußerbarkeit gewährleistet die Mitnahme von Wertsteigerungen unabhängig vom auf der Geschäftstätigkeit des Unternehmens basierenden Betriebsvermögens. Nach Paragraph 14 ist für die Zuordnung einer Immobilie als Finanzinvestition eine sorgfältige Einschätzung erforderlich. Die Unternehmen sind insbesondere zur Handhabung von schwierigen Fällen verpflichtet, Kriterien anzugeben (Paragraph 14). Für Immobilien, die vom bilanzierenden Unternehmen hergestellt oder entwickelt werden und künftig als Finanzanlage verwendet werden sollen, finden nach ihrer endgültigen Fertigstellung die Regelungen der IAS 40 Anwendung.

Bei der erstmaligen Bilanzierung sind die Immobilien zu den Anschaffungs- bzw. Herstellungskosten anzusetzen, wobei Transaktionskosten wie Anwalts- oder Notarkosten, Steuern in den Wertansatz einzubeziehen sind. Die Folgebewertung kann alternativ nach dem *fair value*-Modell oder zu den um die Abschreibungen und Wertminderungsaufwendungen fortgeführten Anschaffungskosten nach IAS 16 (*cost*-Modell) durchgeführt werden. Der Rückgriff auf das *cost*-Modell bedeutet aber nicht, dass die bilanzierenden Unternehmen auf die Ermittlung des *fair value* verzichten können. Vielmehr muss der *fair value* im Anhang des Abschlusses ausgewiesen werden (Paragraphen 32 und 79). Nach Paragraph 33 gilt für Unternehmen, die das Modell des beizulegenden Zeitwerts gewählt haben, dass alle als Finanzinvestition gehaltenen Immobilien mit dem beizulegenden Zeitwert zu bewerten sind.

Der beizulegende Zeitwert von Anlageimmobilien entspricht dem Preis, zu dem die Immobilien zwischen sachverständigen, vertragswilligen und voneinander unabhängigen Geschäftspartnern getauscht werden könnten (Paragraph 36) und spiegelt die Marktbedingungen am Bilanzstichtag wider (Paragraphen 38 und 39). Folglich handelt es sich beim *fair value* nach IAS 40 Paragraph 36 i.d.R. um den Marktwert (Verkehrswert), der als bestmögliche Approximation eines (hypothetischen) Verkaufspreises ermittelt werden soll (Kleiber 2004b).

Nach IAS 40 (Paragraph 45) stützt sich die Ermittlung des beizulegenden Zeitwerts auf die vergleichende Beobachtung des Marktgeschehens. Dabei sollen bevorzugt aktuelle Kaufpreise vergleichbarer Immobilien eines aktiven Marktes herangezogen werden (unmittelbarer Preisvergleich nach WertV).

Liegen diese nicht in ausreichender Anzahl vor, so kann nach Paragraph 46 auf angepasste Vergleichspreise (mittelbarer Preisvergleich nach WertV) oder diskontierte zukünftige Zahlungsströme (Cashflow-Prognosen) zurückgegriffen werden. Dabei wird insbesondere die Marktorientierung der eingeführten Größen hervorgehoben. Bei Einführung diskontierter zukünftiger marktorientierter Cashflows ist die Anwendung des Ertragswertverfahrens nach WertV und des DCF-Verfahrens möglich. Entscheidend ist bei der Wahl der Diskontierungszinssätze die Orientierung am Grundstücksmarkt, weshalb bezogen auf das jeweilige Modell Liegenschaftszinssätze zur Anwendung kommen sollen.

Das IASB lehnt sich mit der Definition des *fair value* an (inter)national anerkannte Wertbegriffe wie den gemeinsam vom International Valuation Standards Committee (IVSC) und TEGoVA (2003) definierten *market value* und den *Marktwert nach § 194 BauGB* an. Auch die in der Richtlinie 2000/12 EG des Europäischen Parlaments und des Rates vom 20.03.2000 über die Ausübung und Tätigkeit der Kreditinstitute in Artikel 62 festgelegte Definition des Marktwertes unterscheidet sich von der deutschen Verkehrswertdefinition inhaltlich nicht (Simon 2005). Damit ist auch prinzipiell nichts gegen die Verwendung der Wertermittlungsverfahren nach der WertV einzuwenden. Ergänzend sei angemerkt, dass Versicherungsunternehmen aufgrund der Versicherungsbilanzrichtlinie der EU aus dem Jahr 1991 bereits seit 1998 ihre Kapitalanlagen, also auch ihre Anlageimmobilien zum Zeitwert im Anhang offen legen (Baumunk 2002).

Nach IAS 40 wird nicht festgelegt, in welchen Zeitabständen neu zu bewerten ist. Aufgrund der Entwicklung internationaler Rechnungslegungsstandards ist in den Jahresabschlüssen von einer jährlichen Neubewertung auszugehen. Hierfür spricht auch der Hinweise in Paragraph 39, wonach bei einer Änderung der Marktbedingungen der als beizulegender Zeitwert ausgewiesene Betrag bei einer Schätzung zu einem anderen Zeitpunkt falsch oder unangemessen sein kann.

6.2 Basel II

Das große Interesse der Banken, der Wirtschaftprüfungsgesellschaften und der Wirtschaftunternehmen an den Daten der Gutachterausschüsse im Hinblick auf die Auswirkungen der Regelungen von Basel II auf die Bewertung der Immobilien bei der Vergabe von Krediten bezieht sich insbesondere auf die bundesweiten Bodenrichtwerte und ihre schnelle aktuelle Bereitstellung nach einheitlichen Kriterien in digitaler Form (Deutscher Städtetag 2005).

Basel ist der Sitz der Bank für internationalen Zahlungsausgleich (BIZ), die u.a. die Aufgabe hat, die Zusammenarbeit der Zentralbanken zu fördern (Schneck 2002). Bei der BIZ tagt regelmäßig ein im Jahre 1975 gegründeter Ausschuss für Bankenaufsicht, dem Vertreter der Zentralbanken und Bankenaufsichtsbehörden der G10-Länder angehören. Da das Generalsekretariat dieses Gremiums bei der BIZ angesiedelt ist, wird im Zusammenhang mit neuen Regelungen für Banken vom Basler Ausschuss (für Bankenaufsicht) und den Basler Richtlinien (Basler Akkord) gesprochen.

Am 26.04.2004 hat der Basler Ausschuss für Bankenaufsicht eine Rahmenvereinbarung über die neue Eigenkapitalempfehlung für Kreditinstitute (Basel II) verabschiedet. Basel II steht insoweit als Kurzbezeichnung einer neuen internationalen Richtlinie für Banken, um Banken- und Finanzkrisen wirksamer entgegenzuwirken. Banken müssen dabei insbesondere für ein verändertes Risikomanagement Sorge tragen. Zunächst entstehen nur rechtlich nicht bindende Empfehlungen für große international tätige Kreditinstitute, die jedoch faktisch weltweit Anwendung als internationale Standards zur Sicherung eines stabilen Finanz- und Bankensystems finden sollen.

Zur verbindlichen nationalen Umsetzung in den Ländern - die Implementierung in den G10-Ländern ist bis Ende 2006 vorgesehen - bedarf es entsprechender Gesetzesvorhaben, die sich im Falle der EU auf Grundlage europäischer Regelungen vollziehen. Den sogenannten Neufassungen von europäischen Richtlinien (Europäischer Rat 1993; Europäisches Parlament und Rat 2000) zur verbindlichen Umsetzung von Basel II mit punktuellen Abweichungen aufgrund EU-spezifischer Besonderheiten für alle Kreditinstitute und Wertpapierfirmen in allen Mitgliedsstaaten in der EU hat das Europäische Parlament Ende September 2005 in erster Lesung zugestimmt. Dadurch werden innerhalb der EU Wettbewerbsverzerrungen durch unterschiedliche Aufsichtsregeln vermieden und die Einführung moderner Risikomanagementtechniken in der gesamten Finanzbranche gefördert. Das planmäßige Inkrafttreten der Richtlinienänderungen wird zum 01.01.2007 erfolgen (Meister 2005).

Bereits im Jahre 1988 erarbeitete der Basler Ausschuss den ersten Basler Eigenkapitalakkord (Basel I). Auch bei Basel I ging es um die Stabilisierung der Banken bei Kreditausfällen und damit des internationalen Finanzsystems durch die Vorhaltung eines pauschal mit 8 % festgelegten Eigenkapitalpuffers. In Deutschland allerdings wurde die Regelung erst im Jahre 1994 in § 10 des KWG aufgenommen (Schneck 2002). Danach müssen die Institute über angemessene Eigenmittel verfügen. Die pauschale Eigenmittelhinterlegung in Höhe von 8 % wurde national im sogenannten *Grundsatz I über die Eigenmittel der Institute* präzisiert. Bei einem Kreditrahmen von 10 Mio. € hat eine Bank bisher gegenüber der BaFin 800 T€ als Eigenmittel nachzuweisen.

Nun konnte auch Basel I diverse Bankenpleiten und Krisen des internationalen Finanzsystems in den neunziger Jahren nicht verhindern. Die Ursachen lagen nicht nur in den Risiken, sondern in der Erweiterung der Angebotspalette der Finanzprodukte durch die Banken selbst. Aus den Überlegungen des Basler Ausschusses, Risiken noch differenzierter zu berücksichtigen und die Eigenmittelhinterlegung nach Risikoklassen und Eintrittswahrscheinlichkeiten zu gewichten, entstand Basel II. Basel II lässt sich mit den drei Säulen *Mindestkapitalanforderungen, bankaufsichtliches Überprüfungsverfahren* und *Marktdisziplin* beschreiben (Basler Ausschuss 2005).

Von besonderer Bedeutung ist die erste Säule, die durch neue Standards zur Verbesserung der Eigenkapitalhinterlegung von Risiken beitragen soll. Mit der zweiten Säule wird die nationale Bankenaufsicht zur Sicherstellung der Eigenkapitalausstattung der Banken für die relevanten Geschäftsrisiken ausgebaut. Es soll die Banken auch darin bestärken, bessere Risikomanagement-Verfahren für die Überwachung und Handhabung ihrer Risiken zu entwickeln und anzuwenden. Von der *Marktdisziplin* als dritte Säule wird durch die Einführung von Offenlegungsanforderungen für Banken erwartet, dass eine Verstärkung der Marktdisziplin mittels der Informationstransparenz über Kerninformationen (z.B. Eigenkapital) von Banken eintreten wird.

Die nationale Bankenaufsicht durch die BaFin stützt sich in erster Linie auf das KWG. Dabei ist im Hinblick auf Basel II besonderes Augenmerk den §§ 10 und 10a KWG zuzuwenden. Nach § 10 Abs. 1 müssen die Institute im Interesse der Erfüllung ihrer Verpflichtungen gegenüber ihren Gläubigern, insbesondere zur Sicherheit der ihnen anvertrauten Vermögenswerte, angemessene Eigenmittel haben. Das Bundesministerium der Finanzen stellt im Benehmen mit der Deutschen Bundesbank Solvabilitätsgrundsätze auf, nach denen die BaFin im Regelfall beurteilt, ob die Anforderungen an die Eigenmittel erfüllt sind. Was unter Eigenmitteln im Einzelnen zu verstehen ist, bestimmt sich nach Abs. 2. Für Institutsgruppen oder eine Finanzholding-Gruppe nach § 10a gilt § 10 über die Eigenmittelausstattung entsprechend.

Ein Kreditinstitut ist außerdem nach § 25 a Abs. 1 KWG verpflichtet, eine angemessene Strategie, die auch die Risiken und die Eigenmittel des Instituts berücksichtigt, als Teil einer ordnungsgemäßen Geschäftsorganisation zu entwickeln und einzurichten. Die Vorlage des Jahresabschlusses, des Konzernabschlusses und des Einzelabschlusses ist in § 26 geregelt.

Vergleichbare Regelungen zur Berücksichtigung von Risiken sind im Pfandbriefgesetz als Risikomanagement (§ 27) und im Aktiengesetz (§ 91 Abs. 2) als Überwachungssystem bezeichnet. Nach § 317 Abs. 2 HGB ist zu prüfen, dass der Lagebericht bzw. Konzernlagebericht eine zutreffende Vorstellung von der Lage des Unternehmens bzw. Konzerns vermittelt. Dabei ist auch zu prüfen, ob die Chancen und Risiken der künftigen Entwicklung zutreffend dargestellt sind. Für börsennotierte Aktiengesellschaften ist gemäß Abs. 4 außerdem im Rahmen der Prüfung zu beurteilen, ob der Vorstand die ihm nach § 91 Abs. 2 des Aktiengesetzes obliegenden Maßnahmen in einer geeigneten Form getroffen hat und das danach einzurichtende Überwachungssystem seine Aufgaben erfüllen kann.

In Deutschland wird die EU-Variante von Basel II gleichfalls Anfang 2007 durch Änderungen im KWG, in der Groß- und Millionenkreditverordnung sowie in einer neuen Solvabilitätsverordnung umgesetzt, die den

Grundsatz I ablösen wird. Die zweite Säule von Basel II wird als *angemessenes Risikomanagement* in § 25a KWG eingefügt. Die konkreten aufsichtlichen Vorgaben werden in den neuen *Mindestanforderungen an das Risikomanagement (MaRisk)* zusammengefasst (Meister 2005).

Durch die Einführung von Risikogewichten nach Basel II ergeben sich unterschiedliche Eigenmittelhinterlegungen. Das Risikogewicht stellt einen Indikator für die Bonität des Kreditnehmers dar (Lister 2005b). Für eine risikogerechte Vorgehensweise ist es erforderlich, zunächst die Bonität der Kreditnehmer zu identifizieren. Anschließend müssen die Risikogewichte dahingehend differenziert werden, dass Kreditnehmer mit einer schlechten Bonität ein höheres Risikogewicht zu tragen haben und umgekehrt. Zur Einschätzung der Bonitätsunterschiede sind Ratingverfahren geeignet. In Basel II werden drei Ansätze zur Ermittlung der Eigenmittelunterlegung unterschieden, welche auf unterschiedliche Art und Weise auf die Erkenntnisse von Ratingverfahren zurückgreifen (Deutsche Bundesbank 2004; Basler Ausschuss 2005).

Im Standardansatz werden die Risikogewichte für Forderungen z.B. an Staaten, Banken und Unternehmen mit Hilfe externer Ratings von Agenturen abgeleitet. Verfügt der Kreditnehmer über kein externes Rating, so bleibt das bisherige Risikogewicht von 100 Prozent bestehen. Die nationalen Aufsichtsbehörden sollen entscheiden, ob eine Rating-Agentur die geforderten sechs Anerkennungskriterien wie Objektivität, Unabhängigkeit, Offenlegung, Glaubwürdigkeit, Ressourcen und Transparenz erfüllt. Der Standardansatz kann von den Instituten ab 2007 gewählt werden. Die Anwendung des Standardansatzes bedarf für deutsche Banken keines Zulassungsverfahrens. Voraussetzung ist eine bankinterne Prüfung und eine schriftliche Anzeige zur Bestätigung an die BaFin.

Ausleihungen, die vollständig durch Grundpfandrechte/Hypotheken auf Wohnimmobilien abgesichert sind, die vom Kreditnehmer bewohnt werden oder künftig bewohnt werden sollen oder die vermietet sind, erhalten ein Risikogewicht von 35 %. Dabei hat sich die Aufsicht davon zu überzeugen, dass dieses verminderte Risikogewicht, entsprechend den nationalen Bestimmungen für Kredite zur Finanzierung von Wohneigentum, ausschließlich auf Wohnimmobilien angewandt wird und dass diese Kredite strengen Anforderungen entsprechen, z.B. dass der nach genauen Regeln ermittelte Wert der Sicherheit (Beleihungswert) den Kreditbetrag erheblich übersteigt. Ggf. ist ein höheres Risikogewicht anzuwenden.

Durch gewerbliche Immobilien besicherte Forderungen erhalten grundsätzlich ein Risikogewicht von 100 %. Unter besonderen Umständen können in hochentwickelten und seit langem bestehenden Märkten Grundpfandrechte auf z.B. Büroimmobilien die Möglichkeit bieten, ein vermindertes Risikogewicht von 50 % für den Teil des Kredits zuzuteilen, der – je nachdem welcher Wert tiefer ist – 50 % des Marktwertes bzw. des Beleihungswertes der den Kredit besichernden Immobilie nicht überschreitet. Diese Ausnahme wird nur unter sehr strengen Bedingungen zulässig sein.

Im Hinblick auf die angemessene Eigenmittelausstattung der Institute nach § 10 Abs. 1 KWG ist in § 10 Abs. 2b Nr. 6 i.V.m. Abs. 4b KWG zur Anrechnung der nicht realisierten Reserven in Höhe von 45 % des Unterschiedsbetrags zwischen dem Buchwert und dem Beleihungswert geregelt, dass für die Ermittlung des Beleihungswertes von Grundstücken, grundstücksgleichen Rechten und Gebäuden § 16 Abs. 1 und 2 des Pfandbriefgesetzes entsprechend gilt. Die Beleihungswertdefinition gemäß Abs. 2 lautet:

Der Beleihungswert darf den Wert nicht überschreiten, der sich im Rahmen einer vorsichtigen Bewertung der zukünftigen Verkäuflichkeit einer Immobilie und unter Berücksichtigung der langfristigen, nachhaltigen Merkmale des Objektes, der normalen regionalen Marktgegebenheiten sowie der derzeitigen und möglichen anderweitigen Nutzungen ergibt. Spekulative Elemente dürfen nicht berücksichtigt werden. Der Beleihungswert darf einen auf transparente Weise und nach einem anerkannten Bewertungsverfahren ermittelten Marktwert nicht übersteigen. ...

Die Werte sind mindestens alle drei Jahre durch Bewertungsgutachten zu ermitteln. Für die Ermittlung des Beleihungswertes hat das Institut einen aus mindestens drei Mitgliedern bestehenden Sachverständigenausschuss zu bestellen. § 77 Abs. 2 und 3 des InvG gilt entsprechend. Liegt der Beleihungswert unter dem Buchwert, sind die nicht realisierten Reserven um diesen negativen Unterschiedsbetrag zu ermäßigen.

Auf Grund des § 16 Abs. 4 Satz 1 bis 3 des Pfandbriefgesetzes ist zum 01.08.2006 die Beleihungswertermittlungsverordnung (BaFin 2006b) in Kraft getreten. Darin werden Einzelheiten der Methodik und der Form der Beleihungswertermittlung sowie die Mindestanforderungen an die Qualifikation des Gutachters bestimmt. Nach § 1 sind bei der Ermittlung der Beleihungswerte und bei der Erhebung der für die Wertermittlung erforderlichen Daten die Vorschriften dieser Verordnung anzuwenden. In § 3 wird der Beleihungswert präzisiert. Zur Ermittlung des Beleihungswerts sind der Ertrags- und der Sachwert des Beleihungsobjekts getrennt zu ermitteln. Bei Wohnungs- und Teileigentum ist ergänzend zur Kontrolle der Vergleichswert zu berücksichtigen. Zur Ermittlung des Bodenwerts sind Erhebungen nach § 15 anzustellen, wobei die Anforderungen im wesentlichen auf geeignete Bodenrichtwerte und Vergleichspreise abzielen.

Beim auf *Internen Ratings Basierenden Ansatz* (IRB-Ansatz) wird mit Basel II Kreditinstituten erstmals die Möglichkeit eingeräumt, die regulatorische Eigenmittelhinterlegung für Kreditrisiken mittels bankinterner Verfahren zu bestimmen. Das Kreditinstitut muss folglich über ein hausinternes Ratingverfahren verfügen, um die Kreditnehmer zu einer bankinternen Ratingklasse zuordnen zu können. Wie im Standardansatz sind auch beim IRB-Ansatz verschiedene aufsichtliche Forderungsklassen (Staaten, Kreditinstitute, sonstige Unternehmen, Privatkunden, Anteile/Beteiligungen) definiert. Die Forderungen an Unternehmen und Privatkunden wurden in jeweils drei Unterklassen unterteilt, für die unterschiedliche Risikogewichtsfunktionen Anwendung finden. Die Eigenmittelhinterlegung ergibt sich bis auf einen Vorfaktor von 8 % als Produkt aus der Forderungshöhe bei Ausfall und dem Ergebnis der Risikogewichtsfunktion. Die Risikogewichtsfunktion ist von den Risikoparametern Ausfallwahrscheinlichkeit, Verlustquote und effektive Restlaufzeit der Forderung abhängig. Es wird beim IRB-Ansatz nach zwei Varianten, die sich hinsichtlich der bankintern zu schätzenden Parameter und der Mindestanforderungen unterscheiden, differenziert.

Im IRB-Basisansatz werden bankintern lediglich die Ausfallwahrscheinlichkeit pro Ratingklasse für die Kreditnehmer bestimmt. Verlustquote und Forderungshöhe bei Ausfall werden bankenaufsichtlich vorgegeben und sind abhängig von der Art des Produkts sowie den gestellten Sicherheiten. Nach nationalem Wahlrecht kann die Berücksichtigung der effektiven Laufzeit vorgeschrieben werden. Die Anrechnung der Sicherheiten folgt für den IRB-Basisansatz im Wesentlichen den Regeln des Standardansatzes. Im fortgeschrittenen IRB-Ansatz dagegen schätzen die Kreditinstitute alle vier Risikoparameter selbst. Für jeden Kreditnehmer und jede Ratingklasse ergibt sich ein unterschiedliches Risikogewicht. Grundsätzlich wird auf die effektive Laufzeit abgestellt. Ab 2007 können die Institute den IRB-Basisansatz einführen, während der fortgeschrittene IRB-Ansatz als Weiterentwicklung erst ein Jahr später genutzt werden kann. Für die Anwendung des IRB-Ansatzes ist eine Zulassung durch die BaFin erforderlich.

Banken werden künftig wenig Interesse haben, schlecht geratete Kunden in ihr Portfolio aufzunehmen, da sie bei solchen Engagements mehr Eigenkapital zu hinterlegen haben. Die Spreizung der Eigenkapitalhinterlegung kann von bisher pauschal 8 % zukünftig in Abhängigkeit vom gewählten Risikoansatz Dimensionen von 1,6 % (20 % aus 8%) bis 20 % (250 % aus 8%) und darüber erreichen. Bei manchen Kunden wie z.B. sicheren Staatskrediten sind keine Eigenmittel notwendig. Alternativ werden sich die Banken die höhere Eigenmittelhinterlegung durch einen höheren Zinssatz vergüten lassen, es kann also eine Spreizung der Kreditkonditionen (Schneck 2002) erwartet werden.

Umgekehrt lässt sich für Unternehmen ableiten, dass sie vor dem Hintergrund der kommenden konsequenten Bonitätsbeurteilung vor allem ihr Management der Bankbeziehungen im Sinne einer besseren Ratingeinstufung optimieren müssen. Sie müssen aktiv werden, um qualifiziertere und detailliertere Informationen aufzubereiten und zur Verfügung zu stellen (Lister 2005a). Diese Forderung schließt auch die Transparenz der Immobilieninformationen ein. Die Risikomanagementsysteme der Kreditinstitute müssen darauf ausgerichtet sein, alle für die Beurteilung des Engagements wichtigen Immobilienfaktoren z.B. nachhaltige Ertragskraft mit Portfolioanalyse zu beurteilen und analysieren.

Hinsichtlich der Umstellung der Rechnungslegung von HGB auf IAS/IFRS werden mancherorts wegen der *fair value*-Bewertung positive Effekte auf das Eigenkapital durch *stille Reserven* vermutet. Gleichwohl können die Auswirkungen aber auch negativ sein. Im Zuge der Umstellung von HGB- auf IAS/IFRS-Abschlüsse werden die Banken die Datenbasis erneuern und die Risikogewichte neu ableiten müssen. Grundsätzlich ist zu erwarten, dass die im Zuge von Basel II erforderlichen Ratingsysteme der Banken unabhängig von der Bilanzierungsbasis zur gleichen oder zumindest ähnlichen Ratingeinstufung führen werden (Lister 2005a).

Inwieweit jedoch die Einführung von IAS/IFRS für bankenaufsichtliche Zwecke ausreichend geeignet sein wird, muss zumindest aufgrund der eher hoch aggregierten IAS-Gliederungsvorschriften für Bilanz und Gewinn- und Verlustrechnung in Zweifel gezogen werden. Zu gegebener Zeit werden auf europäischer Ebene Möglichkeiten zu einer detaillierteren einheitlichen Meldung zu Bilanz und Gewinn- und Verlustrechnung zu überdenken sein (Deutsche Bundesbank 2004).

6.3   Offene und geschlossene Immobilienfonds

Immobilienfonds ist der Oberbegriff für zwei sehr unterschiedlich konzipierte Anlageformen, den Offenen und Geschlossenen Immobilienfonds. Beim Geschlossenen Immobilienfonds (GIF) sind die zum Kauf vorgesehenen Immobilien vorab festgelegt und es wird nur eine begrenzte Anzahl an Anteilscheinen ausgegeben (*closed-end-Prinzip*). Im wesentlichen unbegrenzt funktioniert der Erwerb und die Rückgabe von Anteilscheinen beim Offenen Immobilienfonds (OIF). Stehen Anlegergelder beim OIF zur Verfügung, so kann in neue Immobilien investiert werden (*open-end-Prinzip*).

6.3.1 Offene Immobilienfonds

In den Fünfziger Jahren des letzten Jahrhunderts entwickelte sich die Idee, die bewährte Anlageform der Aktienfonds auf eine ähnliche Weise für Immobilieninvestitionen anzubieten. Die Hauptüberlegung beruhte darauf, dass eine Immobilie eine relativ stabile Form der Geldsicherung mit einer gewissen Renditeaussicht darstellte. Bereits 1959 wurde dann der erste OIF in Deutschland aufgelegt. Bei dieser Anlageform investiert eine KAG Geldmittel von Anlegern in den Kauf von renditestarken Immobilien, bei denen es sich hauptsächlich um gewerblich genutzte Objekte handelt. Ende April 2005 belaufen sich die in OIF investierten Geldmittel auf ca. 88 Mrd. €. Rein rechnerisch verfügt jeder Bundesbürger über Anteilsscheine von OIF im Wert von rund 1000 € (Gebert 2005).

Ein OIF funktioniert nach einem anschaulichen Prinzip:

- Die Anleger geben einer Fondsgesellschaft Geldmittel.
- Die Fondsgesellschaft gibt Anteilsscheine an die Anleger aus.
- Die Fondsgesellschaft kauft Gewerbeimmobilien mit dem Geld der Anleger und betreibt das Portfoliomanagement.
- Die Ausschüttungen fließen an die Anleger.
- Die Kursentwicklungen des Anteilwertes beeinflussen den Depotwert.

Die Bestimmungen bezüglich der KAG werden im ersten Kapitel, Abschnitt 2 des InvG verbindlich definiert. Unter einer KAG versteht man ein Kreditinstitut, dessen Geschäftsfeld darin besteht, Sondervermögen zu verwalten und weitere Dienstleistungen, die sich daraus ergeben, zu erbringen. Die KAG ist das eigentliche Bindeglied zwischen dem Anleger und dem Sondervermögen des Fonds. Der Sitz einer KAG muss sich im Gültigkeitsbereich des InvG befinden. Die gültige Rechtsform einer KAG ist die Aktiengesellschaft oder die Gesellschaft mit beschränkter Haftung. Um den Geschäftsbetrieb aufzunehmen bedarf es einer Genehmigung durch die BaFin, die des weiteren den regulären Betrieb anhand umfangreicher Meldungen der KAG überwacht.

Eine KAG ist berechtigt einen oder mehrere OIF aufzulegen. Sie fungiert als treuhänderische Verwalterin des Sondervermögens eines Fonds. Die Gesellschaft ist für das Sondervermögen verantwortlich, d.h. sie ist mit allen Aufgaben des Aufbaus und der Unterhaltung betraut. Rechtlich ist die KAG die Eigentümerin des Sondervermögens. Die Investoren besitzen ausschließlich ihre Anteilsscheine und sind im rechtlichen Sinne nicht die Eigentümer der Immobilien. Das Sondervermögen gliedert sich in die Bereiche des Grundvermögens und des sonstigen Vermögens (z.B. Bankguthaben, Wertpapiere).

Die Depotbank führt eine ausgesprochen wirkungsvolle Kontrollfunktion aus. Die Aufgaben der Depotbank werden in den Paragrafen 20 bis 29 des InvG gesetzlich festgelegt. Hierzu zählen:

- Überwachung des Liegenschaftsbestandes
- Zustimmung bei Kauf und Veräußerung einer Immobilie
- Zustimmung bei Beteiligung an einer Grundstücksgesellschaft, bei Belastung von Immobilien, etc.
- Ausgabe und Rücknahme von Anteilen
- Verwahrung der zum Sondervermögen gehörenden Bankguthaben, Wert- und Geldmarktpapiere

Bei Veränderungen des Sondervermögens ist in den meisten Fällen ihre Zustimmung erforderlich. Ebenso wird der Umschlag und die Verwahrung der Fondsanteile von der Depotbank selbst betreut. Jedes Kreditinstitut mit Sitz in Deutschland und der Berechtigung für das Depot und Einlagengeschäft kann von einer Fondsgesellschaft mit den Aufgaben einer Depotbank betraut werden. Wichtig ist die Unabhängigkeit, die auch das InvG vorschreibt. Das Handeln der Depotbank vollzieht sich unabhängig von dem der KAG und orientiert sich ausschließlich an den Interessen der Anleger.

Die Investmentgesellschaften sind verpflichtet einen Halbjahresbericht und einen Jahresbericht zum Abschluss des Geschäftsjahres zu veröffentlichen. Hieraus müssen in deutscher Sprache u. a. die Aufstellung des Vermögens und eine Ertragsrechnung zu entnehmen sein. Die BaFin überwacht die Veröffentlichung der Jahres- und Halbjahresberichte sowie der Verkaufsprospekte.

Die KAG ist für die Richtigkeit der Angaben in den von ihr veröffentlichten Berichten und Prospekten verantwortlich. Sollte ein Kunde aufgrund falscher Angaben Anteile an einem Fonds erwerben, kann er die Rücknahme der Anteile zu dem von ihm bezahlten Betrag verlangen. Diese in § 127 InvG fixierte sogenannte Prospekthaftung veranlasst die KAG zu größter Sorgfalt bei der Veröffentlichung der vorgeschriebenen Berichte. Im Kapitel 2 des InvG werden alle Regelungen bezüglich des Sondervermögens u. a. die Treuhänderschaft, die Stimmrechtsausübung, die Zusammensetzung des Sondervermögens und das Verkaufsprospekt mit seinen Mindestinhalten getroffen.

Das *Research*, oder zu deutsch auch schlicht Marktforschung genannt, einer KAG liefert die eigentliche Grundlage für alle zu treffenden Entscheidungen im Zusammenhang mit dem Kauf, Verkauf oder Halten einer Liegenschaft. Der Zweck des Researches ist es, verlässliche Daten zusammenzutragen, auf die sich die zukünftigen Transaktionen stützen können. Im Fokus der Analysten stehen die Ermittlung und laufende Aktualisierung der volkswirtschaftlichen Parameter eines Landes und der für die Markttransparenz erforderlichen Kennzahlen dieses besonderen Immobilienmarktes.

Der Immobiliendienstleister *Jones Lang LaSalle* gibt für jedes Quartal eine Einschätzung zu den Immobilienmärkten heraus, in denen für jeden der in Frage kommenden europäischen Standorte seine momentane Position innerhalb des Marktzyklus angegeben wird. Diese *Europäische Immobilienuhr* zeigt insbesondere die tendenzielle Mietenentwicklung für die Standorte an.

Die Nutznießer des Wissens sind aber nicht nur die Geschäftsleitung oder die Akquisiteure innerhalb der KAG, sondern auch der jeweilige Sachverständigenausschuss (SVA) eines Fonds. Die Fondsgesellschaft ist durch gesetzliche Vorgaben bzw. Anordnungen von Seiten der BaFin verpflichtet, die bestellten Sachverständigen bei der Bewertung der Objekte mit allen wertrelevanten und benötigten Fakten zu versorgen.

Für die Bewertung des Sondervermögens sind die Maßgaben im dritten Abschnitt einschlägig. Besonders hervorzuheben sind hierbei die §§ 70 *Bewertung* und 77 *Sachverständigenausschuss*.

Der SVA besteht nach § 77 InvG aus mindestens 3 Sachverständigen. Aus dem Gremium wählt der SVA den Vorsitzenden. Die KAG erteilt dem Vorsitzenden des SVA den Auftrag zur Bewertung eines Objektes. Der Vorsitzende des SVA erteilt einem oder mehreren Gutachter den Auftrag zur Bewertung. Der Hauptgutachter und seine eventuell mitreisenden Nebengutachter besichtigen das Objekt und erstellen unter Einbeziehung aller ihnen zur Verfügung stehenden Informationen ein Gutachten, dessen Ergebnis den Verkehrswert der Immobilie enthält. Der Hauptgutachter übermittelt das Gutachten an alle Mitglieder des SVA. Diese haben die Möglichkeit, Stellung dazu zu nehmen und Änderungsvorschläge zu unterbreiten. Die Mitglieder des SVA befassen sich in der nächsten Sitzung mit dem erstellten Gutachten und stimmen über dessen Annahme ab. Die Mindestbesetzung hierfür liegt bei drei Mitgliedern. Zusätzlich ist der Geschäftsleitung der KAG erlaubt, an den Sitzungen ebenfalls teilzunehmen, wenn dies die Geschäftsordnung des SVA vorsieht. Das unterzeichnete Gutachten mit dem ermittelten Verkehrswert wird an die KAG übergeben.

Die Aufgaben des SVA umfassen die Erstellung von Gutachten für unterschiedliche Zwecke:

- *Ankaufsgutachten* - Ermittlung des Verkehrswertes einer Immobilie beim Ankauf
- *Verkaufsgutachten* - Ermittlung des Verkehrswertes einer Immobilie beim Verkauf
- *Wertfortschreibungsgutachten* - jährlich mindestens einmalige Ermittlung des Verkehrswertes jeder Immobilie
- *Sonstige Gutachten* - weitere Gutachten aufgrund gegebener Umstände
  Hierbei sind insbesondere außerplanmäßige Wertfortschreibungen anzusetzen. Durch Umbau- und Sanierungsmaßnahmen oder bei der Fertigstellung von Projektentwicklungen wird häufig eine neue Einschätzung des Verkehrswertes erforderlich.

Eine Immobilie darf nur erworben werden, wenn der SVA sie zuvor bewertet hat und die aus dem Sondervermögen zu erbringende Gegenleistung den ermittelten Wert nicht oder nur unwesentlich übersteigt (§ 67 Abs. 5 InvG). In den für jedes Sondervermögen durch die KAG zu erstellenden Bericht nach § 44 InvG hat die KAG den Bestand der zum Sondervermögen gehörenden Immobilien unter Angabe von Verkehrswert und sonstigen wesentlichen Merkmalen aufzuführen. Die Vermögensgegenstände des Immobilienvermögens sind mit dem vom SVA ermittelten Wert anzusetzen (§ 79 InvG).

Der Verkehrswert aller im Fonds gehaltenen Immobilien wird üblicherweise auf Grundlage der Rechtsvorschriften nach deutschem Recht ermittelt. Laut § 36 (3) InvG soll der Verkehrswert *mit sorgfältiger Einschätzung nach geeigneten Bewertungsmodellen* ermittelt werden. Ein bestimmtes Wertermittlungsverfahren wird also nicht vorgeschrieben. Für die Geschäftsobjekte kommt folglich insbesondere das Ertragswertverfahren zur Anwendung.

Damit werden für Marktwertermittlungen bei OIF u.a. die erforderlichen Daten wie Liegenschaftszinssatz, nachhaltig erzielbare Einnahmen und Bodenrichtwert etc. benötigt. Zur Anwendung des DCF-Verfahrens und der (bestehenden) Unterschiede zum Ertragswertverfahren wird auf Ludin (2004) verwiesen. Im Ausland kommt häufig auch das Vergleichswertverfahren zum Einsatz. Datenschutzrechtliche Erleichterungen wirken sich begünstigend aus (vgl. Kap. 5.5.2). Allerdings ist die systematische Ableitung erforderlicher Daten im europäischen Ausland nicht vergleichbar grundlegend wie in Deutschland geregelt. Das WIS eines Gutachterausschusses kann somit als wertvoller Beitrag und Teil eines GIS für OIF interpretiert werden.

Durch die Schließung mehrerer OIF - einsetzend ab Ende 2005 in dichter zeitlicher Abfolge - wurde eine Krise durch erhebliche Mittelabflüsse um die OIF ausgelöst. Das Reformpaket des *Bundesverbands Investment und Asset Management* (BVI), die Interessenvertretung der Fondsbranche, liegt in Form eines Maßnahmenkatalogs, der auf drei wesentliche Bereiche abzielt, vor (Frankfurter Allgemeine Zeitung 2005).

Eine bessere Liquiditätssteuerung soll durch die Erschwerung der Engagements institutioneller Investoren erreicht werden, indem Anteilskäufe über eine Million Euro gemeldet werden müssen und zudem eine Kündigungsfrist von 12 Monaten eingeführt wird. Zusätzlich soll die Mindestliquidität der Fonds von fünf auf zehn Prozent heraufgesetzt werden.

Zur Verbesserung der Bewertung von Immobilien wird unter anderem die Bestellung der Sachverständigen durch eine neutrale Stelle (z.B. BaFin), eine Begrenzung der Tätigkeit des Sachverständigen für die gleiche Gesellschaft auf fünf Jahre sowie eine verbindliche Regelung und Dokumentation des Bewertungsverfahrens vorgeschlagen. Entscheidend wird die Marktanpassung des Bewertungsverfahrens mit nachhaltigen Parametern sein und nicht wie bereits erfolgt, in eine Verfahrensdiskussion einzutreten. Darüber hinaus sollen die Haupt- und Nebengutachter für ein einzelnes Objekt jedes Jahr oder alle zwei Jahre wechseln. Bereits nach sechs Monaten soll bei den Publikumsfonds der SVA die jährliche Bewertung überprüfen, wobei eine Neubewertung nur bei Bedarf erfolgt.

Als dritte Maßnahme zur Erhöhung der Transparenz der OIF sollen in den Jahresberichten der Fonds die Einzel-Verkehrswerte der gehaltenen Objekte veröffentlicht werden. Die Veröffentlichung der Anlegerstruktur des Fonds und die Aufnahme von Risikohinweisen in den Verkaufsprospekt sind gleichfalls vorgesehen. Inwieweit diese Vorschläge zur Umsetzung gelangen werden, bleibt abzuwarten, da der Gesetzgeber im Wesentlichen hierfür die rechtlichen Voraussetzungen durch Änderung des InvG schaffen muss.

6.3.2 Geschlossene Immobilienfonds

Beim GIF sind der Investitionsgegenstand und das -volumen bereits vorher fixiert und die Anzahl der Anleger damit begrenzt. Üblicherweise werden nur wenige oder eine Immobilie gekauft. Es wird nur eine limitierte Anzahl an Anteilsscheinen ausgegeben, welche die Finanzierung des Projektes sicherstellt. In der Regel kann nur während des Emmissionszeitraums investiert werden, danach wird der Fonds geschlossen. Büro-, Einzelhandelsimmobilien und gewerbliche Themenparks gehören zu den vorrangigen Investitionen.

Der GIF ermöglicht Immobilienbesitz durch Beteiligung an einer Fondsgesellschaft in Form der Kommanditgesellschaft (KG) und Gesellschaft bürgerlichen Rechts (GbR, BGB-Gesellschaft). Ein GIF beruht hauptsächlich auf dem allgemeinen Vertrags-, Handels- und Steuerrecht. Der Gesellschaftsvertrag regelt die Belange der Gesellschaft und ist neben allen für die Beurteilung der Investmentanlage wichtigen Angaben vollständig im Emissionsprospekt abgedruckt. Der zu erreichende Geschäftszweck liegt in der Fondsauflegung und Geschäftsbesorgung. Der Erwerber eines Anteils wird Unternehmer - häufig Kommanditist einer KG. Bei der KG haftet mindestens ein Gesellschafter unbegrenzt (Komplementär), während die anderen Gesellschafter (Anleger) normalerweise nur mit dem im Handelsregister eingetragenen Kapital ihrer Einlage als Kommanditisten haften. Ein Beirat vertritt die Interessen der Kapitalanleger und unterstützt die durch Geschäftsbesorgungsvertrag beauftragte Fondsgeschäftsführung in wichtigen Fragen der Unternehmenspolitik.

Der Treuhänder ist eine natürliche oder juristische Person, die im Außenverhältnis die volle Rechtsstellung eines Eigentümers übernimmt. Gegenüber seinem Treugeber verpflichtet sich der Treuhänder, nur gemäß dem Treuhandvertrag über das Vermögen zu verfügen. Bei GIF können Treuhänder unterschiedliche Funktionen z.B. die Kontrolle über die ordnungsgemäße Verwendung der Anlegergelder übernehmen. Üblicherweise fungiert der Treuhänder als Treuhandkommanditist, d.h. er wird im Handelsregister entsprechend den gesellschaftsvertraglichen Regelungen eingetragen. Des Weiteren kommt der Gesellschafterversammlung eine Kontrollfunktion zu. Der Jahresabschluss erfolgt gemäß Gesellschaftervertrag. Das Volumen der GIF beläuft sich insgesamt auf über 70 Mrd. € in 3500 Fonds mit über 4000 Immobilien (Holzner und Renner 2005). In 2004 wurden Immobilien in GIF mit einem Investitionsvolumen von ca. 5 Mrd. € finanziert.

Die Finanzierung des Fonds wird durch eine Mischung aus Eigen- (Zeichnungskapital der Anleger) und Fremdkapital gewährleistet. An die Fondsgesellschafter wird ein Teil der laufenden Überschüsse z.B. aus dem Vermietungsgeschäft nicht ausgeschüttet, sondern der Liquiditätsreserve zugeführt. Durch die übliche ausschließliche Kapitalbindung in Immobilien ist nur eine geringe Liquiditätsreserve vorhanden ist. Aufgrund der Limitierung auf wenige oder nur eine Immobilie ist generell eine Risikostreuung im Vergleich zum OIF nur eingeschränkt möglich.

Der Erwerb von Immobilien erfolgt zunehmend auf Grundlage von gutachtlich ermittelten Marktwerten. Bei der Verkaufspreisbildung der Anteile kommen u.a. noch Vertriebs- und Konzeptionskosten hinzu. Beim GIF besteht keine periodische Verpflichtung zur Ermittlung und Veröffentlichung des Wertes der Anteile bzw. der Immobilien. Dies ist erst im Zuge der (planmäßigen) Auflösung des Fonds, der (unerwarteten) vorzeitigen Veräußerung eines Objekts oder aufgrund von Bilanzierungsbestimmungen für die Anleger von Interesse. Mittels Ratings versucht man, die Qualität von Fonds zu bewerten. Fondsratings basieren stets auf quantitativen (z.B. Rendite, Volatilität) und qualitativen Vergangenheitsdaten. Problematisch ist insbesondere, dass Fondsratings bei vielen Nutzern zwangsläufig eine (verlässliche) Prognosequalität suggerieren.

Da es sich um eine langfristige Kapitalanlage handelt, ist auch keine Verpflichtung zur Rücknahme von Anteilscheinen vorgesehen. Die Möglichkeit der Weiterveräußerung von Fondsanteilen auf dem derzeit nur eingeschränkt funktionierenden Zweitmarkt (z.B. Fondsbörse Hamburg) hängt insbesondere von der Qualität eines funktionierenden Vertriebssystems und der Transparenz für Zweitanleger ab.

Der *Verband Geschlossene Immobilienfonds e.V.* (VGI) hat zum Ziel, die GIF für den Anleger transparenter zu machen. Folglich wurde ein Branchenstandard, der für alle Mitglieder des VGI verbindlich ist, für die Prospekterstellung entwickelt. Danach sind in den Verkaufsprospekt für das Anlageobjekt u.a. detaillierte Aussagen zu den Chancen und Risiken, den Kosten und der Finanzierung (Investitions- und Finanzplan), der Prognoserechnung und -rendite, der Sensitivitätsanalyse, den Kalkulationsgrundlagen für die Erstellung des Zahlenwerkes und der Gewichtung der Chancen und Risiken aufzunehmen. Der Prospektherausgeber hat eine Leistungsbilanz anzugeben oder auf Grundlage eines Hinweises zur Verfügung zu stellen.

Zum 01. Juli 2005 ist im Rahmen des Anlegerschutzverbesserungsgesetzes (AnSVG) vom 28.10.2004 die Prospektpflicht auf nicht in Wertpapieren verbriefte Anlageformen - damit auch für GIF - durch Änderung des Verkaufsprospektgesetzes (§ 8f Abs. 1 Satz 1) erweitert worden. Bisher galt die Prospektpflicht danach nur für Wertpapiere. Grundsätzlich muss der Verkaufsprospekt alle tatsächlichen und rechtlichen Angaben nach § 8g Verkaufsprospektgesetz enthalten, die der Anleger für die Beurteilung des Emittenten und der Vermögensanlage benötigt, um eine qualifizierte Anlageentscheidung zu treffen. Ein Emittent hat nach § 8h im Verkaufsprospekt auf die fehlende Aufstellung und Prüfung des Jahresabschlusses und des Lageberichts hinzuweisen oder einen Jahresabschluss und Lagebericht, soweit er hierzu nicht nach anderen Bestimmungen (Gesellschaftervertrag) verpflichtet ist, nach HGB aufzustellen und prüfen zu lassen. Einzelheiten zu den Angaben wie Erwerbspreis, Art, Anzahl und Gesamtbetrag der Vermögensanlagen, über den Emittenten und sein Kapital regelt die zum gleichen Zeitpunkt in Kraft getretene Vermögensanlagen-Verkaufsprospektverordnung. Die für den Vertrieb erforderliche Erlaubnis für einen geschlossenen Fonds, d.h. die Gestattung zur Veröffentlichung des Verkaufsprospektes, wird nach § 8i von der BaFin erteilt. Prüfungsgegenstand sind Formalien, es erfolgt keine Wirtschaftlichkeitsprüfung durch die BaFin.

Ende 2005 wurde für deutsche GIF von den Koalitionsparteien beschlossen, Steuerspar-/stundungsmodellen ihre steuerlichen Vorteile zu nehmen und damit GIF als Steuersparmodell abzuschaffen. Künftig sollen Verluste aus Steuerstundungsmodellen nur mit späteren positiven Einkünften aus derselben Einkunftsquelle verrechnet werden dürfen. Erwirtschaftet ein GIF keine Erträge, bleibt der Investor endgültig auf seinen Verlusten sitzen, ohne seine Steuerlast zu reduzieren. Damit einher geht ein Trend zur Abkehr von Modellen zur Steueroptimierung hin zur Suche nach renditeträchtigen Fondsobjekten.

6.4   Erbschaft-, Schenkung- und Grunderwerbsteuer - Ermittlung der Bemessungsgrundlage für die Erbschaft- und Schenkungsteuer zur Prüfung vor dem Bundesverfassungsgericht

Die deutsche Erbschaftsteuer ist eine Erbanfallsteuer. Besteuert wird nach einer gängigen Formulierung *die durch die Bereicherung eingetretene finanzielle Leistungsfähigkeit* des Erwerbers (Erben). Die Belastung bei der Erbschaftsteuer ergibt sich aus dem Zusammenwirken eines einheitlichen - nur nach der Maßgabe des Verwandtschaftsgrades und der Höhe des Erbes gestaffelten - Steuersatzes und der Bemessungsgrundlage, die sich aus Werten zusammensetzt, die nach unterschiedlichen Regeln ermittelt werden. Die gleichmäßige, der Leistungsfähigkeit entsprechende Belastung des Steuerpflichtigen hängt deshalb davon ab, *dass für die einzelnen zur Erbschaft gehörenden wirtschaftlichen Einheiten und Wirtschaftsgüter Bemessungsgrundlagen gefunden werden, die der durch den Erwerb der jeweiligen Güter vermittelten Leistungsfähigkeit des Erwerbers entsprechen* (Drosdzol 2002).

In seinem im August 2002 bekannt gegebenen Beschluss vom 22.5.2002 hat der Bundesfinanzhof (BFH) ein Revisionsverfahren zur Erbschaftsteuer ausgesetzt, um eine Entscheidung des BVerfG darüber einzuholen, ob die Tarifregelung des Erbschaftsteuer- und Schenkungsteuergesetzes (§ 19 ErbStG) in Verbindung mit den für die Ermittlung der steuerlichen Bemessungsgrundlage maßgeblichen Bewertungsvorschriften verfassungswidrig ist (BFH 2002a, 2002c). Der BFH ist davon überzeugt, dass die genannten Vorschriften des ErbStG gegen den Gleichheitssatz der Verfassung (Art. 3 Abs. 1 GG) verstoßen. Er hält die Anwendung eines einheitlichen Steuertarifs auf alle Erwerbsvorgänge für verfassungswidrig, weil die Vorschriften zur Ermittlung der Steuerbemessungsgrundlage beim Betriebsvermögen, bei den Anteilen an (nicht börsennotierten) Kapitalgesellschaften sowie beim Grundbesitz (einschließlich des land- und forstwirtschaftlichen Vermögens) gleichheitswidrig ausgestaltet sind (Drosdzol 2002). Das BVerfG strebt an, noch im Jahre 2006 über die Vorlage des BFH zu entscheiden.

Wird das steuerpflichtige Vermögen insgesamt nach einem einheitlichen Steuersatz besteuert, so kann der Gesetzgeber eine gleichmäßige Steuerbelastung aller Wirtschaftsgüter nur sichern, wenn er sie sachgerecht in Gegenwartswerten erfasst und seiner Besteuerung zugrunde legt. Dieses Erfordernis des Gleichheitssatzes ist durch die gegenwärtige gesetzliche Regelung verletzt. Die Einheitswerte für bebaute und unbebaute Grundstücke wurden letztmals zum 1. Januar 1964 ermittelt und seit 1974 mit einem Zuschlag von 40 v.H. der Vermögensteuer zugrunde gelegt. Das sonstige Vermögen, insbesondere das Kapitalvermögen, wird hingegen zum gegenwärtigen Verkehrs- und Kurswert belastet. Diese unterschiedlichen, einerseits an Vergangenheitswerten von 1964 orientierten, andererseits zu Gegenwartswerten erfassten Bemessungsgrundlagen führen zu deutlichen Wertverzerrungen und Belastungsungleichheiten. Folglich sind die Bestimmungen des Vermögensteuerrechts, die einheitsbewertetes Vermögen, insbesondere Grundvermögen, steuerlich geringer belasten als das sonstige Vermögen, mit dem Grundgesetz unvereinbar.

Der BFH knüpft hier an die Entscheidung des BVerfG (1995) zur Vermögensteuer an, wonach die Bewertungsregelungen bei einem einheitlichen Steuertarif nur dann den verfassungsrechtlichen Anforderungen genügen, wenn sie *die jeweiligen Werte in ihrer Relation realitätsgerecht abbilden*. Die Vermögensteuer ist vom GG in ihrer historisch gewachsenen Ausgestaltung als zulässige Form einer Steuer anerkannt. Der Gesetzgeber wurde aber verpflichtet, künftig eine gleichmäßige Vermögensbesteuerung zu gewährleisten. Dabei findet die Belastung der Erträge eine verfassungsrechtliche Grenze in der Ertragsfähigkeit des Vermögens (BVerfG 1995):

Die Vermögensteuer darf zu den übrigen Steuern auf den Ertrag nur hinzutreten, soweit die steuerliche Gesamtbelastung des Sollertrags bei typisierender Betrachtung von Einnahmen, abziehbaren Aufwendungen und sonstigen Entlastungen in der Nähe einer hälftigen Teilung zwischen privater und öffentlicher Hand verbleibt (Halbteilungsgrundsatz).

Das BVerfG hat zusätzlich anerkannt, dass das Vermögen, das der persönlichen Lebensführung der Steuerpflichtigen dient, von der Vermögensteuer in Anbetracht der gegenwärtigen Vorbelastung des Vermögens, insbesondere durch die Einkommensteuer, ausgenommen werden muss. Hierbei soll sich der Gesetzgeber am Wert eines durchschnittlichen Gebrauchsvermögens (übliches Einfamilienhaus sowie Hausrat und bestimmtes der Alterssicherung dienendes Vermögen) orientieren. Neuerdings hat das BVerfG (2006) entschieden, dass sich aus dem Halbteilungsgrundsatz keine verbindliche verfassungsrechtliche Obergrenze für die Gesamtbelastung mit der Einkommen- und Gewerbesteuer entnehmen lässt. Es ging allein um die Grenze der Gesamtbelastung des Vermögens durch eine Vermögensteuer, die neben der Einkommensteuer erhoben wird.

Dem Bundesgesetzgeber wurde für die notwendig gewordene Neuregelung des Vermögensteuerrechts eine Frist bis zum 31. Dezember 1996 eingeräumt. Hiervon wurde kein Gebrauch gemacht; ab 1997 wird die Steuer nicht mehr erhoben. Auf Grundlage der Entscheidung des BVerfG wurde mit dem Jahressteuergesetz 1997 (Bundestag 1996) die Erbschaft- und Schenkungsteuer zum 1.1.1996 neu geregelt. Die Entscheidung des BVerfG verpflichtet den Gesetzgeber nicht, der Besteuerung des Grundbesitzes Verkehrswerte zugrunde zu legen.

Nachfolgend werden Auszüge, die insbesondere die Wertermittlung von Grundstücken betreffen, aus der Entscheidung des BFH (2002a) wiedergegeben:

- *Nach § 12 Abs. 1 Erbschaftsteuer- und Schenkungsteuergesetz (ErbStG) i.V.m. § 9 Abs. 1 Bewertungsgesetz (BewG) ist, soweit nichts anderes vorgeschrieben ist, der Bewertung der gemeine Wert (Verkehrswert) zugrunde zu legen. Dieser wird durch den Preis bestimmt, der im gewöhnlichen Geschäftsverkehr nach der Beschaffenheit des Wirtschaftsgutes bei einer Veräußerung zu erzielen wäre (§ 9 Abs. 2 BewG). Sonderregelungen zur Abweichungen vom gemeinen Wert enthält das ErbStG in § 12 Abs. 2 ff. u.a. für die Bewertung des Grundbesitzes einschließlich des land- und forstwirtschaftlichen Vermögens und der Betriebsgrundstücke.*

- *Ab 1. Januar 1996 sind nach § 12 Abs. 3 ErbStG i.V.m. § 138 Abs. 1 und 3 BewG wirtschaftliche Einheiten des Grundvermögens und Betriebsgrundstücke für die Erbschaftsteuer mit den nach § 145 ff. BewG zu ermittelnden Grundstückswerten (für die Grunderwerbsteuer ab 01.01.1997) an-*

zusetzen. Anstelle der zum 01.01.1935 oder 01.01.1964 festgestellten Einheitswerte werden land- und forstwirtschaftliche Grundbesitzwerte und Grundstückswerte unter Berücksichtigung der tatsächlichen Verhältnisse zum Besteuerungszeitpunkt und der Wertverhältnisse zum 01.01.1996 festgestellt.

- *Unbebaute Grundstücke werden nach der Neuregelung mit einem typisierenden Wert, nämlich einem aus dem Verkehrswert (Bodenrichtwert) abgeleiteten Wert angesetzt. Maßgebend sind insoweit die Wertverhältnisse zum 1. Januar 1996 (§ 138 Abs. 1 Satz 2 BewG). Nach § 145 Abs. 3 BewG bestimmt sich der Wert nach der Fläche und den um 20 v.H. ermäßigten Bodenrichtwerten nach § 196 BauGB. Die Bodenrichtwerte sind von den Gutachterausschüssen unter Beachtung der ergänzenden Vorgaben der Finanzverwaltung nach § 196 Abs. 1 Satz 4 BauGB auf den 1. Januar 1996 zu ermitteln und den Finanzämtern mitzuteilen.*

- *Bebaute Grundstücke sind in einem Ertragswertverfahren nach § 146 Abs. 2 ff. BewG zu bewerten. Danach ist der Wert eines bebauten Grundstücks das 12,5-fache der für dieses im Durchschnitt der letzten drei Jahre vor dem Besteuerungszeitpunkt erzielten Jahresmiete, vermindert um die Wertminderung wegen des Alters des Gebäudes. Enthält ein bebautes Grundstück, das ausschließlich Wohnzwecken dient, nicht mehr als zwei Wohnungen, ist der ermittelte Wert um 20 vom Hundert zu erhöhen. Der für ein bebautes Grundstück anzusetzende Wert darf nicht geringer sein als der Wert, mit dem der Grund und Boden allein als unbebautes Grundstück nach § 145 Abs. 3 zu bewerten wäre.*

- *Ein niedrigerer Grundstückswert ist festzustellen, wenn der Steuerpflichtige nachweist, dass der gemeine Wert des Grundstücks niedriger als der ermittelte Wert ist (§ 146 Abs. 7 BewG).*

- *Die sich danach ergebenden Ertragswerte erreichen nach einer Kaufpreisuntersuchung der Finanzverwaltung aus dem Jahre 1998 im Durchschnitt nur die Hälfte des Verkehrswertniveaus. Die Einzelergebnisse der Untersuchung zeigen eine erhebliche Streubreite von teilweise weniger als 20 v.H. bis 120 v.H. und mehr des Verkehrswerts.*

Der Grund für die erhebliche Streubreite der Bewertungsergebnisse liegt hauptsächlich in der Anwendung des einheitlichen Vervielfältigers (12,5) auf alle Bewertungsfälle, ohne die unterschiedlichen tatsächlichen Verhältnisse (Nutzung, Ausstattung und Lage) zu berücksichtigen. Der einheitliche Vervielfältiger führt in Gebieten mit hohen Grundstückspreisen (teilweise flächendeckend) dazu, dass der Wertansatz für die Gebäude regelmäßig in der Mindestbewertung als unbebautes Grundstück untergeht, weil der nach dem vorgeschriebenen Ertragswertverfahren ermittelte Wert nicht einmal 80 v.H. des Bodenrichtwerts, d.h. des Werts für das unbebaute Grundstück erreicht. Das Bewertungsverfahren für bebaute Grundstücke führt in großer Zahl zu Werten, die nur 50 v.H. des mittleren Verkehrswerts oder auch noch deutlich weniger erreichen.

Die Bewertung des land- und forstwirtschaftlichen Vermögens wurde durch die §§ 140 ff. BewG neu geregelt. Die schon während des zeitlichen Anwendungsbereichs der Einheitswerte auf den 01. Januar 1964 bestehende, auf eine betriebsangemessene Belastung abzielende Bewertung des land- und forstwirtschaftlichen Vermögens (durchschnittliche Werterfassung rd. 5 v.H. des Verkehrswerts) besteht auch nach der gesetzlichen Neuregelung des Bewertungsverfahrens unverändert fort. Diese erreicht im Durchschnitt rd. 10 v.H. der Verkehrswerte.

- *Es gibt für Grundstücke keinen absolut zutreffenden Marktwert, sondern allenfalls ein Marktwertniveau, auf dem sich mit mehr oder weniger großen Abweichungen vertretbare Verkehrswerte abbilden. Die am Grundstücksmarkt feststellbare Bandbreite von Werten kann +/- 20 v.H. um einen rechnerischen Mittelwert oder auch mehr betragen. Jeder Wert innerhalb dieser Bandbreite kann aber noch als gemeiner Wert des Grundstücks angesprochen werden. Bei der Prüfung eines Verstoßes gegen den Gleichheitssatz kann somit nicht darauf abgestellt werden, ob der Verkehrswert - im Sinne einer punktuell greifbaren Größe - beim Bewertungsverfahren verfehlt wird, sondern nur darauf, ob die Differenzen innerhalb des Grundvermögens und der Abstand zum sonstigen Vermögen nicht willkürlich groß werden.*

- *Der BFH geht davon aus, dass das Bewertungsverfahren für unbebaute Grundstücke in verfassungsrechtlicher Hinsicht unbedenklich ist. Das auf einem einheitlichen Faktor von 12,5 beruhende vereinfachte Ertragswertverfahren für bebaute Grundstücke verstößt jedoch nach Auffassung des Senats gegen das Gleichbehandlungsgebot.*

- *Unbebaute Grundstücke werden danach mit dem Verkehrswert angesetzt, soweit sie typisierend mit 80 v.H. des aus tatsächlichen Verkaufsfällen abgeleiteten Grundbesitzwerts bewertet werden. Der*

sich nach dieser Methode ergebende Wert liegt - wenn auch wertmäßig im unteren Bereich - inner-
halb der zulässigen Bandbreite und kann deshalb (noch) als Verkehrswert angesprochen werden.

- *Das Bewertungsverfahren für bebaute Grundstücke führt in den weitaus meisten Fällen zu Werten*
  unterhalb der am Grundstücksmarkt feststellbaren Bandbreite. Nach den Vorstellungen des Gesetz-
  gebers sollen im Durchschnitt ca. 50 v.H. des Kaufpreises erreicht werden. Der Gesetzgeber hat
  somit für bebaute Grundstücke bereits auf der Bewertungsebene sowohl im Verhältnis zu den
  unbebauten Grundstücken als auch zu den anderen Vermögensarten eine Privilegierung
  vorgesehen, für die es einer ausreichenden Rechtfertigung bedarf. Differenzierungen in den
  Wertansätzen sind zulässig, sie müssen allerdings auf sachlichen Gründen beruhen (Willkürverbot)
  und sich aus der Belastbarkeit des Erwerbers ergeben.

  Eine Rechtfertigung für die Begünstigung der bebauten Grundstücke ist nicht etwa deshalb entbehr-
  lich, weil die Werte in einem pauschalierenden und typisierenden Ertragswertverfahren ermittelt
  werden. Denn eine Typisierung und Pauschalierung auf der Ebene der Erfassung und Bewertung
  von Vermögen ist unter dem Gesichtspunkt des Gleichheitssatzes nur zulässig, soweit hierdurch als
  Bezugspunkt das auch für andere Vermögensarten vorgeschriebene Wertniveau des gemeinen
  Werts nicht verloren geht und die sich ergebenden Werte geeignet bleiben, die von Art. 3 GG gefor-
  derte Gleichheit im tatsächlichen Belastungserfolg herzustellen. Diesem Erfordernis genügt das vom
  Gesetzgeber vorgeschriebene Ertragswertverfahren für die Bewertung bebauter Grundstücke nicht,
  weil es entsprechend der gesetzgeberischen Intention in großem Umfang zu erheblich unter dem
  Verkehrswert liegenden Werten führt und darüber hinaus nicht gewährleistet, dass die Erwerber be-
  bauter Grundstücke untereinander gleichbehandelt werden.

- *Die Bewertung des land- und forstwirtschaftlichen Vermögens mit nur 10 v.H. des Verkehrswerts*
  entspricht nach Auffassung des BFH den Vorgaben des BVerfG, die Erbschaftsteuerlast so zu
  bemessen, dass die Fortführung der land- und forstwirtschaftlichen Betriebe steuerlich nicht gefähr-
  det und durch eine betriebsangemessene Belastung ... eine Zerschlagung dieser Wirtschaftsein-
  heiten vermieden wird.

  Kein sachlicher Grund ist nach Auffassung des BFH, insbesondere auch im Hinblick auf die die Be-
  triebsfortführung sicherstellende Stundungsregelung, für die darüber hinaus gehenden Begünsti-
  gungen des land- und forstwirtschaftlichen Vermögens durch die Gewährung eines Freibetrages
  von 256 000 EUR sowie eines Bewertungsabschlages von 40 v.H. zu sehen. Es handelt sich um
  eine Überprivilegierung dieser Vermögensart, die in ihrer Kumulationswirkung aus Bewertung, Frei-
  betrag und Bewertungsabschlag dazu führt, dass beinahe jeder Erwerb von land- und forstwirt-
  schaftlichen Betrieben, d.h. auch von Großbetrieben erbschaftsteuerfrei gestellt ist. Mit dieser Re-
  gelung hat der Gesetzgeber nach Auffassung des Senats die verfassungsrechtlichen Grenzen sei-
  ner Gestaltungsfreiheit überschritten; sie steht außer Verhältnis zur gesetzgeberischen Grundregel
  der gleichmäßigen Belastung aller Vermögenszugänge.

  Der BFH sieht ferner insofern einen verfassungswidrigen Begünstigungsüberhang, als das Gesetz
  keine Regelung vorsieht, dass bei zeitnaher Veräußerung des Vermögens durch den Erwerber eine
  Besteuerung nach Verkehrswerten vorzunehmen ist (Nachversteuerungsvorbehalt).

- *Die Verfassungswidrigkeit kann nicht durch eine verfassungskonforme Auslegung der Rechtsnor-*
  men vermieden werden.

Des Weiteren hält es der BFH (2002b) in einem Verfahren für ernstlich zweifelhaft, ob § 148 Abs. 1 Satz 2
BewG, wonach der Wert eines Erbbaurechts über dessen gesamte Laufzeit gleichbleibend durch Abzug des
Kapitalwerts der Erbbauzinsverpflichtung vom Grundstückswert zu ermitteln ist, deshalb noch verfassungs-
gemäß ist, weil einer im Einzelfall auftretenden Überbewertung im Billigkeitsweg abgeholfen werden kann.

Gemäß § 148 Abs. 1 Satz 2 BewG ist der Wert eines Erbbaurechts über seine gesamte Laufzeit hin gleichbleibend durch Abzug des 18,6-fachen des nach den vertraglichen Bestimmungen im Besteuerungszeitpunkt zu zahlenden jährlichen Erbbauzinses von dem sich nach § 146 oder § 147 BewG ergebenden
Grundstückswert zu ermitteln. Gemäß § 146 Abs. 6 BewG darf dabei der Wert des Grundstücks nicht niedriger angesetzt werden als der Wert, mit dem der Grund und Boden allein als unbebautes Grundstück nach
§ 145 Abs. 3 BewG zu bewerten wäre.

Bedenklich ist nach Auffassung des BFH hierbei, dass ein im Einzelfall - nämlich bei sehr niedrigen Erbbau-
zinsen oder bei nur noch geringer Laufzeit des Erbbaurechts oder insbesondere bei einem Zusammentref-
fen dieser beiden Umstände - durch § 148 Abs. 1 Satz 2 BewG bewirkter Verstoß gegen das Übermaßver-

bot noch unter Wahrung der gesetzgeberischen Wertung, den Wert des Erbbaurechts durch Abzug des Kapitalwerts der Erbbauzinsverpflichtung vom Grundstückswert zu ermitteln, im Billigkeitswege korrigierbar ist.

Das Übermaßverbot ist Ausdruck des aus dem Rechtsstaatsprinzip folgenden Gebots der Verhältnismäßigkeit (Art. 20 Abs. 3 GG). Nach ihm darf der Steuerpflichtige nicht zu einer unverhältnismäßigen Steuer herangezogen werden. Das Übermaßverbot ist verletzt, wenn die Folgen einer schematisierenden Belastung extrem über das normale Maß hinausgehen, das der Schematisierung zugrunde liegt, oder - anders ausgedrückt - die Folgen auch unter Berücksichtigung der gesetzgeberischen Planvorstellung durch den gebotenen Anlass nicht mehr gerechtfertigt sind. Die Möglichkeit, gemäß § 145 Abs. 3 Satz 3 BewG einen niedrigeren gemeinen Wert des Grundstücks nachzuweisen, ist nur von theoretischer Natur. Ernstliche Zweifel bestehen nach einer weiteren Entscheidung des BFH auch an der Verfassungsmäßigkeit des § 148 Abs. 2 BewG (BFH 2002d).

Grundstücksschenkungen unterliegen (bisher) im Regelfall gleichfalls einer niedrigeren Schenkungsteuer als die Schenkung der zum Grundstückserwerb erforderlichen Geldmittel. Diese steuerliche Begünstigung setzt dabei nicht voraus, dass der Schenker dem Bedachten ein ihm gehörendes Grundstück unentgeltlich überträgt. Ein Grundstück kann vielmehr auch dadurch mittelbar geschenkt werden, dass der Schenker dem Bedachten die zum Erwerb erforderlichen Geldmittel überlässt. Der BFH (2004) urteilt in seiner Entscheidung wie folgt:

Sagt der Schenker dem Bedachten den für den Kauf eines bestimmten Grundstücks vorgesehenen Geldbetrag vor dem Erwerb des Grundstücks zu und stellt er ihm den Betrag bis zur Tilgung der Kaufpreisschuld zur Verfügung, liegt eine mittelbare Grundstücksschenkung auch dann vor, wenn der Bedachte bereits vor der Überlassung des Geldes Eigentümer des Grundstücks geworden war (Änderung der Rechtsprechung). Ein Grundstück kann aufgrund entsprechender Abreden auch dadurch (mittelbar) geschenkt werden, dass der Schenker dem Bedachten einen ihm zustehenden Anspruch auf Übereignung des Grundstücks unentgeltlich abtritt oder ihm die Mittel für den Erwerb eines solchen Anspruchs gewährt.

In einer Entscheidung aus dem Jahre 1999 kommt das Finanzgericht Nürnberg zu dem Schluss, dass die Finanzverwaltung hinsichtlich der vom Gutachterausschuss ermittelten und dem Finanzamt mitgeteilten Bodenrichtwerte nur zu prüfen hat, ob die Bodenrichtwerte für das zu bewertende Grundstück festgestellt worden sind, *der Bodenrichtwert einen Bodenrichtwert i.S.v. § 145 Abs. 3 BewG darstellt*, ob er insbesondere rechtmäßig zustande gekommen ist und seine Höhe nicht außerhalb jeder sachlichen Rechtfertigung liegt oder grob und offensichtlich fehlerhaft ist. Darüber hinaus hat auch das Gericht die Bodenrichtwerte ihrer Höhe nach nicht eingehender zu überprüfen (Finanzgericht Nürnberg 1999).

Soweit die Richtwertkarte des Gutachterausschusses eine Preisspanne vorgibt, ist die Richtwertkarte für Zwecke der steuerlichen Bewertung des Grundbesitzes ungeeignet und entspricht nicht § 145 Abs. 3 BewG. Beim Gutachterausschuss ist auf die Erarbeitung einer für Zwecke der steuerlichen Bewertung des Grundbesitzes geeigneten und dem § 145 Abs. 3 BewG entsprechenden Richtwertkarte hinzuwirken und die der Entscheidung des BFH entsprechenden *ergänzenden Vorgaben* i.S. von § 196 Abs. 1 Satz 4 BauGB zu machen (BFH 2005). Ersatzweise kann nur der unterste Wert der Spanne festgesetzt werden.

In den Bundesrat wurde ein Gesetzesantrag *Entwurf eines Gesetzes zur Reform der Erbschaftsbesteuerung (ErbStRefG)* des Landes Schleswig-Holstein eingebracht (Bundesrat 2004). Mit dem Antrag, der durch die Länder Berlin und Mecklenburg-Vorpommern unterstützt wird, soll eine Neuregelung der Bewertung der Vermögensarten für Zwecke der Erbschaftsteuer und der Grunderwerbsteuer beschlossen werden mit dem Ziel, ab 1. Januar 2005 die verfassungsgemäße Bewertung von wirtschaftlichen Einheiten und Wirtschaftsgütern zu ermöglichen und damit das Aufkommen der Länder aus der Erbschaft- und Schenkungsteuer sowie der Grunderwerbsteuer zu sichern. Die Bewertung des Grundvermögens für Zwecke der Erbschaftsteuer und der Grunderwerbsteuer soll dabei auf der Grundlage gängiger Verfahren der Verkehrswertermittlung erfolgen. In der Sitzung des Bundesrates wurde aufgrund der noch ausstehenden Entscheidung des BVerfG lediglich eine Zuweisung in mehrere Ausschüsse beschlossen.

Der Gesetzgeber hat bei der Erbschaftsteuer ein Regelungsdickicht mit vielfältigen Gestaltungsmöglichkeiten geschaffen, die sich von einer gleichmäßigen Besteuerung der Vermögenswerte durch die Erbschaftsteuer weit entfernen. Angesichts des Vorlagebeschlusses des BFH wäre es zu kurz gegriffen und nicht gerechtfertigt, nur die Grundstücke höher zu bewerten. Dies würde nur zu neuen Belastungsverzerrungen im Vergleich zu weiterhin privilegierten Vermögen (z.B. land- und forstwirtschaftliches Vermögen) führen. Bis zu einer Entscheidung des BVerfG ergehen Erbschaftsteuerbescheide vorläufig. Betroffene Steuerbürger brauchen daher nicht Einspruch gegen ihren Erbschaftsteuerbescheid einlegen (Drosdzol 2002).

6.5 Die Bedeutung von Bodenrichtwerten für eine Grundsteuerreform

Die Grundsteuer zählt neben der Gewerbesteuer zu den Realsteuern, deren Aufkommen den Gemeinden zusteht (Art. 106 Abs. 6 Satz 1 GG). Obwohl es sich bei den Realsteuern um bundesgesetzlich geregelte Steuern handelt, haben die Gemeinden durch die Bestimmung des Hebesatzes wesentlichen Einfluss auf die Höhe des Steueraufkommens in ihrem Gemeindegebiet (Art. 106 Abs. 6 Satz 2 GG). Die Entwicklung der beiden Realsteuern verlief allerdings unterschiedlich. Überwog vor dem Zweiten Weltkrieg die Grundsteuer noch die Gewerbesteuer, war 1950 etwa ein Gleichstand erreicht. Bereits in den 50er Jahren ging der Anteil der Grundsteuer jedoch deutlich zurück. Im Jahre 2002 machte sie mehr als ein Viertel (28,2 %) aus (Land Bayern, Land Rheinland-Pfalz 2004).

Die Grundsteuer gehört zu den ältesten Formen der direkten Besteuerung. Sie war bereits in der Antike bekannt. Während die älteren Steuersysteme sich auf mehr oder weniger grobe Bodenwertschätzungen stützen mussten, konnten die später entwickelten Ertragsteuersysteme an die Ausbildung des Katasterwesens im 18. Jahrhundert anknüpfen. Hatte die Miquelsche Steuerreform (vgl. Kap. 1) die Grundsteuer in Preußen grundsätzlich noch den Gemeinden überlassen, so änderte sich das nach dem Ersten Weltkrieg. Angesichts der Finanznot des Deutschen Reiches wurde versucht, den Ländern unter Vereinheitlichung des Grundsteuerrechts die Ausschöpfung dieser Steuer zur Pflicht zu machen. Durch das reichseinheitliche Grundsteuergesetz (GrStG) vom 01.12.1936 wurden die bis dahin bestehenden landesrechtlichen Regelungen abgelöst und die Ertragskompetenz allgemein den Gemeinden übertragen.

Nach 1945 wurden in den Bundesländern neue Grundsteuervorschriften erlassen, die 1951 durch ein einheitliches Grundsteuergesetz ersetzt wurden. Das GrStG 1974, das mit Änderungen derzeit gilt, wurde durch die Anwendung der Einheitswerte der auf den 01.01.1964 durchgeführten Hauptfeststellung erstmals vom 01.01.1974 an notwendig. Die Einheitsbewertung machte es insbesondere notwendig, die Steuermesszahlen in ihrer absoluten Höhe und in ihrer Abstufung zueinander zu ändern.

Die Grundsteuer ist nach geltendem Recht eine sogenannte *verbundene Grundsteuer*. Das bedeutet, dass mit ihr sowohl der Grund und Boden als auch die Investitionen auf dem Boden (Gebäude) erfasst und der Besteuerung zugrunde gelegt werden. Sie ist ein wichtiger Bestandteil der gemeindlichen Selbstverwaltung. Finanzwissenschaftlich wird die Berechtigung der Grundsteuer mit dem sogenannten Äquivalenzprinzip, d.h. mit den besonderen Aufwendungen der Gemeinde für den Grundbesitz begründet. Zwar besteht kein unmittelbar eindeutiges Verhältnis von Leistung und Gegenleistung, die grundbesitzbezogenen Leistungen der Gemeinde und das Steueraufkommen aus dem Grundbesitz haben aber einen engen wirtschaftlichen finanziellen Bezug.

Der Einheitswert (§§ 19 ff. BewG) wurde als einheitlicher Wert für die Veranlagung zur Erbschaft- und Schenkungsteuer, Grund-, Vermögen- und Gewerbekapitalsteuer eingeführt. Hinter dem Verfahren der Einheitsbewertung stand die Grundidee, für eine Vielzahl von Steuern und Abgaben einheitlich ermittelte Werte zur Verfügung zu stellen. Der Gesetzgeber wollte mit der Einheitsbewertung im Sinne einer gleichmäßigen und gerechten Besteuerung Belastungsunterschiede vermeiden, indem Bewertungsunterschiede und abweichende Entscheidungen verhindert werden sollten. Zudem sollten durch ein einfaches und verwaltungsökonomisches Verfahren die Kosten der Besteuerung möglichst gering gehalten werden. Entgegen der ursprünglichen Konzeption des Bewertungsgesetzes (§ 21 BewG) unterblieben die erforderlichen Neubewertungen. Die Einheitswerte erstarrten folglich auf der Basis der Wertverhältnisse 01.01.1964 bzw. in den neuen Ländern noch auf der Basis der Wertverhältnisse 01.01.1935.

Für unbebaute Grundstücke bestimmt sich der Wert nach der Fläche und den Bodenrichtwerten nach § 196 BauGB. Die Bodenrichtwerte sind nach § 196 Abs. 1 Satz 4 BauGB von den Gutachterausschüssen nach ergänzenden Vorgaben der Finanzverwaltung zum jeweiligen Hauptfeststellungszeitpunkt zu ermitteln. Bebaute Grundstücke sind in einem Ertrags- oder Sachwertverfahren zu bewerten. Danach wird im Sachwertverfahren zur Bodenwertermittlung der Bodenrichtwert eingeführt. Der beim Ertragswertverfahren anzusetzende Wert darf nicht geringer sein als 50 % des Werts mit dem der Grund und Boden allein als unbebautes Grundstück zu bewerten wäre. Für übergroße Grundstücke sind Zuschläge nach der Mehrfläche und dem Bodenrichtwert anzubringen.

Der Grundsteuer unterliegt der Grundbesitz (§ 2 GrStG). Dazu gehören außer dem land- und forstwirtschaftlichen Vermögen und den zum Betriebsvermögen gehörenden Betriebsgrundstücken die zum Grundvermögen rechnenden Grundstücke (§ 70 BewG). Man unterscheidet derzeit zwischen der Grundsteuer A (für Betriebe der Land- und Forstwirtschaft) und der Grundsteuer B (für bebaute oder bebaubare Grundstücke). Grundlage für die Berechnung der Grundsteuer bildet der Steuermessbetrag, der vom Finanzamt durch Anwendung gesetzlich festgelegter Steuermesszahlen (§§ 14, 15 Grundsteuergesetz) auf den Einheitswert errechnet wird. Auf die vom Finanzamt festgestellten Grundsteuermessbeträge wendet die Gemeinde ihren

Hebesatz an. Zur Systematisierung der derzeitigen rechtlichen Grundlagen zur Ermittlung der Einheitswerte gibt Weiß (2004) einen ausführlichen Überblick.

Das BVerfG (1995) entschied, dass die Einheitswerte für den Grundbesitz für die Vermögensteuer und die Erbschaftsteuer nicht mehr anwendbar sind, weil das Wertniveau für Grundbesitz einem verfassungsrechtlichen Vergleich mit dem Wertniveau anderer Vermögenswerte nicht mehr standhielt. Das Bewertungsrecht für die Erbschaft- und Schenkungsteuer ist reformiert worden (vgl. Kap. 6.4). Die Vermögen- und Gewerbekapitalsteuer werden nicht mehr erhoben. Damit besteht das Prinzip der Einheitlichkeit nicht mehr (Josten 2000).

Auch wenn die Beschlüsse des BVerfG die Grundsteuer nicht unmittelbar betreffen, ist eine Aktualisierung der Bemessungsgrundlagen für diese Steuer aus verfassungsrechtlichen Gründen geboten. Die nicht durchgeführten Anpassungen der Einheitswerte (Hauptfeststellungen) haben nicht nur zu erheblichen Wertverzerrungen zwischen den verschiedenen Vermögensarten geführt, sondern auch innerhalb des Grundbesitzes sind Wertverschiebungen zu den Verkehrswerten eingetreten, die nicht mehr mit den Grundsätzen einer gleichmäßigen Besteuerung zu vereinbaren sind (Land Bayern, Land Rheinland-Pfalz 2004).

Bereits in der Finanzministerkonferenz (FMK) am 21.12.1995 wurde daher beschlossen, dass das bisherige Verfahren für die Grundsteuer nur noch übergangsweise beibehalten werden kann. Im Auftrag der FMK (Beschluss vom 22.01.1998) hat dann eine länderoffene Arbeitsgruppe *Grundsteuer* das Modell einer neuen Bemessungsgrundlage für die Grundsteuer entwickelt und einen entsprechenden Gesetzesformulierungsvorschlag erarbeitet. Grundlage für dieses Modell (Modell B) ist eine wertorientierte Bemessungsgrundlage, die sich aus dem Bodenrichtwert und einem pauschalierten Gebäudewert zusammensetzt. Ein von Bayern vorgelegter Entwurf (Modell A) stellt auf eine wertfreie Steuerbemessungsgrundlage ab, die ausschließlich die physikalische Größe der Grundstücke und Gebäude als Basis hat.

Das Modell B ist geprägt von dem Bestreben, eine möglichst große Belastungsschlüssigkeit und damit Akzeptanz zu erreichen, das Modell A betont dagegen stärker den Vereinfachungsgedanken. Das Modell B ist von der FMK am 04.05.2000 mit großer Mehrheit gebilligt worden. Gleichzeitig wurde der Bundesminister der Finanzen gebeten, auf der Grundlage der erstellten Gesetzesformulierungen einen Gesetzentwurf vorzubereiten und das Gesetzgebungsverfahren einzuleiten. Dies wurde jedoch unter Hinweis auf die alleinige Verwaltungs- und Ertragshoheit der Länder bzw. Gemeinden abgelehnt.

Im Hinblick auf die möglichen Reformvorschläge zur Grundsteuer verweist Reidenbach (1999) auf vier Ansätze. Das wertunabhängige Modell A und das Modell B mit einer wertorientierten Bemessungsgrundlage der FMK, die reine Bodenwertsteuer und das Modell einer Flächennutzungssteuer mit einer ausschließlichen Orientierung an der ökologischen Schädigung. Mit dem letztgenannten Modell könnten umweltpolitische Ziele zur nachhaltigen Stadtentwicklung verfolgt werden. Ein gemischtes Steuermodell aus dem Bodenwert und der Umnutzung des Bodens ist gleichfalls in der Diskussion. Ausführungen hierzu sind auch in Drosdzol et al. (2001) zu finden.

Am Rande der FMK vom 14.11.2002 wurde Einverständnis erzielt, im Rahmen einer Nomenklatur finanz- und steuerpolitischer Themen die Frage der Grundsteuerreform erneut aufzugreifen. Die Länder Bayern und Rheinland-Pfalz (2004) haben auf Grundlage der FMK vom 27.02.2003 ein gemeinsames Konzept ausgearbeitet, wobei eine deutliche Vereinfachung des Verfahrens gegenüber der bisherigen Einheitswertermittlung, eine höhere Transparenz für den Bürger, ein gesichertes Steueraufkommen für die Gemeinden, ein dauerhaftes Besteuerungssystem und die Akzeptanz der Steuerbemessung bei Grundstücksbesitzern und Mietern erreicht werden sollen. Folgende Eckpunkte werden vorgeschlagen:

- Wegfall der Grundsteuer A (Flächenbesteuerung)
- Grundsteuer B für land- und forstwirtschaftliche Wohnteile und Betriebswohnungen
- Neue Bemessungsgrundlage für die bisherige Grundsteuer B

Soweit die Grundsteuer als eine der ältesten Steuerarten überhaupt gilt, betrifft dies jedoch nur die Grundsteuer A. Tatsächlich sind Vorläufer dieser Steuerart bereits in eine Zeit zurück zu verfolgen, als die Geldwirtschaft noch nicht entwickelt war und die Abgaben daher in Naturalform geleistet werden mussten. Die einfachere Form der Erhebung von Naturalabgaben durch Abschöpfung eines bestimmten Anteils der agrarischen Erträge (*Zehnter*) setzte - da eine Überwachung der Ernte durch staatliche Beamte viel zu aufwändig gewesen wäre - die Ehrlichkeit der Abgabepflichtigen voraus. Damit war aber, wie schon das alte Testament zu berichten weiß, nicht zu rechnen. Daher wurden die Abgaben statt nach der Höhe der tatsächlich erzielten Erträge nach den erzielbaren Erträgen (Sollertragssteuer) bestimmt, was in erster Linie von der Größe der bewirtschafteten Flächen, aber auch von der Bonität der Böden und von den klimatischen Bedingungen abhängig ist. Die beachtlichen Leistungen auf dem Gebiet des Vermessungswesens werden angeführt.

Der im römischen Kaiserreich für das gesamte Reichsgebiet eingeführte *Census* (Schätzung des Vermögens), der Grundlage für landwirtschaftliche Grundabgaben war, stand der 1935 für das Deutsche Reich eingeführten Bodenschätzung methodisch kaum nach. Nach § 14 Bodenschätzungsgesetz (BodSchätzG) 1934 waren die Vermessungsbehörden verpflichtet, die Arbeiten mit allen Kräften zu fördern. Insbesondere waren als Vorbereitung für die Bodenschätzung die Katasterkarten durch ergänzende Messungen zu vervollständigen. Den Schätzungsausschüssen gehörte nach den Durchführungsbestimmungen 1935 zum BodSchätzG auch ein Vertreter der jeweiligen Vermessungsbehörde an.

Aber die späteren Probleme waren auch schon in der Antike vorhanden: Es wurde allgemein beklagt, dass Neubewertungen nicht bedarfsgerecht sondern mit 20- oder 30-jähriger Verspätung durchgeführt wurden.

Allerdings ist der Gegenstand der geltenden Grundsteuer A komplexer als nur der land- und forstwirtschaftlich genutzte Boden. Nicht land- und forstwirtschaftliche Grundstücke, sondern Betriebe sind nach dem Wortlaut des GrStG Besteuerungsgegenstand. Hierzu zählen nicht nur die Wirtschaftsgebäude und Wohngebäude, sondern auch lebendes und totes Inventar, also Vieh, landwirtschaftliche Maschinen und Geräte, Erntevorräte und die stehende Ernte, letzteres ist vor allem in der Forstwirtschaft von Bedeutung. Im Bereich der Landwirtschaft wird der Wert allerdings im Wesentlichen aus den durch die Bodenschätzung ermittelten Ertragsmesszahlen bestimmt.

Die Grundsteuer B hat ihre historischen Wurzeln in unterschiedlich ausgestalteten Gebäudesteuern der Städte. Unter dem Namen Grundsteuer hat sie jedoch eine recht junge Geschichte. Der Begriff *Grundsteuer* wurde in Deutschland weitgehend nur für land- und forstwirtschaftliche Grundstücke gebraucht, noch um die Wende vom 19. zum 20. Jahrhundert war eine Gebäudesteuer nur im Königreich Sachsen, in Hessen sowie in den Hansestädten Hamburg und Bremen in die Grundsteuer integriert, auch hier in der Regel als Sollertragssteuer. Daneben gab es auch in einigen anderen deutschen Ländern eine eigenständige Gebäudesteuer. Eine Einbeziehung der bebauten und bebaubaren Grundstücke für das gesamte deutsche Reichsgebiet in die Grundsteuer wurde erst durch das GrStG 1936 erreicht. Seither ist die Grundsteuer B nicht als Sollertrags-, sondern als Wertsteuer konzipiert. In Deutschland mit einer relativ hohen Bevölkerungsdichte und einem im Vergleich zu anderen Staaten eher restriktiven Bauordnungsrecht sind Baugrundstücke ein knappes Gut. Der Grundstückswert wird aus diesem Grunde nicht allein von der gegenwärtigen Rendite bestimmt, die aus dem Grundstück zu erzielen ist.

Die Preisentwicklung bei Baugrundstücken übertraf jedoch bisher fast überall die allgemeinen Preissteigerungen. Bereits das Reichsbewertungsgesetz 1934 sah deshalb eine Neubewertung des Grundbesitzes im Abstand von sechs Jahren vor. Wegen des Krieges und weil in der Nachkriegszeit wichtigere Aufgaben zu erledigen waren, kam es allerdings erst 1964 zu einer Neubewertung.

Nicht nur methodisch, sondern auch von ihrer Wirkungsweise aus gesehen ist die Grundsteuer A überholt (Land Bayern, Land Rheinland-Pfalz 2004). Um auskömmliche Erträge für den eigenen Lebensunterhalt und die Mittel zur Bezahlung der Steuer zu erwirtschaften, musste ein Landwirt in der Vergangenheit die Ertragsfähigkeit seines Bodens optimal nutzen. In den letzten vierzig Jahren hat sich die Situation jedoch gedreht. Nicht das fehlende Angebot, sondern die produzierten Überschüsse und die unzureichenden Preise sind die Hauptprobleme der Landwirtschaft in Europa geworden. Während einerseits den Landwirten Stilllegungsprämien gezahlt werden, wird andererseits eine Steuer erhoben, die auf dem Prinzip einer intensiven Nutzung des landwirtschaftlichen Bodens beruht.

Aus Sicht nicht nur der Länder Bayern und Rheinland-Pfalz ist eine durch Bundesgesetz geregelte Grundsteuer A, insbesondere unter Berücksichtigung der damit verbundenen (teilweisen) Aufkommenseinbuße im Verhältnis zum anfallenden Veranlagungs- und Erhebungsaufwands für die Zukunft entbehrlich. Allerdings besteht in den neuen Ländern eine andere Ausgangslage als in den alten Ländern. Dort ist das relative Gewicht der Grundsteuer A höher, der Aufwand für die Verwaltung der Grundsteuer A ist erheblich geringer und auch die Struktur der landwirtschaftlichen Betriebe unterscheidet sich sehr stark von den Verhältnissen in den alten Bundesländern. Wenn einzelne Länder auf Grund besonderer Verhältnisse einen Bedarf für die Besteuerung der landwirtschaftlichen Flächen sehen, sollte diesen Ländern die Möglichkeit eingeräumt werden, eine entsprechende landesgesetzliche Regelung zu treffen.

Einer Sonderregelung für land- und forstwirtschaftliche Wohnteile und Betriebswohnungen bedarf es zukünftig nicht mehr. Sie sollten den bebauten Grundstücken zugeordnet werden und wie diese der Grundsteuer B unterliegen. Dadurch dürfte in den alten Bundesländern ein erheblicher Teil des Minderaufkommens aus der Grundsteuer A kompensiert werden.

Für die Grundsteuer B wird eine moderne Bemessungsgrundlage geschaffen. Diese basiert auf zwei Komponenten, und zwar einem Ansatz für den Grund und Boden und (soweit vorhanden) einem solchen für das

Gebäude. Die Berücksichtigung des Grund und Bodens erfolgt auf der Grundlage der Bodenrichtwerte. Dieser Wert wird bei unbebauten Grundstücken zu 100 % und bei bebauten Grundstücken zu 70 % angesetzt.

Die Gebäude werden nach Gruppen differenziert und mit einer typisierenden Abstufung berücksichtigt. Für die Gruppe der gewerblichen und sonstigen Nutzungen werden drei Typen, für die Wohnnutzung werden zwei Typen unterschieden. Die Gebäudekomponente erhebt als grob pauschalierter Wertansatz nicht den Anspruch eines echten verkehrswertnahen Wertansatzes. Sinn und Zweck ist es lediglich nach typisierenden Merkmalen eine Differenzierung zu erreichen zwischen in der Regel wertvolleren bzw. ertragreicheren Gebäuden und weniger werthaltigen. Es ist nicht erforderlich, dass sich die Bemessungsgrundlage um die Feststellung von Verkehrswerten bemüht. Auf einen Alterswertabschlag, wie noch im Modell B vorgesehen, wird aus Vereinfachungsgründen verzichtet.

Im Zuge der Diskussion zur Kommunalisierung der Aufgaben wird auch gefordert, dass Möglichkeiten geprüft werden sollten, über die Behördenzuständigkeiten hinaus Datenbanken mit Grundstücksinformationen aller Art anzulegen, die dann auch der Finanzverwaltung für den elektronischen Abruf zur Verfügung stünden. Derzeit sammeln unterschiedliche Behörden Grundstücksdaten (Grundbuch-, Kataster-, Finanzämter, Gemeinden), wobei viele Daten redundant geführt werden. Eine zentrale Datenbankstruktur, in der die Zugriffsrechte für Änderungen und Datenabruf eindeutig geregelt sind, könnte Doppelarbeit ersparen und die Datenqualität verbessern. Auf die Nutzung von Geo-Portalen des Immobilienmarktes (vgl. Kap. 5.4.2) wird verwiesen.

Das Messbetragsvolumen, das ist die Summe aller für eine Gemeinde festgestellten Grundsteuermessbeträge, wird sich durch die neue Bemessungsgrundlage unterschiedlich entwickeln. In einzelnen Gemeinden wird das Volumen deutlich ansteigen, in anderen allerdings auch zurückgehen. Die Ursachen hierfür sind verschiedener Natur. Mit einem Rückgang bzw. nur geringen Zuwachs haben vor allem Gemeinden zu rechnen, die bereits 1964 ein überdurchschnittlich hohes Miet- und Grundstückspreisniveau aufwiesen. Einen deutlichen Anstieg wird man vor allem in Randgemeinden der Ballungszentren verzeichnen dürfen, in denen 1964 noch ländliche Verhältnisse vorherrschten und die inzwischen zu bevorzugten Wohngebieten von Pendlern geworden sind.

Jede Änderung des Messbetragsvolumens macht eine Überprüfung des Hebesatzes erforderlich. Um den Gemeinden eine gesicherte Grundlage für die Anpassung ihrer Hebesätze zu geben, muss vor der erstmaligen Anwendung der geänderten Vorschriften das neue Messbetragsvolumen ermittelt werden, was voraussetzt, dass im Wesentlichen alle Grundstücke in der Gemeinde nach den neuen Vorschriften bewertet sind. Dies muss bei der Vorlaufzeit für die Umsetzung des Gesetzes berücksichtigt werden. Eine aufkommensneutrale Ermittlung des neuen Hebesatzes ergibt sich aus dem Produkt von bisherigem Hebesatz und bisherigem Messbetragsvolumen dividiert durch das künftige Messbetragsvolumen.

Die Transparenz für den Bürger wird sich insbesondere dadurch erhöhen, dass für das Gebäude und das Grundstück jeweils nur die Multiplikation der dem Grundstückseigentümer/ Mieter in der Regel bekannten Fläche mit einem festgelegten Faktor vorzunehmen ist. Die Berechnung kann von jedermann leicht nachvollzogen werden.

Am vorgeschlagenen Grundsteuermodell der Länder Bayern und Rheinland-Pfalz als *verbundene Grundsteuer* meldet Weiß (2004) dahingehend Zweifel an, inwieweit der potentielle Investor gesondert für die tatsächlich aufstehenden Gebäude abgestraft und der potentielle Spekulant für seine Nichtnutzung steuerlich honoriert werden soll. Folglich soll auch konsequent vereinfachend dem Modell einer reinen Bodenwertsteuer mit ihren vorteilhaften Wirkungen auf der Grundlage stets aktueller Bodenrichtwerte der Vorzug gegeben werden. Im Grundsatz wäre dann für jedes Grundstück lediglich die Flächengröße mit einem Prozentsatz des zugehörigen Bodenrichtwerts und der Steuermesszahl zu multiplizieren und darauf der Steuerhebesatz der Gemeinde anzuwenden.

Die Wirkungen einer Bodenwertsteuer werden in Josten (1999, 2000) beschrieben. Die Bodenwertsteuer erfüllt die steuertechnischen und fiskalischen Ziele (z.B. Verringerung des Bewertungsaufwandes, Sicherung der kommunalen Steuereinnahmen) einer Reform. Die Bodenallokation, d.h. die bedarfsgerechte Ausweisung und Mobilisierung von Bauland und die langfristig, auch im Bestand, optimale Nutzung durch die Nutzer kann verbessert werden. Es entsteht ein Anreiz zu einer plangemäßen städtebaulichen Verdichtung. Die Stadterhaltung und die Sanierung von Gebäuden werden angeregt, um die Steuer aus den Erträgen erwirtschaften zu können. Der unbebaute Grundbesitz als reine Kapitalanlage wird unattraktiver. Sämtliche umweltpolitisch motivierten Maßnahmen, den Flächenverbrauch für Siedlungszwecke zu reduzieren, bekommen durch die Bodenwertsteuer eine ökonomische Unterstützung. Letztendlich ergibt sich für die Wirtschaft eine investitionsanregende Wirkung (Mürle 2001c). Historische Konzepte wie die Bodenwertsteuer nach Henry George, die eine vollständige Wegsteuerung der erzielten Grundrente durch die öffentliche Hand als

Allheilmittel gegen sämtliche wirtschaftlichen und gesellschaftlichen Probleme (Einsteuerbewegung) vorsehen, sind in Josten (2000) beschrieben.

Die Tradition der Besteuerung der Bodenwerte hat in Australien und Dänemark zu einer allgemein anerkannten Praxis der Bodenwertsteuer und Bewertungsverfahren geführt (Josten 1999, 2000). Die Bewertung wird zumeist von staatlichen Organen durchgeführt. In New South Wales (Australien) wurde im Jahre 1973 die Besteuerungsgrundlage von den verbundenen Werten auf die reinen Bodenwerte umgestellt. Die Kosten der Bewertung gingen laut Schätzung auf knapp 20 % zurück. Die Bewertungszyklen liegen je nach Einzelstaat zwischen einem und sechs Jahren. In Dänemark findet seit 1998 eine jährliche Neubewertung statt. Auf Grundlage von umfangreichen Datenbanken erfolgt die Bodenwertermittlung. Grundstücksbezogene Daten unterliegen keinem strengen Datenschutz (vgl. Kap. 5.5.2). Nach Auskunft der zentralen Steuerbehörde werden ungefähr 2 % des Steueraufkommens für die Bewertung verwendet.

In den Städten Bocholt, Karlsruhe (IBoMa 1996) und Schwerin sind Modellrechnungen zu Belastungsverschiebungen durch die Einführung einer Bodenwertsteuer untersucht worden. Die Ergebnisanalyse zeigt die allgemein erwartete Entwicklung, dass bei einer Bodenwertsteuer hochwertig genutzte Grundstücke entlastet werden, während minderwertig genutzte Grundstücke stärker belastet werden. Grundstücke mit hohen Gebäudeinvestitionen werden entlastet, während Grundstücke mit unterdurchschnittlichen Gebäudewerten höher belastet werden. Am stärksten ist die Mehrbelastung bei den unbebauten Grundstücken (Josten 1999). Ausgehend von der heutigen Steuerbelastung käme es bei einer einheitlichen Besteuerung aller Grundstücke mit demselben Steuersatz zu einer deutlichen Mehrbelastung von Wohngrundstücken, während gewerblich genutzte Grundstücke entlastet würden. Eine Alternative zur nivellierten Besteuerung aller Grundstücke besteht in einer Differenzierung nach Nutzungsart, wobei gewerbliche Grundstücke mit einem höheren Steuersatz als Wohngrundstücke besteuert würden.

Dabei wäre eine Bodenwertsteuer insbesondere vor den Grundsätzen der Rechtsstaatlichkeit, der Sozialpflichtigkeit, dem Gleichheitsgrundsatz und der Eigentumsgarantie zu prüfen. Der Ansatz der Bodenwertsteuer, nicht von der tatsächlichen, sondern von der baurechtlich vorgesehenen Nutzung auszugehen, scheint verfassungsmäßig zulässig zu sein. Ein Sonderfall ist, wenn z.B. die vorgesehene Nutzung objektiv nicht realisiert werden kann (Reidenbach 1999). Bei einer Aufkommensbeschränkung auf das heutige Niveau sind keine wesentlichen Lenkungswirkungen auf den Boden zu erwarten. Durch die Erhöhung von Steuersätzen für bestimmte, vor allem zurückgehaltene unbebaute baureife Grundstücke, kann ein erheblicher Druck auf die Eigentümer, um diese Grundstücke auf den Grundstücksmarkt einzubringen, ausgeübt werden. Gesetzlich geregelte höhere Steuermesszahlen wie bei der ehemaligen Baulandsteuer C oder ein zoniertes Hebesatzrecht der einzelnen Gemeinde stehen als Instrumente zur Verfügung. Soziale Härtefälle wie der einer Rentnerin, die in einem kleinen Häuschen auf einem großen Grundstück wohnt, können mit Blick auf gefundene Regelungen im Ausland gelöst werden (Josten 1999). Gleichfalls können Übergangsregelungen großzügig bemessen werden.

Die Untersuchungen zur Grundsteuerreform werden nicht auf die allgemeinen Fragestellungen zum Bodenmanagement (z.B. Umlegung, städtebaulicher Vertrag) und der Finanzierung der Folgeinvestitionen (z.B. Planungswertausgleich, direkte Kostenanlastung) erweitert.

In der Sitzung am 05.05.2006 hat die FMK den Bericht der Länder Bayern und Rheinland-Pfalz zur Reform der Grundsteuer zur Kenntnis genommen. Die FMK hält die in dem Bericht aufgezeigten Eckwerte für eine gesetzliche Neuregelung der Bemessungsgrundlage der Grundsteuer für einen geeigneten Ansatz, die Grundsteuer auf eine dauerhafte Grundlage zu stellen. Eine Mehrung oder Minderung des Grundsteueraufkommens wird mit diesem Vorschlag nicht verfolgt. Der Bundesfinanzminister wird auf Grundlage der Koalitionsvereinbarung gebeten, an der gesetzlichen Neuregelung gemeinsam mit den Ländern Bayern und Rheinland-Pfalz mitzuwirken und einen entsprechenden Gesetzesentwurf in das Gesetzgebungsverfahren einzubringen.

Die Erwartungen an die Bodenrichtwerte werden danach erheblich zunehmen, weil die Lagewerte für die Bewertung der Grundstücke eine Schlüsselstellung einnehmen. Es sind bekanntlich keine exakten Verkehrswerte erforderlich. Es muss lediglich für die Grundsteuer ein ausgewogenes Wertverhältnis der einzelnen Grundstücke untereinander gewährleisten, um eine gerechte Besteuerung sicherzustellen. Zu den Anforderungen im Einzelnen an die Genauigkeit der Bodenwerte bzw. der Bodenrichtwerte als Besteuerungsgrundlage und der Typengerechtigkeit im steuer- und abgabenrechtlichen Massenverfahren wird auf Josten (1999) verwiesen.

Schon durch die Neubewertung des Grundbesitzes für die Bedarfsbewertung (vgl. Kap. 6.4) wird die Bedeutung der Bodenrichtwerte für steuerliche Zwecke erheblich aufgewertet. Die Bodenrichtwerte werden benötigt für die Bewertung unbebauter Grundstücke, für die Ermittlung des Bodenwerts als Mindestwert bebauter Grundstücke im Ertragswertverfahren und für die Ermittlung des Bodenwerts bebauter Grundstücke im Sachwertverfahren (Drosdzol et al. 2001). In der Praxis der Bedarfsbewertung wurde beanstandet, dass Bodenrichtwerte für steuerliche Zwecke nicht von allen Gutachterausschüssen flächendeckend vorgehalten werden. Im Weiteren wurde festgestellt, dass die Angaben der Bodenrichtwerte nicht ausreichend genau und zuverlässig sowie ihre Darstellung teilweise unverständlich seien.

In dem finanzwissenschaftlichen Diskussionsbeitrag *Bodenrichtwerte als Bemessungsgrundlage für eine reformierte Grundsteuer* werden als Problemfälle insbesondere die Bodenrichtwertermittlung für die Entwicklungsstufen Bauerwartungsland und Rohbauland, Gebiete ohne Grundstücksverkehr oder mit geringem Grundstücksverkehr und Bodenrichtwertermittlungen im engeren Innenstadtbereich (Bizer und Joeris 1997) herausgestellt. Als Kriterien für die Beurteilung der Bodenrichtwerte als steuerliche Bemessungsgrundlage werden die *flächenhafte Dichte (alle Grundstücke), die Aussagekraft (lagetypische oder zonale Ausweisung), die Genauigkeit (homogene bzw. problematische Innenstadtbereiche)* und *die Zuverlässigkeit* (Nachvollziehbarkeit, Standards) genannt. Die gif e.V. (2002) weist darauf hin, dass diese Anforderungen für die Verwendbarkeit der Bodenrichtwerte für steuerliche Zwecke erfüllt werden sollen.

Der Arbeitskreis *Grundstücksbewertung und Grundstückswirtschaft* des DVW e. V. hat mit dem Beitrag *Zur Eignung von Bodenrichtwerten für ein neues Grundsteuermodell* (Mürle 2000) empfohlen, eine Mustervorschrift zur Standardisierung der Bodenrichtwerte zu erarbeiten. Eine Arbeitsgruppe bestehend aus Vertretern der meisten Bundesländer, dem BMVBW, dem BMF, dem Deutschen Städtetag, der AdV und dem DVW e. V. hat daraufhin eine Musterrichtlinie über Bodenrichtwerte vorgelegt (Mürle und Treppschuh 2001b). Die Erarbeitung erfolgte mit der Zielsetzung, durch eine einheitliche Ermittlung mit Mindeststandards und Darstellung der Bodenrichtwerte zur Übersichtlichkeit des Grundstücksmarktes beizutragen. Die Musterrichtlinie berücksichtigt unter anderem die Anforderungen der Finanzverwaltung an die Bodenrichtwerte für steuerliche Zwecke. Gleichzeitig soll damit u. a. für bundesweite Anwendungen der Verwaltung die Handhabung der Bodenrichtwerte auch im Hinblick auf automationsgestützte Verwaltungsverfahren erleichtert bzw. diese erst durch eine Normierung der Bodenrichtwerte ermöglicht werden.

Wesentlich ist, dass die Bodenrichtwertermittlung für baureifes und bebautes Land flächendeckend erfolgt. Die Ableitung von Bodenrichtwerten für Bauerwartungsland und Rohbauland wird davon abhängig gemacht, ob geeignete Daten aus der Kaufpreissammlung vorliegen. Auch für landwirtschaftlich genutzte Flächen sollen Bodenrichtwerte ermittelt werden. Bodenrichtwerte können als zonale oder lagetypische Bodenrichtwerte zusammen mit den wesentlichen wertbeeinflussenden Merkmalen des Bodenrichtwertgrundstücks angegeben werden. Dabei sollen die zugeordneten Bereiche so abgegrenzt werden, dass die Bodenwerte der einzelnen Grundstücke vom definierten Bodenrichtwert nicht mehr als +/- 30 % abweichen. Im Einzelfall sind zur Einhaltung der Toleranz die Bodenrichtwerte um erforderliche Umrechnungskoeffizienten oder andere geeignete Wertangaben zu ergänzen.

Die Fachkommission Städtebau der Arbeitsgemeinschaft der für Städtebau, Bau- und Wohnungswesen zuständigen Minister und Senatoren der 16 Länder der Bundesrepublik Deutschland (ARGEBAU) hat die Musterrichtlinie zur weiteren Umsetzung in den Ländern empfohlen. Durch die Verbesserung der Ermittlung der Bodenrichtwerte wurden wichtige Voraussetzungen auch zur Umsetzung der vorgesehenen Grundsteuerreform geschaffen.

7 Zusammenfassung der Ergebnisse und Ausblick

In der vorliegenden Arbeit wird die Konzeption eines Geo-Informationssystems (GIS) zur Eingabe, Verwaltung, Analyse und Präsentation von Geofachdaten des Grundstücksmarktes beschrieben. Dabei hat sich für ein Fachinformationssystem zur Bereitstellung von Immobilienmarktdaten der von Mürle (1994a, 1997b) definierte Begriff des Wertermittlungsinformationssystems (WIS) als Standard herausgebildet. Die Entwicklung von Zielkomponenten für den Aufbau eines WIS orientiert sich an dem gesetzlichen Aufgabenkatalog der Gutachterausschüsse nach dem Baugesetzbuch (vgl. Kap. 1). Dieser Aufgabenkatalog bietet ein umfassendes Anwendungsspektrum ausgehend von der Immobilienwertermittlung über die Analyse von für die Wertermittlung erforderlichen Daten bis zur Präsentation der gewünschten Transparenz des Grundstücksmarktes auf Grundlage von Geobasisdaten.

Die Gutachterausschüsse tragen mit ihren Kaufpreissammlungen maßgeblich zur Grundstücksmarkttransparenz bei. Dabei nimmt die Bedeutung der Gutachterausschüsse infolge der Fortschritte und zunehmenden Verbreitung der Informationssysteme und des -bedürfnisses sowie der kritischen Auseinandersetzung mit Informationen ständig zu. Eigentümer, Immobilienbranche, Finanzinstitute und alle anderen Akteure des Immobilienmarktes haben dringlichen Bedarf an online präsentierten Geobasisdaten und Fachdaten der Vermessungs- und Katasterverwaltung sowie der Gutachterausschüsse. Es sind Lösungswege für die zukunftsorientierte Informationsvermittlung durch die Gutachterausschüsse für Grundstückswerte zu analysieren und entwickeln (AdV 2002).

GIS-Grundlagen werden in Kap. 2 dargestellt. Zur Vergleichbarkeit der vorhandenen Lösungen liefert Kap. 3 einen Überblick zur konzeptionellen Interpretation der Systeme und ihres (zukünftigen) Funktionsumfangs im Hinblick auf die Kompatibilität mit einem WIS.

In der Konzeption eines WIS gilt zunächst der Beschreibung der Anwendungen und ihrer Integration in einem WIS (vgl. Kap. 5.1) zur Realisierung der erforderlichen Grundstücksmarkttransparenz ein wesentliches Anliegen. Es werden die Vorteile der originären Datenhaltung in einem gemeinsamen Datenmodell und die Anwendungsbeziehungen der Bausteine *Führung und Auswertung der Kaufpreissammlung, Bodenrichtwerte und ihre Ermittlung, Gutachten* und *Grundstücksmarktbericht der Zukunft* herausgestellt. Hierbei gilt besonderes Augenmerk der Georeferenzierung der Grundstücksmarktdaten für die Präsentationskomponente im WIS zur Erreichung einer auf Geobasisdaten bezogenen Grundstücksmarkttransparenz. Eingegangen wird auch auf Web-Auskunftsdienste und Multimedia-Komponenten für Nutzer. Nach derzeitiger Einschätzung der Systementwicklungen erfolgt die Darstellung einer modularen WIS-Konzeption.

Üblicherweise werden die für die Wertermittlung erforderlichen Daten mittels Stichproben von geeigneten Kaufpreisen zur Anwendung des mittelbaren statistischen Preisvergleichs im Modell der multiplen Regressionsanalyse (vgl. Kap. 4) ermittelt. Die wahren Wertbeziehungen können in Analysen nur mehr oder minder zutreffend nachvollzogen werden. In nachgeordneten Analyse werden die in übergeordneten Analysen bestimmten Parameter zur Ermittlung von weiteren Daten als fehlerfreie Größen herangezogen. Über die möglichen Fehler bei der Analyse der erforderlichen Daten in einer übergeordneten Grundstücksmarktanalyse hinaus kann eine weitere Fehlerart darin liegen, dass der lokale, für das Bewertungsobjekt zutreffende Grundstücksmarkt (nun) ein ganz anderes Marktverhalten zeigt als die Teilmärkte, für die die jeweiligen Parameter ermittelt worden sind. Folglich können die in der übergeordneten Analyse ermittelten Wertbeziehungen zwischen Kaufpreis und Einflussgrößen nachfolgend nicht herangezogen werden.

Die Vorgehensweise kann als hierarchische Analyse von Grundstücksmarktdaten mit den bekannten Problemen der hierarchischen Modellbildung bei der geodätischen Netzausgleichung interpretiert werden. Der mittelbare statistische Preisvergleich mit den standardisierten Analyseschritten zur statistischen Prüfung der Modellbildung und der Beziehung von Zielgröße und Einflussgrößen liefert die Basis für das Design von komplexeren Modellen für sukzessive Grundstücksmarktanalysen.

Zur Verbesserung der Modell- und Ergebniskonsistenz wird für sukzessive Analysen von Grundstücksmarktdaten mit multiplen, linearen Wertbeziehungen für (un)bebaute Grundstücke eine stufenweise Strategie mit den Modellen *Grundstücksmarktanalyse ohne Zusatzrestriktionen, stochastische Grundstücksmarktanalyse* und *hierarchische Grundstücksmarktanalyse* auf der Grundlage von Ausgleichungsmodellen (vgl. Kap. 5.3) vorgeschlagen. Mit der Einführung der *inneren* und *äußeren Zuverlässigkeit* können Kaufpreise auf grobe Fehler im Modell *Grundstücksmarktanalyse ohne zusätzliche Restriktionen (Bedingungen)* und die in übergeordneten Grundstücksmarktanalysen abgeleiteten Parameter als fingierte Ersatzbeobachtungen gemeinsam mit der Kauffallgruppe in der *stochastischen Grundstücksmarktanalyse* geprüft werden. Auswirkungen von nicht erkennbaren groben Fehlern in den Kaufpreisen auf abgeleitete Funktionen der Unbekannten können gleichfalls beurteilt werden. Im Modell der *hierarchischen Grundstücksmarktanalyse* werden abschließend in *gewohnter Weise* die unbekannten Regressionskoeffizienten der nachgeordneten Grundstücksmarktanalyse bestimmt.

Für bebaute Grundstücke zeigen sich zumeist einfache (nicht)lineare Modellansätze mit hoher Bestimmtheit. Für solche Fälle erhält man ein *reduziertes* Verbesserungsgleichungssystem ohne die in der nachgeordneten Grundstücksmarktanalyse üblicherweise neu zu bestimmenden Parameter. Die Einführung der in der übergeordneten Grundstücksmarktanalyse ermittelten Unbekannten als fingierte Ersatzbeobachtungen mit flexibler Gewichtung erscheint als *Identitätsbedingung* möglich. So können für einen Marktanpassungsfaktor im Sachwertverfahren aus der übergeordneten Analyse die ermittelten Regressionskoeffizienten als Parameter in der nachgeordneten Analyse mit stochastischer Modellbildung eingeführt werden. Es kann nach Durchführung der Analyseschritte, wobei die *hierarchische Grundstücksmarktanalyse* entfällt, entschieden werden, ob die bisherigen Marktanpassungsfaktoren beibehalten werden können oder neue Faktoren einzuführen sind.

Aus der beispielhaften Umsetzung der Analysestrategie zur sukzessiven Ausgleichung von Grundstücksmarktdaten ergeben sich auf Grundlage des Modells der Grundstücksmarktanalyse ohne Zusatzrestriktionen Anhaltswerte für die Varianzkovarianzsituation der Unbekannten und Beobachtungen sowie die Maße der *inneren* und *äußeren Zuverlässigkeit*. Folgerungen für die Ermittlung von Bodenrichtwerten in kaufpreisarmen Lagen werden gleichfalls abgeleitet. Die Darstellung der Varianzkovarianzanalyse in allgemeiner Form für eine Mehrzahl von Wertermittlungsverfahren (vgl. Kap. 5.2) soll für die Praxis verdeutlichen helfen, warum sich Verkehrswerte nur innerhalb gewisser Toleranzbereiche mit bestimmten Wahrscheinlichkeiten ermitteln lassen.

Für die interoperable Nutzung von verteilten Geodaten (vgl. Kap. 5.4) kommt der Einbindung der Web Services des Open Geospatial Consortiums (OGC) eine entscheidende Bedeutung im Hinblick auf die erfolgreiche Umsetzung einer zukunftsorientierten Interpretation der Grundstücksmarkttransparenz in einem Web-WIS zu. Es werden Beispiele für Geo-Portale und die Grundsätze des eCommerce beschrieben.

Urheberrechtliche und datenschutzrechtliche Aspekte sind, wie die Rechtsprechung aktuell zur Wahrung der Leistungsschutzrechte der Gutachterausschüsse bestätigt, zu berücksichtigen. Anforderungen aus Sicht der Finanzdienstleistung und des Steuerrechts an Bodenrichtwerte und die für die Ermittlung von Marktwerten erforderliche Daten belegen den immensen Bedarf an aktuellen aussagekräftigen Grundstücksmarktdaten.

Bei der Ermittlung der unbekannten Schätzwerte (Regressionskoeffizienten) wird unterstellt, dass die Realisierungen der Zielgröße (Beobachtungen) gleichgewichtig, unabhängig und nur mit zufälligen Fehlern behaftet sind. Sind die Kaufpreise und Realisierungen der Einflussgrößen nicht normalverteilt, werden sie üblicherweise in eine genäherte Normalverteilung transformiert. Es handelt sich nicht um informationserhaltende Transformationen, die Originalinformationen der jeweiligen Größen werden verändert und die Kennzahlen besitzen lediglich für das transformierte System Gültigkeit. Es wird empfohlen, vertiefende Untersuchungen zur Einführung von nicht normalverteilten Größen und den Auswirkungen auf die dargestellten Analyseschritte bzw. -ergebnisse durchzuführen. Hierbei könnte auch die Aufnahme von nichtlinearen Elementen bei der Modellbildung einbezogen werden.

Für die stochastische Modellbildung der Kaufpreise besteht bei der Analyse von Grundstücksmarktdaten grundsätzlicher Forschungsbedarf zur Einführung von realistischen Annahmen für die Varianzkovarianzsituation. Dies gilt nicht nur im Hinblick auf die Einführung der Analysestrategie mittels Ausgleichungsmodellen. Im Modell der multiplen Regressionsanalyse wird z.B. zur Beurteilung des Varianzabbaus durch die Einflussgrößen als Testgröße der normierte Regressionskoeffizient bei Gleichgewichtigkeit der Beobachtungen eingeführt. Des Weiteren werden Konfidenzbereiche für den wahren Verkehrswert und tatsächlich gezahlten Kaufpreis angegeben. Untersucht werden sollten die Varianzbildung für unkorrelierte Beobachtungen und die Kovarianzproblematik (z.B. identische Verkäufer) für korrelierte Beobachtungen.

Die Varianzkovarianzanalyse für Wertermittlungsverfahren ermöglicht unter Einführung eines theoretischen Varianzfaktors für ein vorzugebendes Signifikanzniveau die Ermittlung eines Konfidenzbereichs. Bei der Monte Carlo-Methode wird einer begrenzten Anzahl von potentiellen Werten jeweils eine Prozentzahl zugewiesen, die der *unbekannten Auftrittswahrscheinlichkeit* entspricht. Damit werden im Grunde Konfidenzbereiche mit definierten Klassenbreiten beschrieben. Folglich sind Erfahrungen bzw. Kenntnisse zur Stochastik in Wertermittlungsmodellen und ihren Parametern bei genauer Betrachtung gleichfalls unumgänglich.

Zur praxisgerechten Weiterentwicklung des WIS sollte eine Schnittstelle zur Übergabe von Vergleichspreisen aus dem Modul *Automatisiert geführte Kaufpreissammlung* an die *Wertermittlungssoftware* zur Verbesserung der Integration in einem WIS zeitnah verfolgt werden. Mit großem Nachdruck sind standardisierte Module der Grundstücksmarktberichte in einem Web-WIS bereitzustellen. Dies betrifft insbesondere weitergehende Funktionalitäten wie Wertrechner auf Grundlage von typischen Preisen und aktive Diagramme. Für die Einrichtung der bundesweiten Lösung des *Vernetzten Bodenrichtwertinformationssystems (VBORIS)* sprechen neben den klassischen Nachfragern des Immobilienmarktes auch die qualitativ und quantitativ zunehmenden Anforderungen aus Sicht der Finanzdienstleistungen und des Steuerrechts.

Literaturverzeichnis

Arbeitsgemeinschaft der Vermessungsverwaltungen der Länder der Bundesrepublik Deutschland (AdV): Empfehlungen für die Arbeit der Gutachterausschüsse für Grundstückswerte und deren Geschäftsstellen. http://www.lgnapp.niedersachsen.de/vkv/allgemein/gesetze/awertlg.htm, 1997.

Arbeitsgemeinschaft der Vermessungsverwaltungen der Länder der Bundesrepublik Deutschland (AdV): Konzeption einer zukunftsorientierten Bereitstellung der Bodenrichtwerte und sonstiger für die Wertermittlung erforderlicher Daten. http://www.lgnapp.niedersachsen.de/vkv/allgemein/gesetze/awertlg.htm, 2002.

Arbeitsgemeinschaft der Vermessungsverwaltungen der Länder der Bundesrepublik Deutschland (AdV): Amtliches Topographisch-Kartographisches Informationssystem ATKIS-Objektartenkatalog (ATKIS - OK) Teil D0, Erläuterungen zu allen Teilkatalogen, Version 3.2. http://www.adv-online.de, 2003.

Arbeitsgemeinschaft der Vermessungsverwaltungen der Länder der Bundesrepublik Deutschland (AdV): Modellierung von Fachinformationen unter Verwendung der GeoInfoDok – Leitfaden, Version 1.0. http:// www.adv-online.de, 2004.

Arbeitsgemeinschaft der Vermessungsverwaltungen der Länder der Bundesrepublik Deutschland (AdV): Dokumentation zur Modellierung der Geoinformationen des amtlichen Vermessungswesens – GeoInfoDok, Version 4.0. http://www.adv-online.de, 2005.

Arbeitsgemeinschaft der Vermessungsverwaltungen der Länder der Bundesrepublik Deutschland (AdV): Abschlussbericht zum Betrieb eines vernetzten Bodenrichtwertinformationssystems (VBORIS) der Gutachterausschüsse für Grundstückswerte der Länder der Bundesrepublik Deutschland. http://www.adv-online.de, Veröffentlichung 2006.

Aumann, E, Schraad, M. und Schütz, P.: ECommerce im Bereich der Grundstückswertermittlung - Bericht über das Pilotprojekt *Bodenrichtwertkarte, Grundstücksmarktberichte.* Nachrichten der Niedersächsischen Vermessungs- und Katasterverwaltung, 54(1):33-37, 2004.

Baier, A.: Ermittlung von Bodenrichtwerten in der Innenstadt Karlsruhes. Universität Karlsruhe (TH), unveröffentlichte Diplomarbeit, 2003.

Basler Ausschuss: Basel II. http://www.bis.org, 2005.

Baumunk, H.: Die Bilanzierung von Immobilien nach International Accounting Standards. Grundstücksmarkt und Grundstückswert, 13(6):354-361, 2002.

Berner, K.: Konzeptionelle Untersuchungen zur 3D-Visualisierung von Stadtlandschaften am Beispiel der Kaiserstraße Karlsruhe. Hochschule Karlsruhe – Technik und Wirtschaft, in Zusammenarbeit mit dem Amt für Vermessung, Liegenschaft, Wohnen (VLW) der Stadt Karlsruhe, unveröffentlichte Diplomarbeit, 2005.

Bill, R.: Eine Strategie zur Ausgleichung und Analyse von Verdichtungsnetzen. Reihe C, Heft Nr. 295, Deutsche Geodätische Kommission, München, 1984.

Bill, R.: Grundlagen der Geo-Informationssysteme. Band 1: Hardware, Software und Daten. Wichmann Verlag, Heidelberg, 1999a.

Bill, R.: Grundlagen der Geo-Informationssysteme. Band 2: Analysen, Anwendungen und neue Entwicklungen. Wichmann Verlag, Heidelberg, 1999b.

Bill, R., Seuß, R. und Schilcher, M.: Kommunale Geo-Informationssysteme. Wichmann Verlag, Heidelberg, 2002.

Bill, R., Zehner, M., Seuß, R. und Schilcher, M.: Geoinformatik-Service. http://www.geoinformatik.uni-rostock.de, 2005.

Bizer, K., Joeris, D. : Bodenrichtwerte als Bemessungsgrundlage für eine reformierte Grundsteuer. Finanzwissenschaftliche Diskussionsbeiträge Nr. 97-3 des Finanzwissenschaftlichen Forschungsinstitutes an der Universität zu Köln, 1997.

Bottmeyer, M. und Wehrmann, D.: Europaqualifizierung – Austausch mit den Niederlanden. Nachrichten der Niedersächsischen Vermessungs- und Katasterverwaltung, 54(2):16-22, 2004.

Brassel, K.: Geographische Informationssysteme. Veranstaltung am Geographischen Institut der Universität Zürich-Irchel, 1987.

Bundesanstalt für Finanzdienstleistungsaufsicht (BaFin): Verordnung über die Berichterstattung von Versicherungsunternehmen gegenüber der BaFin (Versicherungsberichterstattungs-Verordnung – BerVersV) vom 29.03.2006 (BGBl. I 2006a, 622).

Bundesanstalt für Finanzdienstleistungsaufsicht (BaFin): Verordnung über die Ermittlung der Beleihungswerte von Grundstücken nach § 16 Abs. 1 und 2 des Pfandbriefgesetzes (Beleihungswertermittlungsverordnung – BelWertV) vom 12.05.2006 (BGBl. I 2006b, 1175).

Bundesfinanzhof (BFH): Beschluss vom 22.05.2002 – II R 61/99. http://www.bundesfinanzhof.de, 2002a.

Bundesfinanzhof (BFH): Beschluss vom 22.05.2002 – II B 173/01. http://www.bundesfinanzhof.de, 2002b.

Bundesfinanzhof (BFH): Pressemitteilung Nr. 26/02 vom 14.08.2002 zum Beschluss vom 22.05.2002 – II R 61/99. http://www.bundesfinanzhof.de, 2002c.

Bundesfinanzhof (BFH): Beschluss vom 23.10.2002 – II B 153/01. http://www.bundesfinanzhof.de, 2002d.

Bundesfinanzhof (BFH): Urteil vom 10.11.2004 – II R 44/02. http://www.bundesfinanzhof.de, 2004.

Bundesfinanzhof (BFH): Urteil vom 18.08.2005 – II R 62/03. http://www.bundesfinanzhof.de, 2005.

Bundesgerichtshof (BGH): Urteil vom 20.07.2006 – I ZR 185/03. Veröffentlichung, 2006.

Bundesministerium für Verkehr, Bau- und Wohnungswesen (BMVBW): Richtlinien für die Ermittlung der Verkehrswerte (Marktwerte) von Grundstücken (Wertermittlungsrichtlinien 2002 - WertR 2002) vom 19.07.2002. Beilage zum Bundesanzeiger Nr. 238a vom 20.12.2002.

Bundesministerium für Verkehr, Bau und Stadtentwicklung (BMVBS): Richtlinien für die Ermittlung der Verkehrswerte (Marktwerte) von Grundstücken (Wertermittlungsrichtlinien 2006 - WertR 2006) vom 01.03.2006. Bundesanzeiger Nr. 108a vom 10.06.2006, berichtigt im Bundesanzeiger Nr. 121 vom 01.07.2006, 4798.

Bundesrat: Gesetzesantrag des Landes Schleswig-Holstein *Entwurf eines Gesetzes zur Reform der Erbschaftsbesteuerung (ErbStRefG)*. Drucksache 422/04 vom 21.05.2004, http://www.bundesrat.de, 2004.

Bundesregierung: Verordnung über Grundsätze für die Ermittlung der Verkehrswerte von Grundstücken (Wertermittlungsverordnung – WertV) vom 6. Dezember 1988 (BGBl. I 1988, 2209), zuletzt geändert durch Art. 3 des Bau- und Raumordnungsgesetzes vom 18.8.1997 (BGBl. I 1997, 2081).

Bundesregierung: Verordnung über Vermögensanlagen-Verkaufsprospekte (Vermögensanlagen-Verkaufsprospektverordnung – VermVerkProspV) vom 16.12.2004 (BGBl. I 2004, 3464).

Bundestag: Jahressteuergesetz (JStG) vom 20.12.1996 (BGBl. I 1996, 2049).

Bundestag: Bewertungsgesetz (BewG) in der Fassung der Bekanntmachung vom 01.02.1991 (BGBl. I 1991, 230), zuletzt geändert durch Art. 14 des Gesetzes vom 20.12.2001 (BGBl. I 2001, 3794).

Bundestag: Grundgesetz für die Bundesrepublik Deutschland (GG) in der im BGBl. III, Gliederungsnummer 100-1, veröffentlichten bereinigten Fassung, zuletzt geändert durch Art. 1 des Gesetzes vom 26.07.2002 (BGBl. I 2002, 2863).

Bundestag: Bundesdatenschutzgesetz (BDSG) in der Fassung vom 14.01.2003 (BGBl. I 2003a, 66).

Bundestag: Gesetz über Urheberrecht und verwandte Schutzrechte in der Fassung vom 9. September 1965 (BGBl. I 1965, 1273), zuletzt geändert durch Art. 1 des Gesetzes vom 10.09.2003 (BGBl. I 2003b, 1774; 2004, 312).

Bundestag: Erbschaftsteuer- und Schenkungsteuergesetz (ErbStG) in der Fassung der Bekanntmachung vom 27.02.1997 (BGBl. I 1997, 378), zuletzt geändert durch Art. 13 des Gesetzes vom 29.12.2003 (BGBl. I 2003c, 3076).

Bundestag: Baugesetzbuch (BauGB) in der Fassung der Bekanntmachung vom 27.August 1997 (BGBl. I 1997, 2141, ber. BGBl. I 1998, 137), zuletzt geändert durch Art. 1 EuroparechtsanpassungsG Bau (EAG Bau) v. 24.6.2004 (BGBl. I 2004a,1359).

Bundestag: Gesetz zur Einführung internationaler Rechnungslegungsstandards und zur Sicherung der Qualität der Abschlussprüfung (Bilanzrechtsreformgesetz – BilReG) in der Fassung vom 4.12.2004 (BGBl. I 2004b, 3166).

Bundestag: Handelsgesetzbuch in der im BGBl. III, Gliederungsnummer 4100-1, veröffentlichten bereinigten Fassung, zuletzt geändert durch Artikel 1 des Gesetzes vom 4.12.2004 (BGBl. I 2004c, 3166).

Bundestag: Gesetz zur Kontrolle von Unternehmensabschlüssen (Bilanzkontrollgesetz – BilKoG) in der Fassung vom 15.12.2004 (BGBl. I 2004d, 3408).

Bundestag: Gesetz über den Wertpapierhandel (Wertpapierhandelsgesetz - WpHG) vom 9.09.1998 (BGBl. I 1998, 2708), zuletzt geändert durch Artikel 10a des Gesetzes vom 22.05.2005 (BGBl. I 2005a, 1373).

Bundestag: Gesetz zur Umsetzung der Richtlinie 2003/71/EG des Europäischen Parlaments und des Rates vom 4.11.2003 betreffend den Prospekt, der beim öffentlichen Angebot von Wertpapieren oder bei deren Zulassung zum Handel zu veröffentlichen ist, und zur Änderung der Richtlinie 2001/34/EG (Prospektrichtlinie-Umsetzungsgesetz vom 22.06.2005 (BGBl. I 2005b, 1698).

Bundestag: Investmentgesetz (InvG) vom 15.12.2003, zuletzt geändert durch Artikel 5 des Gesetzes vom 22.06.2005 (BGBl. I 2005c, 1698).

Bundestag: Gesetz zur Verbesserung des Anlegerschutzes (Anlegerschutzverbesserungsgesetz - AnSVG) vom 28.10.2004 (BGBl. I 2004, 2630), zuletzt geändert durch Artikel 7a des Gesetzes vom 22.06.2005 (BGBl. I 2005d, 1698).

Bundestag: Wertpapier-Verkaufsprospektgesetz (Verkaufsprospektgesetz) in der Fassung der Bekanntmachung vom 9.09.1998 (BGBl. I 1998, 2701), zuletzt geändert durch Artikel 7 des Gesetzes vom 19.08.2005 (BGBl. I 2005e, 2437).

Bundestag: Grundsteuergesetz (GrStG) vom 07.08.1973 (BGBl. I 1973, 965), zuletzt geändert durch Artikel 6 des Gesetzes vom 01.09.2005 (BGBl. I 2005f, 2676).

Bundestag: Wertpapiererwerbs- und Übernahmegesetz (WpÜG) vom 20.12.2001 (BGBl. I 2001, 3822), zuletzt geändert durch Artikel 2 Abs. 3 des Gesetzes vom 22.09.2005 (BGBl. I 2005g, 2802).

Bundestag: Gesetz über die Beaufsichtigung der Versicherungsunternehmen (Versicherungsaufsichtsgesetz) in der Fassung der Bekanntmachung vom 17.12.1992 (BGBl. I 1993, 2), zuletzt geändert durch Artikel 2 Abs. 4 des Gesetzes vom 22.09.2005 (BGBl. I 2005h, 2802).

Bundestag: Gesetz über das Kreditwesen (Kreditwesengesetz) in der Fassung der Bekanntmachung vom 9. September 1998 (BGBl. I 1998, 2776), zuletzt geändert durch Art. 4a des Gesetzes vom 22.09.2005 (BGBl. I 2005i, 2809).

Bundestag: Einkommensteuergesetz (EStG) in der Fassung der Bekanntmachung vom 19.10.2002 (BGBl. I 2002, 4210), zuletzt geändert durch Artikel 1 des Gesetzes vom 22.12.2005 (BGBl. 2005j, 3683).

Bundesverfassungsgericht (BVerfG): Volkszählungsurteil vom 15.12.1983 – 1 BvR 209/83 - u.a.. Neue Juristische Wochenschrift (NJW), 37(8):419-429, 1984.

Bundesverfassungsgericht (BVerfG): Pressemitteilung Nr. 33/95 vom 18.08.1995 zum Beschluss vom 22.06.1995 – 2 BvL 37/91 als Anlage der Pressemitteilung Nr. 37/98 vom 15.04.1998. http://www.bundesverfassungsgericht.de, 1995.

Bundesverfassungsgericht (BVerfG): Pressemitteilung Nr. 19/2006 vom 16.03.2006 zum Beschluss vom 18.01.2006 – 2 BvR 2194/99. http://www.bundesverfassungsgericht.de, 2006.

Bundesverwaltungsgericht: Urteil zur Genauigkeit von Verkehrswertermittlungen vom 24.11.78 – 4 C 56/76. NJW 32 (50):2578-2580, 1979.

Busch, C.: Anwendergruppenbezogener Vergleich der auf dem Markt befindlichen Immobilienbewertungsprogramme. Hochschule Nürtingen, unveröffentlichte Diplomarbeit, 2004.

Buziek, G.: GIS in Forschung und Praxis. Verlag Konrad Wittwer, Stuttgart, 1995.

Center for Geoinformation GmbH (CeGi): GEOcatalog^{TM} mit Metainformationen des CeGi. http://www.cegi. de, 2004.

Darscheid, H., Hahn, M. und Prager, G.: Einführung einer neuen Software für die Führung der Kaufpreissammlung. Nachrichtenblatt der Vermessungs- und Katasterverwaltung Rheinland-Pfalz, 48(1):29-43, 2005.

Deutsche Bundesbank: Neue Eigenkapitalanforderungen für Kreditinstitute (Basel II). Monatsbericht der Deutschen Bundesbank, 9:75-100. http://www.bundesbank.de, 2004.

Deutscher Dachverband für Geoinformation (DDGI) e.V.: Metainformationssystem GeoCC (Geodaten Catalog Center). http://www.ddgi.de, 2004.

Deutscher Städtetag: Bedeutung und Wirken der Gutachterausschüsse und der Kommunalen Bewertungsstellen in den Städten. Unveröffentlicht, 2005.

Drosdzol, W.-D., Mürle, M., Treppschuh, R.: Bodenrichtwerte – Grundlage für ein neues Grundsteuermodell. Finanzwirtschaft, 55(7):181-187, 2001.

Drosdzol, W.-D.: Verfassungswidrige Erbschaftsteuer – zum Vorlagebeschluss des Bundesfinanzhofs vom 22. Mai 2002. WFA – Wertmittlungs*Forum* Aktuell, 3:109-111, 2002.

Ernst, W., Zinkahn, W., Bielenberg, W. und Krautzberger, M.: Baugesetzbuch Kommentar. Band IV. Verlag C.H. Beck, München, 2005.

Europäischer Gerichtshof (EuGH): Urteil zur Richtlinie 96/9/EG des Europäischen Parlaments und des Rates vom 11. März 1996 über den rechtlichen Schutz von Datenbanken (Richtlinie 96/9/EG) vom 09. November 2004 – C-338/02. http://www.curia.eu.int/, 2005.

Europäische Kommission: Kommerzielle Nutzung von Informationen des öffentlichen Sektors in Europa. http://europa.eu.int, 2000.

Europäische Kommission: Bringing Innovative Developments for Geographic Information Technology (BRIDGE-IT). Europäisches Forschungs- und Entwicklungsprojekt. http://www.bridge-it.info, 2002.

Europäische Kommission: Infrastructure for Spatial Information in Europe (INSPIRE). http://inspire.jrc.it, 2003.

Europäische Kommission: Verordnung (EG) Nr. 2238/2004 der Kommission vom 29.12.2004 zur Änderung der Verordnung (EG) Nr. 1725/2003 betreffend die Übernahme bestimmter internationaler Rechnungslegungsstandards in Übereinstimmung mit der Verordnung (EG) Nr. 1606/2002 des Europäischen Parlaments und des Rates betreffend IFRS 1 und IAS Nrn. 1 bis 10, 12 bis 17, 19 bis 24, 27 bis 38, 40 und 41 und SIC Nrn. 1 bis 7, 11 bis 14, 18 bis 27 und 30 bis 33. Amtsblatt Nr. L 394 vom 31.12.2004, 1-175, 2004.

Europäisches Parlament und Rat: Richtlinie 96/9/EG über den rechtlichen Schutz von Datenbanken (Richtlinie 96/9/EG) vom 11. März 1996. Amtsblatt Nr. L 077 vom 27.03.1996, 20-28, 1996.

Europäisches Parlament und Rat: Richtlinie 2000/12/EG vom 20.03.2000 über die Aufnahme und Ausübung der Tätigkeit der Kreditinstitute. Amtsblatt Nr. L 126 vom 26.05.2000, 1-59, 2000.

Europäisches Parlament und Rat: Verordnung (EG) Nr. 1606/2002 vom 19.07.2002 betreffend die Anwendung internationaler Rechnungslegungsstandards. Amtsblatt Nr. L 243 vom 11.09.2002, 1-4, 2002.

Europäischer Rat: Richtlinie 93/6/EWG vom 15.03.1993 über die angemessene Eigenkapitalausstattung von Wertpapierfirmen und Kreditinstituten. Amtsblatt Nr. L 141 vom 11.06.1993, 1-26, 1993.

Fachkommission Städtebau der Argebau: Musterrichtlinie über Bodenrichtwerte. http://www.lgnapp.niedersachsen.de/vkv/allgemein/gesetze/awertlg.htm, 2000.

Finanzgericht Nürnberg: Urteil vom 27.01.2000 – IV 261/1999. http://www.stbka.org, 2000.

Flüssmeyer, K.: Ableitung von Marktanpassungsfaktoren im Sachwetverfahren für Ein- und Zweifamilienhausgrundstücke auf Grundlage der Normalherstellungskosten. Universität Karlsruhe (TH), unveröffentlichte Diplomarbeit, 2006.

Förstner, W.: Das Rechenprogramm TRINA für geodätische Lagenetze in der Landesvermessung. Nachrichten aus dem Öffentlichen Vermessungsdienst des Landes Nordrhein-Westfalen, 12(2):125-166, 1979.

Frankfurter Allgemeine Zeitung: Das Reformpaket für offene Immobilienfonds steht. Frankfurter Allgemeine Zeitung, Artikel vom 24.01.2005.

Gebert, C.: Neukonzeption eines Grundstücksmarktberichtes. Universität Stuttgart, unveröffentlichte Studienarbeit, 2004.

Geodätisches Institut an der Technischen Universität Hannover: Mathematische Statistik bei der Ermittlung von Grundstückswerten. Lehrbriefe und Vorlesungen zum Kontaktstudium. Wissenschaftliche Arbeiten, Nr. 65, Lehrstühle für Geodäsie, Photogrammetrie und Kartographie an der Technischen Universität Hannover, Hannover, 1976.

Geodätisches Institut an der Technischen Universität Hannover: Mathematische Statistik bei der Ermittlung von Grundstückswerten. Vorträge zum Anwenderseminar. Wissenschaftliche Arbeiten, Nr. 65a, Lehrstühle für Geodäsie, Photogrammetrie und Kartographie an der Technischen Universität Hannover, Hannover, 1978.

Gerardy, T., Möckel, R. und Troff, H.: Praxis der Grundstücksbewertung. Olzog Verlag, München, 2005.

Gesellschaft für Immobilienwirtschaftliche Forschung e.V. (gif e.V.): Empfehlung zu Aufbau und Inhalt von Grundstücksmarktberichten. http://www.gif-ev.de, 2002.

GKG-KOGIS (interdepartementale GI&GIS-Koordinationsgruppe): Strategie für Geoinformation beim Bund. http://www.kogis.ch, 2001.

Gödert, J. und Albert, S.: Ein neuer Weg zu Bodenrichtwertkarte, Grundstücksmarktbericht, Straßenkarte, Stadtplan und Katasterauszug. WFA – Wertermittlungs*Forum* Aktuell, 1:9-11, 2006.

Gutachterausschuss in Karlsruhe: Grundstücksmarktbericht 2004. http://www.karlsruhe.de/Stadtraum/Gutachterausschuss, 2005.

Gutachterausschüsse des Landes Hessen: Bodenrichtwerte differenziert nach Wohnungsbau, Gewerbe und landwirtschaftlicher Nutzung. http://www.gutachterausschuss.hessen.de, 2004.

Gutachterausschuss in Karlsruhe: Anleitung AKS (Automatisiert geführte Kaufpreissammlung). Unveröffentlicht, 2005.

Hake, G.: Karthographie I. Sammlung Göschen. Verlag de Gruyter, Berlin, 1982.

Hake, G.: Karthographie II. Sammlung Göschen. Verlag de Gruyter, Berlin, 1985.

Hildebrandt, H.: Grundstückswertermittlung – Gewöhnlicher Geschäftsverkehr und Variationsbreite. ZfV – Zeitschrift für Geodäsie, Geoinformation und Landmanagement, 121(12):596-599, 1996.

Holzner, P. und Renner, U.: Ermittlung des Verkehrswertes von Grundstücken und des Wertes baulicher Anlagen. Theodor Oppermann Verlag, Isernhagen, 2005.

Horbach, J.: Automatisierte Kaufpreissammlung im Angebot – eine Marktanalyse aktueller Lösungen. Universität Karlsruhe (TH), unveröffentlichte Diplomarbeit, 2005.

Horbach, J.: Automatisierte Kaufpreissammlung im Angebot – eine Marktanalyse aktueller Lösungen. WFA – Wertermittlungs*Forum* Aktuell, 1:12-18, 2006.

Illner, M. Freie Netze und S-Transformation. Allgemeine Vermessungs-Nachrichten, 90(5):157-170, 1983.

Initiative D 21 e.V.: D 21 Kongress *Geoinformationswirtschaft* 2002. Pressenachricht vom 11.02.2003, Bonn, 2002.

Innenministerium Baden-Württemberg (IM B.-W.) – Stabsstelle für Verwaltungsreform: Standards des e-Government-Konzepts Baden-Württemberg vom 30.11.2005 - Az.: S-0270.9/58 (GABl. 2006, 1).

Innenministerium Nordrhein-Westfalen (IM NRW): Bodenrichtwert - Erlass NRW – BoRiWErl. NRW - RdErl. v. 02.03.2004 - 36 – 9210.

Innenministerium Nordrhein-Westfalen (IM NRW): Erlass über die Kaufpreissammlungen der Gutachterausschüsse für Grundstückswerte (Kaufpreissammlung-Erlass – KPS-Erl.). RdErl. vom 14.04.2004 - 36 – 9210.

Institut für Bodenmanagement (IBoMa): Forschungsvorhaben *Schaffung von Datengrundlagen für eine Reform der Grundsteuer (Bodenwertsteuer)*. Unveröffentlicht, 1996.

Interministerieller Ausschuss für Geoinformationswesen (IMAGI): Geoinformation und moderner Staat. Bundesamt für Kartographie und Geodäsie (BKG), Frankfurt am Main, 2003.

International Federation of Surveyors (FIG): Updated Version of the Definition of Surveyors. http://www.fig. net, 2003.

International Standardization Organization (ISO): International Standards. http://www.iso.org, 2005.

Josten, R.: Die Bodenwertsteuer – eine Reformmöglichkeit für die Grundsteuer. Grundstücksmarkt und Grundstückswert, 10(6):321-331, 1999.

Josten, R.: Die Bodenwertsteuer – eine praxisorientierte Untersuchung zur Reform der Grundsteuer. Neue Schriften des Deutschen Städtetages Heft 78. Verlag W. Kohlhammer GmbH, Stuttgart, Berlin, Köln, Mainz – Verlagsort Stuttgart, 2000.

Kertes, J.: Der Gutachterausschuss der Stadt Karlsruhe vor dem Hintergrund der Einführung einer kommerziellen Immobilienbewertungssoftware. Universität Karlsruhe (TH), unveröffentlichte Seminararbeit, 2003.

Kertscher, D.: Anwendungsmöglichkeiten der Automatisiert geführten Kaufpreissammlung (AKS) unter wirtschaftlichen Gesichtspunkten. Nachrichten der Niedersächsischen Vermessungs- und Katasterverwaltung, 49(3):135-144, 1999.

Kettemann, R.: Geodaten werden interoperabel. Ingenieurblatt, 50(5):245-250, 2004.

Kleemann, S. und Müller, C.: Die *Gelben Seiten* der Geodateninfrastruktur. ZfV – Zeitschrift für Geodäsie, Geoinformation und Landmanagement, 130(5):303-309, 2005.

Kleiber, W., Simon, J. und Weyers, G.: WertV' 88 – Wertermittlungsverordnung 1988. Erläuterungen zur Ermittlung der Verkehrswerte von Grundstücken nach neuem Recht. Verlag Franz Rehm, München, 1989.

Kleiber, W.: Die *europäischen Bewertungsstandards* des Blauen Buches. Grundstücksmarkt und Grundstückswert, 11(6):321-329, 2000.

Kleiber, W., Simon, J., und Weyers, G.: Verkehrswertermittlung von Grundstücken. Bundesanzeiger Verlag, Köln, 2003.

Kleiber, W.: Morgenröte. GuGaktuell - Informationsdienst zu *Grundstücksmarkt und Grundstückswert*, 11(5): 33-34, 2004a.

Kleiber, W.: Was sind eigentlich die sogenannten internationalen Bewertungsverfahren ? Grundstücksmarkt und Grundstückswert, 15(4):193-207, 2004b.

Kommunale Datenverarbeitung Region Stuttgart (KDRS): Handbuch *Automatisierte Kaufpreissammlung für Windows (WinAKPS)*. http:\\www.kdrs.de, 2003.

Kommunale Datenverarbeitung Region Stuttgart (KDRS): Informationen zum Verfahren *Automatisierte Kaufpreissammlung*. http:\\www.kdrs.de, 2004.

Kommunale Datenverarbeitung Region Stuttgart (KDRS): *Automatisierte Kaufpreissammlung – Neuerungen in Version 2.5*. http:\\www.kdrs.de, 2005.

Koordinierungs- und Beratungsstelle der Bundesregierung für Informationstechnik in der Bundesverwaltung im Bundesministerium des Innern (KBSt): SAGA - Standards und Architekturen für E-Government-Anwendungen, Version 2.0. Schriftenreihe der KBSt, Band 59, 2003.

Land Bayern, Land Rheinland-Pfalz: Bericht *Reform der Grundsteuer* des Bayerischen Staatsministers der Finanzen und des Ministers der Finanzen des Landes Rheinland-Pfalz an die Finanzministerkonferenz (FMK). http://www.fm.rlp.de, 2004.

Landesregierung Baden-Württemberg (Landesregierung B.-W.): Richtlinien der Landesregierung für den Einsatz der Informations- und Kommunikationstechnik in der Landesverwaltung (e-Government-Richtlinien Baden-Württemberg 2005) vom 08.06.2004 (GABl. 2004, 510).

Landtag Baden-Württemberg (Landtag B.-W.): Gesetz zum Schutz personenbezogener Daten (Landesdatenschutzgesetz – LDSG) von Baden-Württemberg in der Fassung vom 18.09.2000 (GBl. 2000, 648), zuletzt geändert durch Gesetz vom 14.12.2004 (GBl. 2004, 884, 887).

Landesregierung Baden-Württemberg (Landesregierung B.-W.): Verordnung der Landesregierung über die Gutachterausschüsse, Kaufpreissammlungen und Bodenrichtwerte nach dem Baugesetzbuch (Gutachterausschussverordnung) vom 11. Dezember 1989 (GBl. 1989, 541), zuletzt geändert durch Verordnung der Landesregierung zur Änderung der Gutachterausschussverordnung vom 15.02.2005 (GBl. 2005, 167).

Landesregierung Niedersachsen: Niedersächsische Verordnung zur Durchführung des Baugesetzbuches (DVO-BauGB) in der Fassung vom 24. Mai 2005 (Nds. GVBl., S. 184).

Landesregierung Nordrhein-Westfalen (Landesregierung NRW): Verordnung über die Gutachterausschüsse für Grundstückswerte (Gutachterausschussverordnung NRW – GAVO NRW) vom 23.03.2004 (GVBl. NRW, S. 146).

Landgericht (LG) Frankfurt am Main – 3. Zivilkammer: Urteil zur Vervielfältigung, Verbreitung und öffentlichen Wiedergabe der Bodenrichtwerte einschl. wertbestimmender Parameter und Grundstücksmarktberichte des Gutachterausschusses vom 19.09.2002 – 2/3 O 211/02. Unveröffentlicht, 2002.

Lister, M.: Basel II: Wege aus der Kreditklemme für den Mittelstand. Input, 2:10-13, 2005a.

Lister, M.: Basel II im Lichte von Immobilienunternehmen. Input, 3:16-19, 2005b.

Löffelholz, C.: INSPIRE – Aufbau einer Europäischen Geodateninfrastruktur – Ziel, Stand und Auswirkungen der Initiative. Nachrichtenblatt der Vermessungs- und Katasterverwaltung Rheinland-Pfalz, 48(3):136-148, 2005.

Ludin, M.: Gegenüberstellung des Ertragswertverfahrens nach WertV und der angelsächsischen Discounted Cash Flow (DCF) - Methode. Universität Karlsruhe (TH), unveröffentlichte Studienarbeit, 2005.

Ludin, M.: Ermittlung von Liegenschaftszinssätzen im Ertragswertverfahren. Universität Karlsruhe (TH), unveröffentlichte Diplomarbeit, 2006.

Magel, H. und Neumeier, S.: Survey and GIS – Bridging the Gap – Plädoyer für eine bessere Verschränkung von Geodäsie und GIS. ZfV – Zeitschrift für Geodäsie, Geoinformation und Landmanagement, 128(6):367-373, 2003.

Meister, E.: Basel II – Chancen und Herausforderungen. http://www.bundesbank.de, 2005.

Mürle, M. und Bill, R.: Zuverlässigkeits- und Genauigkeitsmaße ebener geodätischer Netze. Allgemeine Vermessungs-Nachrichten, 91(2):45-62, 1984.

Mürle, M.: Einführung eines Wertermittlungsinformationssystems bei der Stadt Karlsruhe. Geodätisches Kolloquium des Geodätischen Instituts und des Instituts für Photogrammetrie, Universität Karlsruhe (TH), unveröffentlichter Vortrag, 1994a.

Mürle, M.: Verkehrswertermittlung bei Vorkaufsrechten. ZfV – Zeitschrift für Geodäsie, Geoinformation und Landmanagement, 119(2):103-106, 1994b.

Mürle, M.: Die Führung der Bodenrichtwert-/Kaufpreiskarten und Definition von Bodenrichtwerten. ZfV – Zeitschrift für Geodäsie, Geoinformation und Landmanagement, 120(9):468-471, 1995a.

Mürle, M.: Zur Ableitung von Liegenschaftszinssätzen am Beispiel der Stadt Karlsruhe. Schriftenreihe des Deutschen Vereins für Vermessungswesen e.V., 16:157-163, 1995b.

Mürle, M.: Management in der Grundstückswertermittlung -aber wie ? Schriftenreihe des Deutschen Vereins für Vermessungswesen e.V., 20:150-162, 1995c.

Mürle, M.: Wertermittlungen für Konversionsflächen. Schriftenreihe des Deutschen Vereins für Vermessungswesen e.V., 25:191-209, 1996.

Mürle, M. und Böser, W.: Vergleichswertverfahren für bebaute Grundstücke - dargestellt an Reihenhausgrundstücken in der Stadt Karlsruhe. ZfV – Zeitschrift für Geodäsie, Geoinformation und Landmanagement, 122(5) :235-243, 1997a.

Mürle, M.: Wertermittlungsinformationssystem bei der Stadt Karlsruhe. Schriftenreihe des Deutschen Vereins für Vermessungswesen e.V., 27:375-386, 1997b.

Mürle, M.: Zur Eignung von Bodenrichtwerten für ein neues Grundsteuermodell. ZfV – Zeitschrift für Geodäsie, Geoinformation und Landmanagement, 125(5):180-184, 2000.

Mürle, M. und Sitzler, E.: Untersuchungen zu den NHK 95 auf Grundlage der Ableitung von Sachwertfaktoren. ZfV – Zeitschrift für Geodäsie, Geoinformation und Landmanagement, 126(1):11-15, 2001a.

Mürle, M. und Treppschuh, R.: Musterrichtlinie über Bodenrichtwerte. ZfV – Zeitschrift für Geodäsie, Geoinformation und Landmanagement, 126(1):49-54, 2001b.

Mürle, M.: Rezension *Rudolf Josten: Die Bodenwertsteuer – eine praxisorientierte Untersuchung zur Reform der Grundsteuer*. ZfV – Zeitschrift für Geodäsie, Geoinformation und Landmanagement, 126(2):113-114, 2001c.

Mürle, M.: Assessment of the market value of real estate with private housebuilding derived from the summation method of valuation with adjustment to current market value. Abstracts of papers, FIG Working Week Seoul Korea, 247-249, 2001d.

Mürle, M. und Schönhaar, D.: Rechtliche Aspekte zur Wertermittlung von Erbbaurechten. ZfV – Zeitschrift für Geodäsie, Geoinformation und Landmanagement, 128(2):97-105, 2003a.

Mürle, M.: Grundstücksmarkttransparenz im urheberrechtlichen Spannungsfeld – Chancen und Perspektiven für die Gutachterausschüsse. ZfV – Zeitschrift für Geodäsie, Geoinformation und Landmanagement, 128(3):181-184, 2003b.

Mürle, M.: Grundstücksbewertung I. Vorlesung am Geodätischen Institut, Universität Karlsruhe (TH), Skriptum, 2005a.

Mürle, M.: Grundstücksbewertung II. Vorlesung am Geodätischen Institut, Universität Karlsruhe (TH), Skriptum, 2005b.

Niedersächsische Vermessungs- und Katasterverwaltung: Hinweise zur Führung der Kaufpreissammlung. http://www.lgnapp.niedersachsen.de /vkv/allgemein/gesetze/awertlg.htm, 1997a.

Niedersächsische Vermessungs- und Katasterverwaltung: Hinweise zur Auswertung der Kaufpreissammlung. http://www.lgnapp.niedersachsen.de /vkv/allgemein/gesetze/awertlg.htm, 1997b.

Niedersächsische Vermessungs- und Katasterverwaltung: Anforderungskatalog für das Wertermittlungsinformations-system Niedersachsen (WIS) v. 15.12.2000. Unveröffentlicht, 2000.

Niedersächsische Vermessungs- und Katasterverwaltung: Beschreibung der Elemente der Kaufpreissammlung. http://www.lgnapp.niedersachsen.de /vkv/allgemein/gesetze/awertlg.htm, 2003a.

Niedersächsische Vermessungs- und Katasterverwaltung: Hinweise zur Harmonisierung und Standardisierung der Grundstücksmarktberichte (Stand vom 24.10.2003). Erlass des MI vom 16.10.2002. http://www.lgnapp.niedersachsen.de /vkv/allgemein/gesetze/ awertlg. htm, 2003b.

Niedersächsische Vermessungs- und Katasterverwaltung: Handbuch für die Führung und Auswertung der Automatisier-ten Kaufpreissammlung (Handbuch – AKS). http://www.lgnapp.niedersachsen.de /vkv/allgemein/gesetze/awertlg.htm, 2005a.

Niedersächsische Vermessungs- und Katasterverwaltung: Anlagen zum Handbuch für die Führung und Auswertung der Automatisierten Kaufpreissammlung (Anlagen – AKS). http://www.lgnapp.niedersachsen.de /vkv/allgemein/gesetze/awertlg.htm, 2005b.

Niedersächsische Vermessungs- und Katasterverwaltung: Anforderungskatalog für die Umstellung des Niedersächsi-schen Wertermittlungs-Informationssystems (NIWIS) – Entwurf. Unveröffentlicht, 2005c.

Niemeier, W.: Ausgleichungsrechnung. Verlag de Gruyter, Berlin · New York, 2002.

Oberlandesgericht (OLG) Frankfurt am Main – 11. Zivilsenat: Urteil zur Vervielfältigung, Verbreitung und öffentlichen Wiedergabe der Bodenrichtwerte einschl. wertbestimmender Parameter und Grundstücksmarktberichte des Gutachterausschusses vom 01.07.2003 – 2/3 O 211/02. Unveröffentlicht, 2003.

Open Geospatial Consortium (OGC): Documents. http://www.opengeospatial.org, 2005.

Porstendörfer, P.: Die Grundstückswertermittlung als integraler Teil des Geobasisinformationssystems. Flächenmanagement und Bodenordnung (FuB), 65(3):117-123, 2003.

Reidenbach, M.: Die reformierte Grundsteuer – Ein neues Instrument für die kommunale Bodenpolitik ? Informationen zur Raumentwicklung, 8:565-576, 1999.

Reuter, F.: Zur praktikablen Verwendung des Residualverfahrens bei der Ermittlung von Verkehrswerten. WFA – Wertermittlungs*Forum* Aktuell, 3:112-118, 2002.

Reuter, F.: Bodenwertermittlung in kaufspreisarmen Lagen. Vortragsreihe des Arbeitskreises 6 des Deutschen Vereins für Vermessungswesen e.V., INTERGEO Stuttgart. http://www.dvw.de, 2004.

Ribbert, D.: Gutachterausschuss Online – der Berliner Weg zur Marktinformation. Vortragsreihe des Arbeitskreises 9 des Deutschen Vereins für Vermessungswesen e.V., INTERGEO Hannover, unveröffentlichter Vortrag, 1999.

Runder Tisch GIS e.V.: Die Interoperabilität auf der Basis von OpenGIS® Web Services. Projektbericht erstellt durch das Institut für Technik Intelligenter Systeme (ITIS) an der Universität der Bundeswehr München, 2003.

Ruzyzka-Schwob, G.: Wertermittlungsinformationssystem Niedersachsen (WIS). Workshop des DVW *Zur Nutzung der Kaufpreissammlung* in Karlsruhe, Skriptum, 2001.

Sauerborn, C.: Anforderungen der Nutzer an Grundstücksmarktberichte. Skriptum zum Vortrag auf dem WF-Jahreskongress 2004.

Schaar, H.-W.: Immobilienmarkt 2003 in großen deutschen Städten. Grundstücksmarkt und Grundstückswert, 15(6):321-331, 2004.

Schmitt, G.: Zur Numerik der Gewichtsoptimierung in geodätischen Netzen. Reihe C, Heft Nr. 195, Deutsche Geodätische Kommission, München, 1979.

Schmitt, G.: Statistik und Ausgleichungsrechnung I. Vorlesung am Geodätischen Institut, Universität Karlsruhe (TH), Skriptum, 2005a.

Schmitt, G.: Statistik und Ausgleichungsrechnung II. Vorlesung am Geodätischen Institut, Universität Karlsruhe (TH), Skriptum, 2005b.

Schmitt, G.: Statistik und Ausgleichungsrechnung III. Vorlesung am Geodätischen Institut, Universität Karlsruhe (TH), Skriptum, 2005c.

Schneck, O.: Wo liegt eigentlich Basel II. http://www.ottmar-schneck.de, 2002.

Seele, W.: Bodenwertermittlung durch deduktiven Preisvergleich. Vermessungswesen und Raumordnung. 60(8):393-411, 1998.

Seifert, M.: Das AFIS-ALKIS-ATKIS-Anwendungsschema als Komponente einer Geodatenstruktur. ZfV – Zeitschrift für Geodäsie, Geoinformation und Landmanagement, 130(2):77-81, 2005.

Senatsverwaltung für Stadtentwicklung Berlin: Grundstücksmarktinformationssystem AKS Berlin - AKS Martktinfo Berlin - Kurzübersicht. Unveröffentlicht, 2005a.

Senatsverwaltung für Stadtentwicklung Berlin: 40 Jahre Kaufpreissammlung des Gutachterausschusses für Grundstückswerte in Berlin. Unveröffentlicht, 2005b.

Simon, J.: Aktuelle Entwicklungen im Bereich der Wertermittlung. Der Bausachverständige, 2:52-55, 2005.

Sprengnetter, H.O.: Zu den Abhängigkeiten des Liegenschaftszinssatzes. WFA – Wertermittlungs*Forum* Aktuell, 3:28-32, 1998.

Sprengnetter, H.O.: Zur Bedeutung der Sachwert-Marktanpassungsfaktor-Gesamtsysteme für Verkehrswertermittlungen. WFA – Wertermittlungs*Forum* Aktuell, 1:3-6, 2000.

Sprengnetter, H.O.: Grundstücksbewertung. Wertermittlungs*Forum*® Dr. Sprengnetter GmbH, Sinzig, 2004.

Stadt Regensburg: Mietspiegel 2003. http://www.regensburg.de, 2003.

Städtetag Nordrhein-Westfalen (Städtetag NRW): Geodatenmanagement – Handlungsempfehlung. http://www.lverma.nrw.de, 2003.

Teege, G.: Ein interoperables Geo-Portal zur Nutzung von Geodaten im Internet. ZfV – Zeitschrift für Geodäsie, Geoinformation und Landmanagement, 126(4):224-230, 2001.

TEGoVA: Europäische Bewertungsstandards 2003. VÖB-Service GmbH, Bonn, 2003.

Vogel, F.W.: Geodateninfrastruktur in Deutschland (GDI) – Positionspapier der AdV. ZfV – Zeitschrift für Geodäsie, Geoinformation und Landmanagement, 127(2):90-96, 2002.

Weiß, Erich: Statt *verbundener* Grundsteuer *vereinfachende* Bodenwertsteuer. Flächenmanagement und Bodenordnung (FuB), 66(4):163-165, 2004.

Wertermittlungs*Forum*® Dr. Sprengnetter GmbH (Wertermittlungs*Forum*) Software: WF-AKuK - Automatische Kaufpreissammlung und Kaufpreisauswertung Version 7.0. http://www.wertermittlungsforum.de, 2006a.

Wertermittlungs*Forum*® Dr. Sprengnetter GmbH (Wertermittlungs*Forum*) Software: WF-AKuK 7.0: Die Neuerungen. http://www.wertermittlungsforum.de, 2006b.

Wertermittlungs*Forum*® Dr. Sprengnetter GmbH (Wertermittlungs*Forum*) Software: WF-AKuK 7.0 – Handbuch, Modul *Statistische Auswertungen*. http://www.wertermittlungsforum.de, 2006c.

Wieser, E.: ALKIS im E-Government. ZfV – Zeitschrift für Geodäsie, Geoinformation und Landmanagement, 130(2):70-76, 2005.

Wirtschaftsministerium Baden-Württemberg (WM B.-W.): Verwaltungsvorschrift des Wirtschaftsministeriums für das Aufnahmepunktfeld (AP-Vorschrift – VwVAP) vom 24.08.1984 Az.: II 2.42/2, geändert durch Erlasse vom 21.06.1994 Az.: VII 2.42/7 und vom 24.11.1998 Az.: 7-2.42/8.

Ziegenbein, W.: Entwicklung der Kaufpreissammlung zu einem Informationssystem für die Grundstückswertermittlung. Schriftreihe des Deutschen Vereins für Vermessungswesen e.V., 20:163-173, 1995a.

Ziegenbein, W.: Programmgesteuerte Regressionsanalyse und Vergleichswertermittlung im Programmsystem AKS. Nachrichten der Niedersächsischen Vermessungs- und Katasterverwaltung, 45(4):321-335, 1995b.

Ziegenbein, W.: Wertermittlungsinformationssystem Niedersachsen. Nachrichten der Niedersächsischen Vermessungs- und Katasterverwaltung, 49(3):121-126, 1999.